いちばんわかりやすい！

測量士補

テキスト＆問題集＋

公共測量作業規程の準則が改正！

新しい測量技術の動向を踏まえ、作業規程の準則が３年ぶりに改正され、令和５年４月から施行されました。その主な内容は以下のとおりです。

- **UAV レーザ測量、車載写真レーザ点群測量、航空レーザ測深測量**を新規追加
- 「第４編三次元点群測量」を「第４編地形測量及び写真測量（三次元点群測量）」に名称変更し、編の構成を変更
- **電子基準点のみを既知点とした３級基準点測量**への対応

この改正によって、従来、三次元点群データ（オリジナルデータ）を作成する方法には地上レーザ測量と UAV 写真点群測量、航空レーザ測量がありましたが、そこに UAV レーザ測量、車載写真レーザ点群測量、航空レーザ測深測量が加わることとなり、特に UAV レーザ測量は「UAV 写真点群測量」のように**写真を撮影して解析するのではなく、レーザスキャナで直接点群データを取得することができるようになります**。

また、３級基準点測量においては電子基準点のみを既知点とすることができるようになりました。

測量士補の試験では作業規程の準則からの出題が多数を占めています。本書で学習した後には、必ず作業規程の準則にも目を通しておくようにしましょう。

国土地理院ホームページ　作業規程の準則の一部改正について
https://www.gsi.go.jp/gijyutukanri/gijyutukanri40050.html

本書の使い方

本書は測量士補試験で頻出する内容に重点を置き、効率的に勉強できるようにまとめました。測量士補試験では決まった内容や計算が出題されますので、本書でポイントをおさえることで合格に近付きます！

1章

測量法と公共測量作業規程の準則

重要度 ★★★

合格のポイント！

測量士補試験の 1/3 は測量法及び公共測量作業規程の準則から出題されています。ここでは、日常生活であまり触れることのない「法」や「準則」の意義について知っておきましょう。

合格のポイント！
lesson の内容と重要ポイントがすぐわかる。

① 測量法とは

測量法は、主に公共測量を行う場合の決まりや基準について定めたものです。測量について定めた最も基本的なルールであり、すべての土地の測量はこの方法により行われなければなりません。罰則もあります。測量士補の資格についてもここで定められています。なお、測量法の対象とする測量には、海岸や海底の測量は含まれません。

② 公共測量作業規程の準則とは

作業規程とは、公共測量を実施しようとするときに、測量計画機関がその測量に関し「　」「　測法」「計算法」などを定めるものです。測量目的に応じた作業規程を作成するための標準的な規準として、公共測量作業規程の準則（以下、「作業規程の準則」）が使われています。なお、測量士補試験の問題はほとんどここから出題されています。

赤シートで理解度チェック！
付属の赤シートでキーワードを隠せば、穴埋め問題としても使える。

覚える用語　測量計画機関　公共測量を計画する団体のことです。公共測量の性質上、都道府県・市町村がほとんどです。

40

覚える用語
lesson の内容理解に欠かせない用語を紹介。

ここが大事！
重要なポイントはここだ。試験前にはここだけチェック。

1章 測量法と公共測

③ 測量の目的　（測量法１条）

公共測量の性質上、正確さや公正さが求められます。そのため、測量法によって次の点が定められています。

ここが大事！

測量法はなぜ必要なのか？
①実施に必要な権能《けんのう》を定める ⬅ 手続きや責任の所在を明確にする
②重複《ちょうふく》を除く ⬅ 税金が使われるので無駄な測量は行えない
③正確さを確保する ⬅ 利権に関わる。測量成果は今後も使われる

計算方法も網羅！
測量士補試験で頻出の計算や公式については冒頭でまとめた。

④ 測量の定義（測量法３～６条）

測量士補試験の問題では、「測量」≒公共測量です。「測量」には地図の調製（地図編集）と測量用写真の撮影（写真測量）も含みますが、法律上では以下のように分けられます。

ラジアン

ハタチで就職
(20)
ろくに働かず
(62)
65 で定年
(65)

1 ラジアン [rad] は 2″× 10^5 で表されるがこれは、206265″（ニーマルロクニーロクゴー）を略したもの。
(→ p.28)

ゴロ合わせで覚えよう！
重要事項はゴロ合わせで覚えよう！

量士・補の試験や登録も行います。

※本書は、原則として令和５年８月現在の情報に基づいて編集しています。本書の編集基準日以降の法改正等は、本書最終ページに記載してある本書専用ブログアドレスから閲覧してください。
※本書で使用している過去問題は、国土交通省ウェブサイトに掲載された測量士補試験の問題を使用しています。なお、法改正等により、今後の出題可能性が高いものについては測量士試験の問題を使用しているほか、問題を一部変更しているものもあります。

CONTENTS

測量士補試験ガイダンス（例年）

❶ 試験日　5月第3日曜日（13：30～16：30／3時間）

❷ 受験資格　年齢・性別・学歴・実務経験等に関係なく、誰でも受験できます。

❸ 試験の内容

（1）測量に関する法規

（2）多角測量

（3）汎地球測位システム測量

（4）水準測量

（5）地形測量

（6）写真測量

（7）地図編集

（8）応用測量

❹ 試験方法　28問5肢択一による筆記試験（マークシート）

❺ 合格基準　1問当たり25点の700点満点のうち、450点以上（18問以上正解）で合格

❻ 受験手数料　2,850円（収入印紙による）

❼ 受験願書の交布　1月初旬に下記の場所で交付もしくは郵送で請求する。

- 国土地理院及び各地方測量部、沖縄支所
- 各都道府県の土木関係部局の主務課
- （公社）日本測量協会本部及び各支部

❽ 合格発表　7月

❾ その他　電卓の使用はできません。

※試験に関する事項は、変更される場合があります。必ずご自身で下記実施団体の公表する最新の情報をご確認ください。
〒305-0811　茨城県つくば市北郷1番
国土地理院総務部総務課　試験登録係
TEL　029-864-8214、8248
https://www.gsi.go.jp/LAW/SHIKEN/SHIKEN-top.htm

関数表

三角関数

度	sin	cos	tan	度	sin	cos	tan
0	0.00000	1.00000	0.00000				
1	0.01745	0.99985	0.01746	46	0.71934	0.69466	1.03553
2	0.03490	0.99939	0.03492	47	0.73135	0.68200	1.07237
3	0.05234	0.99863	0.05241	48	0.74314	0.66913	1.11061
4	0.06976	0.99756	0.06993	49	0.75471	0.65606	1.15037
5	0.08716	0.99619	0.08749	50	0.76604	0.64279	1.19175
6	0.10453	0.99452	0.10510	51	0.77715	0.62932	1.23490
7	0.12187	0.99255	0.12278	52	0.78801	0.61566	1.27994
8	0.13917	0.99027	0.14054	53	0.79864	0.60182	1.32704
9	0.15643	0.98769	0.15838	54	0.80902	0.58779	1.37638
10	0.17365	0.98481	0.17633	55	0.81915	0.57358	1.42815
11	0.19081	0.98163	0.19438	56	0.82904	0.55919	1.48256
12	0.20791	0.97815	0.21256	57	0.83867	0.54464	1.53986
13	0.22495	0.97437	0.23087	58	0.84805	0.52992	1.60033
14	0.24192	0.97030	0.24933	59	0.85717	0.51504	1.66428
15	0.25882	0.96593	0.26795	60	0.86603	0.50000	1.73205
16	0.27564	0.96126	0.28675	61	0.87462	0.48481	1.80405
17	0.29237	0.95630	0.30573	62	0.88295	0.46947	1.88073
18	0.30902	0.95106	0.32492	63	0.89101	0.45399	1.96261
19	0.32557	0.94552	0.34433	64	0.89879	0.43837	2.05030
20	0.34202	0.93969	0.36397	65	0.90631	0.42262	2.14451
21	0.35837	0.93358	0.38386	66	0.91355	0.40674	2.24604
22	0.37461	0.92718	0.40403	67	0.92050	0.39073	2.35585
23	0.39073	0.92050	0.42447	68	0.92718	0.37461	2.47509
24	0.40674	0.91355	0.44523	69	0.93358	0.35837	2.60509
25	0.42262	0.90631	0.46631	70	0.93969	0.34202	2.74748
26	0.43837	0.89879	0.48773	71	0.94552	0.32557	2.90421
27	0.45399	0.89101	0.50953	72	0.95106	0.30902	3.07768
28	0.46947	0.88295	0.53171	73	0.95630	0.29237	3.27085
29	0.48481	0.87462	0.55431	74	0.96126	0.27564	3.48741
30	0.50000	0.86603	0.57735	75	0.96593	0.25882	3.73205
31	0.51504	0.85717	0.60086	76	0.97030	0.24192	4.01078
32	0.52992	0.84805	0.62487	77	0.97437	0.22495	4.33148
33	0.54464	0.83867	0.64941	78	0.97815	0.20791	4.70463
34	0.55919	0.82904	0.67451	79	0.98163	0.19081	5.14455
35	0.57358	0.81915	0.70021	80	0.98481	0.17365	5.67128
36	0.58779	0.80902	0.72654	81	0.98769	0.15643	6.31375
37	0.60182	0.79864	0.75355	82	0.99027	0.13917	7.11537
38	0.61566	0.78801	0.78129	83	0.99255	0.12187	8.14435
39	0.62932	0.77715	0.80978	84	0.99452	0.10453	9.51436
40	0.64279	0.76604	0.83910	85	0.99619	0.08716	11.43005
41	0.65606	0.75471	0.86929	86	0.99756	0.06976	14.30067
42	0.66913	0.74314	0.90040	87	0.99863	0.05234	19.08114
43	0.68200	0.73135	0.93252	88	0.99939	0.03490	28.63625
44	0.69466	0.71934	0.96569	89	0.99985	0.01745	57.28996
45	0.70711	0.70711	1.00000	90	1.00000	0.00000	＊＊＊＊＊

平方根

	√		√
1	1.00000	51	7.14143
2	1.41421	52	7.21110
3	1.73205	53	7.28011
4	2.00000	54	7.34847
5	2.23607	55	7.41620
6	2.44949	56	7.48331
7	2.64575	57	7.54983
8	2.82843	58	7.61577
9	3.00000	59	7.68115
10	3.16228	60	7.74597
11	3.31662	61	7.81025
12	3.46410	62	7.87401
13	3.60555	63	7.93725
14	3.74166	64	8.00000
15	3.87298	65	8.06226
16	4.00000	66	8.12404
17	4.12311	67	8.18535
18	4.24264	68	8.24621
19	4.35890	69	8.30662
20	4.47214	70	8.36660
21	4.58258	71	8.42615
22	4.69042	72	8.48528
23	4.79583	73	8.54400
24	4.89898	74	8.60233
25	5.00000	75	8.66025
26	5.09902	76	8.71780
27	5.19615	77	8.77496
28	5.29150	78	8.83176
29	5.38516	79	8.88819
30	5.47723	80	8.94427
31	5.56776	81	9.00000
32	5.65685	82	9.05539
33	5.74456	83	9.11043
34	5.83095	84	9.16515
35	5.91608	85	9.21954
36	6.00000	86	9.27362
37	6.08276	87	9.32738
38	6.16441	88	9.38083
39	6.24500	89	9.43398
40	6.32456	90	9.48683
41	6.40312	91	9.53939
42	6.48074	92	9.59166
43	6.55744	93	9.64365
44	6.63325	94	9.69536
45	6.70820	95	9.74679
46	6.78233	96	9.79796
47	6.85565	97	9.84886
48	6.92820	98	9.89949
49	7.00000	99	9.94987
50	7.07107	100	10.00000

計算問題を解くための基礎

測量士補試験で出題される計算問題には数学の基礎知識が欠かせません。以下のページでは測量士補試験で必要となる公式等の計算ツールを紹介します。

1 角度の四則計算

Point

- 角度は 60 進法です。度分秒の換算と四則計算に注意しましょう。

1. 角度

測量では角度を度（°）、分（′）、秒（″）で表します。円は 1 周 360° です。

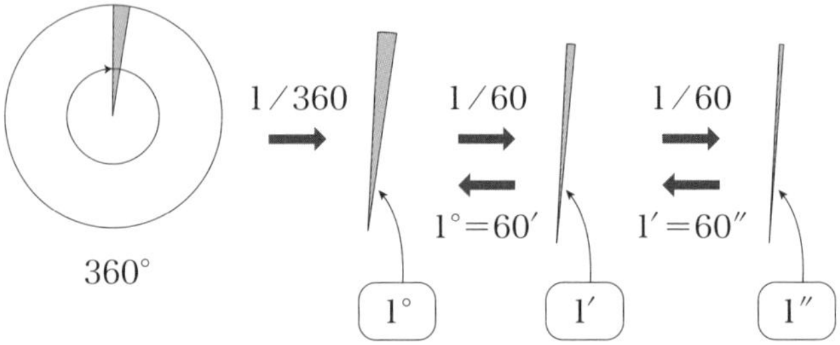

円の 1 周の 1/360 が 1 度です。1 度の 1/60 が 1 分なので、1 度は 60 分となります。また、1 分の 1/60 が 1 秒なので、1 分は 60 秒となります。

① °′″（度分秒）から″（秒）の換算

11° 34′ 56″を秒に換算するとします。まずは度の位を分に換算します。

$11 \times 60' = 660'$

分に換算した度の位（660′）を分の位に足し、秒に換算します。

$(34 + 660) \times 60'' = 694 \times 60'' = 41640''$

秒に換算した分の位（41640″）を秒の位に足します。

41640″ ＋ 56″ ＝ 41696″

②″（秒）から°′″（度分秒）の換算

41696″を度分秒に換算するとします。まず、分秒に換算します。

41696″ ÷ 60 ＝ 694 あまり 56 ＝ 694′ 56″

秒の位（56″）は置いておいて、分の位を度分に換算します。

694′ ÷ 60 ＝ 11 あまり 34 ＝ 11° 34′ 56″

③°′″（度分秒）から″（度）の換算（10 進法換算）

11° 34′ 56″を度に換算します。まず、分の位を秒に換算します。

34 × 60″ ＝ 2040″

秒に換算した分の位（2040″）を秒の位に足します。

56″ ＋ 2040″ ＝ 2096″　11° 34′ 56″は 11°と 2096″とわかります。

最後に 2096″を度に換算します。1°は 3600″ですので

2096 ÷ 3600 ＝ 0.58222°

11° ＋ 0.58222° ＝ 11.58222°

2. 足し算

●例 12° 34′ 56″ ＋ 4° 56′ 7″ の計算

	度の位	分の位	秒の位
	12°	34′	56″
＋	4°	56′	7″
			63″

	度の位	分の位	秒の位
		1′ ←繰り上げ	
	12°	34′	56″
＋	4°	56′	7″
			3″
			~~60″~~

	度の位	分の位	秒の位
		1′	
	12°	34′	56″
＋	4°	56′	7″
		91′	3″

	度の位	分の位	秒の位
	1° ←繰り上げ		
	12°	34′	56″
＋	4°	56′	7″
		31′	3″
		~~60′~~	

この場合、解答は 17° 31′ 3″ となります。

足し算は°′″の位ごとに区切り計算をします。秒の位から計算を始め、各位で 60 以上の場合に繰り上がります。度数の引き算・かけ算・割り算の基本となります。

3. 引き算

引き算も°′″の位ごとに区切り、計算をします。秒の位から計算を始め、各位で引く数が引かれる数より大きい場合（引けない場合）には繰り下げて（借りてきて）計算していきます。

●例 12° 34′ 56″ − 4° 56′ 57″ の計算

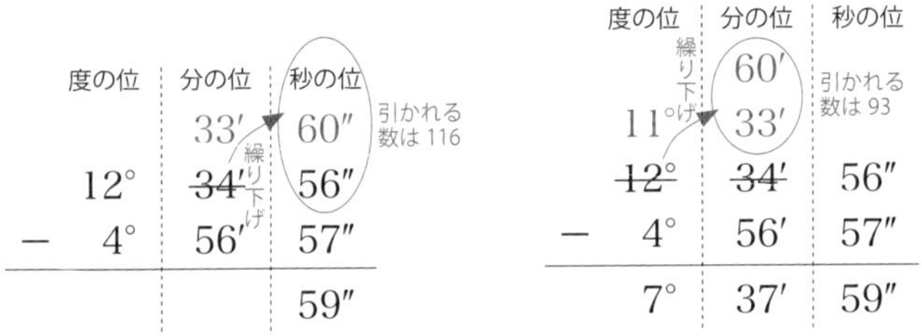

4. かけ算

かけ算は°′″の位ごとに区切り、かけてから足し算をします。測量士補試験では、かける数が 1 桁の計算ができれば十分です。

かける数が大きい場合はいったん秒に換算してから計算することもありますが、測量士補試験で必要になることはあまりありません。

●例 12° 34′ 56″ × 2 の計算

°′″の位ごとにかけ算をします。

12° × 2 = 24°

34′ × 2 = 68′ = 1° 8′

56″ × 2 = 112″ = 1′ 52″

こうして出てきた数字を足します。

	24°		
	1°	8′	
＋		1′	52″
	25°	9′	52″

5. 割り算

割り算は°′″の位ごとに区切り、秒単位に換算してから割り算をし、°′″に直します。位ごとに割って計算してから足す方法もありますが、この方法であれば割る数が大きくなっても対応できます。

こちらもかけ算と同じく、割る数が1桁の計算ができれば十分です。

●例 $11°\ 34'\ 56'' \div 3$ の計算

位ごとに秒に換算します。

$11 \times 60' = 660'$

$(34 + 660) \times 60'' = 694 \times 60'' = 41640''$

$41640'' + 56'' = 41696''$

これを割ります。

$41696'' \div 3 = 13899''$（小数点以下は四捨五入します）

°′″の位ごとに秒に換算します。

秒の位だけになっているので分秒に換算します。

$13899'' \div 60 = 231$ あまり $39 = 231'\ 39''$

秒の位（39″）は置いておいて、分の位を度分に換算します。

$231' \div 60 = 3$ あまり $51 = 3°\ 51'$　よって、$3°\ 51'\ 39''$

2 累乗

Point

- X^n（エックスのエヌじょうと読みます）などで表される数値です。この n のことを指数と呼び、うまく使うと計算がとても楽になります。逆に使い方を知らないと思いのほか計算に時間がかかったり、ミスしやすくなったりしてしまいます。コツをつかんで計算しましょう。

1. 累乗

同じ数を順次にかけ合わせることやその数値のことです。数の右上に小さく表示した数値を指数と呼び、かけ算した回数を意味します。

X^2 は X を2回かけ算するという意味なので $X \times X$

X^3 は X を 3 回かけ算するという意味なので $X \times X \times X$

X に数字を入れてみると

3^2 は 3 を 2 回かけ算するという意味なので $3 \times 3 = 9$

3^3 は 3 を 3 回かけ算するという意味なので $3 \times 3 \times 3 = 27$

2.　10^n の使い方

累乗の例と同様に 10^2 は 10 を 2 回かけ算するという意味なので

$10 \times 10 = 100$

10^3 は 10 を 3 回かけ算するという意味なので $10 \times 10 \times 10 = 1000$

この 10 の累乗は指数の数だけ「0」がつく数になります。

1.2.3.4.5

$$10^5 = 100000$$

このため、2.4×10^5 のようなかけ算の場合には「0」の数だけ小数点を移動すれば簡単に計算できます。

$\times 10^5$ なので右に 5 つ小数点を移動し、隙間にゼロを入れると計算完了です。

2.4 0 0 0 0.

1. 2. 3. 4. 5.

$= 240000$

3.　10^{-n} の使い方

指数が－になることもあります。測量士補試験では－になる指数は 10^{-n} だけ使えれば十分です。

10^{-2} は 10 を 2 回かけ算した数の逆数という意味なので

$10 \times 10 = 100$

逆数にして

$$10^{-2} = \frac{1}{100} = 0.01$$

この 10 の－ n 乗は指数の数だけ「0」がつく小数になります。

1. 2. 3. 4. 5

$$10^{-5} = 0.00001$$

2.4×10^{-5} のようなかけ算の場合には「0」の数だけ小数点を移動すれば簡単に計算できます。ただし小数をかけることになるので、動かす方向は 10^{n} と逆になります。

$\times 10^{-5}$ なので 5 つ小数点を左に移動します。

0.0 0 0 0 2.4

5. 4. 3. 2. 1

小数点の左と隙間にゼロを入れると計算完了です。

$= 0.000024$

3　平方根

Point

- $\sqrt{\ }$（ルートと読みます）の記号で表される数値です。苦手意識を持っている人もいるかもしれませんが、簡単な決まりと使い方さえ理解していれば試験に対応できます。

1.　平方根

平方根（$\sqrt{\ }$）は「同じ数字を 2 回かける（2 乗する）と、ある数字になる」ということを記号で示すものです。

$\sqrt{4}$ は何かを 2 乗すると 4 になる数字という意味です。

2×2 は 4 なので、 $\sqrt{4} = 2$ となります。

記号で表してみると

$$\sqrt{a} \times \sqrt{a} = a = (\sqrt{a})^2$$

となり、a にどのような数字が入ってもこの式が成立します。必要な場合は、関数表から数字を探してくることで数値がわかります。

平方根の関数表は本書 9 ページにあります。

関数表

三角関数

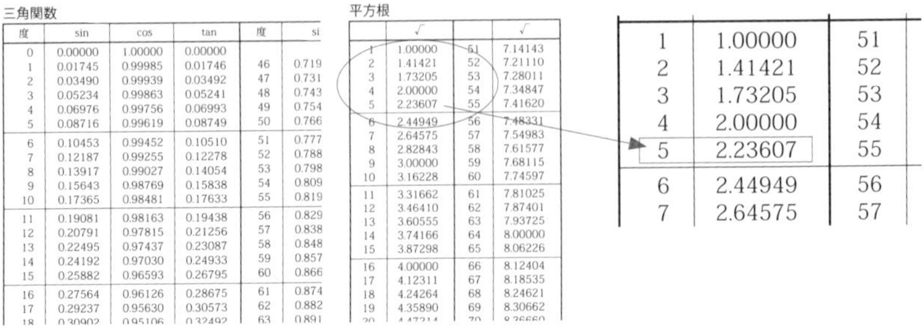

度	sin	cos	tan	度	si
0	0.00000	1.00000	0.00000		
1	0.01745	0.99985	0.01746	46	0.719
2	0.03490	0.99939	0.03492	47	0.731
3	0.05234	0.99863	0.05241	48	0.743
4	0.06976	0.99756	0.06993	49	0.754
5	0.08716	0.99619	0.08749	50	0.766
6	0.10453	0.99452	0.10510	51	0.777
7	0.12187	0.99255	0.12278	52	0.788
8	0.13917	0.99027	0.14054	53	0.798
9	0.15643	0.98769	0.15838	54	0.809
10	0.17365	0.98481	0.17633	55	0.819
11	0.19081	0.98163	0.19438	56	0.829
12	0.20791	0.97815	0.21256	57	0.838
13	0.22495	0.97437	0.23087	58	0.848
14	0.24192	0.97030	0.24933	59	0.857
15	0.25882	0.96593	0.26795	60	0.866
16	0.27564	0.96126	0.28675	61	0.874
17	0.29237	0.95630	0.30573	62	0.882
18	0.30902	0.95106	0.32492	63	0.891

平方根

	√		√
1	1.00000	51	7.14143
2	1.41421	52	7.21110
3	1.73205	53	7.28011
4	2.00000	54	7.34847
5	2.23607	55	7.41620
6	2.44949	56	7.48331
7	2.64575	57	7.54983
8	2.82843	58	7.61577
9	3.00000	59	7.68115
10	3.16228	60	7.74597
11	3.31662	61	7.81025
12	3.46410	62	7.87401
13	3.60555	63	7.93725
14	3.74166	64	8.00000
15	3.87298	65	8.06226
16	4.00000	66	8.12404
17	4.12311	67	8.18535
18	4.24264	68	8.24621
19	4.35890	69	8.30662
20	[illegible]	70	[illegible]

1	1.00000	51
2	1.41421	52
3	1.73205	53
4	2.00000	54
5	2.23607	55
6	2.44949	56
7	2.64575	57

$\sqrt{4}$は 2 になっています。また、すぐ下の$\sqrt{5}$は 2.23607 です。

電卓などで 2.23607 × 2.23607 を計算してみると 5.0000090…で≒ 5 となるはずです。

基本的には関数表を利用すればいいのですが、関数表は 1 ～ 100 までしかありませんので、100 を超える場合や 1 よりも小さい場合はひと工夫必要になります。

関数表にない平方根を求めたい場合は、ルートの中を 2 つに分けて考えます。

平方根には

$\sqrt{A \times B} = \sqrt{A} \times \sqrt{B}$

という性質があります。たとえば$\sqrt{18}$について考えてみましょう。

$\sqrt{18} = \sqrt{2} \times \sqrt{9}$ あるいは $\sqrt{18} = \sqrt{3} \times \sqrt{6}$

関数表から、$\sqrt{18} = 4.24264$ です。

$4.24264 = 1.41421 \times 3$　　$4.24264 = 1.73205 \times 2.44949$

という式が成立することがわかります。

2.　100 よりも大きい数の例

$\sqrt{5000}$ を例に計算してみましょう。

$\sqrt{5000} = \sqrt{50} \times \sqrt{100}$

関数表より

$\sqrt{5000} = 7.07107 \times 10$

$\quad\quad = 70.7107$

すきがけ

の等式は分母と分子をたすきがけしても等式になる性質があり
分数の等式で知りたい数が分母にあるときに使いやすいです。

$$= \frac{d}{c} \rightarrow a \times d = b \times c$$

えば $\frac{7}{27} = \frac{2}{X}$ を X＝の式にしたい場合、次のようにします。

$$= \frac{2}{X} \rightarrow 27 \times 2 = 7X$$

=の式にするために両辺を7で割ると

$$\frac{\times 2}{7} = \frac{7X}{7} \rightarrow \frac{27 \times 2}{7} = X$$

辺と左辺を入れ替えて X を左辺に持ってくると

$$= \frac{27 \times 2}{7} = \frac{54}{7} = 7.714$$

. $\frac{1}{○○}$ にする

測量では縮尺を求めるため、数を $\frac{1}{○○}$ という形にするとわかりやすことがあります。分数の分母と分子を分子で割ると簡単に $\frac{1}{○○}$ の形なります。

たとえば $\frac{7}{10027}$ を例に計算してみます。分母と分子を分子で割ります。

$$\frac{7 \div 7}{10027 \div 7} = \frac{1}{10027 \div 7} = \frac{1}{1432}$$

図上のスケールから地形図の縮尺を求める問題などで使います。

3. 1よりも小さい数の例

$\sqrt{0.39}$ を例に計算してみましょう。

$\sqrt{0.39}=\sqrt{39}\times\sqrt{0.01}$

関数表より

$\sqrt{0.39}=6.24500\times\sqrt{0.01}$

$\sqrt{0.01}$ にひっかかるかもしれませんが、同し
味なので、0.1×0.1 が 0.01 と考えれば

$\sqrt{0.01}=0.1$ です。

$\sqrt{0.39}=6.24500\times 0.1=0.624500$

関数表にないルートがあったら√ の中を分け
しましょう。

4 分数の性質

Point

- 分数の四則計算はできる人も多いと思います。
則計算のほかに分数の性質を利用すると答えに近
たくさんあります。上手く使いこなして計算問題に

1. 両辺に同じ数をかける

分数の分子を求める場合や、式の組み替えの際に使い

たとえば $\frac{7}{27}=\frac{X}{54}$ という等式で、X を求めたい場合
かけます。

$$\frac{7\times 54}{27}=\frac{X\cancel{\times 54}}{\cancel{54}} ➡ \frac{7\times 54}{27}=X$$

右辺と左辺を入れ替えて X を左辺に持ってくると

$$X=\frac{7\times 54}{27}=14$$

5　三平方の定理

Point

- 三平方の定理は直角三角形の辺の長さを求めるために使います。ピタゴラスの定理・鉤《こう》股《こ》弦《げん》の定理などとも呼ばれます。平方とは2乗のことです。この定理の応用が正弦定理や余弦定理になります。証明できる必要はありません。測量士補試験では最も使われる定理ですので、しっかり身につけましょう。

1.　三平方の定理

三平方の定理は直角三角形で成立する定理です。直角三角形では、直角の反対側になる辺（斜辺）が1番長くなります。

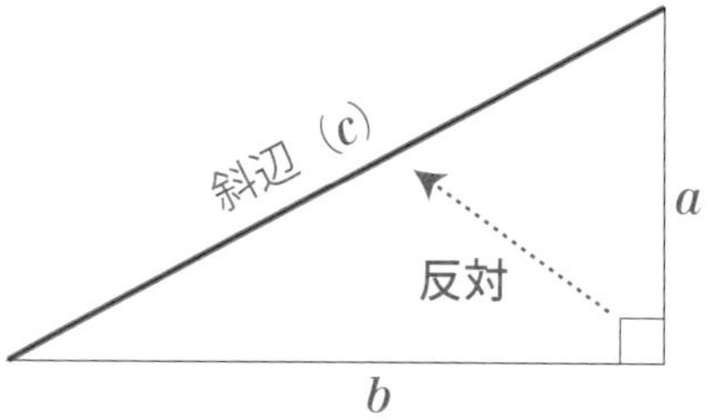

三平方の定理はこの斜辺の長さの2乗が他の2辺それぞれを2乗して足したものに等しいという決まりです。3回2乗するので三平方と呼びます。

斜辺の長さを c とし、他の2辺の長さをそれぞれを a、b とすると
$c^2 = a^2 + b^2$ となります。
たとえば c を求めたい場合、両辺を平方根にすることで

$$\sqrt{c^2} = \sqrt{a^2 + b^2}$$

$\sqrt{\ }$ と ^{2} が打ち消し合うので

$$c = \sqrt{a^2 + b^2}$$

となり、この形で計算することが多くなります。この形を使いこなすことができれば、ほとんどの問題に対応できます。

2.　平方根の計算の例

次のような直角三角形で c を求めてみます。

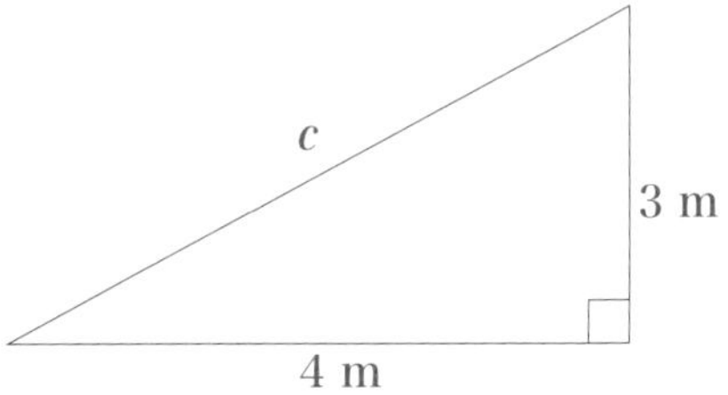

$$
\begin{aligned}
c &= \sqrt{3^2 + 4^2} \\
&= \sqrt{9 + 16} \\
&= \sqrt{25} = 5
\end{aligned}
$$

このように計算でき、c は 5m ということがわかります。$\sqrt{25}$ は関数表でも引くことができます。

6 相似

Point

- 相似とは、形が同じで大きさの違う図形のことをいいます。測量士補試験では傾斜地の位置関係や写真の縮尺を求める際に使います。使用頻度の多い重要な考え方ですが、決まった形の相似図形しか出題されませんので、次の２つのパターンだけ使えれば大丈夫です。

1.　直角三角形の相似

水準測量や地形測量でよく使います。

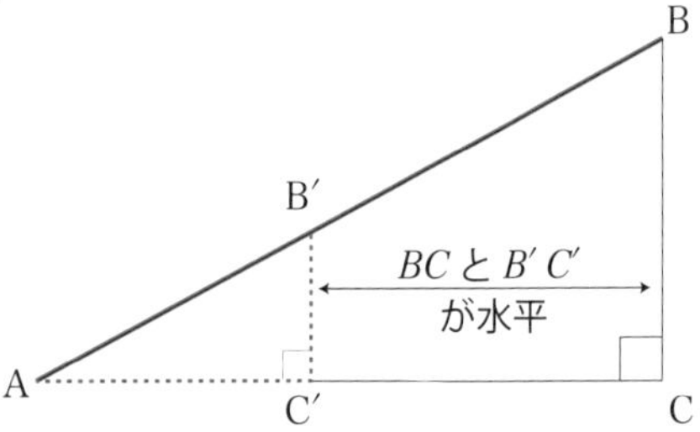

右の図において、大きな三角形 ABC と小さな三角形 AB′C′ は相似です。このような図形では、辺の長さの比が同じになります。

AC と AC′ の長さの割合は、CB と C′B′、AB と AB′ と同じになります。たとえば AC が AC′ の 2 倍の長さだとすると、AB も AB′ の 2 倍の長さになるという意味です。

：（対）の記号を使った式では

AC：AC′ ＝ CB：C′B′

AC：AC′ ＝AB：AB′

CB：C′B′ ＝AB：AB′

このように書きます。このような比の等式には「内側の数値をかけたものと、外側の数値をかけたものは同じになる」決まりがあります。

$$AC : AC' = CB : C'B'$$

$$AC' \times CB = AC \times C'B'$$

この決まりを使うと、三角関数などを使わずに長さがわかります。たとえば AC′ の長さが知りたい場合は、両辺を CB で割り、CB/CB は 1 ですので

$$AC' \times CB = AC \times C'B'$$

$$\frac{AC' \times \cancel{CB}}{\cancel{CB}} = \frac{AC \times C'B'}{CB}$$

$$AC' = \frac{AC \times C'B'}{CB}$$

AC′ ＝の式を作ることができます。

次のような図形で h を求めたい場合は

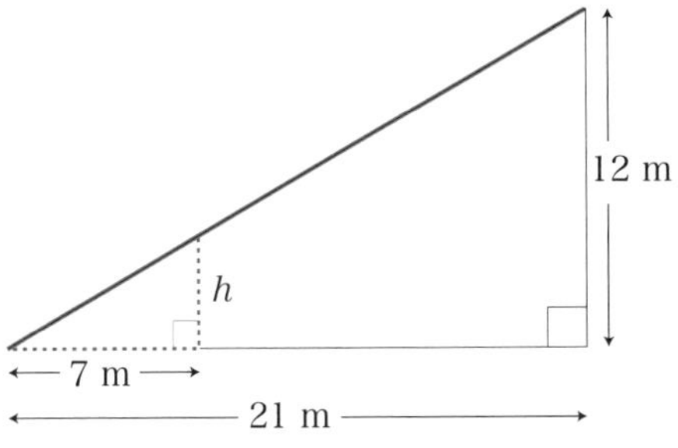

$$21 : 7 = 12 : h$$

$$7 \times 12 = 21 \times h$$

このまま計算してしまってもいいのですが、先に式を組み替えてみると、

$$\frac{7 \times 12}{21} = \frac{\cancel{21} \times h}{\cancel{21}}$$

$$h = \frac{7 \times 12}{21} = \frac{84}{21} = 4$$

h は 4 mとわかりました。直角三角形に平行線を 1 本描いて、比で長さを求めるこのツールはぜひ使えるようになっておきましょう。

2.　二等辺三角形の相似

写真測量でよく使います。右の図で大きな三角形と小さな三角形は相似です。

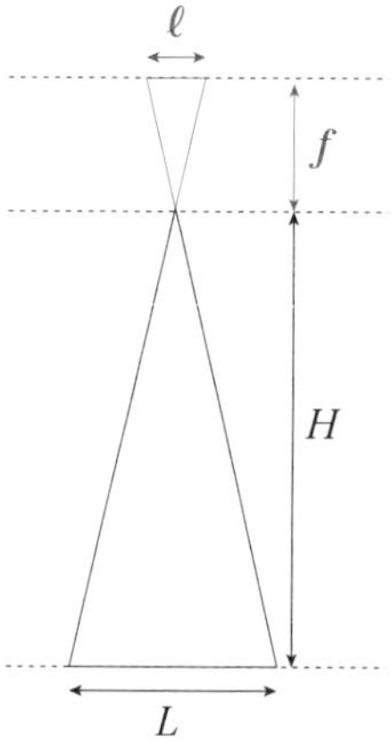

このような図形では底辺と高さの比が同じになります。

L と H の長さの割合は、ℓ と f の長さの割合と同じになります。

例えば f が ℓ の 2 倍の長さだとすると、H も L の 2 倍の長さになるという意味です。

：（対）の記号を使った式では

$L : H = \ell : f$

で表されます。

次のような図形で H を求めたい場合は

$280 : H = 1 : 2$

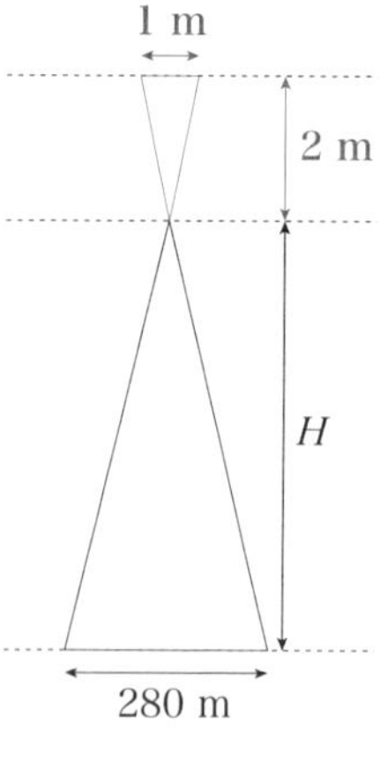

$$280 : H = 1 : 2$$

$H \times 1 = 280 \times 2$

$H = 280 \times 2 = 560$

H は 560 m とわかりました。ここで使われている図は、航空カメラで地上を撮影した際の模式図です。6 章の写真測量では問題に合わせた具体的な使い方を学びます。

7 内角の和

Point

- 多角形の内角の和（内側の角度の合計）は決まっています。三角形と四角形だけ覚えておけば十分です。簡単な決まりですが使う場面は多いです。

1. 三角形の内角の和

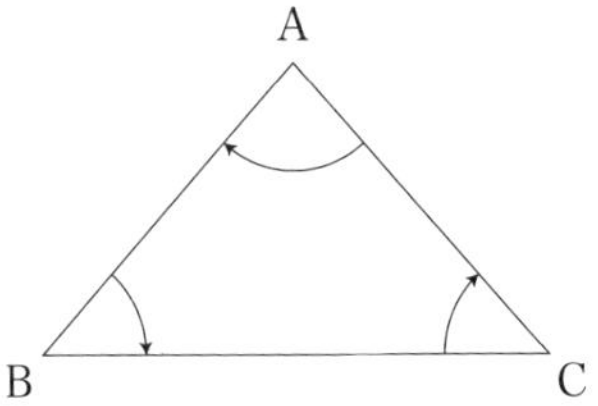

三角形の内角の和は 180° です。

$\angle A + \angle B + \angle C = 180^\circ$

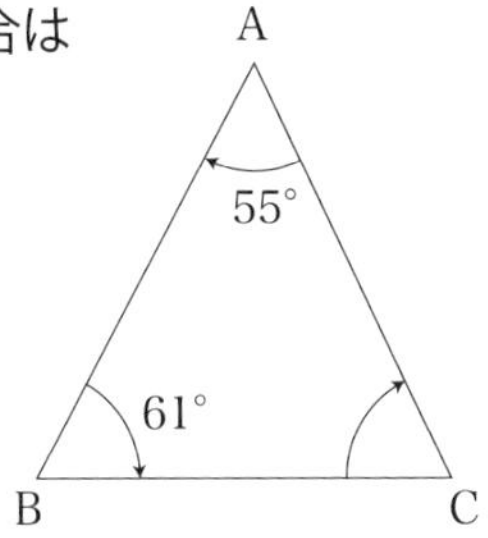

次のような三角形で C の内角が知りたい場合は

$55^\circ + 61^\circ + \angle C = 180^\circ$

$\angle C = 180^\circ - 55^\circ - 61^\circ$

$= 64^\circ$

2. 四角形の内角の和

四角形の場合、内角の和は 360° となります。

8 三角関数

Point

- 三角関数は直角三角形の図形の性質から、辺の長さや角度を求める考え方です。解答のツールとして測量士補試験では必須です。難しく考えず、「使い方」だけ身につければ十分です。

1.　三角関数

関数というと難しく感じますが、角度や長さを求めるツールとして基本と「使い方」だけ知っておけば測量士補試験の問題を解くには十分です。

三角関数は sin（サイン）cos（コサイン）tan（タンジェント）という記号を使い、直角三角形の辺の長さの比を表しています。

左下の角度を θ（シータ）としたときに次のようになります。

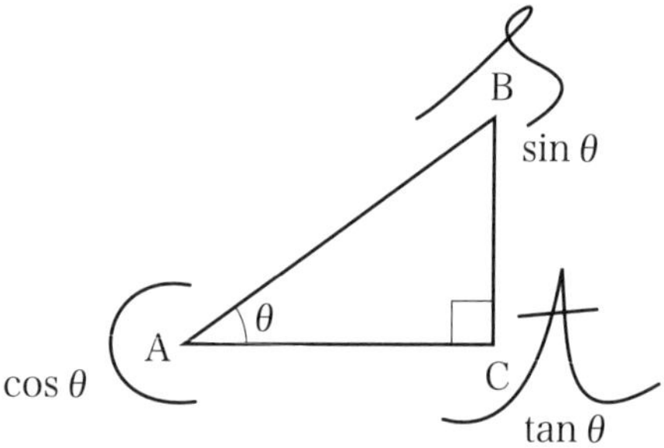

$$\sin\theta = \frac{BC}{AB}$$

$$\cos\theta = \frac{AC}{AB}$$

$$\tan\theta = \frac{BC}{AC}$$

$\sin\ \theta$ は $\dfrac{高さ}{斜辺}$　　$\cos\ \theta$ は $\dfrac{底辺}{斜辺}$　　$\tan\ \theta$ は $\dfrac{高さ}{底辺}$

問題でこの計算をすることは少なく、付属の関数表にある数値を使えれば、ほとんどの問題は解けます。

2.　測量士補試験における三角関数の使い方

①　斜辺から高さ・底辺の長さを求める

一番多い使い方は、斜辺（直角の反対側の一番長い辺）の長さと角度がわかっていて、高さ・底辺の長さを求める場合です。

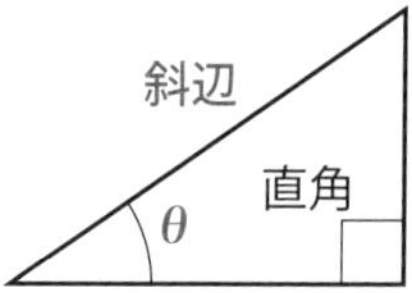

高さを求めたい場合は斜辺に $\sin\ \theta$ をかける

底辺を求めたい場合は斜辺に $\cos\ \theta$ をかける

たとえば、次のような三角形で高さと底辺を求める場合は

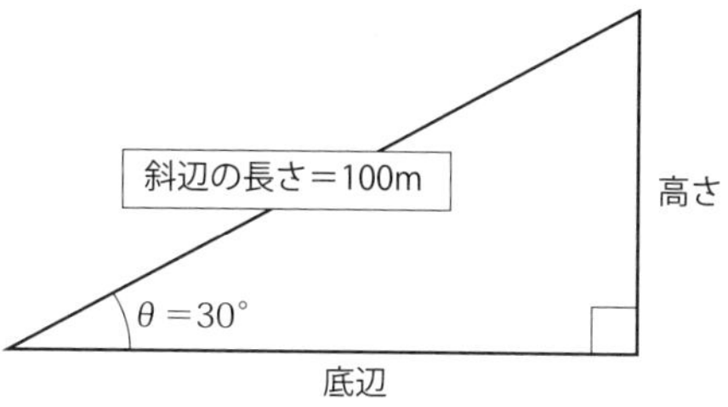

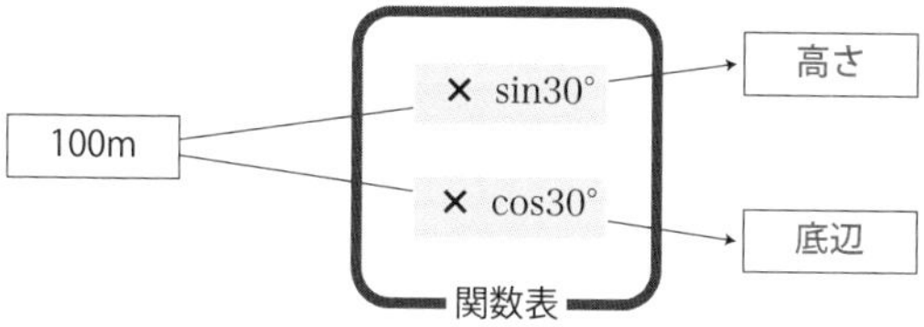

試験で問題に付いてくる関数表は左から sin cos tan の順に並んでいます。

	sin	cos	tan				
23	0.39073	0.92050	0.42447	68	0.92718	0.37461	2.47509
24	0.40674	0.91355	0.44523	69	0.93358	0.35837	2.60509
25	0.42262	0.90631	0.46631	70	0.93969	0.34202	2.74748
26	0.43837	0.89879	0.48773	71	0.94552	0.32557	2.90421
27	0.45399	0.89101	0.50953	72	0.95106	0.30902	3.07768
28	0.46947	0.88295	0.53171	73	0.95630	0.29237	3.27085
29	[illegible]	[illegible]	[illegible]	74	0.96126	0.27564	3.48741
30	0.50000	0.86603	0.57735	75	0.96593	0.25882	3.73205
31	0.51504	0.85717	0.60086	76	0.97030	0.24192	4.01078
32	0.52992	0.84805	0.62487	77	0.97437	0.22495	4.33148
33	0.54464	0.83867	0.64941	78	0.97815	0.20791	4.70463

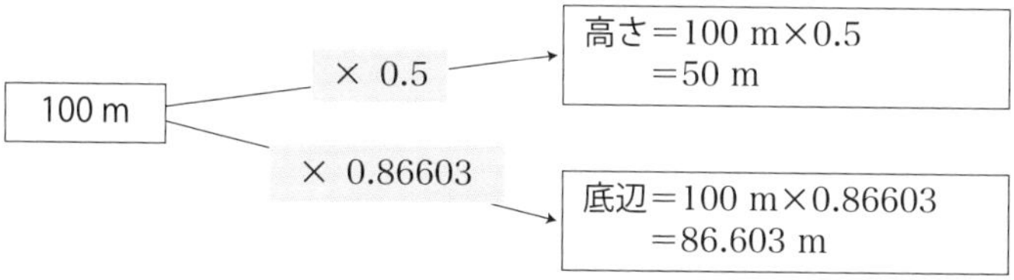

この手順で斜辺から高さと底辺が求められます。
縦は sin（サイン）、横は cos（コサイン）と覚えておきましょう。

② 公式の中で使う

測量士補試験で使う三角関数の公式には「正弦定理」と「余弦定理」があります。

【正弦定理】

三角形において向かい合う辺と角を図のようにしたとき、次の公式が成立します。大きい角度と向かい合う辺は大きくなるというイメージです。この定理は直角三角形に限らず三角形であれば成立します。大文字が角度、小文字が辺の長さを表します。

二角とその挟む辺がわかれば、この図で示すそれぞれの数値を当てはめることで計算できます。

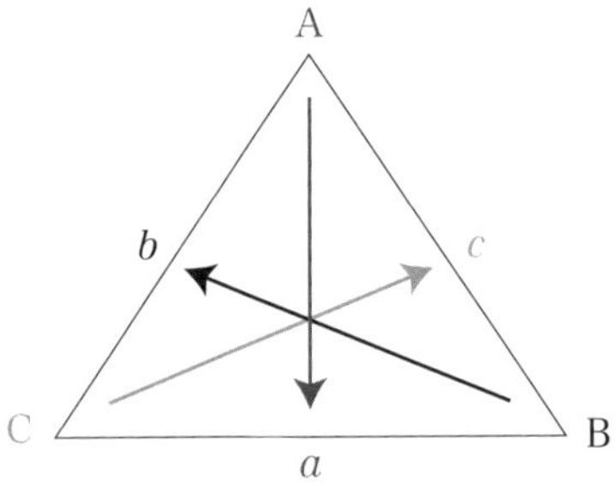

$$\frac{a}{\sin A} = \frac{b}{\sin B} = \frac{c}{\sin C}$$

A、B、Cは、それぞれ
$\angle A$、$\angle B$、$\angle C$の大きさを表す

求めたい部分によって、このうち 2 つの項を使います。

$$\frac{a}{\sin A} = \frac{b}{\sin B} = \frac{c}{\sin C}$$ ここだけ使う場合と

$$\frac{a}{\sin A} = \frac{b}{\sin B} = \frac{c}{\sin C}$$ ここだけ使う場合と

$$\frac{a}{\sin A} = \frac{b}{\sin B} = \frac{c}{\sin C}$$ ここと ここを使う場合があります。

【余弦定理】

正弦定理と同じく、三角形において向かい合う辺と角を図のようにしたとき、次の公式が成立します。二辺の長さとその挟む角がわかるともう一辺の長さがわかるという式です。大文字が角度、小文字が辺の長さを表します。

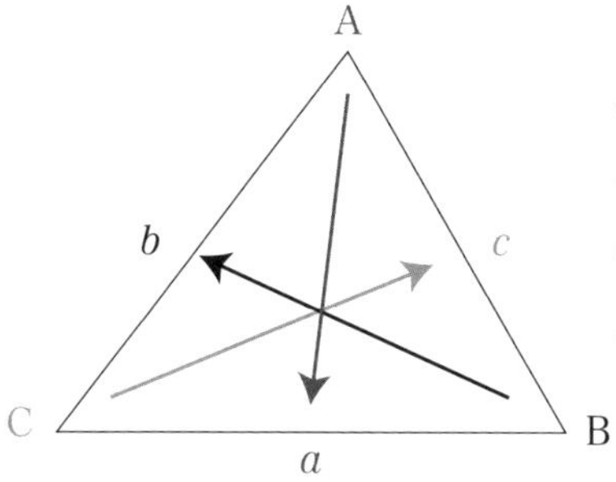

$$a^2 = b^2 + c^2 - 2bc \cdot \cos A$$

$$b^2 = c^2 + a^2 - 2ca \cdot \cos B$$

$$c^2 = a^2 + b^2 - 2ab \cdot \cos C$$

$$a = \sqrt{b^2 + c^2 - 2bc \cdot \cos A}$$

二辺とその挟む角度がわかれば、この図で示すそれぞれの数値を当てはめることで計算できます。

二角と挟む辺がわかる ➡ 正弦定理

二辺と挟む角がわかる ➡ 余弦定理　　と覚えておきましょう。

9　ラジアン

Point

- ラジアンは円の性質です。円と円弧の長さの性質ですが、難しく考えず、「使い方」だけ身につければ十分です。

1.　ラジアンとは

円において、半径と円弧の長さが同じになるときの角度が 1［rad］（1 ラジアン）です。角度に換算すると約 57.3°になります。この角度は 1 円玉のような小さな円でも、道路のような大きなカーブでも変わりません。

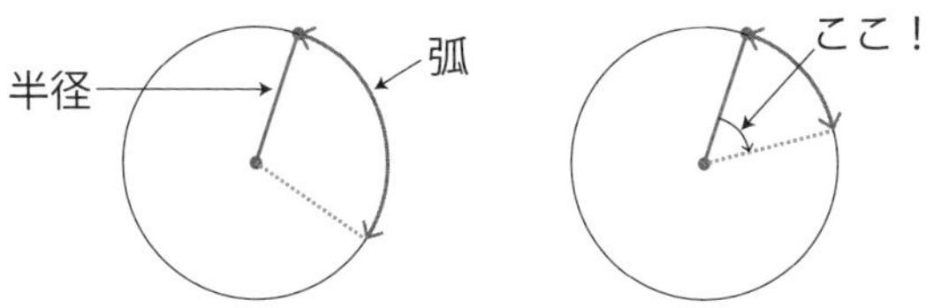

半径の長さと弧の長さが同じになるときの中心角

1［rad］＝約 57.3°

1°は60′（分）、1分は60″（秒）なので、1［rad］は3438′、206265″になります。測量士補の計算問題によく出てくる「ただし1ラジアン＝2″×10^5」というのは206265″を略したものです。この1[rad]＝206265″（ニーマルロクニーロクゴー）は覚えておくと何かと便利です。

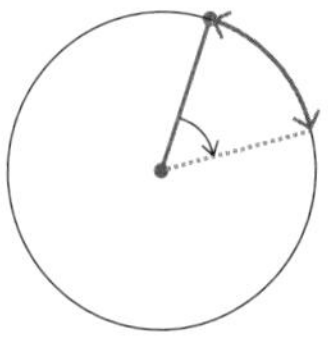

1［rad］＝約57.3°

$$\frac{180^\circ}{\pi} = 3438' = 206265'' \fallingdotseq 200000''$$

2. ラジアンの使い方

ラジアンは円弧の長さと中心角の比例で使います。半径にあたる部分の長さが大きい場合には円弧を直線として扱うこともあります。

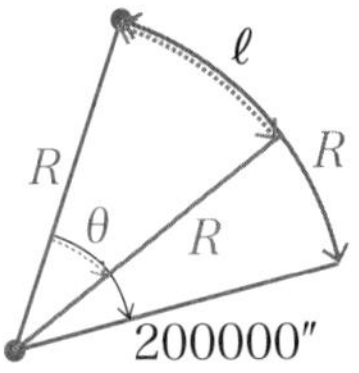

原理：円弧（R：ℓ）の長さは中心角に比例する

200000″：R＝θ：ℓ

計算問題として地形測量でよく出題されます。5章地形測量のlesson6で解説します。

10 測量の平面座標

Point

- 測量では、位置を表すために座標を使います。数学とは異なった使い方がメインですので測量の座標に慣れておきましょう。

座標値

位置を表す数値が座標です。地球は球面で、座標は平面ですので必ずゆがみがでます。

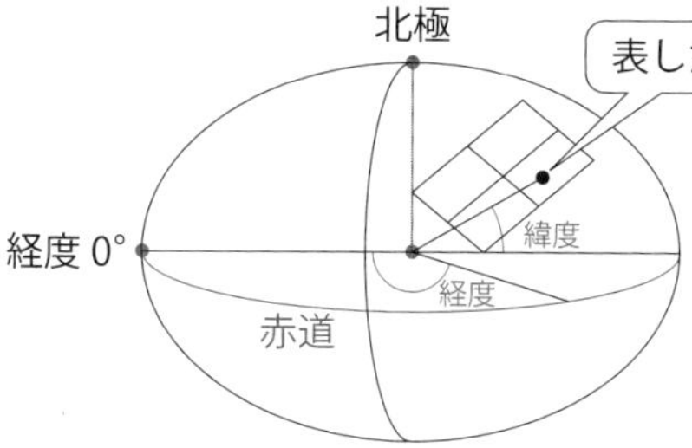

数学とはX・Yが逆なので注意しましょう。原点を基準にX座標値は上方向が＋、下方向が－、Y座標値は右方向が＋、左方向が－なのは数学と一緒です。

座標がわかっている点＝既知点（三角点・基準点ともいう）からの距離がわかれば新しい点の座標値がわかります。

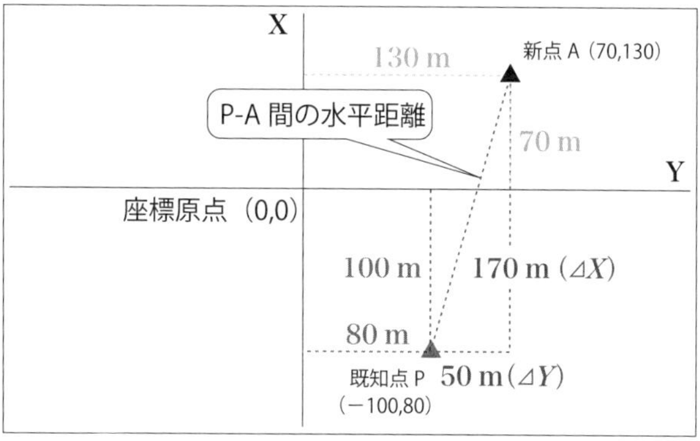

たとえば、図のように座標がX=－100m、Y=＋80mの点Pを基準として、新しい点Aが、PからXが＋170m、Yが＋50mの位置にあるとすると、新点AのX座標値は－100m＋170mで70m

Y座標値は＋80m＋50mで130m

となります。

測量では角度と距離から既知点と新点の座標値の差を求め、既知点の座標値に足し引きすることで新点の座標値を求めます。

11 距離の単位

Point

- 測量では、単位の換算を行う必要があります。それぞれを換算しないと正しい数値が求められませんので、ここで整理しておきましょう。

1. m（メートル）

m（メートル）は距離の基本単位です。測量は通常この単位で行います。

1000 mm = 100 cm = 1m

2. mm（ミリメートル）

mm（ミリメートル）は距離の単位です。

0.001 m = 0.1 cm = 1 mm

3. cm（センチメートル）

cm（センチメートル）は距離の単位です。測量は通常この単位で行いませんが、日常生活に浸透している単位であり、定規で測りやすいスケールなので解答で使うことがあります。

0.01 m = 10 mm = 1 cm

4. μm（マイクロメートル）

μm（マイクロメートル）は距離の単位です。μは 10^{-6} という意味があり、日常生活の感覚からするとわずかな長さです。

1 μm = 0.000001 m

1 m = 1000000 μm

12 縮尺

Point

- 地図に必要な要素として縮尺と方位があります。縮尺がわかると地図を見て、実際の長さがわかります。現在では地図が電子化されており、自在に拡大縮小できることから、地図情報レベルとして表示されることが多くなりました。

縮尺は、実際の距離や地物を地図に小さく表したときの縮小した割合のことです。

覚える用語

地図情報レベル　電子化された地図において、縮尺の代わりに、地図の精度を表す値として示されます。例えば、地図情報レベル 1000 は 1/1000 の地図と同じ程度の精度ということです。画面上で拡大しても地図自体の精度が上がるわけではありません。

$$\frac{\text{図上の長さ}}{\text{実物の長さ}} = \frac{1}{S}$$

たとえば長さ 200 m の橋が地図上で 10 mm に縮小されていたとしましょう。

$$\frac{10\ \mathrm{mm}}{200\ \mathrm{m}} = \frac{1}{S}$$

まずは単位を合わせましょう（**11　距離の単位**参照）。ここでは 200 m をmmに合わせます。

$$\frac{10\ \mathrm{mm}}{200000\ \mathrm{mm}} = \frac{1}{S}$$

S を求めましょう（**4　分数の性質**参照）。単位は略します。

$$10 \times S = 200000 \times 1$$

$$\frac{\cancel{10} \times S}{\cancel{10}} = \frac{200000 \times 1}{10}$$

$$S = \frac{200000 \times 1}{10}$$

$$S = 20000$$

この地図の縮尺は $\frac{1}{20000}$ ということがわかります。縮尺がわかれば、他の地物も S 倍すれば実際の長さになります。

13 平均の計算

Point

- 測量における距離や角度などの測定は、一度で終わりではなく、複数回測定して平均し、正しい値を求めるよう工夫しています。この計算の桁数は多くなりがちですので、簡単に計算する方法について紹介します。必須ではありませんが、かなり時間が短縮できますのでおすすめです。本書では、角度や桁数の多い距離の平均について、この方法で解答しています。

平均値

平均というのは、（同じところを測定した）距離や角度などの 2 個以上の数値において、それらの値を代表するように計算した中間的な値のことです。測量では最確値として扱われることもあります。

足して数値の個数で割ると求められます。例えば同じ場所を 5 回測定したとして

1 回目：123.456m
2 回目：123.450m
3 回目：123.451m
4 回目：123.462m
5 回目：123.459m

➡ $$\frac{123.456 + 123.450 + 123.451 + 123.462 + 123.459}{5}$$

この形が本来の式です。

これを筆算で計算するのは少し骨が折れそうです。そこで、簡単計算法を紹介します。共通部分を残し、桁数を揃えて式を立てます。

1 回目：123.4 56m
2 回目：123.4 50m
3 回目：123.4 51m
4 回目：123.4 62m
5 回目：123.4 59m
共通

➡ $123.4 + 【\dfrac{56 + 50 + 51 + 62 + 59}{5}】$

本来は 0.056、0.050 などのはずですがここではこのようにしておきます。

➡ 123.4 ＋【55.6】

➡ 123.4 ＋ 0.0556

カッコ内を計算後小数点と 0 を戻します。

➡ 123.4556 ≒ 123.456 m　が最確値

角度では°′″の″だけ平均するような形で使います。ただし、距離でも角度でも計算を省略する部分は完全に一致している必要があるので、次のような場合は注意が必要です。

●100.000　99.999　100.001　のような桁をまたぐ場合
　※ 000 と 999 と 001 を抜き出して平均するのは間違いです。
●10° 10′ 59″　10° 11′ 2″　10° 10′ 58″　のような繰り上げのある場合
　※ 59 と 2 と 58 を抜き出して平均するのは間違いです。

このような平均が必要な場合には、この後のレッスンで解説しますので参考にしてください。

■試験に出るギリシャ文字

文字	読み方	文字	読み方
α	アルファ	λ	ラムダ
β	ベータ	π	パイ
Δ	デルタ	ρ	ロー
δ	デルタ	σ	シグマ
θ	シータ	ϕ φ	ファイ

過去問題をやってみよう！

次のａ～ｃの各問の答えの組合せとして最も適当なものはどれか。次の中から選べ。

ただし，円周率 $\pi = 3.142$ とする。

なお，関数の値が必要な場合は，８ページの関数表を使用すること。

a.　43° 52′ 10″を秒単位に換算すると幾らか。

b.　43° 52′ 10″をラジアン単位に換算すると幾らか。

c.　頂点 A，B，C を順に直線で結んだ三角形 ABC で，辺 BC ＝ 6 m，∠ BAC ＝ 130°，∠ ABC ＝ 30°としたとき，辺 AC の長さは幾らか。

	a	b	c
1.	157,920″	0.383 ラジアン	3.916 m
2.	157,920″	0.766 ラジアン	4.667 m
3.	157,930″	0.766 ラジアン	3.916 m
4.	157,930″	0.383 ラジアン	4.667 m
5.	157,930″	0.766 ラジアン	4.667 m

解答　3

a.　43° 52′ 10″を秒単位に換算する

最も基本的な手順で解くと

1°は 60′、1′は 60″ なので

°を′に換算→′を″に換算　の順に計算していきます。

$43° = 43 \times 60' = 2580'$　$2580' + 52' = 2632'$

$2632 \times 60'' = 157920''$　$157920'' + 10'' = \underline{157930''}$

b.　43° 52′ 10″をラジアン単位に換算する

ラジアン単位に換算する＝1ラジアンとの割合を計算するという意味です。

1［rad］＝206265″を覚えていれば、

aで求めた157930″÷206265″＝0.766　と求めることができます。

しかし、157930″÷206265″の筆算は少し大変です。ここで、5択のb.の選択肢を見てみると、「0.766」と「0.383」でかなり離れています。

このようなときには206265″≒2″×10^5＝200000″で計算しても近い答えが出ます。

157930″÷200000″＝0.78965より、近い数値となる0.766を選びます。

206265″≒2″×10^5＝200000″という原理を知っていれば、少し計算が楽になります。

c.　頂点A、B、Cを順に直線で結んだ三角形ABCで辺BC＝6 m、∠BAC＝130°、∠ABC＝30°としたとき、辺ACの値はいくらか。

まずは図にしてみましょう。

こういった問題の場合、まずは1辺を描いてみます。

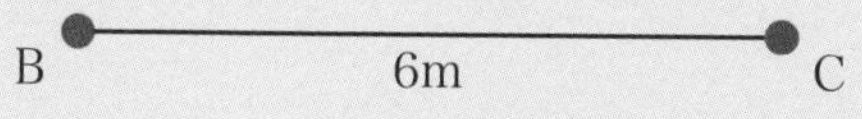

∠BAC＝130°、∠ABC＝30°ですが、Bの角がわかっているので、辺長は仮において描いておきます。

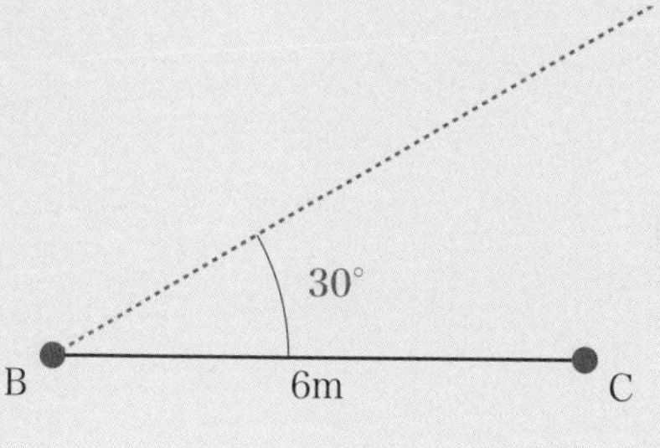

この点線上のどこかにAがあります。三角形の内角の和は 180°なので、∠BCA は 180° − 130° − 30° = 20° とわかります。

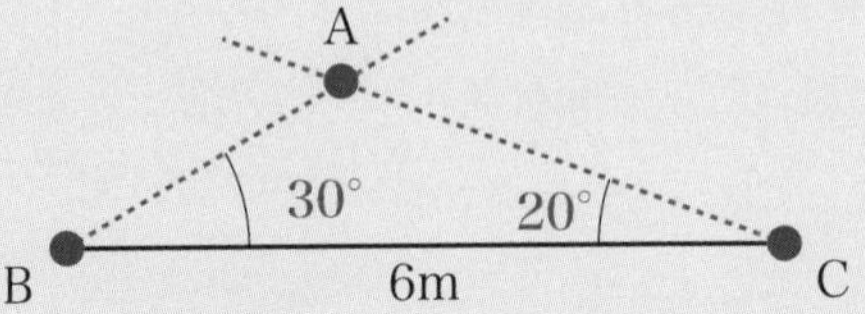

これでこの問題の三角形ができました。整理してみると

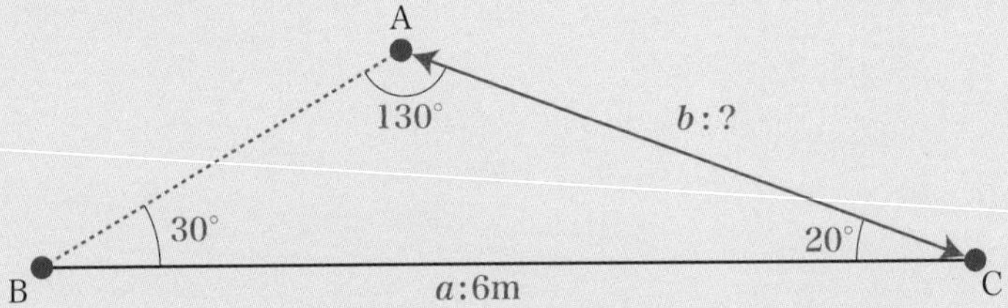

二角と挟む辺がわかっているので正弦定理を使います。
辺 AC を b とおき、次のように公式に当てはめます。

$$\frac{a}{\sin A} = \frac{b}{\sin B} = \frac{c}{\sin C}$$

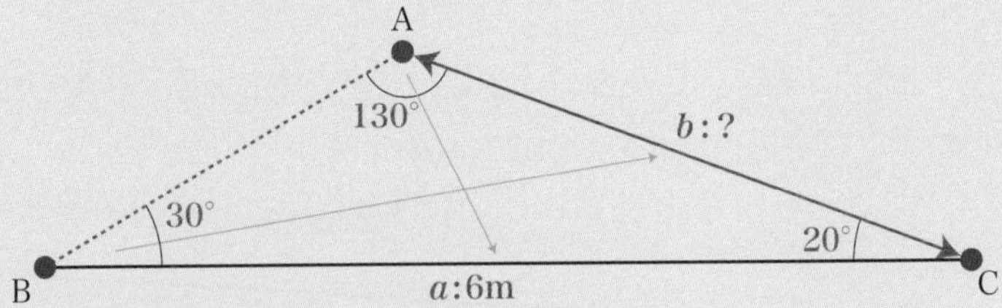

向かい合う角と辺が対応しているので

$$\frac{6\ \mathrm{m}}{\sin 130^\circ} = \frac{b}{\sin 30^\circ}$$

ここでポイントになるのが sin 130°です。問題に付属の関数表には 90°までしか記載がないからです。

しかし、90°を超える三角関数には決まりがあり、

$\sin\theta$（θ が 90° より大きい場合）$= \sin(180^\circ - \theta)$

となります。

この問題の場合

$\sin(180^\circ - 130^\circ) = \sin 50^\circ$ なので関数表から sin 50°を見つけましょう。

$$\frac{6\ \mathrm{m}}{0.76604} = \frac{b}{0.5}$$

この場合知りたいのは b なので、両辺に 0.5 をかけて b ＝の式にしましょう（分数の等式なので、たすきがけをしてもいいです）。

$$\frac{6\ \mathrm{m} \times 0.5}{0.76604} = \frac{b \times 0.5}{0.5}$$

$$\frac{6\ \mathrm{m} \times 0.5}{0.76604} = \frac{b \cancel{\times 0.5}}{\cancel{0.5}}$$

$b = 3.916\ \mathrm{m}$

選択肢の c が 3.916 mなので解答は 3 でした。

この問題は測量士補の問題の中でも難度が高いものです。

過去問題では正弦定理と余弦定理を使う問題がほぼ交互に出題されていますので、どちらもおさえておきたい公式です。

測量士補試験勉強のコツ　その１

●全ての問題を完璧に理解しようとしないこと

現場で活躍する測量士でも、すべての問題を完全に理解している方はいないと思います（もちろん、得意とする分野には自信を持ってらっしゃいます）。この試験では各分野で基本的なことが理解できていれば合格できますので、完璧を目指すのではなく、基本をコツコツ覚えていきましょう。

●はじめから最後まで順番通りに勉強しようとしないこと

はじめて測量士補試験の勉強をすると、測量法からはじめて応用測量まで順番通りに理解していきたくなります。ですが、この方法ですと苦手な問題でつまづきやすくなってしまいます。始めから勉強していくのであれば、わからない問題は後回しにしましょう。また、理解しやすい水準測量や応用測量から勉強していくのもオススメです。

●電卓を使うこと

「本番は筆算なのだから、電卓は使わないで勉強しよう！」と思っていませんか？　電卓は学習時間を大幅に短縮できる良いツールです。計算問題においては、まず電卓を使って理論と計算方法を身につけ、ある程度できるようになったら筆算で解く方法が効率的です。

●過去問題に繰り返し取り組むこと

１～２週間に一度は、国土地理院のHP上で公表されている過去問題を通しで解き、得点を記録しておきましょう。点が伸びることは励みになります。できなくても構いません、常に自分の現在地を確認しましょう。

●測量法と作業規程を準備すること

本書の他に測量法と公共測量作業規程の準則をプリントアウトしておきましょう。試験の多くがここから出題されます。勉強したところはマークアップするなどして繰り返し取り組むことで知識が定着します。

いちばんわかりやすい!
測量士補
テキスト&問題集＋予想模試

1章 測量に関する法規

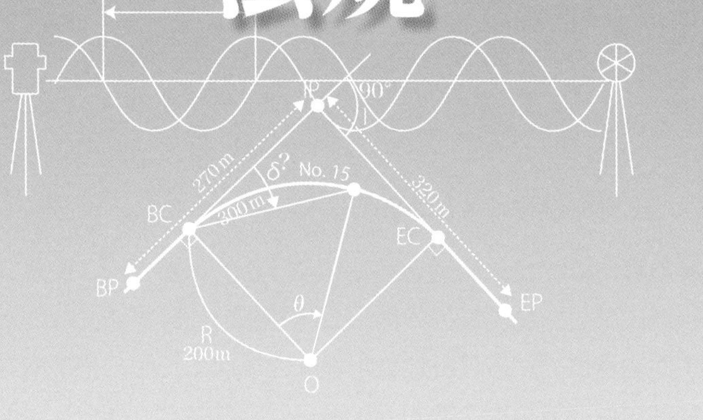

測量に関する法規では、主に測量法及び公共測量作業規程の準則から出題されています。関係条文を丸暗記する必要はありませんが、ポイントをおさえてしっかりと理解しておくことが重要です。とりわけ、図表でイメージをつけながら覚えていくことが効果的です。

1章

測量法と公共測量作業規程の準則

重要度★★★

合格のポイント！

測量士補試験の 1/3 は測量法及び公共測量作業規程の準則から出題されています。ここでは、日常生活であまり触れることのない「法」や「準則」の意義について知っておきましょう。

1 測量法とは

測量法は、主に公共測量を行う場合の決まりや基準について定めたものです。測量について定めた最も基本的なルールであり、すべての土地の測量はこの方法により行われなければなりません。罰則もあります。測量士補の資格についてもここで定められています。なお、測量法の対象とする測量には、海岸や海底の測量は含まれません。

2 公共測量作業規程の準則とは

作業規程とは、公共測量を実施しようとするときに、測量計画機関がその測量に関し「観測機械の種類」「観測法」「計算法」などを定めるものです。測量目的に応じた作業規程を作成するための標準的な規準として、公共測量作業規程の準則（以下、「作業規程の準則」）が使われています。なお、測量士補試験の問題はほとんどここから出題されています。

覚える用語

測量計画機関　公共測量を計画する団体のことです。公共測量の性質上、都道府県・市町村がほとんどです。

③ 測量の目的　（測量法１条）

公共測量の性質上、正確さや公正さが求められます。そのため、測量法によって次の点が定められています。

ここが大事！

測量法はなぜ必要なのか？
①実施に必要な**権能**《けんのう》を定める ⬅ 手続きや責任の所在を明確にする
②**重複**《ちょうふく》を除く ⬅ 税金が使われるので無駄な測量は行えない
③**正確さ**を確保する ⬅ 利権に関わる。測量成果は今後も使われる

④ 測量の定義（測量法３～６条）

測量士補試験の問題では、「測量」≒公共測量です。「測量」には**地図の調製**（地図編集）と**測量用写真の撮影**（写真測量）も含みますが、法律上では以下のように分けられます。

●基本測量 ⬅ **国土地理院**の行うもの
●公共測量 ⬅ 費用の全部または一部を公共団体が負担するもの
ただし、次のものは除く
- 建物に関する測量（登記図面作成等）、局地的測量、小縮尺地図の調製（世界地図編集等）、高度の精度を必要としない測量

●基本測量・公共測量以外の測量

覚える用語

国土地理院　国土交通省に置かれる特別の機関で公共測量に関する**助言**や**地形図**の発行を行っています。測量士・補の試験や登録も行います。

⑤ 測量に関連する機関（測量法7～8条）

ここが大事!

- 測量計画機関 ⬅ 測量を計画する者（都道府県・市町村など）
- 測量作業機関 ⬅ 測量計画機関の指示・委託（依頼）を受け測量作業を実施する者（○○測量設計・○○コンサルタントなど主に民間の測量業者）

※ただし、測量計画機関が自ら作業を行う場合には測量計画機関＝測量作業機関となる。

⑥ 測量業（測量法10条の2、10条の3）

測量業とは、基本測量、公共測量または基本測量及び公共測量以外の測量を請け負う会社または職業をいいます。また、測量業者とは、測量業者としての登録を受けて測量業を営む者のことをいいます。なお、登録を受けないで測量業を営んだ場合には、懲役や罰金といった処罰を受けます。

⑦ 測量に従事するための資格（測量法48条）

測量士と測量士補の業務の範囲は次のように分けられています。

ここが大事!

- 測量士 ⬅ 測量計画を作製し、または実施する
  測量業者は営業所ごとに一人以上測量士を置かなければならない
- 測量士補 ⬅ 測量士の作製した計画に従い、測量に従事する

※十分な経験のある測量士補であっても計画を作製することはできない。

⑧ 測量標（測量法10条）

永久標識・一時標識・仮設標識のことを測量標といいます。永久標識

は基準点の目印として石材等で作られます。公共測量で設置した測量標には、公共測量の測量標であることと、測量計画機関の名称を表示しなければなりません。

■永久標識の例

一等三角点

写真：国土地理院ウェブサイト

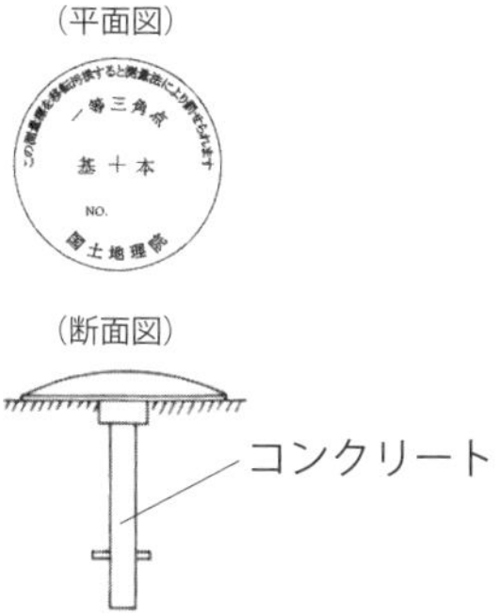

⑨ 公共測量における手続　（測量法 32 ～ 45 条）

測量士補試験では測量法における手続について出題されます。

ここが大事！

- 作業規程： 国土交通大臣の承認
- 計画書・技術的助言・成果提出：国土地理院の長
- 測量成果・測量標の使用承認
  公共測量の成果・測量標：当該測量標設置機関（都道府県等）
  基本測量の成果・測量標：国土地理院の長
- 永久標識の移転承認
  公共測量の測量標：当該測量標設置機関（都道府県等）
  基本測量の測量標：国土地理院の長

過去問題をやってみよう！

次のａ～ｅの文は，測量法（昭和 24 年法律第 188 号）に規定された事項について述べたものである。[ア]～[オ]に入る語句の組合せとして最も適当なものはどれか。次の中から選べ。

a.　この法律は，国若しくは公共団体が費用の全部若しくは一部を負担し，若しくは補助して実施する土地の測量又はこれらの測量の結果を利用する土地の測量について，その実施の基準及び実施に必要な権能を定め，[ア]を除き，並びに測量の正確さを確保するとともに，測量業を営む者の登録の実施，業務の規制等により，測量業の適正な運営とその健全な発達を図り，もって各種測量の調整及び測量制度の改善発達に資することを目的とする。

b.　「測量作業機関」とは，[イ]の指示又は委託を受けて測量作業を実施する者をいう。

c.　「測量標」とは，永久標識，一時標識及び[ウ]をいう。

d.　基本測量の測量成果及び測量記録の謄本又は抄本の交付を受けようとする者は，国土交通省令で定めるところにより，[エ]に申請をしなければならない。

e.　測量業者は，その営業所ごとに[オ]を一人以上置かなければならない。

	ア	イ	ウ	エ	オ
1.	測量の重複	測量計画機関	仮設標識	国土交通大臣	測量士
2.	測量の重複	測量業者	仮設標識	国土地理院の長	測量士
3.	測量の障害	測量計画機関	航路標識	国土地理院の長	測量士又は測量士補
4.	測量の重複	測量計画機関	仮設標識	国土地理院の長	測量士
5.	測量の障害	測量業者	航路標識	国土交通大臣	測量士又は測量士補

解答　4

ア　測量の重複　測量の無駄を省き、効率的に測量が行えるよう、手続について示すことにより重複を防ぐことを目的としています。

イ　測量計画機関　測量を計画するのが「測量計画機関（主に都道府県・市町村）」、委託を受けて作業するのが「測量作業機関（主に測量業者）」です。測量計画機関が自ら作業機関となることもあります。

ウ　仮設標識　航路標識は測量法上の標識には入りません。航路標識は海上等で船舶が位置を知るための目印です。

エ　国土地理院の長　成果を利用したい場合は、測量を行った機関に申請することが原則です。この場合、「基本測量の」とあるので国土地理院の長に申請します。

オ　測量士　測量法では測量業者は営業所ごとに測量士を置くよう定められています。経験の豊富な技術者であっても測量士でなければ営業所の設置が認められません。

以上より、解答は 4 となります。

本章 lesson1 の出題範囲では、ここに紹介した問題のほか、次のようなパターンの出題もあります（すべて正答肢）。

- 何人も，国土地理院の長の承諾を得ないで，基本測量の測量標を移転し，汚損し，その他その効用を害する行為をしてはならない。
- 基本測量の測量成果を使用して基本測量以外の測量を実施しようとする者は，あらかじめ，国土地理院の長の承認を得なければならない。
- 技術者として基本測量又は公共測量に従事する者は，測量士又は測量士補でなければならない。

同じようなパターンで出題されますので、過去問で慣れておくようにしましょう。

1章

lesson 2

測量の作業

重要度 ★★★

合格のポイント！

ここでは、内業・外業の現場で注意すべきことが出題されます。作業規程の準則から出題されることもありますが、多くは常識として考えれば判断できます。

①情報の取り扱い

公共測量を行うにあたり、関係機関（計画機関、関係する市町村や都道府県、その他公的機関等）から土地の所有者や連絡先等の作業に必要な情報を借りることがあります。これらの情報は測量の作業に必要な範囲内での利用に限られ、他の機関に貸し出し（又貸し）や必要以上の複製を作ることは認められていません。特に個人情報についてはより厳格な管理が求められます。

作業が終了したら情報を借りた関係機関との取り決めに従い、返却又は確実に破棄します。また、作業中に図面やデータに破損や間違いが見つかった場合は速やかに報告しましょう。

現在行っている作業に必要な情報が、社内の他の部署の作業等で使われている場合でも、関係機関の許可なく利用することはできません。

②道路の使用許可

道路の使用許可は所轄《しょかつ》警察署に申請するのが一般的です。場合によっては作業中に誘導員を置くことも必要です。少し作業するだけだからといって無許可で道路を使用してしまうと、事故などが起こったときに大変な責任を負うことになります。

3 清掃・撤去

作業中に設置した工作物（対空標識や仮の目印）は、原状復帰《げんじょうふっき》が基本です。近隣住民や周辺環境に影響がない場合でも撤去・清掃します。また、工作物には測量作業機関と測量計画機関、設置の期限等を表示するのが一般的です。

4 敷地への立ち入り

作業にあたり、私有地等への立ち入りが必要になった場合は事前に許可を求めるとともに、身分証明書を携行し作業にあたります。

作業中に地域の方に声をかけられた場合は身分証明書を提示するとともに、作業に協力していただけるよう丁寧にお願いしましょう。地域の方には測量士も測量士補も作業員も関係ありません。作業中は自分が測量計画機関と会社を代表していると思い、言動には気をつけましょう。

5 事前の調査

現地での測量作業に先立って、既知点などの現況《げんきょう》調査は必ず行います。作業が困難と想定される場所ほど事前の調査が大切です。

6 測量成果の使用許可

過去の測量成果（測量標や観測結果）を使用したい場合は、測量を行った団体に許可を取ります。なお、測量を計画した自治体自身が過去に設置した測量標についての許可は必要ありません。

7 樹木の伐採《ばっさい》

樹木を伐採する場合は事前に土地の所有者（管理者）から書面で許可を取り、測量計画機関に確認してから伐採しましょう。もちろん、できるだけ伐採をしないですむような作業計画を立てることが大切です。

⑧ 成果の整理（現場）

現場から去る時には、計画した数値が全て正しく取得できているかを確認します。再測は経費がかさみますし、再び戻ってくることや、使用許可の継続が難しい現場もありますので注意が必要です。

⑨ 成果の整理（観測後）

成果表・点《てん》の記《き》・測量標設置位置通知書等の書類を作成します。試験では「○○であったため△△は作成しなかった」という選択肢が出題されるため、正誤をよく考えて判定しましょう。

⑩ 安全の配慮

安全の配慮には近隣住民に対する配慮と、作業員に対する配慮があります。人通りや気象条件など、事前に危険を察知して対策を講ずることが事故を防ぐことにつながります。最近では熱中症対策やゲリラ豪雨対策に触れる問題もあり、たとえば「現地作業中に雨が降り続き、スマートフォンから警戒レベル 3 の防災気象情報も入手したことから、現地の作業責任者が判断して作業を一時中止し、作業員全員を安全な場所に避難させた。」といった形で出題されています。

ここが大事！

住民：点の地下埋設《まいせつ》、点の屋上設置、誘導員の配置、事前の通知
作業員：気象情報、交通安全対策（ベスト・警備員の配置・ヘルメット）

ここが大事！

計画機関及び作業機関並びに作業者は、作業の実施に当たり、財産権、労働、安全、交通、土地利用規制、環境保全、個人情報の保護等に関する法令を遵守し、かつ、これらに関する社会的慣行を尊重しなければならない。

過去問題をやってみよう！

次のａ～ｅの文は，公共測量における測量作業機関の対応について述べたものである。明らかに間違っているものだけの組合せはどれか。次の中から選べ。

a.　気象庁から高温注意情報が発表されていたので，現地作業ではこまめな水分補給を心がけながら作業を続けた。
b.　現地作業の前に，その作業に伴う危険に関する情報を担当者で話し合って共有する危険予知活動（KY 活動）を行い，安全に対する意識を高めた。
c.　測量計画機関から貸与された測量成果を，他の測量計画機関から受注した作業においても有効活用するため，社内で適切に保存した。
d.　基準点測量を実施の際，観測の支障となる樹木があったが，現地作業を早く終えるため，所有者の承諾を得ずに伐採した。現地作業終了後，速やかに所有者に連絡した。
e.　E 市が発注する基準点測量において，E 市の公園内に新点を設置することになった。利用者が安全に公園を利用できるように，新点を地下に設置した。

1.　a, b　　2.　a, c　　3.　b, e　　4.　c, d　　5.　d, e

解答　4

a.　○　安全管理は重要です。
b.　○　危険箇所の情報共有は事故を未然に防ぎます。
c.　×　貸与された成果は当該測量にしか使用できません。
d.　×　所有者と測量計画機関の許可を得てから行います。
e.　○　測量標はつまづきやすいので、地下埋設や屋上等への設置で施設の利用に支障がないように工夫します。

lesson 3

測量の基準と位置の表示

重要度 ★★☆

合格のポイント！

地球上の点（場所）の位置の表し方にはさまざまな方法があります。測量では精度を確保し、他の測量機関とデータをやりとりしやすいよう、基準や表し方が決められています。言葉で覚えるのではなく、図からイメージできるようにしておきましょう。

1 測量の基準（測量法 11 条）

測量法では「位置は、地理学的経緯度及び平均海面からの高さで表示する。ただし、場合により、直角座標及び平均海面からの高さ、極座標及び平均海面からの高さ又は地心直交座標で表示することができる。」と示されています。

つまり、地球上の位置は次の 4 つのうちのどれかで示してください、ということです。

- 地理学的経緯度 ＋ 平均海面からの高さ
- 直角座標 ＋ 平均海面からの高さ
- 極座標 ＋ 平均海面からの高さ
- 地心直交座標

1) 地理学的経緯度

いわゆる緯度《いど》と経度《けいど》のことです。緯度は地球の中心を基準に、赤道からの傾きを、経度は地球の中心から経度 0°（グリニッジ）を基準に引いた線からの、東西の回転角です。

地理学的経緯度

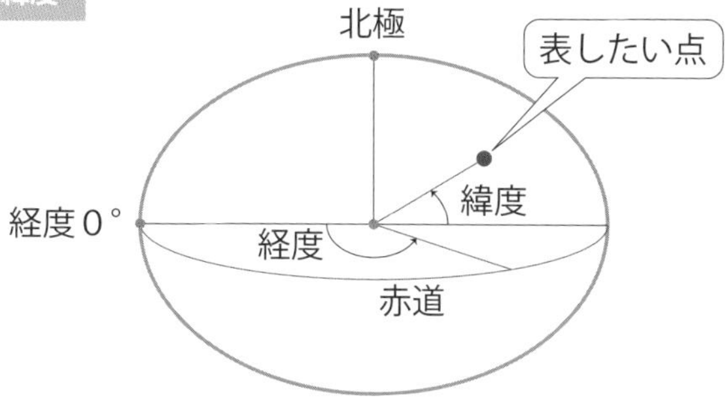

2） 直角座標

いわゆるX・Yの座標値です。測量の場合は数学と逆になっているので注意してください。日本では通常、位置を平面直角座標で表します。

直角座標

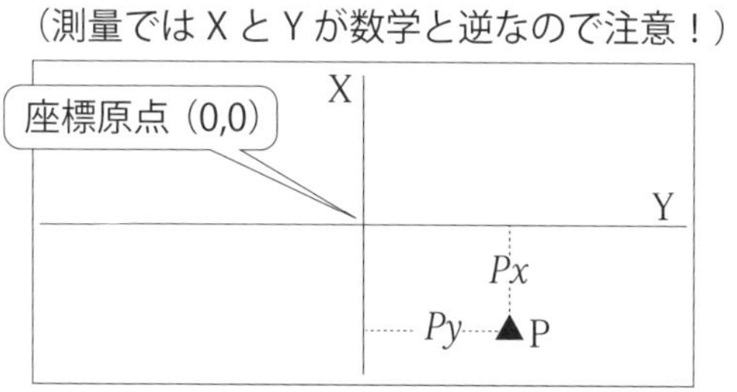

Px＝P点のX座標値、*Py*＝P点のY座標値

3） 極座標

基準となる点からの角度と距離で位置を表します。たとえば、A点を基準にP点の位置を表す場合、右の図のようになります。

極座標

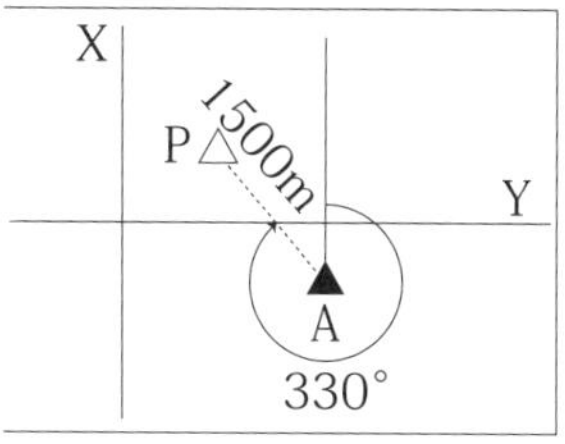

4) 平均海面からの高さ（標高）

東京湾平均海面からの高さを表します。地球全体を海水面で仮に覆った形をジオイドと呼びます。測量士補試験ではジオイドからの高さ＝東京湾平均海面からの高さと考えます。そして、地球を楕円体（だえんたい）として捉え、その楕円体からの高さをジオイド高と呼びます。ジオイドは重力の方向と直交しており、また、重力は場所によって違いがあるため、楕円体に対して凹凸があります。

標高以外の高さの表し方としては楕円体高があります。GNSS 測量で求められる高さは楕円体高であり、成果は標高に変換する必要があります。

標高とジオイド

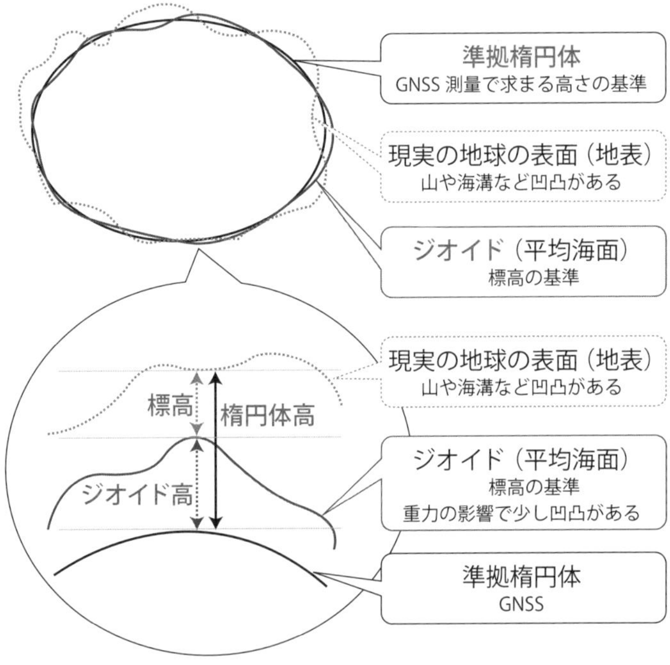

高さの基準
- 標高の基準はジオイド、GNSS 測量で求まる高さの基準は楕円体であるため、変換が必要。
- 楕円体高＝ジオイド高＋標高

5） 地心直交座標

地球を楕円体として捉え、その中心（重心）を原点としたX・Y・Zの座標値で地球上の位置を表します。地理学的経緯度・直角座標・極座標・標高とは互いに変換ができます。この楕円体について日本ではGRS80楕円体というモデルを採用しています。楕円体の大きさは測量法で長軸の長さと扁平率が定められています。このような、地球の中心を基準とした三次元座標をITRF系と呼び、国際的な測量基準となっています。

地心直交座標は地理学的経緯度と計算により互いに変換することができます。

■地心直交座標

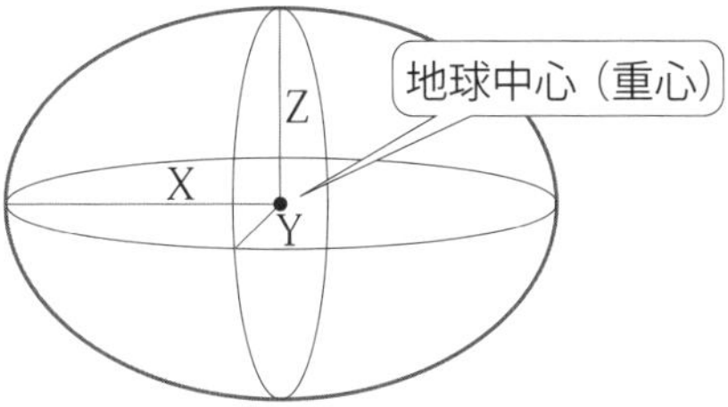

準拠楕円体（GRS80）では、地球の中心を0とした座標で位置を表すことができます。横方向（XY）は赤道で切断した面、縦方向（Z）は極の方向です。

■扁平率

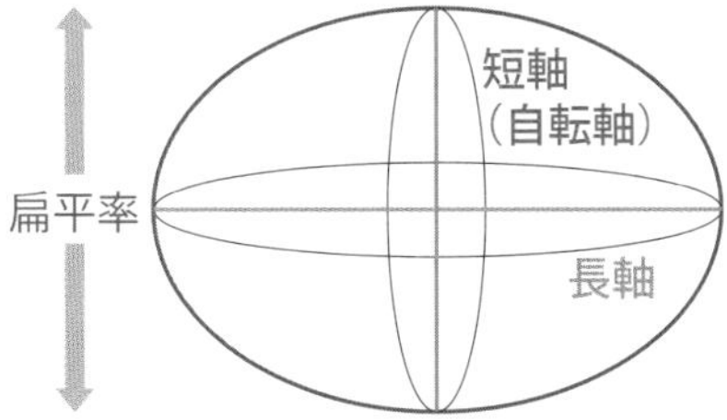

測量法における地球の大きさの定義は、長軸の長さと扁平率をいいます。扁平率は長軸に対する短軸の長さの割合のことをいい、短軸は自転軸と同じと定義されています。

覚える用語

回転楕円体と準拠楕円体　回転楕円体とは地球を楕円の形で表したもので、測定した時期や方法によって少しずつ大きさが違います。測量の基準となる楕円体を準拠楕円体といい、日本ではいくつかある楕円体の中から GRS80 楕円体を基準として採用しています。

② 測量の原点

測量法では**日本経緯度原点**と**日本水準原点**が原点（基準）であると定められています。しかし、測量のたびに原点から経緯度や標高を測定することは容易ではありませんし、現実的でもありません。そこで、日本中に原点から測量して作られた基準点（三角点・電子基準点・水準点）があります。実際の測量では、この基準点からの位置関係を測定し新点の位置を決定しています。

■日本経緯度原点

金属標

③ 基準面上の距離

計算問題などで「ただし距離は基準面上の距離とする」という記述がされることがあります。これは、2 点間の水平距離は標高が高いほど長くなるという性質があるためです。たとえば陸上のトラック競技でアウト側のレーンが不利になるのと同じと考えましょう。このため、**距離は基準面（楕円体面）上の距離で表す**のです。

基準面上の距離

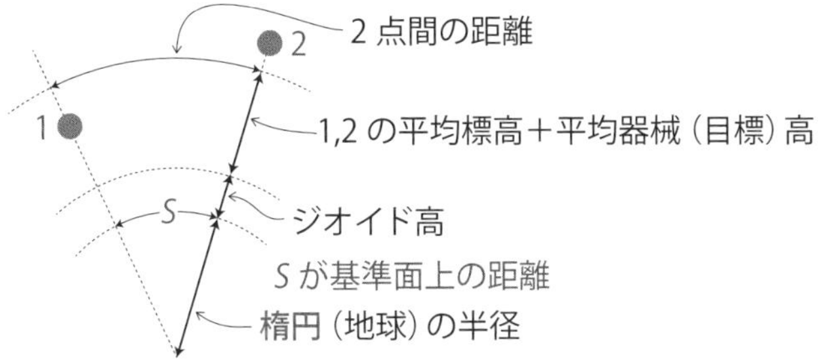

④ 測量に使う既知点《きちてん》

測量で新しい点（新点）の位置や標高を知るためには既に位置のわかっている点（既知点）を使います。

1) 三角点・基準点

三角点・基準点は水平位置（平面直角座標）、緯度経度（地理学的経緯度）が正確にわかっている既知点のことをいい、これらの点の基準は日本経緯度原点となります。以前は三角測量という測量方式により設置されていたので、この呼び方となっていますが、標高が水準測量によって求められている点もあります。一等（1級）が最も精度の高い点です。目印は地中に埋設されてあり、石柱が動いてもいいように地中の盤石も正しい位置に設置してあります。

■一等三角点標石

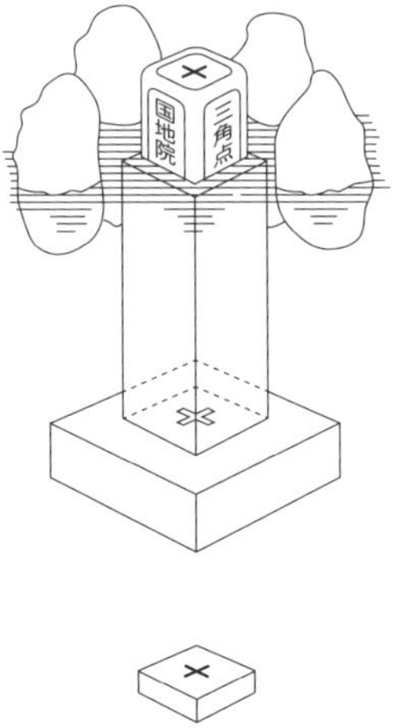

- 一～四等三角点：基本測量によって設置された点
- 1～4級基準点：公共測量によって設置された点

2）　水準点

水準点は標高が正確にわかっている点のことです。レベル等による水準測量またはGNSS水準測量で標高を求めています。これらの点の基準は日本水準原点であり、一等（1級）が一番精度の高い点です。

- 一～四等水準点：基本測量によって設置された点
- 1～4級水準点：公共測量によって設置された点

3）　電子基準点

全国に設置されたGNSS連続観測点です。上部にGNSS衛星からの電波を受信するアンテナ、内部には受信機と通信用機器などが格納されています。 基礎部には、電子基準点付属標と呼ばれる金属標が埋設してあり、トータルステーションなどを用いる測量にも利用できるようになっています。

水準測量によって標高が取り付けられて（測量されて）いれば水準測量に使うこともできます。

GNSS測量を行う際に既知点に据え付けられた受信機として観測に使えるほか、ネットワーク型RTK測量、GNSS水準測量などにも利用されています。

■電子基準点

過去問題をやってみよう！

次の文は，地球の形状と地球上の位置について述べたものである。明らかに間違っているものはどれか。次の中から選べ。

1.　ジオイド面は，重力の方向と直交しており，地球の形に近似した回転楕円体に対して凹凸がある。
2.　地球上の位置を経緯度で表すための基準として，地球の形に近似した回転楕円体が用いられる。
3.　世界測地系である地心直交座標系の座標値から，経緯度を計算することができる。
4.　ジオイド高は，測量の基準とする回転楕円体面から地表までの高さである。
5.　楕円体高と標高から，ジオイド高を計算することができる。

解答　4

1.　○　ジオイドは平均海面で地球を覆ったものなので、重力や地質の変化により凹凸があります。
2.　○　経緯度のみではなく位置は楕円体上が基準です。
3.　○　地心直交座標とその他の位置の表し方は互いに計算で変換することができます。
4.　×　ジオイド高は楕円体からジオイドまでの高さです。回転楕円体から地表の高さは楕円体高です。
5.　○　単純に足し算・引き算で計算することができます。

測量士補試験勉強のコツ　その２

●道具を揃えること

・**ペンケース**（シャープペンシル２本または鉛筆数本、替芯、消しゴム、短い直定規）

・**長い直定規**

試験で使う筆記具は測量士補受験用として、普段使っているものとは別の入れ物を用意して管理するのがオススメです。用具の有無や過不足をしっかり管理できるためです。

また、試験では筆記具の他に定規を使うことができます。試験用には、10cm の短い直定規と地図の読解問題用の 20 ～ 30cm の長い直定規を準備しましょう。方眼付きがオススメです。ただし、三角定規・分度器・角度のわかる二つ折りの定規等は持ち込めませんので注意してください。

●インターネットを利用すること

本書以外にも国土地理院 HP や動画投稿サイトなども有効に活用しましょう。測量士補の解答法には、さまざまな考え方があります。あなたに合ったわかりやすい資料や解説があるかもしれません。

●本番直前に頑張ろうとしない

本番直前にたくさんの知識を詰め込もうとするのは、中途半端になってしまう上に、わからないことがあると不安な気持ちになってしまいます。直前の勉強はこれまで身につけたことや公式の確認で十分です。夜はしっかり寝て、体調管理に気を遣いましょう。

●一緒に勉強する仲間を作ること

勉強を一緒にする仲間を作ると、学習が習慣化しやすくなります。また、互いに教え合うことで理解が更に深まります。

いちばんわかりやすい!

測量士補

テキスト&問題集＋予想模試

2章 多角測量

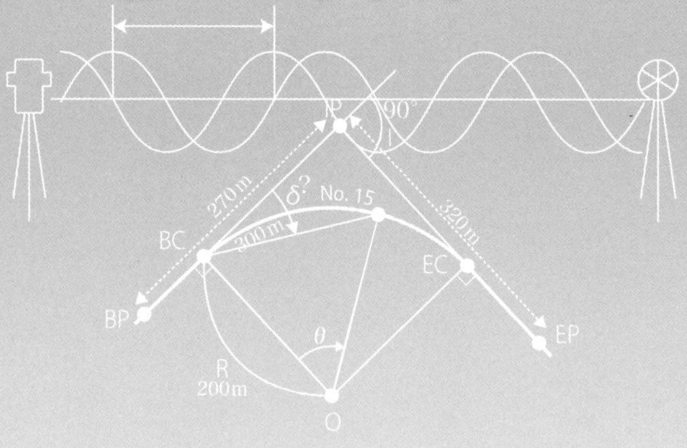

新しく基準点をつくる測量を「基準点測量」といいます。その中で、位置のわかっている点から位置を知りたい点を線で結び、線の距離及び隣り合う線分がなす角を測定することにより、求点の位置を求める測量方法のことを多角測量といいます。基準点測量にはGNSSによる方法もありますが、この章では多角測量を中心に学びます。

2章

lesson 1

基準点測量の作業

重要度 ★★☆

合格のポイント！

基準点測量の作業順序や、観測の基準、作業時の留意事項については作業規程の準則からの出題が中心となりますので、手元に作業規程の準則を用意し、確認しながら学びましょう。基準点測量は、TS を用いた多角測量による場合と、GNSS による場合があります。根拠について知ることは知識の定着につながります。

1 基準点測量の作業（準則 24 条）

基準点測量とは、その地域の測量の基準とするために新たに設置する点（新点）の位置を決める測量のことをいい、次の順序で進められます。

基準点測量の作業

作業計画 → 選点 → 測量標の設置 → 観測 → 計算 → 品質評価 → 成果等の整理

それぞれの作業で具体的にどのような作業を行うのか見ていきましょう。

2 作業計画

現存の地形図をもとに、どの位置に新点を設置するかを決めます。この新点の概略位置を決めた図面を平均計画図といいます。

③ 選点

現地に行き調査をして、どの位置に新点を設置するかを決めます。事前に官庁への手続きや立ち入り許可を取ります。この段階では新点の正確な位置と、視通《しつう》や上空視界を確認し選点図にするほか、路線を確定し平均図を作成します。平均図は、新点の精度を左右する大事な図面であり、測量計画機関の承認を受ける必要があります。

■平均図（GNSSによる場合）

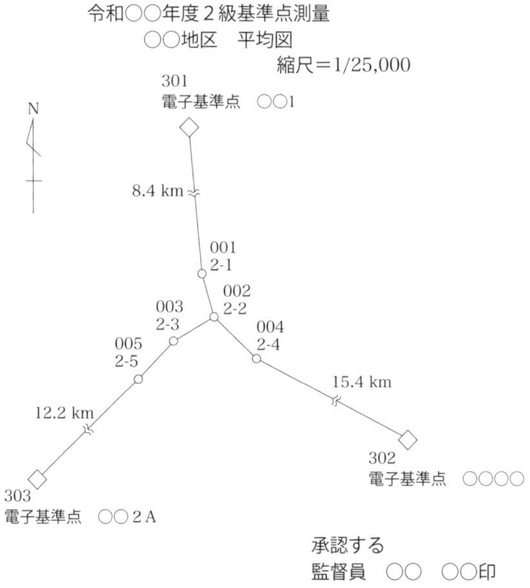

覚える用語

路線　新しい点を基準点測量により作ろうとする場合、単純に１つの基準点から測って終わりではなく、精度を高めたり誤差を確認したりするために複数の基準点から角度と距離を観測していきます。このときの基準点・新点の位置関係と、どこをどのように測量するのかを線で結んだものが路線で、その組み合わせを網と呼びます。図形のバランスが良いほど新点の精度は高くなります。

④ 測量標の設置

新点となる位置に標識を設置します。事前に土地所有者（管理者）に建標《けんぴょう》承諾書を書いてもらいます。設置後には写真等で記録し、点の記と測量標設置位置通知書を作成します。

このとき、観測時に観測する角度と距離（後述するGNSSであればセッション）を記入した観測図を作成します。観測はこの観測図をもとに行います。

■観測図（GNSSによる場合）

令和○○年度２級基準点測量
○○地区　観測図
縮尺＝1/25,000

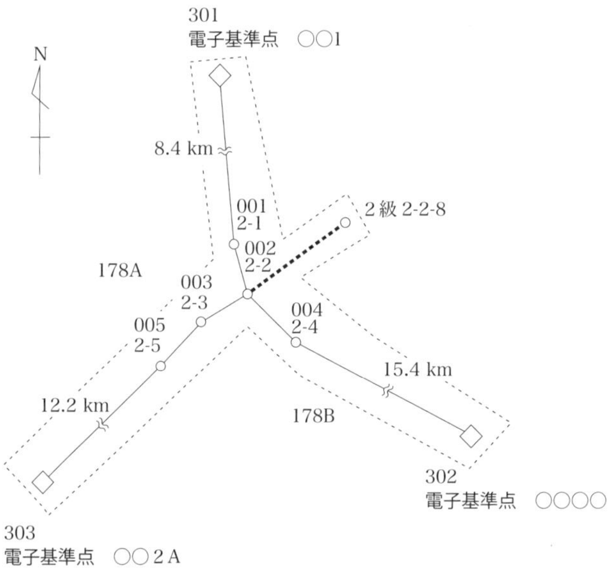

覚える用語

点の記　新しく基準点を設置したときに、後にその基準点を使いやすくするために作られる案内図のことです。『劔岳』という映画のサブタイトルにもなっています。測量初学者の方にはためになる内容ですのでおすすめです。

⑤ 観測

観測図をもとに、TS（トータルステーション。本章 lesson3 で学習します）による方法の場合は順に角度と距離を、GNSS（3 章で学習します）による方法の場合は電波の受信を行います。

⑥ 点検測量

観測が正しくできたか、所定の精度を確保できたかを点検します。点検の結果は観測記簿と精度管理表として残します。

⑦ 計算

観測値の良否を判断する点検計算と、新点の水平位置及び標高を求める平均計算とに分かれます。点検計算では高さの計算を先に行い、次に水平方向の計算を行います。その後、最終調整として平均計算（厳密水平網平均計算、厳密高低網平均計算）を行います。

⑧ 品質評価

作成データが製品仕様書の規定する品質を満たしているか確認します。

■品質評価の概要

製品仕様書（発注図書）

データの仕様　データの品質
を規定

測量成果
（地理空間データ）

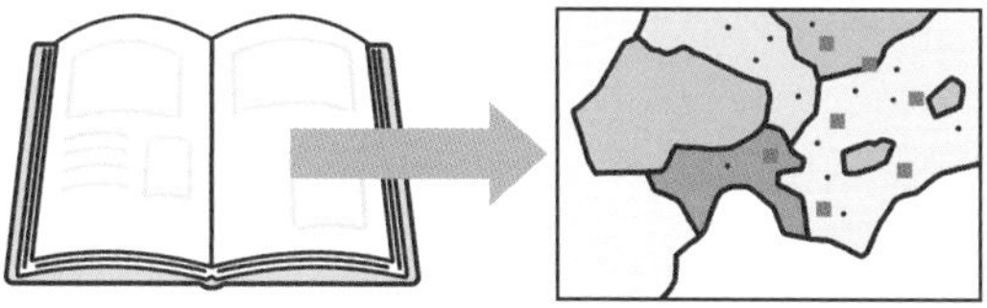

（品質評価）測量成果は、製品仕様書どおりの品質か
・データにエラーはないか　・位置は合っているか

↓

品質評価の結果を、「品質評価表」に取りまとめる

出典：国土地理院ウェブサイトより作成

⑨ 成果等の整理

測量にあたって使用・作成した帳簿・書類をまとめ、社内または第三者機関の検査を受けます。納品に際しては第三者機関のチェックを受けます。自社が検査機関の承認を受けていても、自社の成果については検査できません。

ここが大事！

基準点測量の作業のまとめ

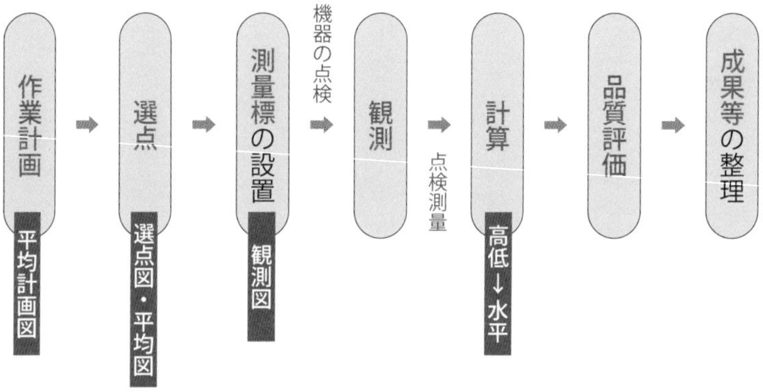

作業の流れと同時に「どの工程でどの図面を作るのか」「どのような図面なのか」をおさえておきましょう。

ここが大事！

平均計画図：計画時に図上で新点の概略位置を確認する図
選点図：現地で点を確認し、視通と上空視界を記入した図
平均図：路線を確定した図
　　→精度を左右するため重要
観測図：観測する角、測線、セッションを記入した図

過去問題をやってみよう！

次のa～fは，基準点測量で行う主な作業工程である。標準的な作業の順序として，最も適当なものはどれか。次の中から選べ。

a.　踏査・選点
b.　成果等の整理
c.　観測
d.　計画・準備
e.　測量標の設置
f.　平均計算

1.　d → a → e → c → f → b
2.　d → e → a → f → c → b
3.　d → e → c → a → f → b
4.　d → a → f → e → c → b
5.　d → a → e → f → c → b

解答　1

作業規程の準則から直接の出題ですが、まず計画・準備と成果等の整理は選択肢の最初と最後で決まっているので消去します。

最初の選択は a. 踏査・選点と e. 測量標の設置ですが、踏査・選点（現地調査）をせずに測量標の位置は決められないので a. 踏査・選点が先にきます。

次は e. 測量標の設置、c. 観測、f. 平均計算です。測量標を設置しなければ目標がありませんので観測はできませんし、観測しなければ計算はできないというふうに流れを考えると答えが決まってきます。

覚えてしまうのではなく、各作業と前後作業の関わりを考慮しておけば解ける問題です。

lesson 2

2章

新点の位置と網

重要度 ★★☆

合格のポイント！

基準点測量を行う上で、「新点をどこに、何を基準に置くか」について問われます。基本的な事項について知っていれば十分です。

① 新点の位置

公共測量で新しい基準点を設置する場合、どこにどのように新点を設置し、どのような路線（網）を組むかは技術者が判断します。1・2級基準点測量では単路線ではなく、既知点を3点以上使い、複数の路線で網を組みます。これを結合多角方式といいます。

路線網の例

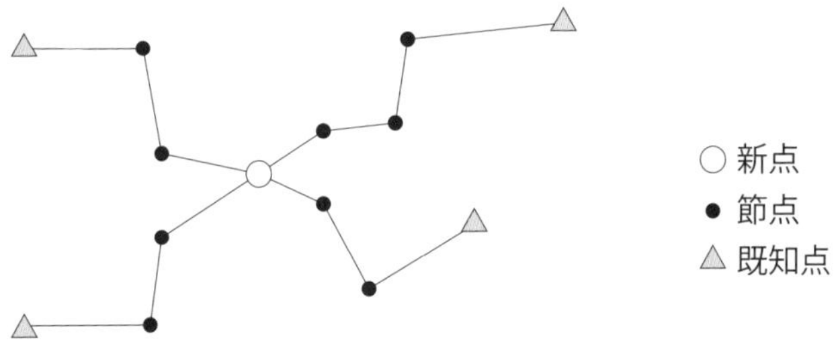

新点を設置する作業は、既知点との位置関係を考慮に入れて判断します。決める際は次の点に注意します。

- 路線網の形とバランス
- 後続の作業で使いやすいか
- 作業規程の準則にのっとっているか

新点の設置

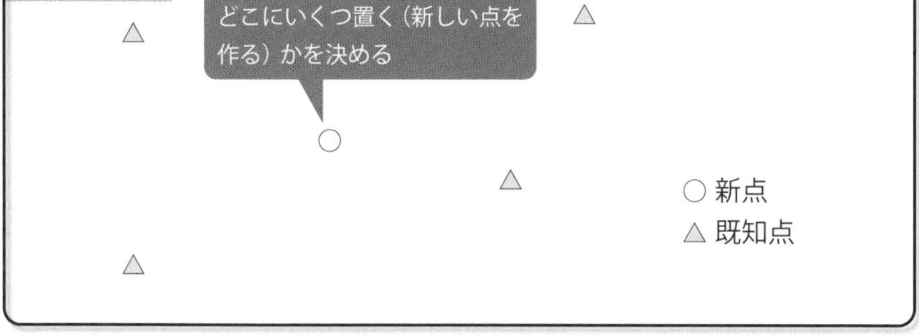

覚える用語

既知点と節点　1章でも触れたように、既知点とは座標や標高のすでにわかっている場所、すでに設置済みの基準点のことです。また、それら既知点から測量しようとする場合に、新点との間に見通しがない場合があります。このときに経由点として用いるのが節点で、仮設の点となります。

結合多角方式では既知点を3点以上使いますが、この他にも、既知点を2点とする単路線方式もあります。

単路線の例

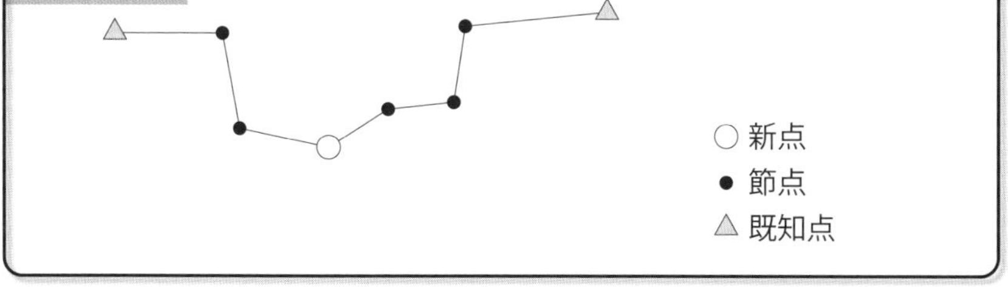

② 路線網の形とバランス

路線網は図形のバランスが良いほど、新点の位置精度も高いとされています。東西南北の対称性の他に、既知点の配置も重要です。

ここが大事！

- 節点は少ないほど良い
  観測に支障がない範囲で誤差を累積させる節点は少ないほうが良い。
- 辺数は少ないほど良い
  節点を少なくすることと同義です。短すぎたり、不必要に辺が長くなったりしてはいけません。

覚える用語

辺　点と隣接する点をつなぐ線のことで、辺をつないでいくと路線となります。

数や図形はバランスよく配置する

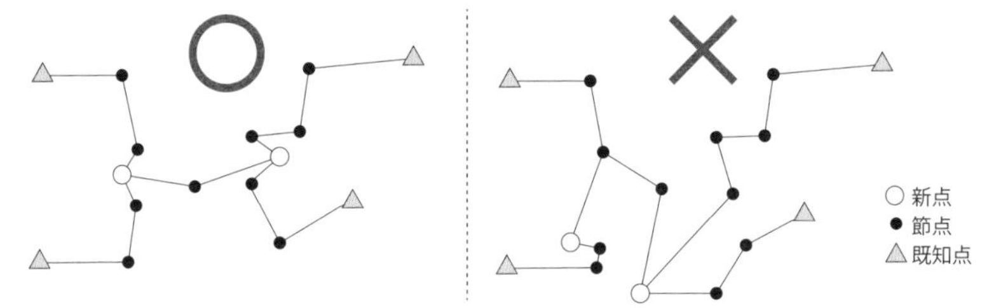

節点は少なく、路線は短くする

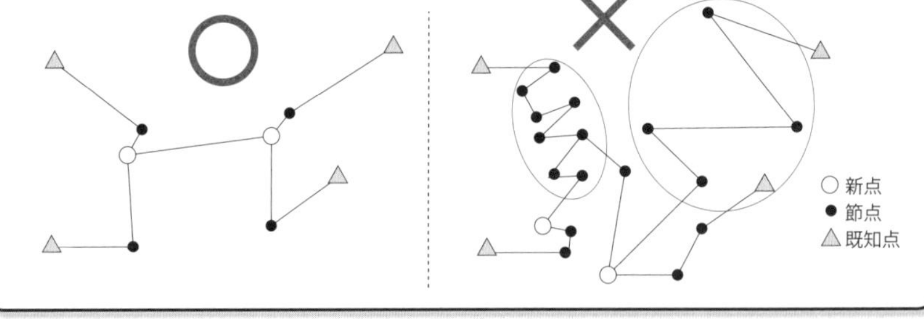

③ 後続の利用

観測して設置した測量標とその成果は今後の測量で活用されます。基準点の設置に関しては当該作業の利便性や精度だけでなく、後続作業にも使いやすいよう配慮します。

■地盤が堅固な場所

学校や公園

沼地や傾斜地

学校や寺社仏閣・役所等、公の土地に基準点が多いのはこのためです。樹木は成長して視通や上空視界障害となったり、測量標を動かしたりする可能性があるので要注意です。

■見通しが良く、後続利用しやすい

山頂や経年変化の少ない場所

樹木のそばや土地利用が
変わりそうな場所

■ GNSSやTSが使いやすいこと（電波障害と視通）

上空視界・視通があり、
電波障害が少ない場所

上空視界・視通がなく、
電波障害がある場所

自分の行う作業はTSで行うかもしれませんが、後の利用者はGNSSを使うかもしれません。視通だけでなく上空視界も考慮しましょう。

④ 新点選点の留意点（準則28～30条）

基準点測量における選点の要旨では、次のとおり定められています。

- 新点は、後続作業における利用等を考慮し、適切な位置に選定するものとする。
- 計画機関が所有権又は管理権を有する土地以外の土地に永久標識を設置しようとするときは、当該土地の所有者又は管理者から建標承諾書等により承諾を得なければならない。
- 新点の位置を選定したときは、その位置及び視通線等を地形図に記入し、選点図を作成するものとする。
- 平均図は、選点図に基づいて作成し、計画機関の承認を得るものとする。

 過去問題をやってみよう！

次のａ～ｅの文は，トータルステーションを用いた基準点測量の作業内容について述べたものである。明らかに間違っているものだけの組合せはどれか。次の中から選べ。

ａ．測量作業を実施するに当たっては，基準点配点図，既設基準点の成果表及び点の記などを準備する。
ｂ．新点の位置は，平均計画図に基づき後続作業での利用などを考慮して，適切な位置に選定する。
ｃ．新点位置に永久標識を設置した後に，土地の所有者又は管理者から承諾を得る。
ｄ．観測においては，水平角観測，鉛直角観測及び距離測定を１視準で同時に行う。
ｅ．点検計算は，平均計算の結果を用いて行う。

１．a, b　　２．a, c　　３．b, d　　４．c, e　　５．d, e

解答　4

a．○　今ある図面等の情報をもとに平均図を作成します。
b．○　次に使う人が使いやすいよう視界・視通や将来的な状況変化に気をつけましょう。
c．×　事前に許可（建標承諾書等）を書面で取りましょう。
d．○　TS では 1 回の視準で角度と距離を同時に測ることができます（本章 lesson3 で学習）。
e．×　平均計算は数値の最終調整になりますので、点検計算の後に行います（本章 lesson1 で学習）。

2章

lesson 3

TSとTSを用いた多角測量

重要度 ★★☆

合格のポイント！

トータルステーション（以下、本書ではTSと略します）は角度と距離を測る、測量や建設の現場で使われる機器です。ここでは、TSがどのような機能を持ち、どのように運用されているか学びましょう。作業規程の準則からの出題が多い分野です。

① TSの成り立ち

TSが登場する以前は、距離は鋼巻尺で測定し、角度はセオドライトで測定するのが普通でした。しかし、光で距離を測定できる光波測距儀《こうはそっきょぎ》の登場で、セオドライトに光波測距儀を載せたTSが使われるようになりました。これにより、1回の観測で距離と角度がわかるようになり作業効率が飛躍的に向上しました。現在では光波測距装置が小型化・高性能化され、セオドライトと見分けがつかないTSも市場に出回り現場で活躍しています。

写真提供：株式会社トプコン

② TS の機能

TS では水平角・鉛直角・斜距離を測定することができ、器械高や反射鏡高を入力することにより、内部の計算結果から高低差や水平距離を表示することもできます。

距離の測定においては気温・気圧・湿度などの気象条件を入力すると、自動的に気象補正を行ってくれます。

観測値については、誤差（較差《かくさ》）の許容範囲や測量の等級を設定しておくことにより、自動で観測の良否を判定します。

観測したデータについてはデータコレクタに記録するか、USB メモリなどでデータを直接取り出します。観測データは作業の上で最も重要な成果であるため、複数のバックアップデータを作成します。再測や良否の判定で不要になったデータも削除してはいけません。後の作業で計算に不整合が出たときに原因を探るヒントになります。また、観測値を人為的に操作する不正な作業を防ぐ意味合いもあります。

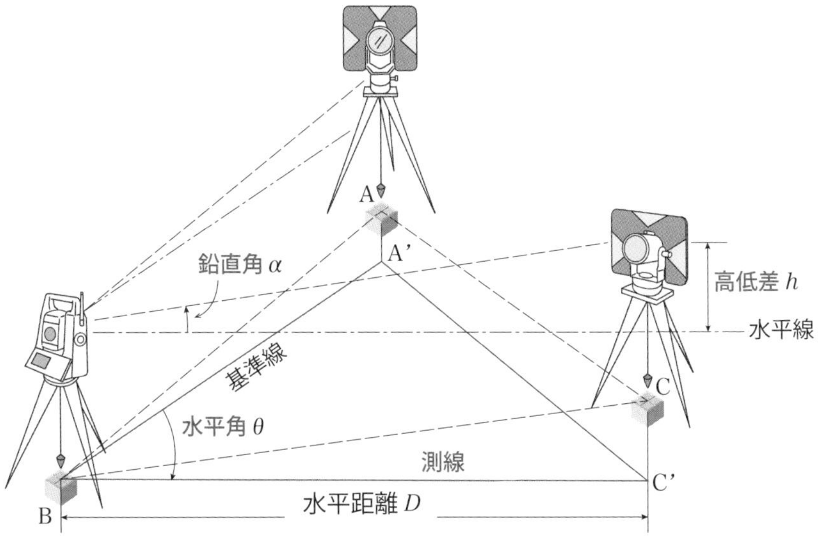

覚える用語

反射鏡　反射鏡はその名のとおり鏡です。TS から発せられた光を TS に反射して返すための道具です。「ミラー」「プリズム」などと呼ぶこともあります。TS には反射鏡がなくても測距のできる機能も付いており、これをノンプリズムなどとよびます。ノンプリズムは精度は落ちますが、平面図作成の細部測量など、たくさんの点を測定する場合や作業員が行けないような場所の測量に便利です。

③ TS による観測及び計算（準則 34 ～ 43 条）

基準点測量には TS を用いる方法、GNSS を用いる方法、そしてそれらを併用する方法があります。ここでは、TS を用いて角度や距離を測定する際の決まりごとや観測値の判定法について学びましょう。これらは作業規程の準則の中で定められています。

1）機器の点検・調整は観測着手前及び観測期間中に適宜行うこと

2）観測の実施

- 器械高、反射鏡高及び目標高はミリメートル単位まで測定する
- 角度、距離は 1 視準《しじゅん》で同時に行う
- 水平角・鉛直角の観測は正反の観測を 1 対回《ついかい》とする
  正反については本章 lesson 6 で詳しく解説します。
- 距離測定は 1 視準 2 読定《どくてい》を 1 セットとする

TS を使ったことのある方は思い出してください。反射鏡に十字線を合わせて（これが 1 視準）、測距のボタンを押すと、2 回光を飛ばして測定しているはずです。機種によっては「ピピ♪ピピ♪」という電子音で 2 回読定したことを知らせてくれます。

3）観測値と判定

●水平角観測の必要対回数に合わせて観測した鉛直角と距離（TSを反射鏡に合わせる度に測定している数値）は全て採用しその平均値を用いる
●観測の較差《かくさ》の許容範囲
水平角 ➡ 倍角差・観測差
鉛直角 ➡ 高度定数の較差
距離 ➡ 1セット内の測定値の較差・各セットの平均値の較差
●観測した水平距離は標高とジオイド高から求めた楕円体高を使い、基準面上の距離に換算する（1章　lesson 3　測量の基準と位置の表示　参照）

4）点検計算

点検計算は、水平位置と標高の閉合差を計算して良否を判定するものです。

たとえば点Pを新点として位置を求めたい場合、AからPまで節点を置き角度と距離を測ってP点の位置を求め、そこからBの位置をAPと同じように求めていきます。B点は既知点なので位置がわかっています。この、既にわかっているB点の水平位置及び標高と、観測で求めたB点の水平位置及び標高を比較し、点検を行うということです。

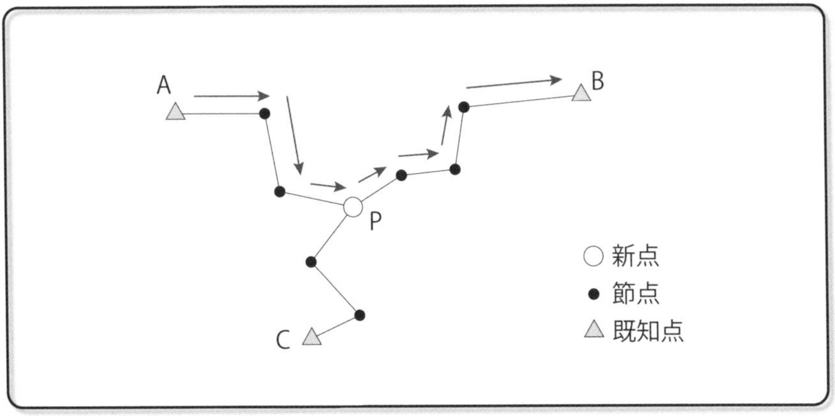

もし、全く誤差がない測量ができたと仮定すると、既知点として決まっていたＢの位置も観測して得たＢ位置も同じになります。ですが、測量には誤差がついてきますので、「これくらいまでなら誤差があっても問題ない」と決めたものが許容範囲と呼ばれ、作業規程に数値が示されています。

5）平均計算

数値の最終調整として行う計算です。

過去問題をやってみよう！

次のａ～ｄの文は，公共測量において実施するトータルステーションを用いた基準点測量について述べたものである。［ア］～［エ］に入る語句の組合せとして最も適当なものはどれか。次の中から選べ。

ａ．１級基準点測量及び２級基準点測量は，原則として［ア］方式で行う。
ｂ．距離測定は，１視準［イ］読定を１セットとする。
ｃ．器械高は，［ウ］単位まで測定する。
ｄ．基準面上の距離の計算は，［エ］を用いる。

	ア	イ	ウ	エ
１．	結合多角	１	センチメートル	標高
２．	単路線	１	ミリメートル	楕円体高
３．	結合多角	２	ミリメートル	楕円体高
４．	単路線	２	センチメートル	標高
５．	結合多角	２	ミリメートル	標高

解答　3

ア　結合多角　成果の精度を高めるためです。

イ　2　TSでは一度測距のボタンを押すと自動で2回読定します。

ウ　ミリメートル　距離や高低差はミリ単位で測量するので、こちらもミリです。

エ　楕円体高　ジオイド高と標高から楕円体高を計算し、基準面上の距離を求めます。

本章lesson2・3・4の内容は複合的に出題されるので、振り返りながら整理しておきましょう。ここに紹介した問題のほか、次のようなパターンの出題もあります（すべて正答肢）。

- トータルステーション（以下「TS」という。）を用いる観測では，水平角観測，鉛直角観測及び距離測定は，1視準で同時に行うことを原則とする。また，距離測定は，1視準2読定を1セットとする。
- TSを用いた観測における点検計算は，観測終了後に行うものとする。また，選定されたすべての点検路線について，水平位置及び標高の閉合差を計算し，観測値の良否を判定するものとする。
- トータルステーションによる観測では，水平角観測，鉛直角観測，距離測定を同時に行える。
- トータルステーションによる距離測定では，観測時に気温，気圧の測定値を入力すると自動的に気象補正を行う。

lesson 4

2章

距離測定の誤差

重要度 ★★☆

合格のポイント！

TSによる光波《こうは》測距《そっきょ》の誤差について問われます。重要なのは「光波測距の原理」「気象条件が測定に与える影響」「距離に比例する誤差としない誤差」の3つです。最近の傾向では出題頻度は低いですが、計算問題にもつながる基礎知識ですのでおさえておきましょう。

① 光波測距の原理

光波、すなわち光を使って距離を測定することを光波測距といいます。その仕組みは、光を発射し、反射鏡に反射して帰ってくる光で距離を測るというものです。光波測距儀（TS）の測距では反射して帰ってくる光の位相《いそう》というものを測定しています。光は波なので、その波のズレの量（位相差）を光波測距儀の内部で計算しています。

光波測距の原理 1

光を発射し、反射鏡に反射して帰ってきた光を分析することで距離を測定する。

光波測距の原理 2

光は波のように進む。波が１回上がって下がって同じ高さに戻ってくるまでの距離を１波長という。

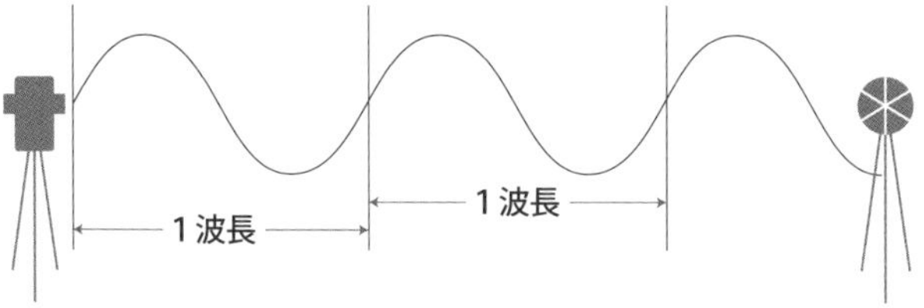

光波測距の原理 3

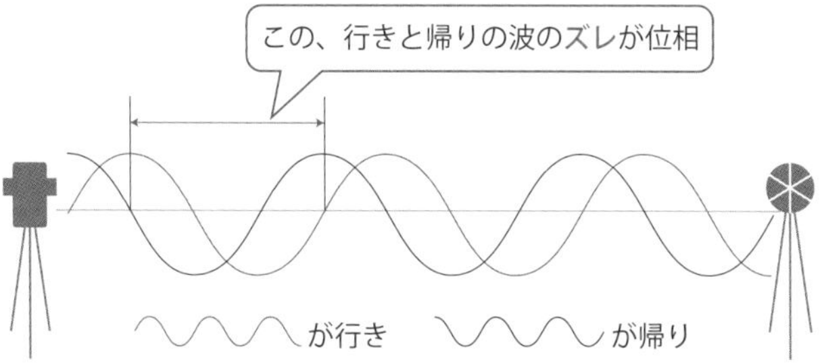

この「位相」を測定すると、波打った回数と１波長に満たない端数がわかります。

光波測距の原理 4

反射鏡に反射して帰ってきた光の位相を分析すると、波打った回数と１波長未満の半端な部分（端数）がわかる。

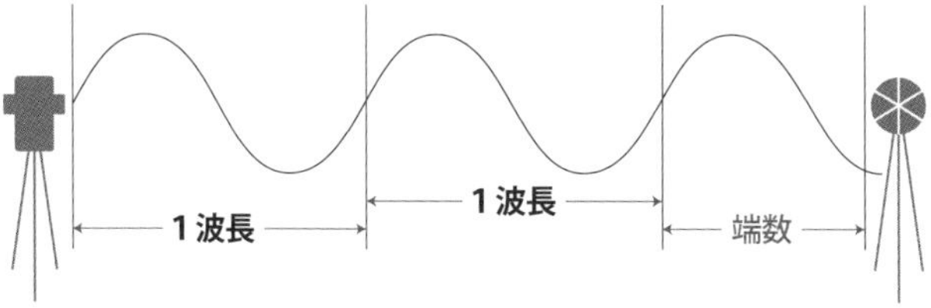

TS から出す光は波長を調節（変調）しているので、1 波長の長さはわかっています。前の図の場合、2 回波打っているので、長さは「波長の長さ× 2 回＋端数」ということがわかります。1 波長の長さを λ（ラムダ）、波打った回数を n、端数を d とすると、2 点間の距離 D は

$D = \lambda \cdot n + d$　で表されます。

波長によって測定できる長さの範囲が変わるので、測量では長い距離を測る光と、短い距離を測る光の 2 種類を使っています。

ここが大事！

変調により波長のわかる光を出す
➡ 反射して器械に光が帰ってくると位相がわかる
➡ 波打った回数と端数がわかる
➡ 波長×回数＋端数＝ 2 点間の距離

2 光波距離の誤差

光は、さまざまな要因によって影響を受け、誤差を生じます。ここでは、誤差の原因と距離との関係（比例する・しない）を整理します。

1）気象測定の誤差

大気中の光の伝わり方は気温・気圧・湿度に影響されます。このため、TS と反射鏡の間にある空気は測定距離に影響を及ぼします。

ここが大事！

気温が上がると測定距離は短くなる ➡ ＋の補正
気圧が上がると測定距離は長くなる ➡ −の補正
湿度が上がると測定距離は短くなる ➡ ＋の補正
影響の大きさ　気温 ＞ 気圧 ＞ 湿度
誤差の出方（大きく測った場合）気温は−　気圧は＋　湿度は−

距離が長いほど 2 点間の大気は多く（厚く）なりますので、この誤差は比例します。

2）器械定数・反射鏡定数の誤差

道具の構造上、1 回測定するごとに一定の大きさで出る誤差です。器械・反射鏡の定数の誤差は、どちらも測定距離に比例しません。

●器械定数

器械定数は器械の中心と、光源の位置がずれているために起きる誤差です。

●反射鏡定数

反射鏡定数は反射鏡の中心と、光が反射する位置がずれているために起きる誤差です。

3）致心の誤差

距離を測定するときに、器械・反射鏡の中心と基準点の中心が鉛直線上になるようにします。これを致心《ちしん》といいます。器械・反射鏡の致心の誤差はどちらも測定距離に比例しません。

●器械の致心誤差

器械を据え付けたときの、器械の中心と基準点のずれ

●反射鏡の致心誤差

反射鏡を据え付けたときの、反射鏡の中心と基準点のずれ

4）位相の測定誤差

光波測距儀では位相を測定することにより 2 点間の距離を内部計算しています。位相の測定に誤差が出ると観測距離にも誤差が発生しますが、± 5mm 以内です。

位相の測定誤差

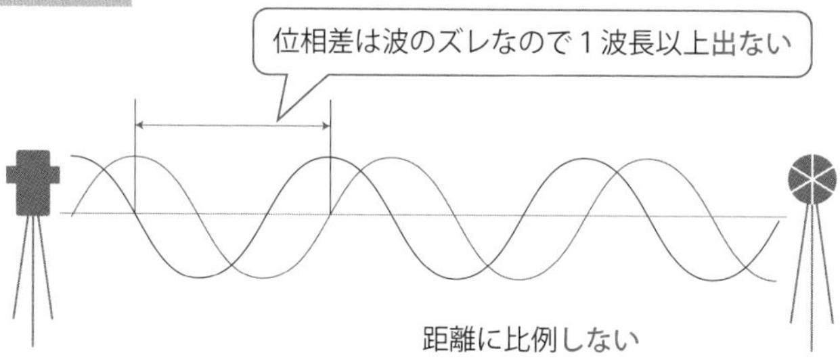

測定の仕組みから考えても距離とは関係なく、1 波長以上は出ない（比

例しない）ということがわかります。

5）変調周波数の誤差

前述のように、TSでは光が波打った回数と1波長の長さをかけ算して距離を測定しています。また、TSから発射する光が一定の波長になるように調節する、変調を行っています。

変調周波数の誤差とは、この波長（λ：ラムダ）が作りたかった長さと違うことを意味しています。

変調周波数の誤差

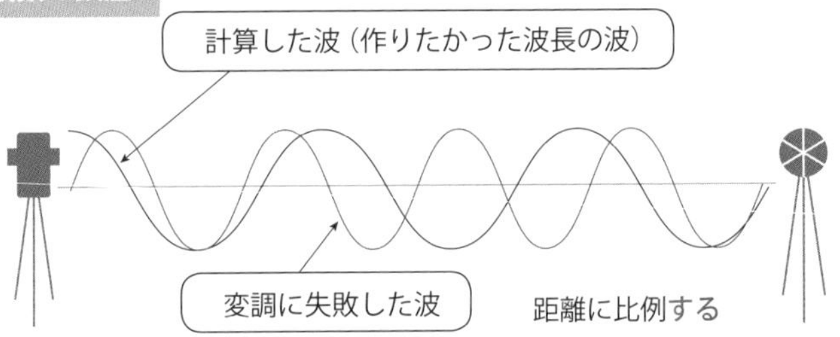

距離が長いほど波打った回数も増えるので、変調周波数による誤差は距離に比例します。

光波測距の原理を知ると計算問題にも応用できます。しかし、比例する・しないを問う問題に関しては距離に比例する誤差を覚えておくだけ（それ以外が比例しない誤差）で正答を得られる問題が過去複数回出題されています。

ここが大事！

比例する誤差
- 気象要素の測定誤差（気温・気圧・湿度）
- 変調周波数の誤差

比例しない誤差
- 定数の誤差（器械・反射鏡）
- 致心の誤差（器械・反射鏡）
- 位相の測定誤差

過去問題をやってみよう！

次のａ～ｅは，トータルステーションによる距離測定に影響する誤差である。このうち，距離に比例する誤差の組合せはどれか。次の中から選べ。

a．器械定数及び反射鏡定数の誤差
b．変調周波数の誤差
c．位相測定の誤差
d．致心誤差
e．気象測定の誤差

1．a, d
2．a, e
3．b, c
4．b, e
5．c, e

解答　4

変調周波数の誤差と、気象測定の誤差は距離に比例するのでｂ・ｅの組合せとなり、解答は４となります。

ここに紹介した問題のほか､次のようなパターンの出題もあります。

・光波測距儀による距離測定において，測定距離に比例する誤差の原因となるものはどれか。次の中から選べ。

1．器械の致心誤差　　2．器械定数の誤差
3．気象要素の測定誤差　　4．位相差測定の誤差
5．反射鏡定数の誤差　　解答は３となります。

lesson 5

②章

距離測定における定数の誤差

重要度 ★★☆

合格のポイント！

前のレッスンで器械定数・反射鏡定数を解説しましたが、この定数や、定数を使って正しい距離を求める問題が出題されます。複雑に見えますが、簡単な足し算・引き算で解けます。

① 器械定数・反射鏡定数

1）器械定数

器械定数は器械の中心と、光源の位置がずれているために起きる誤差です。ここでは仮にα（アルファ）とします。1回測量するごとに同じ量の誤差が必ず出ます。距離には比例しません。

器械定数の誤差

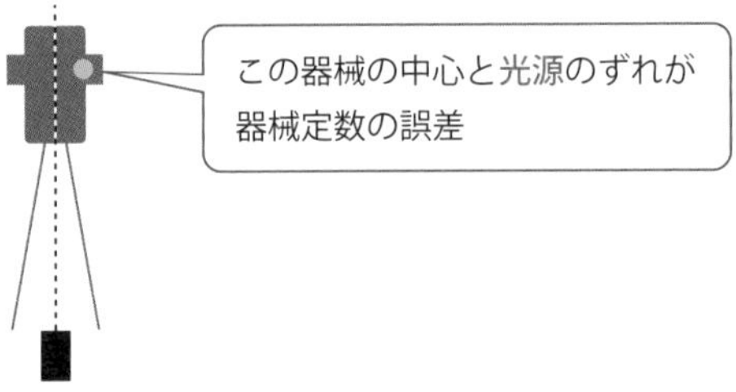

2）反射鏡定数

反射鏡定数は反射鏡（ミラー）の中心と、光が反射する位置がずれているために起きる誤差です。ここでは仮にγ（ガンマ）とします。1回測量するごとに同じ量の誤差が必ず出ます。こちらも距離には比例しません。

反射鏡定数の誤差

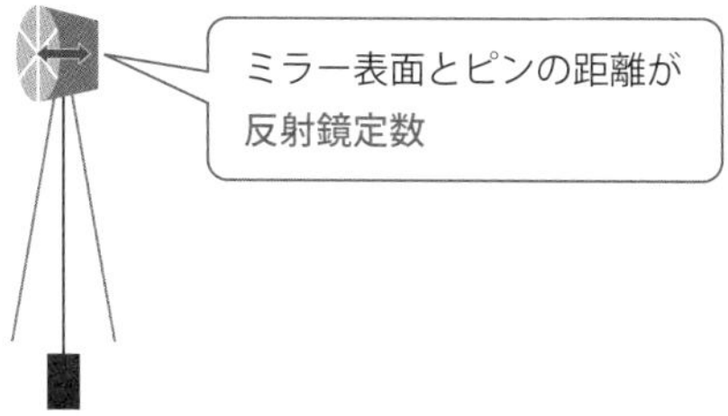

② 器械定数・反射鏡定数の求め方

器械定数と反射鏡定数は、次のように直線状にA点、B点、C点を置き、各点間をTSで測る方法で求めます。

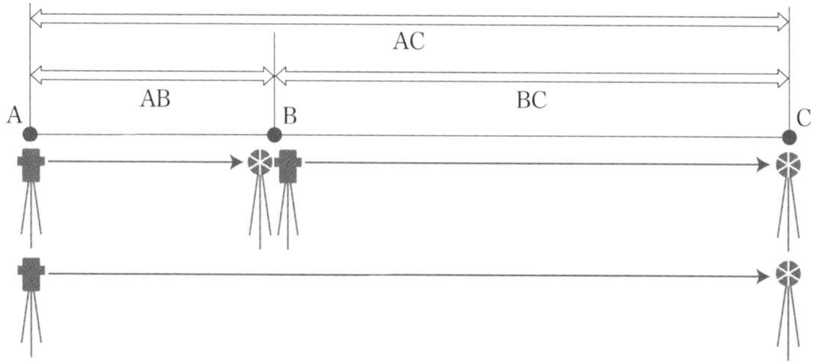

誤差が全くなければ次のように $AC = AB + BC$ となります。

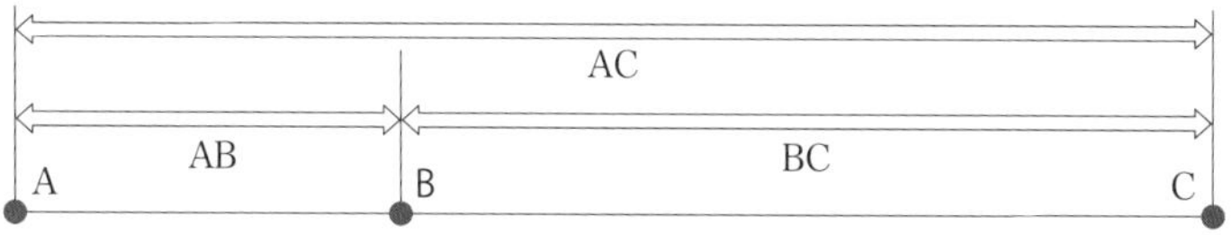

しかし、1回の測定ごとに器械定数（α）、反射鏡定数（γ）の誤差が発生します。定数は－（マイナス）の場合もありますが、その場合はマイナスを足すと考えてください。このような誤差を考慮すると、次の図のようになり、$AC + \alpha + \gamma = AB + \alpha + \gamma + BC + \alpha + \gamma$ の式で表されます。

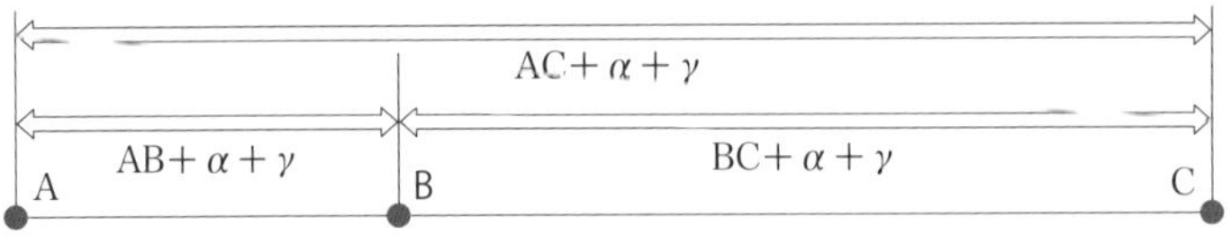

この式を使って解く出題パターンは大きく分けて 2 つです。

●器械定数・反射鏡定数のどちらかがわかっていて、どちらかを求める問題
●正しい AC 間の距離を求める問題

これに加えて、A 点と B 点で使用する器械が異なるなど、工夫が必要な問題も出題されます。

例題をやってみよう！

直線上にある点 ABC において，AB ＝ 199.870 m，AC ＝ 500.030 m，BC ＝ 300.110 m，反射鏡定数＋ 0.002 m のとき，器械定数は幾らか。

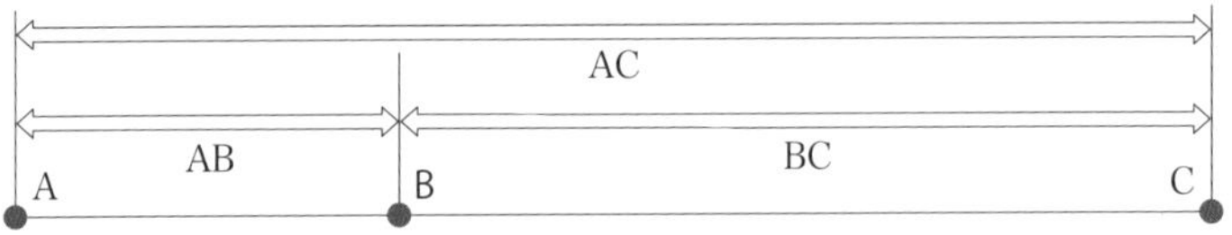

1.　＋ 0.002
2.　＋ 0.046
3.　− 0.048
4.　＋ 0.048
5.　＋ 0.050

解答　4

まずは、式を思い出し数値を入れてみましょう。

AB＝199.87　AC＝500.03　BC＝300.11　反射鏡定数＋0.002

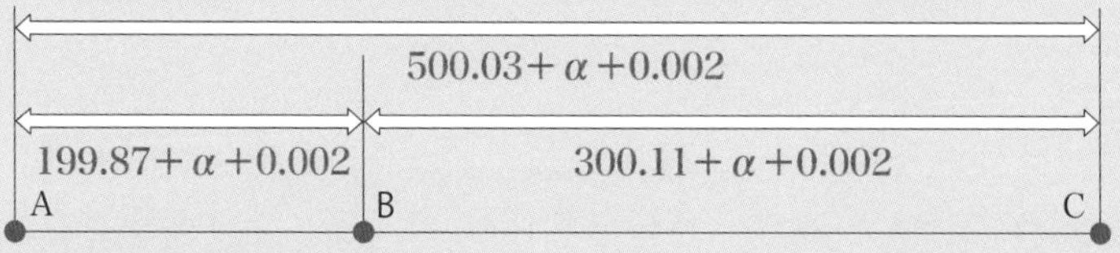

数値の入った式は次のようになります。

$500.03 + \alpha + 0.002 = 199.87 + \alpha + 0.002 + 300.11 + \alpha + 0.002$

この式を $\alpha =$ になるように解いていきます。

$500.032 + \alpha = 199.872 + \alpha + 300.112 + \alpha$

$+\alpha - \alpha - \alpha = 199.872 + 300.112 - 500.032$

$-\alpha = 199.872 + 300.112 - 500.032$

$-\alpha = -0.048$

$\alpha = 0.048$

器械定数は **0.048** となります。左辺から右辺に、右辺から左辺に符号を逆にして入れ替えると $\alpha =$ の式ができます。

器械定数、反射鏡定数を使い、正しい距離を求める問題も出題されます。

この例題であれば、AC 間の正しい距離は

「AC ＋器械定数＋反射鏡定数」

なので、次の式で計算できます。

$500.03 + 0.002 + 0.048 = 500.080$

これにより、AC 間の正しい距離は **500.080 m** となります。

2章

lesson 6

TSにおける角測定の誤差

重要度★★★

合格のポイント！

TSで水平角を測定する場合、構造上あるいは器械の製造過程上どうしても誤差が出てしまいます。観測方法によって消去・軽減できるものがありますので「誤差の原因」と「消去（あるいは小さくする）法」を関連付けておくことが重要です。なかでも、「正反観測で消せる・消せない」について問う問題は30年以上前から出題され続けています。

1 TSの仕組み

●水平軸

望遠鏡の鉛直軸と直交します。観測前に正しくTSを据え付けると水平になります。

●視準軸

望遠鏡の中心を通る軸です。水平軸と直交します。

●鉛直軸

水平軸と直交し、正しくTSを据え付けると鉛直になります。

●目盛盤

望遠鏡の水平方向の動きと連動して回転し、角度を測定する部品です。360°の全円分度器と考えてください。なお、実際はスリットの入った円盤が回転の光を感知して角度を測っています。

TSの構造 1

水平軸・視準軸・鉛直軸を合わせてTSの三軸という。

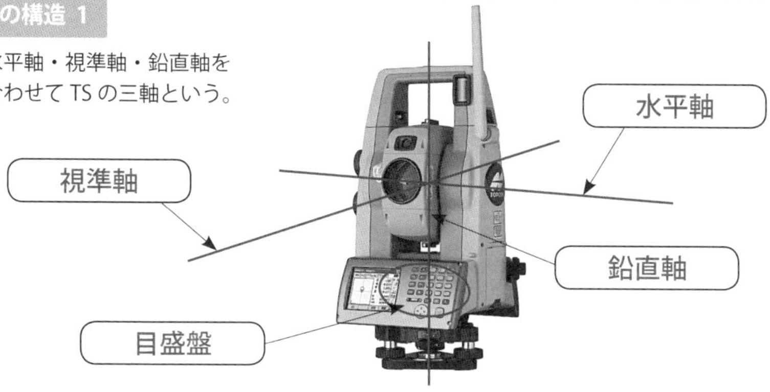

写真提供：株式会社トプコン

TSの構造 2

② 正反観測

TSで水平角を測定する場合、通常は正反観測を行います。

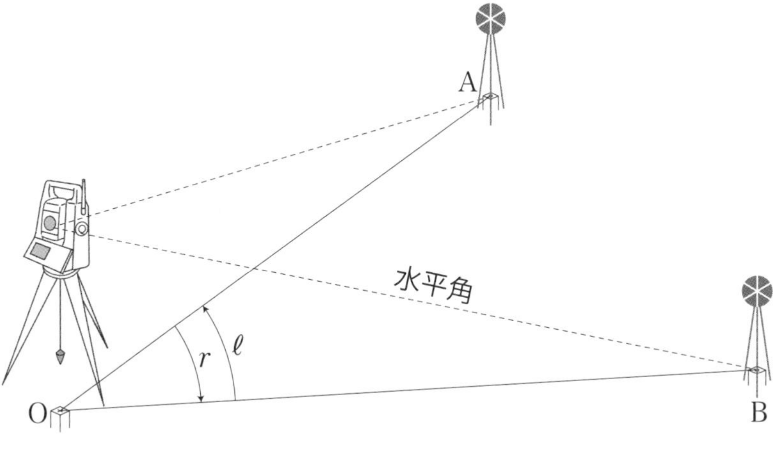

Oに器械を据えてA点を観測し、時計回りにB点までの角度を測定します。これを正（r：アール）とします。

次に望遠鏡を180°回転させ、器械も180°回転してB点を観測し、反時計回りにA点までの角度を測定します。こちらは反（ℓ：エル）とします。

rもℓもO点におけるAB間の水平角ですが、rとℓを平均して最終的な観測値とします。

このような観測法を正反観測と呼び、なぜこのような観測を行うのかという問題が出題されます。

ここが大事！

空気密度の不均一さによる目標像のゆらぎのために生じる誤差は、望遠鏡の正反観測の平均値をとることによって消去できない。

3 構造上の誤差

1）視準軸誤差

視準軸誤差は視準軸が水平軸と直交していないために起きる誤差で、正反観測で消えます。

視準軸誤差

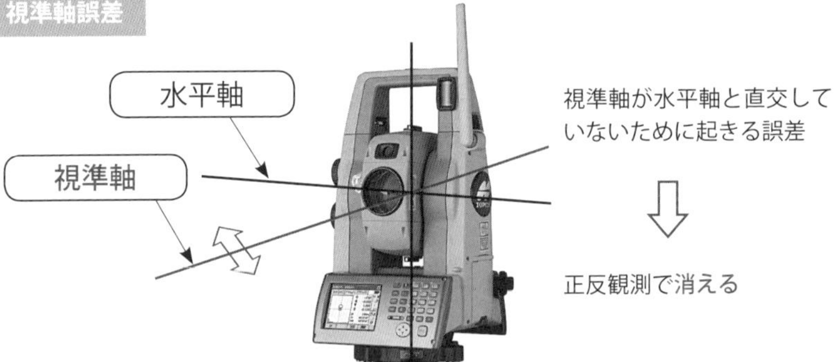

2）水平軸誤差

水平軸誤差は水平軸が鉛直軸と直交していない（水平でない）ために起きる誤差で、正反観測で消えます。

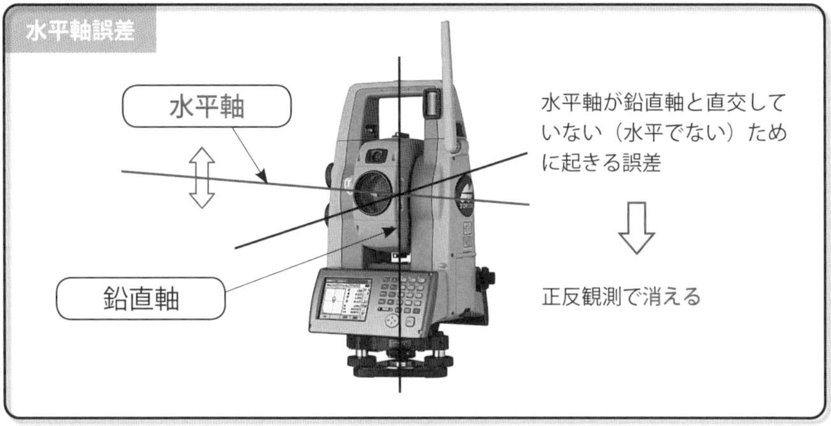

3）鉛直軸誤差

鉛直軸誤差は鉛直軸が鉛直でないために起きる誤差で、正反観測で消えません。

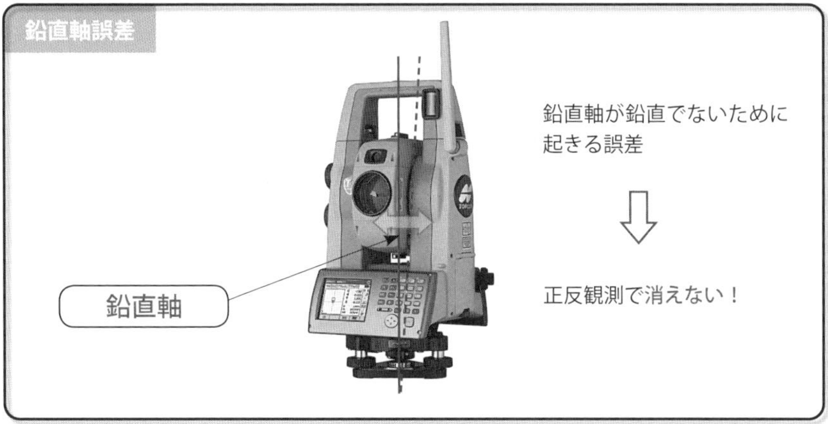

鉛直軸誤差については、器械が鉛直から傾いているので正反観測で消えません。ただし、補正値を計算することにより小さくすることはできます。

4）目盛盤の偏心誤差

目盛盤の偏心誤差は目盛盤中心が鉛直軸から外れているために起きる誤差で、正反観測で消えます。

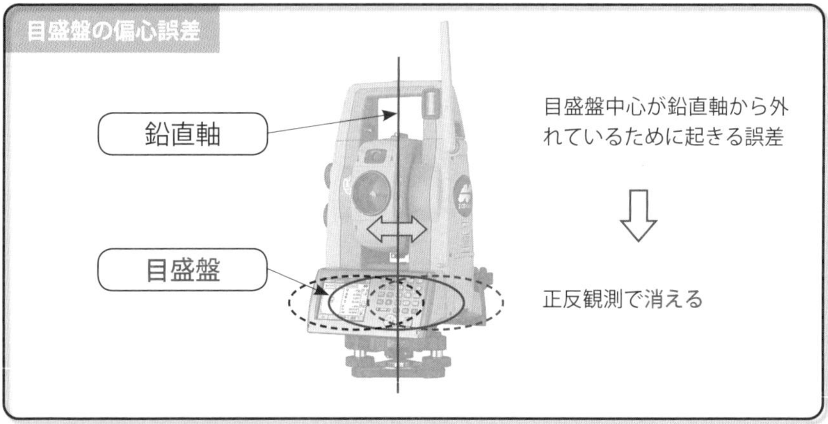

5）目盛盤の目盛不正

目盛盤の目盛不正は、目盛盤の目盛（角度）が正しくふられていないために起きる誤差で、正反観測で消えません。

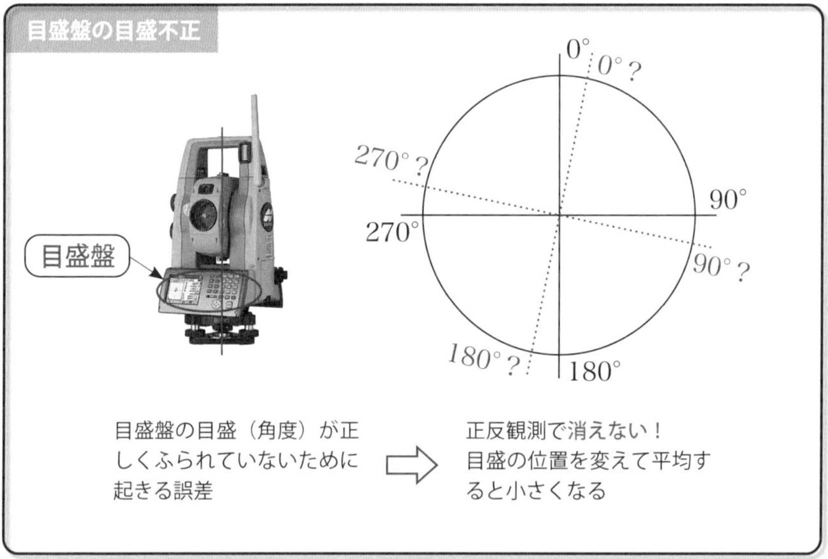

目盛盤の目盛不正は器械の構造と関係がないため、正反観測では消え

ません。たとえば 30°を測るという場合、0°付近（0°→ 30°）と 90°（90°→ 120°）付近で測定し平均すれば小さくできます。

6）望遠鏡の偏心（外心）誤差

望遠鏡の偏心（外心）誤差は、望遠鏡が鉛直軸と水平軸の交点から外れている誤差で、正反観測で消えます。

望遠鏡の偏心誤差

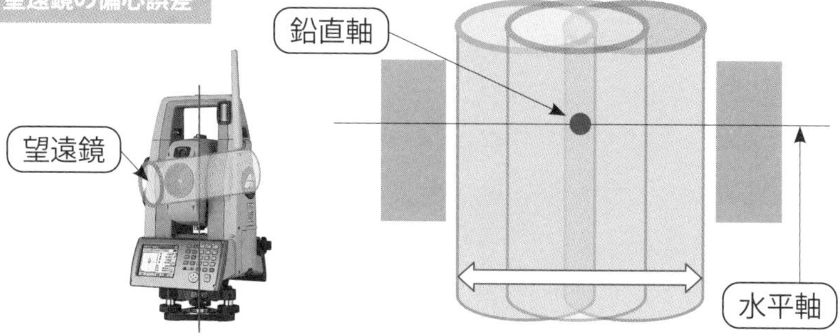

望遠鏡が鉛直軸と水平軸の交点から外れている誤差 ⇒ 正反観測で消える

ここが大事！

TS の器械的誤差で正反で消えるもの（○印）

- 視準軸誤差○
- 水平軸誤差○
- 鉛直軸誤差 ×
- 目盛盤の偏心誤差○
- 目盛盤の目盛不正 ×
- 望遠鏡の偏心誤差○

最近は「正反で消えるものはいくつあるか」といった、全てを理解していないと正答が導けないような出題の仕方が多いので、整理しておきましょう。

過去問題をやってみよう！

次の文は，トータルステーション（以下「TS」という。）を用いた水平角観測において生じる誤差について述べたものである。[ア]～[エ]に入る語句の組合せとして最も適当なものはどれか。次の中から選べ。

TSを用いた水平角観測において生じる誤差は，望遠鏡の正（右）・反（左）観測の平均値をとることによって消去できるものとできないものに分けられる。望遠鏡の正反観測の平均値をとることによって消去できる誤差としては，以下が挙げられる。

- TSの水平軸と望遠鏡の視準線が，直交していないために生じる視準軸誤差
- TSの水平軸と鉛直軸が，直交していないために生じる[ア]誤差
- TSの水平目盛盤の中心が，鉛直軸の中心と一致していないために生じる[イ]誤差
- 望遠鏡の視準線が，TSの鉛直軸の中心から外れているために生じる外心誤差

一方，望遠鏡の正反観測の平均値をとることによって消去できない誤差としては，以下が挙げられる。

- TSの鉛直軸が，鉛直線から傾いているために生じる[ウ]誤差

空気密度の不均一さによる目標像のゆらぎのために生じる誤差は，望遠鏡の正反観測の平均値をとることによって消去[エ]。

	ア	イ	ウ	エ
1．	水平軸	偏心	鉛直軸	できない
2．	水平軸	鉛直軸	偏心	できない
3．	垂直軸	偏心	鉛直軸	できる
4．	垂直軸	鉛直軸	偏心	できる
5．	水平軸	偏心	鉛直軸	できる

解答　1
ア　水平軸
イ　偏心
ウ　鉛直軸
エ　できない
目標像のゆらぎは安定しておらず、器械の構造とは関係ないので消去できません。

ここに紹介した問題のほか、本章 lesson6 の出題範囲では次のようなパターンの出題もあります。

- 次の文は，トータルステーション（以下「TS」という。）を用いた水平角観測において生じる誤差について述べたものである。望遠鏡の正（右）・反（左）の観測値を平均しても消去できない誤差はどれか。次の中から選べ。

1．TS の水平軸と望遠鏡の視準線が，直交していないために生じる視準軸誤差。
2．TS の水平軸と鉛直線が，直交していないために生じる水平軸誤差。
3．TS の鉛直軸が，鉛直線から傾いているために生じる鉛直軸誤差。
4．TS の水平目盛盤の中心が，鉛直軸の中心と一致していないために生じる偏心誤差。
5．望遠鏡の視準線が，TS の鉛直軸の中心から外れているために生じる外心誤差。

この問題の解答は 3 です。

lesson 7

2章

新点の方向角

重要度 ★★☆

合格のポイント！

TS で新点の位置を求めるときに、既知点から順に角度と距離を計算し、節点や新点の方向角を計算します。ここでは数珠つなぎに各点の方向角を求める方法について解説します。この方法は計算の回数は増えますが、確実で応用が利きます。初学の方は電卓を用意して、まずは計算順序だけ身につけましょう。図を描き、じっくり時間をかけて、計算ミスに気をつけることが正答を得るコツです。

1 方向角

北には本当の北・座標の北の他に、磁石が示す北もありますが、座標の北（X 軸）の時計回りを + とした次の測線までの角度のことを方向角といいます。

ここが大事！

方向角＝座標の北からの角度
方位角＝真北からの角度
真北方向角＝座標の北から真北までの角度

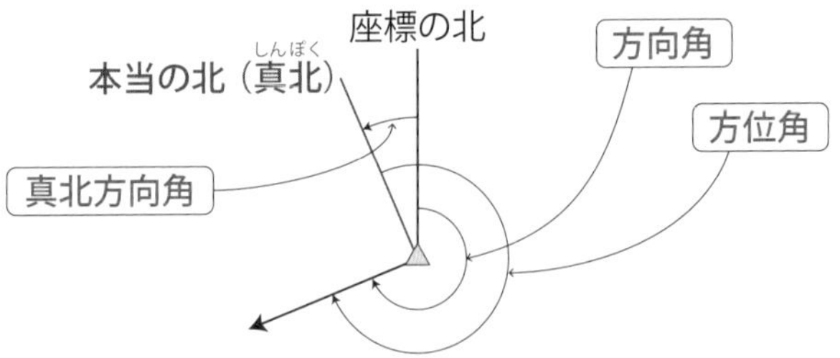

② 方向角を知る＝2点間の位置関係を知る

2点間の位置関係は、方向角と距離がわかると、座標上でのX・Yの差がわかります。このことを、次の図で考えてみます。

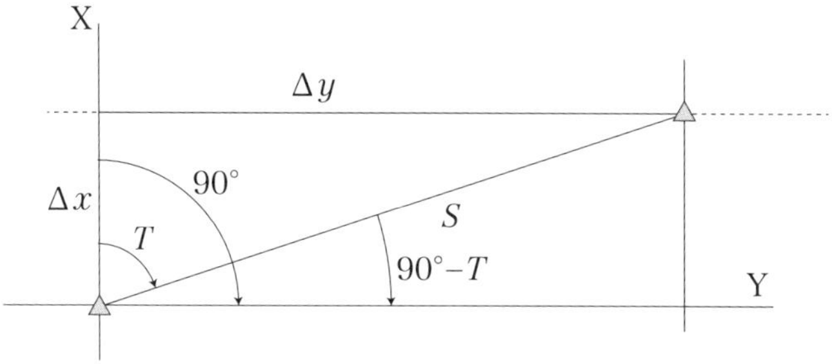

方向角（T）と水平距離（S）がわかれば、
座標値（Δx とΔy）がわかる。

三角形の性質により、方向角（T）と水平距離（S）がわかれば、座標値（Δ x とΔ y）がわかります。斜辺に対して「縦は sin、横は cos」なので

$\Delta x = S \cdot \sin(90° - T)$　$\Delta y = S \cdot \cos(90° - T)$

このために基準点の方向角（T）が必要となるのです。実際に問題を解く際には、次の流れで解答します。

- 補助線を引く
- 方向角を求める
- 同位角で次の点に持っていく

覚える用語

同位角　右の図のように、2つの直線と、それに交わる直線があるとき、AとEの位置関係にある角のことを同位角といいます。なお、この図で横方向の2つの直線が平行である場合、AとEの角度は等しくなります。

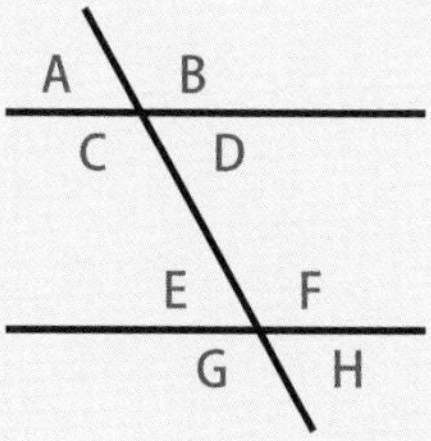

過去問題をやってみよう！

図に示すように，多角測量を実施し，表のとおり，きょう角の観測値を得た。新点③における既知点Bの方向角は幾らか。ただし，既知点Aにおける既知点Cの方向角 T_A は 330° 14′ 20″とする。

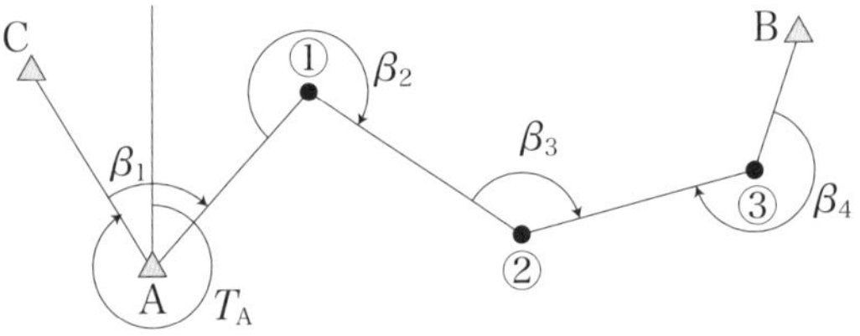

表

きょう角	観測値
β_1	80° 20′ 32″
β_2	260° 55′ 18″
β_3	141° 34′ 10″
β_4	243°　2′ 15″

解答　30° 2′ 5″

こういった計算問題の場合、見取り図が付いています。βをきょう角といい、TS で測定した角度です。実際の業務では距離も測定していますが、問題の性質上、出題数値からは省かれています。解答にあたっては、線の太さや点線・鎖線などを使い分けると後で解きやすくなります。

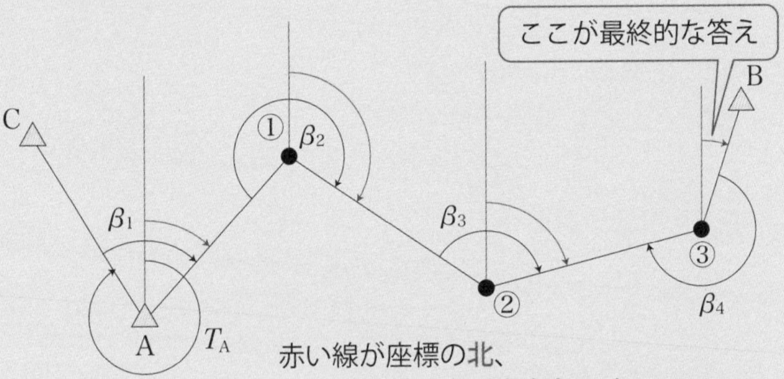

赤い線が座標の北、
赤い矢印が各点の方向角です。

この問題では、A から①②③ B と順に次の点の方向角を求めていけば答えにたどり着きます。そのためにまず、各点の方向角を図に書き込みましょう。図では縦に伸びる線が座標の北です。そこから時計回りの矢印が各点の方向角となります。

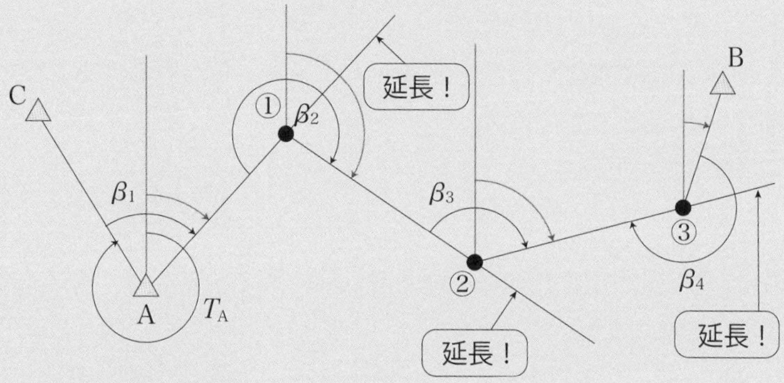

次に補助線を図に書き込みます。補助線は測線を延長するだけです。それから、各点の方向角を計算します。最初に、A 点の①に対する方向角を求めます。

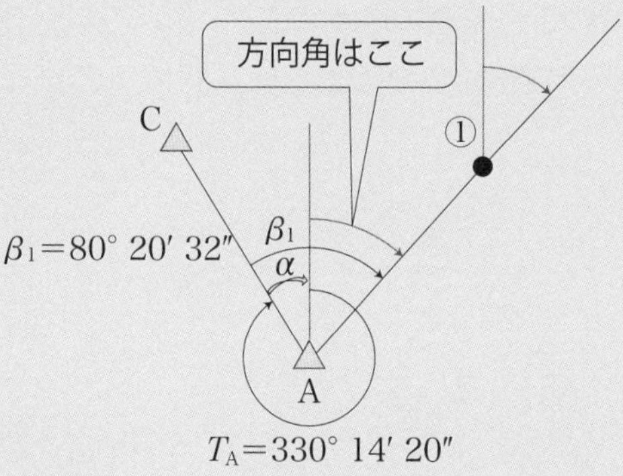

まず、

$360° - 330°\ 14'\ 20'' = \alpha$

$\alpha = 29°\ 45'\ 40''$

方向角$= 80°\ 20'\ 32'' - \alpha$

$= 80°\ 20'\ 32'' - 29°\ 45'\ 40''$

$= 50°\ 34'\ 52''$

ここで、右の図のように、求めた角度を次の点に利用します。A から縦に伸びる線と①から縦に伸びる線は座標の北を表し、平行なので同位角が成立します。

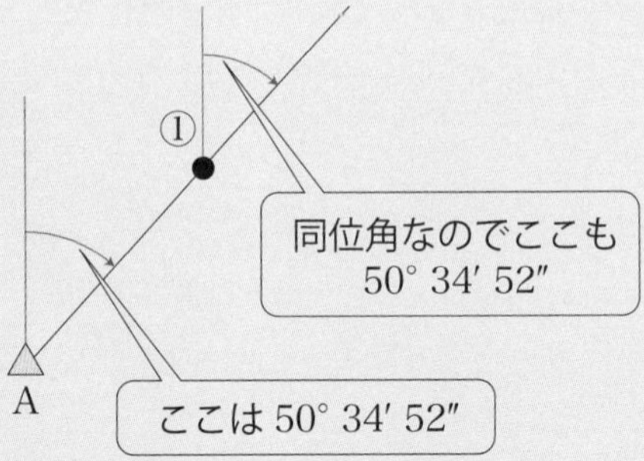

次は、①の②に対する方向角です。前の点で求めた同位角を次の点でも使います。

$260^\circ\ 55'\ 18'' - 180^\circ = \alpha$

$\alpha = 80^\circ\ 55'\ 18''$

より、 方向角$= 50^\circ\ 34'\ 52'' + \alpha$

$= 50^\circ\ 34'\ 52'' + 80^\circ\ 55'\ 18''$

$= 131^\circ\ 30'\ 10''$ が方向角になります。

ここで求められた $131^\circ\ 30'\ 10''$ は、同位角の原理により次の点でも使います。

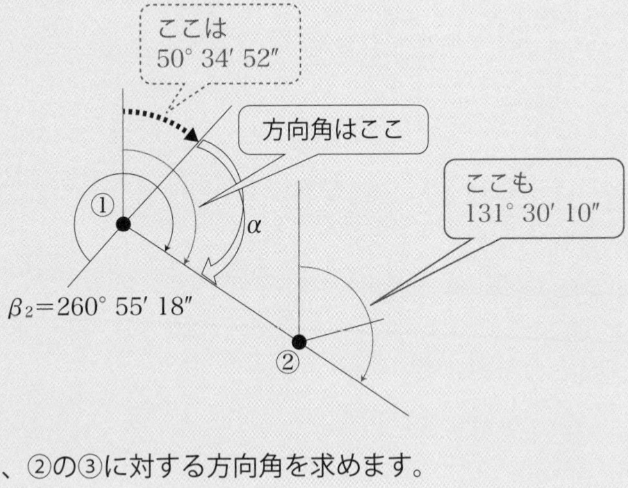

次は、②の③に対する方向角を求めます。

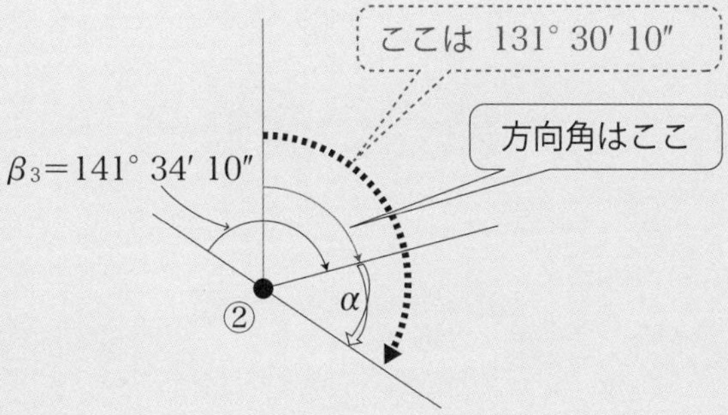

$180^\circ - 141^\circ\ 34'\ 10'' = \alpha$

$\alpha = 38^\circ\ 25'\ 50''$

方向角 $= 131^\circ\ 30'\ 10'' - \alpha$

$= 131^\circ\ 30'\ 10'' - 38^\circ\ 25'\ 50''$

$= 93^\circ\ 4'\ 20''$ が方向角になります。

最後に、③の点 B に対する方向角を求めます。

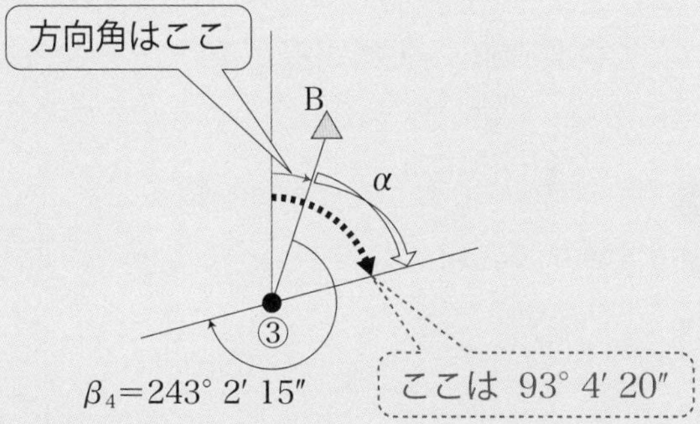

$243^\circ\ 2'\ 15'' - 180^\circ = \alpha$

$\alpha = 63^\circ\ 2'\ 15''$

方向角 $= 93^\circ\ 4'\ 20'' - \alpha$

$= 93^\circ\ 4'\ 20'' - 63^\circ\ 2'\ 15''$

$= 30^\circ\ 2'\ 5''$

が方向角で、本問の解答となります。

lesson 8

2章

新点の座標値

重要度 ★★☆

合格のポイント！

方向角と水平距離から新点の座標値を求める問題です。問題文から作図し、直角三角形を作って三角関数で求めます。正しい図を書くことが間違いを防ぐコツです。

1 座標値と作図の仕方

新点の座標値は、既知点と新点の座標値の差を求め、既知点の座標値に足し引きすることで求めます。ここでは、「平面直角座標上において点 A が点 P から方向角 300°、平面距離が 1500m の位置にある」と仮定します。解答にあたっては見取り図を作ることから始めてみましょう。

1）まず、既知点（P）を中心とした座標軸を描く

点 P を中心に X 軸が方向角 0°になり、そこから時計回りに角度が大きくなります。一周は 360°です。

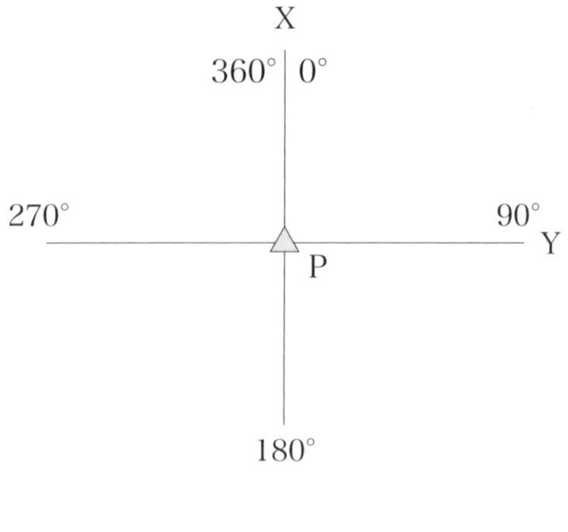

2）次に、方向角を書きます。

「300°だから 270°から 30°行ったくらい」程度で、精密に書く必要はありません。

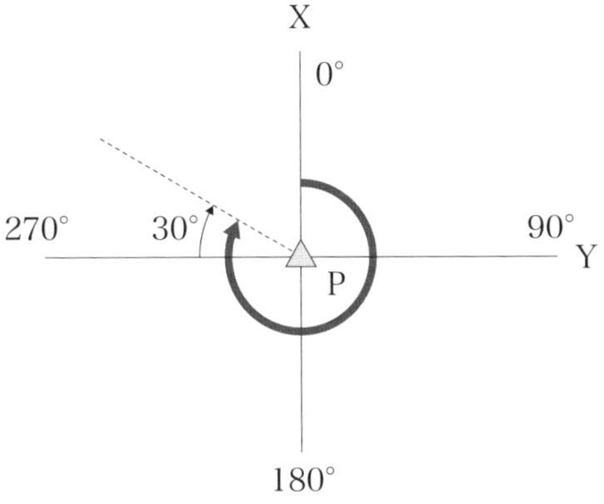

3）水平距離を書きます。

書きやすいサイズで描きましょう。

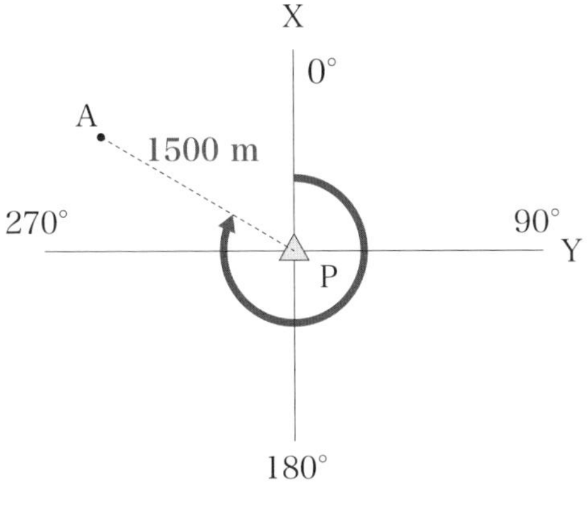

●関数表（本書 8 ページ）に目印をつける！

このレッスンに限らず、試験では関数表を参照する場面があります。本書で学習する際も目印を付けておいて、すぐに参照することで効率的に学習できるようにしておきましょう。

② 位置関係の計算

図ができたら、点 P と点 A の関係について整理します。次の点に注意し、直角三角形をつくって計算をします。

- Δx（X 方向の差）は上に向かっているので＋
- Δy（Y 方向の差）は左に向かっているので−

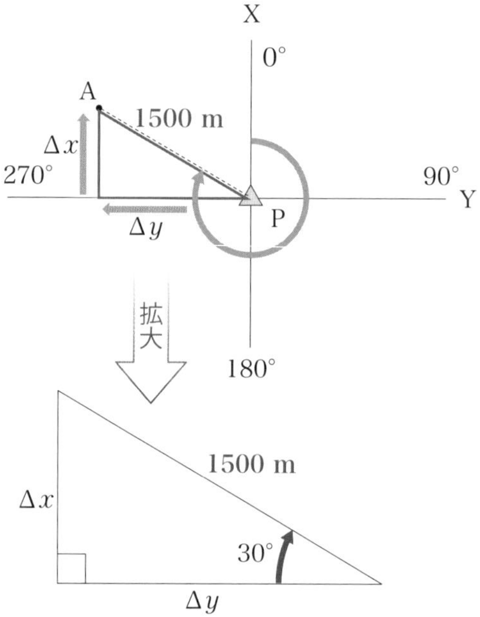

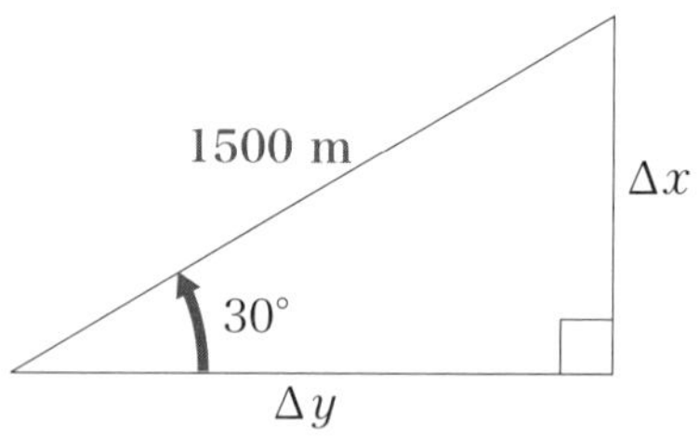

三角関数に慣れていない場合、直角が右下に来る図形にしたほうが Δx・Δy が解きやすくなるので反転して考えましょう。点 P、A の位置関係は確認してあるので反転して符号が変わっても大丈夫です。

Δ x・Δ y に図形の数値を当てはめると次のようになります。

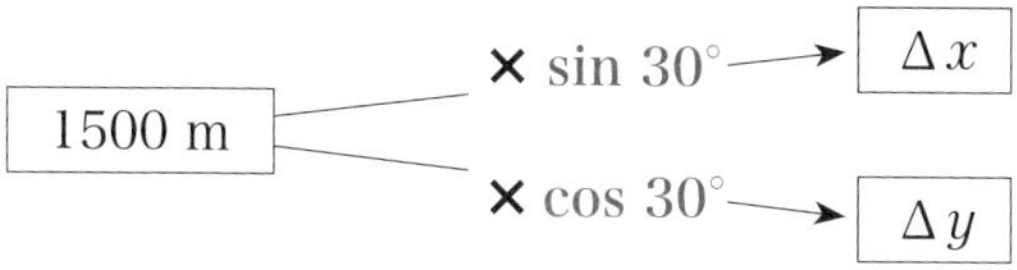

$$\Delta\ x = 1500 \times 0.50000 = 750.000\ \mathrm{m}$$

sin 30° を関数表から

$$\Delta\ y = 1500 \times 0.86603 = 1299.045\ \mathrm{m}$$

cos 30° を関数表から

あらかじめ確認しておいた符号と、三角形から求めた数値を組み合わせると、「点 A は点 P から X 方向に＋ 750.000m、Y 方向に－ 1299.045m の位置にある」ことがわかります。

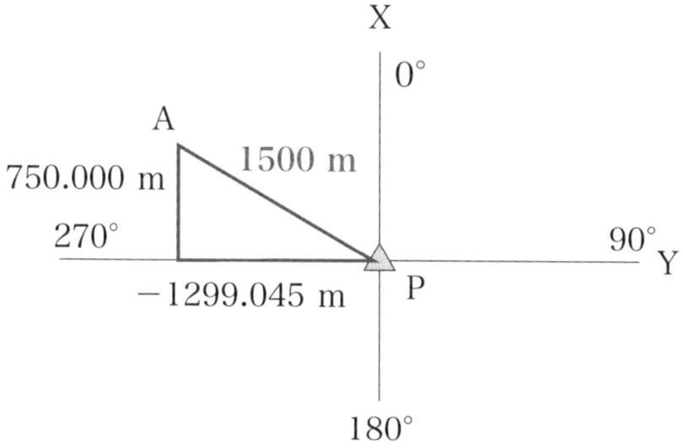

ここが大事！

斜辺から高さ・底辺の長さを求める

- 高さを求めたい場合は斜辺に sin θ をかける
- 底辺を求めたい場合は斜辺に cos θ をかける

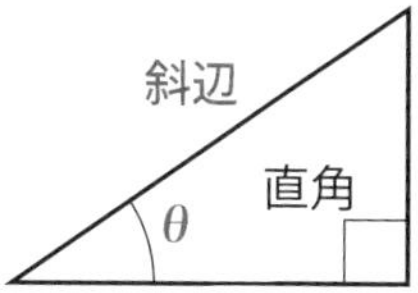

過去問題をやってみよう！

平面直角座標系(平成 14 年国土交通省告示第 9 号)において，点 B は，点 A からの方向角が 198° 00′ 00″，平面距離が 1,200.00 m の位置にある。点 A の座標値を，X ＝－ 1,000.00 m，Y ＝＋ 500.00 m とする場合，点 B の座標値は幾らか。最も近いものを次の中から選べ。

なお，関数の値が必要な場合は，8 ページの関数表を使用すること。

1．X ＝－ 1,370.82 m，Y ＝－ 641.17 m
2．X ＝－ 1,370.82 m，Y ＝－ 641.27 m
3．X ＝－ 1,370.82 m，Y ＝－ 641.37 m
4．X ＝－ 2,141.27 m，Y ＝＋ 129.18 m
5．X ＝－ 2,141.27 m，Y ＝＋ 129.28 m

解答　4

まずは図面を描きます。方向角は 198° なので、180° から 18° を足したあたりの位置をイメージして点 B を置きます。

図ができたら、点 A と点 B の関係について整理します。

- Δx（X 方向の差）は下に向かっていますので－です。
- Δy（Y 方向の差）は左に向かっていますので－です。

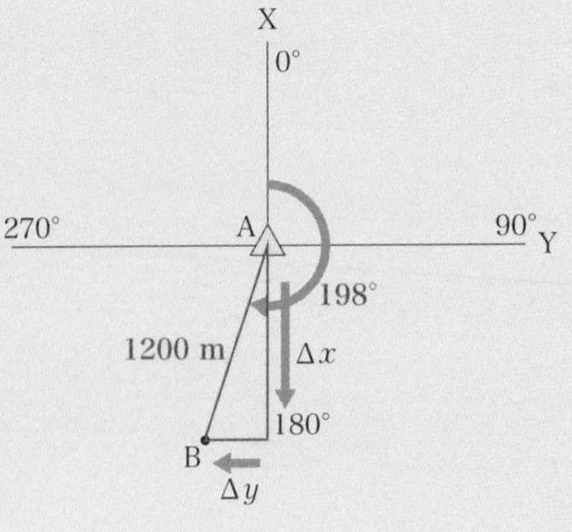

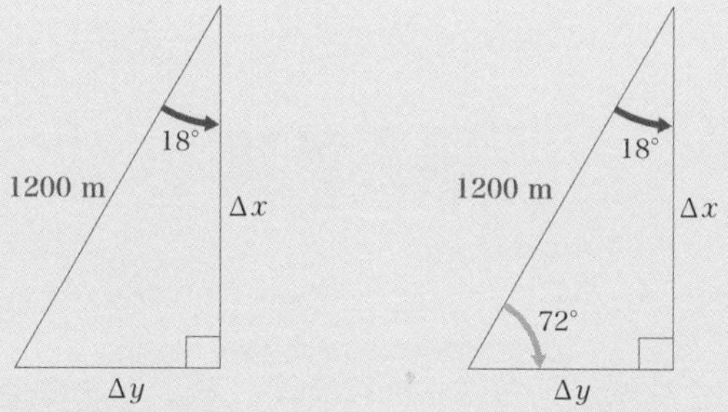

三角形の内角の和は 180°なので（計算問題を解くための基礎　7 内角の和　参照）、左下の角度は

180° − 90° − 18° = 72°　となります。

三角関数でΔ x、Δ y を求めてみましょう。

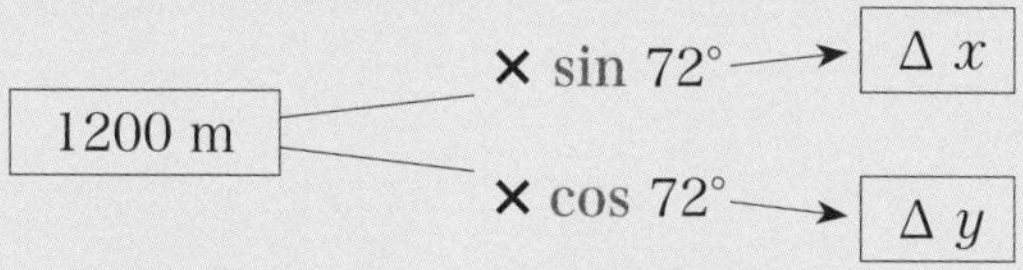

$\Delta\ x = 1200 \times 0.95106 = 1141.272$ m

↑ sin 72° を関数表から引きます

$\Delta\ y = 1200 \times 0.30902 = 370.824$ m

↑ cos 72° を関数表から引きます

あらかじめ確認しておいた符号と三角形から求めた数値を組み合わせると、「B 点は A 点から X 方向に − 1141.272 m、Y 方向に − 370.824m の位置にある」とわかります。

A 点の X 座標値は− 1000 m で、そこから− 1141.272 m の位置に B 点があるので

B 点の X 座標値＝− 1000 − 1141.272 ＝− **2141.272** m

同様に、B 点の Y 座標値＝ 500 − 370.824 ＝ ＋**129.176** m

2章

Lesson 9

偏心計算

重要度★★★

合格のポイント！

偏心計算は、微小角・正弦定理・余弦定理の３つの公式を使います。図を見て、求めたい角はどこなのか？　どの公式が使えるのか？　を判断することが正答への道筋です。問題を見てすぐに解答の道筋が立たなかったときには、他の問題を終えてからじっくり取り組みましょう。

1 偏心

偏心とは、見通しがなく、観測ができない時に点をずらすことです。右の図を例に考えてみましょう。点BにTSを据えてθを観測したいけれど、BC間にある樹木で見通しがさえぎられている状況です。

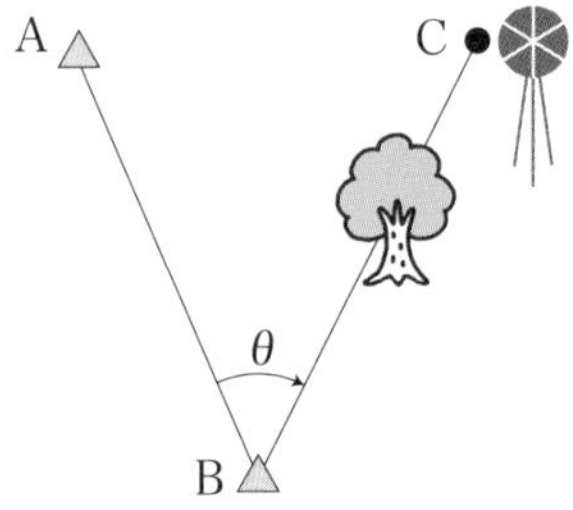

このような場合、B点から見通せる位置にC点に代わる点C′を設置し、e・S・φ・θ'を測定します。このC′を偏心点といいます。

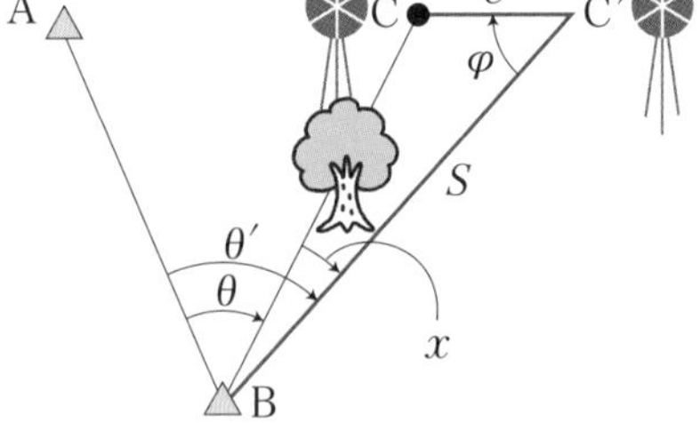

eを偏心距離、φを偏心角、Sを水平距離といいます。計算では、θの代わりに観測した水平角（θ'）、偏心角（φ）、水平距離（S）、偏心距離（e）を使いθを求めます。このとき、$\theta = \theta' - x$であり、xを求めることができればθがわかります。

出題傾向としては目標点（C）を偏心する問題が多いですが、器械点（B）を偏心する場合や、両方を偏心する場合もあります。また、図ではTSから見て右に偏心していますが、左に偏心する場合もあります。偏心の形によっては、距離を求める問題も出題されます。

なお、試験では図と一緒に出題されますので、ゼロから作図する必要はありません。

2 微小角の公式

器械と目標の距離が大きく、偏心距離が小さい場合、xは微小角の公式から導くことができます。

ここが大事!

θを知るために必要なxの角度の求め方（微小角の公式）

$$x'' = \frac{e}{S} \cdot \sin\varphi \cdot \rho''$$

※$\rho'' = 2 \times 10^5$

$2'' \times 10^5$は多くの場合、問題にただし書きされています。また、この公式で求まる値は″（秒）ということに注意しましょう。

それでは、例をもとに使い方を確認してみましょう。次ページの図のように、点BにTSを据え角度θを測量しようとしたところ、点Bから点Cの視通線上に障害物があり見通せなかったとします。このとき、点Cの偏心点C′を設置し測定結果を得たとして、角度θはいくつになるでしょうか。ただし$\rho'' = 2 \times 10^5$とします。

偏心の計算の例

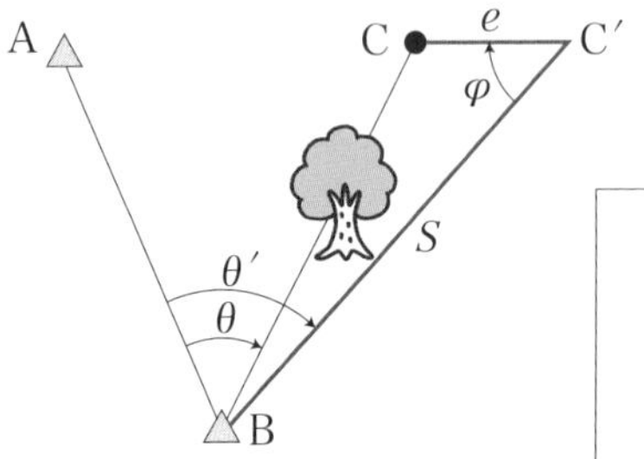

観測結果

偏心距離（e）　3m

偏心角（φ）　60°

水平距離（S）　2000m

測定角（θ'）　80° 21′ 58″

解答にあたっては、公式を暗記しておくことと、数値を図に書き込むことがポイントです。

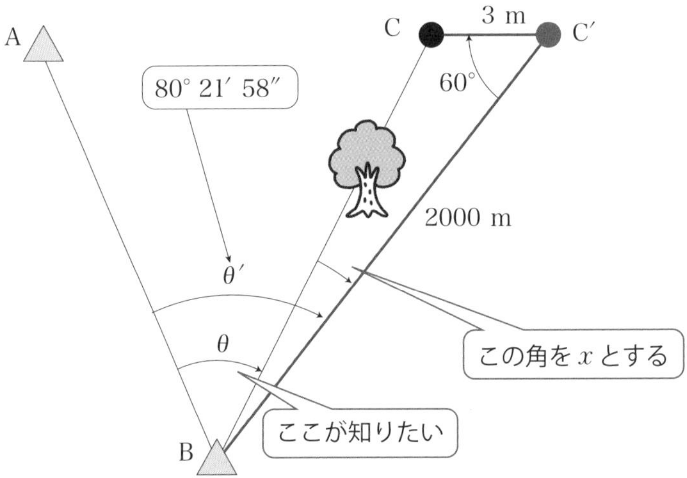

$\theta = \theta' - x$ とすると、微小角の公式 $x'' = \dfrac{e}{S} \cdot \sin\varphi \cdot \rho''$ に数値を入れることで求めることができます。e は短いほうの距離、S は長いほうの距離、φ は偏心点の内側の角度です。

$$x'' = \frac{3}{2000} \cdot \sin 60° \cdot 200000''$$

$$x'' \fallingdotseq 260'' = 4'\ 20''$$

角 x が 4′ 20″ということがわかったので、$\theta = \theta' - x$ に代入します。

$$\theta = 80°\ 21'\ 58'' - 4'\ 20''$$

$$= 80°\ 17'\ 38''$$

解答は 80° 17′ 38″ となります。

このような出題の場合には 4′ 20″ を足すのか引くのか判断するところが大切です。試験では 5 択の中に 4′ 20″を足してしまった場合の 80° 26′ 18″という選択肢が必ずあるので、ミスを疑ってから選択肢を決めましょう。

なお、偏心計算の問題で角度が微小ではない場合は正弦定理や余弦定理を使います。次の過去問題は微小角の公式を使わない出題パターンです（計算問題を解くための基礎　8　三角関数　参照）。

ここが大事！

【余弦定理】

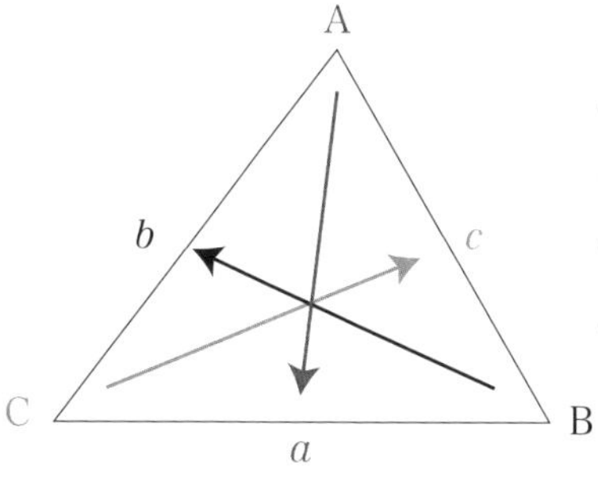

$$a^2 = b^2 + c^2 - 2bc \cdot \cos A$$

$$b^2 = c^2 + a^2 - 2ca \cdot \cos B$$

$$c^2 = a^2 + b^2 - 2ab \cdot \cos C$$

$$a = \sqrt{b^2 + c^2 - 2bc \cdot \cos A}$$

過去問題をやってみよう！

トータルステーションを用いた基準点測量において，既知点Aと新点Bの距離を測定しようとしたが，既知点Aから新点Bへの視通が確保できなかったため，新点Bの偏心点Cを設け，図に示す観測を行い，表の観測結果を得た。点A，B間の基準面上の距離 S は幾らか。最も近いものを次の中から選べ。

ただし，ϕ は偏心角，T は零方向から既知点Aまでの水平角であり，点A，C間の距離 S' 及び偏心距離 e は基準面上の距離に補正されているものとする。

なお，関数の数値が必要な場合は，8ページの関数表を使用すること。

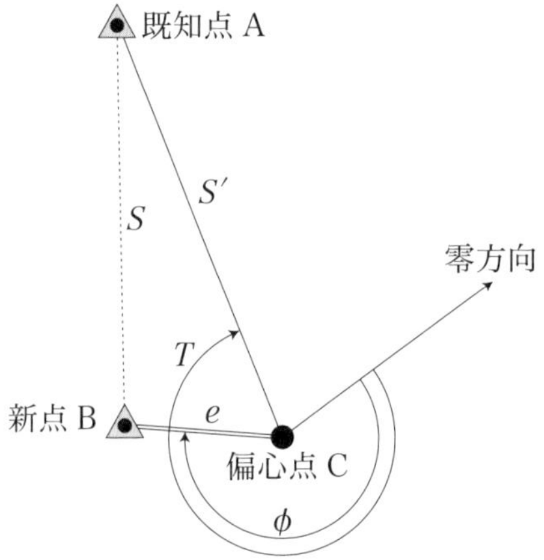

図

表

観測結果	
S'	900 m
e	100 m
T	314° 00′ 00″
ϕ	254° 00′ 00″

1．815 m
2．834 m
3．854 m
4．880 m
5．954 m

解答　3

まず、偏心距離が大きいので、微小角ではないと考えましょう。次に三角形の性質を利用することを前提に、数値を図に書き込んでみましょう。

∠ ACB は 314° − 254° = 60° と計算をしました。

この三角形で求めたいのは S です。

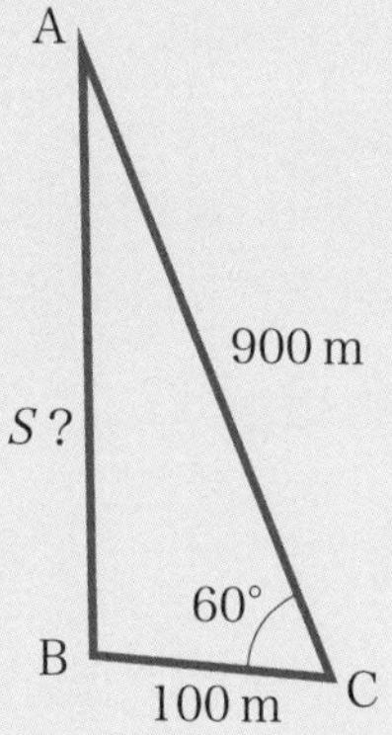

三角形で、二辺（AC：900m、BC：100m）と挟む角（C：60°）がわかっているので、挟む角（C：60°）の反対側の辺（AB = S）は余弦定理で求めることができます。

$$S = \sqrt{100^2 + 900^2 - 2 \times 100 \times 900 \times \cos 60^\circ}$$
$$= \sqrt{10000 + 810000 - 180000 \times 1/2}$$
$$= \sqrt{730000}$$

ここで問題になるのが、$\sqrt{730000}$ の取り扱いです。問題に付いてくる関数表には $\sqrt{1}$ から $\sqrt{100}$ までしか記載がありません。

このような場合は平方根（$\sqrt{\ }$）の性質を利用します（計算問題を解くための基礎　3　平方根　参照）。

$$\sqrt{730000} = \sqrt{73} \times \sqrt{10000}$$

と分けることで、$\sqrt{73}$ は関数表から 8.54400、$\sqrt{10000}$ は 100 ですので、8.54400 × 100 で **854.400** m となり、**3** が解答となります。

2章

lesson 10

間接水準測量と両差

重要度 ★☆☆

合格のポイント！

間接水準測量は角度と距離を観測し、その数値から計算で高低差を求めます。離れた２点間で角度と距離を測定するため両差が生じます。試験では三角関数を使った高低差の計算と両差の補正が出題されますが、図を正しく書くことが正答への第一歩です。

① 間接水準測量の原理

間接水準測量とは、既知点と新点にTSと反射鏡を据えて２点間の鉛直角と斜距離を測定することで、TSと反射鏡との高低差がわかるものです（計算問題を解くための基礎　8　三角関数　参照）。

間接水準測量の原理 1

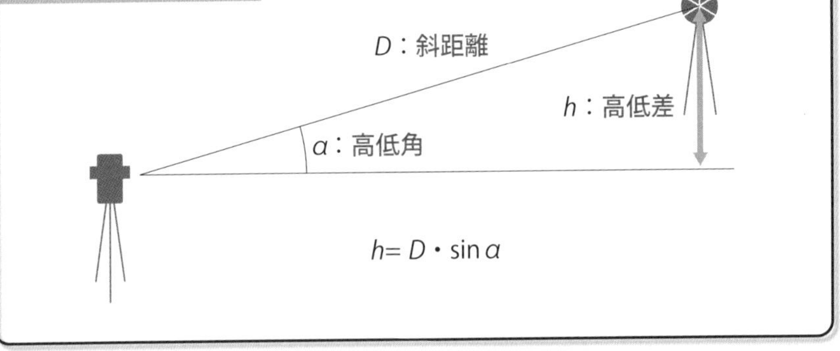

覚える用語

水準測量　高さ（高低差や標高）を求める測量です。レベルと標尺を用いた直接水準測量と、斜距離と角度から三角関数で計算する間接水準測量があります。近年は GNSS（3 章参照）でも高さを求める測量を行うようになりました。

間接水準測量の原理 2

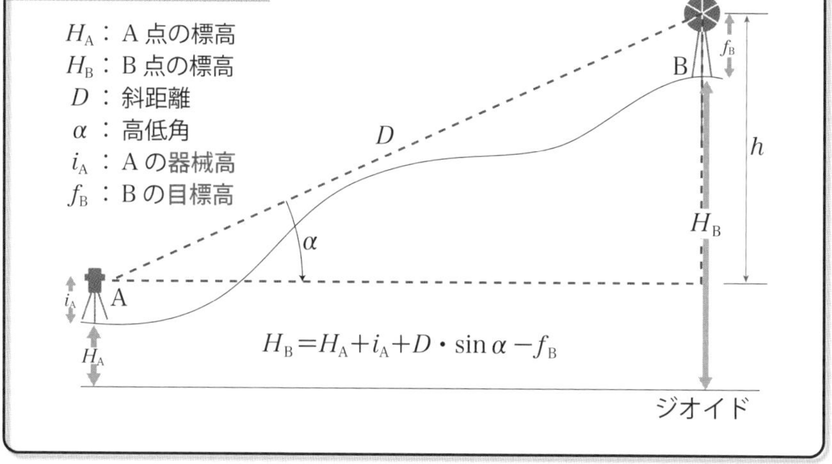

器械のある点 A の標高（H_A）がわかっている場合、標高（H_A）に器械の高さ（i_A）を足して、そこに器械と反射鏡の高低差（$D \cdot \sin\alpha$）を足すと反射鏡の標高がわかります。

点 B の標高（H_B）が知りたい場合には、そこから反射鏡の高さ（f_B）を引けば求められます。

② 気差と球差

気差は、空気密度の不均一さにより光が屈折するために起こる誤差です。

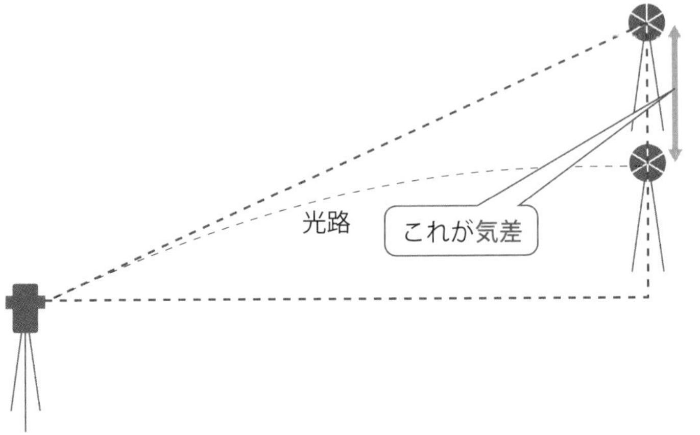

球差は地球表面がカーブしているために起きる誤差です。

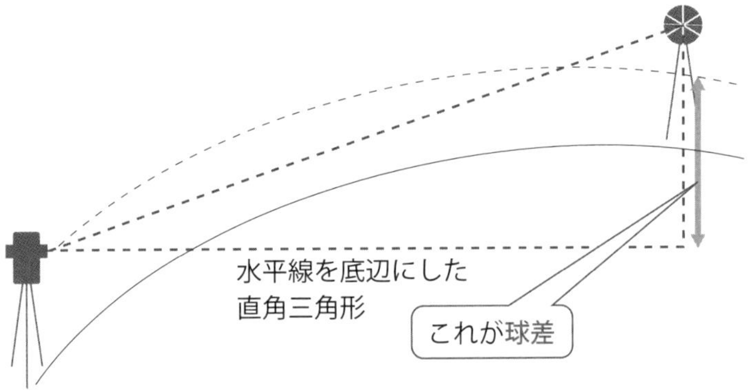

気差と球差を合わせて両差と呼びます。試験では標高を求めた後に、両差を観測方法によって相殺する問題や、観測値に直接加減し補正する問題が出題されます。

覚える用語

器械高　レベルを据え付けた際の基準面から望遠鏡の視準線の高さ（視準線の標高）のことをいいます。

1）両差を観測方法によって相殺する（正反観測）

正反観測

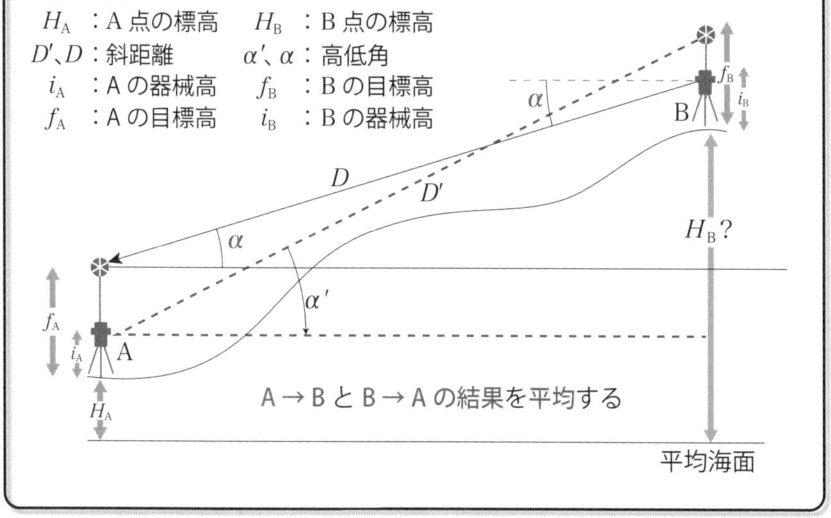

両方の点に器械と反射鏡を据え付け、観測を行う方法を正反観測といいます。2 回の結果を平均すると両差が打ち消し合うという考え方です。

2）観測値に直接加減し補正する（計算）

補正する計算

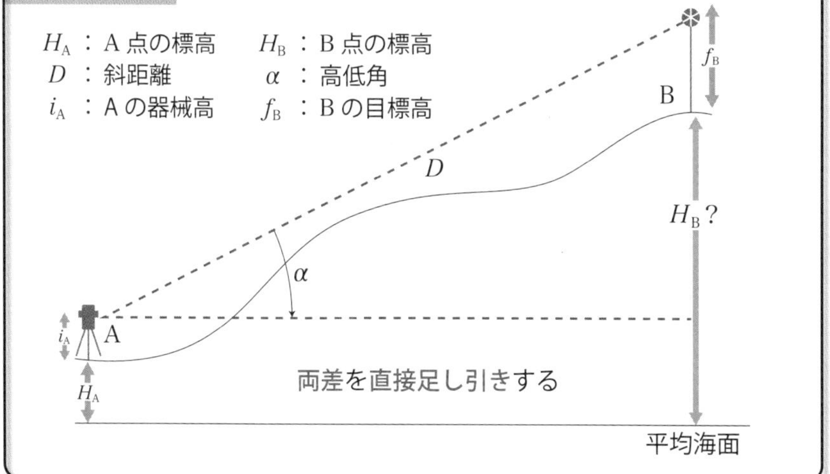

観測値に直接加減し補正する場合は、問題文に「ただし両差は○○.○○とする」などと明示してあり、正反観測ではなく片道の観測値にこの両差を足すか引くと正しい標高を求めることができます。

ここでポイントになるのは両差を足すのか引くのかの判断です。問題文中の記述より次のように判断します。

既知点から新点を観測している場合は＋
新点から既知点を観測している場合は−

次の図のように器械の据えてある点が既知点であれば＋の補正、器械の据えてある点が新点であれば−の補正となります。

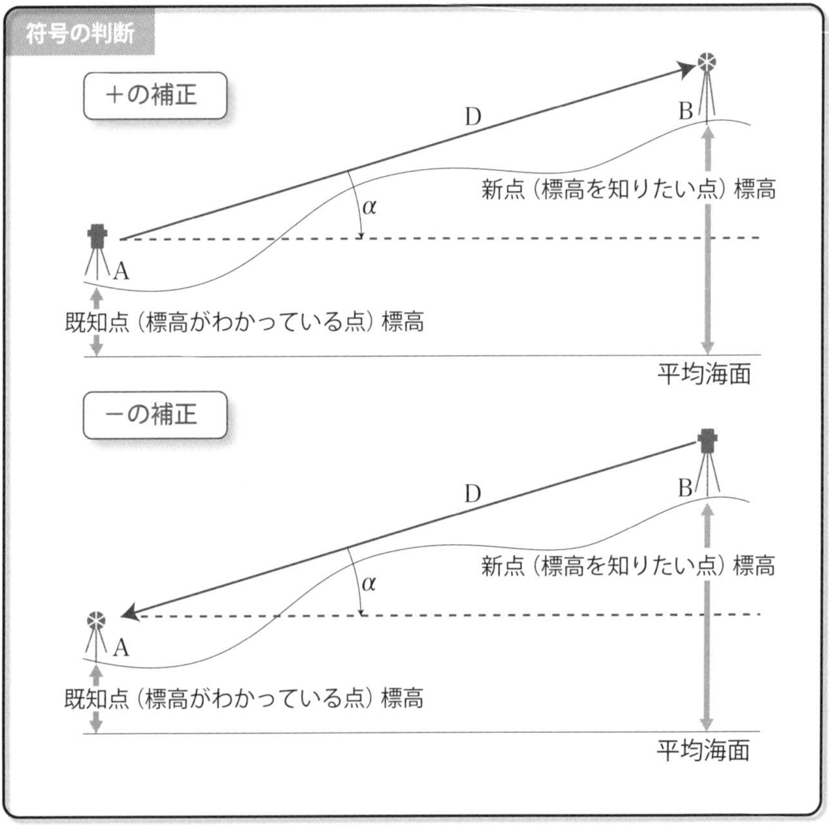

過去問題をやってみよう！

求点Bの標高を求めるために，既知点A及び求点Bにおいてそれぞれ高低角及び斜距離 D の観測を行い，表－1の結果を得た。求点Bの標高はいくらか。最も近いものを次の中から選べ。

ただし，斜距離 D は気象補正，器械定数補正及びミラー定数補正が行われているものとする。また，ジオイドの起伏，大気による屈折，地球の曲率は考えないものとする。

なお，関数の数値が必要な場合は，表－2の値を使用すること。

表－1

既知点Aの標高	300.00 m	D（AとBの間の斜距離）	2,500.00 m
AからBへの高低角	－0° 20′ 40″	BからAへの高低角	＋0° 18′ 50″
既知点Aの器械高	1.50 m	求点Bの器械高	1.40 m
既知点Aの目標高	1.50 m	求点Bの目標高	1.40 m

表－2

sin 0° 18′ 40″の値	0.005430
sin 0° 18′ 45″	0.005454
sin 0° 18′ 50″	0.005478
sin 0° 19′ 40″	0.005721
sin 0° 19′ 45″	0.005745
sin 0° 19′ 50″	0.005769
sin 0° 20′ 40″	0.006012
sin 0° 20′ 45″	0.006036
sin 0° 20′ 50″	0.006060

1．　285.07 m

2．　285.54 m

3．　285.64 m

4．　285.74 m

5．　286.31 m

解答　4

まず、問題文から斜距離と高低角を用いて標高を求める問題であることに気づきましょう。また、「ただし両差は～」の記述がないことから、正反観測であると予想を立てましょう。

次に式を組み立てるために図を描き、解いていきます。

① A から B の観測について図を描く→ B の標高を求める

表－1

既知点 A の標高	300.00 m	*D*（A と B の間の斜距離）	2,500.00 m
A から B への高低角	－ 0° 20′ 40″	B から A への高低角	＋ 0° 18′ 50″
既知点 A の器械高	1.50 m	求点 B の器械高	1.40 m
既知点 A の目標高	1.50 m	求点 B の目標高	1.40 m

まず、A から B 方向の観測です。A 点に器械、B 点に反射鏡が設置されますので、次のような図になります。

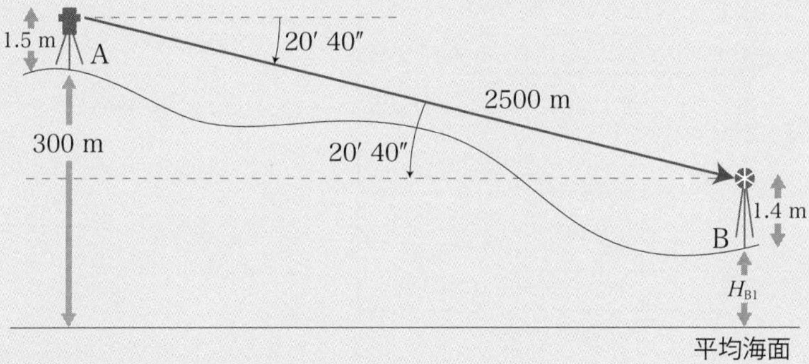

$$H_{B1} = 300 + 1.5 - 2500 \times \sin 20' 40'' - 1.4$$
$$= 300 + 1.5 - 2500 \times 0.006012 - 1.4$$

sin 20′ 40″ を問題文の関数表から引きます

$$= 285.07000 \text{ m} \quad \cdots H_{B1}$$

②Bから A の観測について図を描く→B の標高を求める

表ー1

既知点 A の標高	300.00 m	*D*（A と B の間の斜距離）	2,500.00 m
A から B への高低角	− 0° 20′ 40″	B から A への高低角	＋ 0° 18′ 50″
既知点 A の器械高	1.50 m	求点 B の器械高	1.40 m
既知点 A の目標高	1.50 m	求点 B の目標高	1.40 m

まず、B から A 方向の観測です。B 点に器械、A 点に反射鏡が設置されますので、次のような図になります。

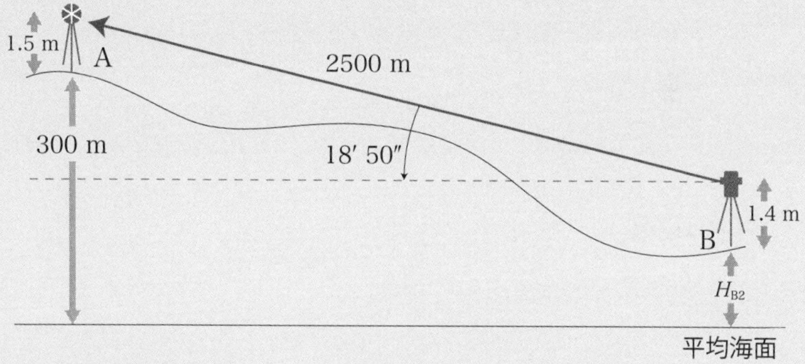

$$H_{B2} = 300 + 1.5 - 2500 \times \sin 18' 50'' - 1.4$$
$$= 300 + 1.5 - 2500 \times 0.005478 - 1.4$$

sin 18′ 50″ を問題文の関数表から引きます

$$= 286.40500 \text{ m} \quad \cdots H_{B2}$$

③ H_{B1} と H_{B2} を平均します。

$$\frac{285.07000 + 286.40500}{2} = 285.73750 \text{ m}$$

四捨五入して 285.74 m が解答となります。

lesson 11

誤差と標準偏差

重要度 ★★☆

合格のポイント！

測量にとって誤差はつきものです。同じ場所を同じ器械で同じように測定したはずなのに数値は一定になりません。これをばらつきなどと呼び、複数の観測値から最も確からしい値を決めなければなりません。出題される計算問題を解く（標準偏差を求める）ためには、基本的な用語と公式がわかれば十分です。

① 誤差の種類

誤差には次のような種類があります。

系統誤差：一定の原因から起きる誤差。計算や観測法で消去したり小さくしたりすることができる。
偶然誤差：原因のわからない誤差。消去することはできないが複数回の観測値を平均するなどして最確値を求めると、影響を小さくすることはできる。
過失：いわゆる測定ミス。誤差には含めないこともある。

なお、できる範囲で誤差を小さくした最も確からしい（真値に近い）値のことを最確値といい、測量士補試験では平均値を最確値にすることが多くなっています。

② 標準偏差

標準偏差とは統計学的に見た確からしさの度合いです。この数値を見ると測定した値がどれくらい信用できるのかわかります。たとえば、

100.000 m の標準偏差が 10 mm の場合、100.000 m から± 10 mm の範囲に真値がある確率が高いことを表しています。

③ 標準偏差の示す意味

標準偏差は最確値に付随して記載され、その値によって、その最確値がどれくらい真値に近いかを示しています。

例 1：100.000 m　10 mm

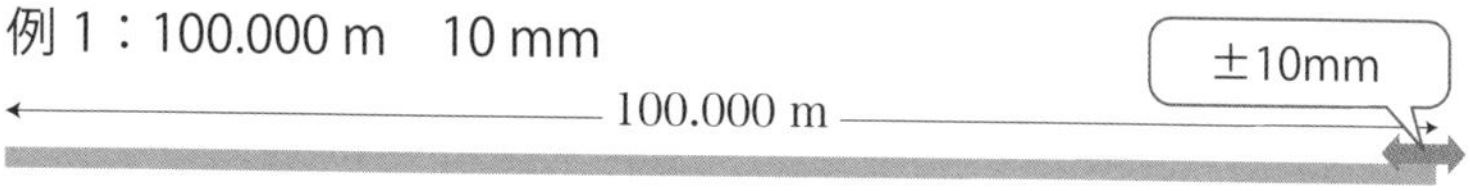

例 2：100.000 m　30 mm

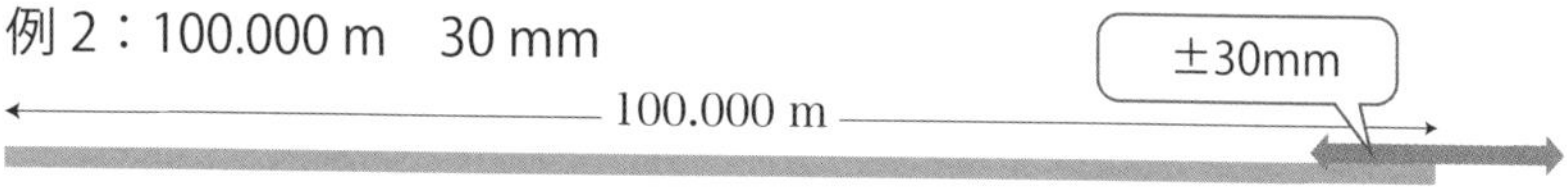

人間が測量する以上、標準偏差 0 はありえないので、 例 1 であれば、最確値（100.000 m）から± 10 mm の範囲に真値がある確率が高いことを意味しています。真値は誰にもわかりませんので、あくまでも「確率が高い」ということになります。当然、真値に近いほど精度は高いので、標準偏差は小さいほど精度が高いことを意味します。

ここが大事！

標準偏差の大小が表すこと
大きい ➡ 精度が低い
小さい ➡ 精度が高い、真値に近いことを意味する

④ 最確値と標準偏差の求め方

〔例題〕　点 A と点 B の 2 点間の距離を 5 回測定し、以下のような結果を得た。この観測の最確値とその標準偏差を求めなさい。

1 回目：123.456 m　　2 回目：123.450 m
3 回目：123.451 m　　4 回目：123.462 m
5 回目：123.459 m

1）最確値を求める

この例では同じ場所を5回測っていますが、測定値にばらつきがあります。まずは最確値を求めます。

$$= 123.4 + \left【 \frac{56 + 50 + 51 + 62 + 59}{5} \right】$$

$= 123.4 + 【55.6】$

$= 123.4 + 0.0556$

$= 123.4556 \fallingdotseq 123.456$　123.456 m が最確値です。

【 】の計算後、小数点と0を元の位置に戻します。

2）標準偏差を求める

次に、標準偏差を求めます。標準偏差の求め方には次の手順があります。表を書くと整理しやすいでしょう。

- 残差（*v*）を求める
- 残差（*v*）を二乗する
- *vv* を合計して Σ *vv* を求める
- 公式で計算

最初に残差(*v*)を求めます。残差とは最確値と観測値の差のことです。

1回目であれば　$123.456 - 123.456 = 0$ m

2回目であれば　$123.456 - 123.450 = 0.006$ m

3回目以降も同様です。表には mm で書き込みましょう。

	v（mm）
1回目 ： 123.456 m	0
2回目 ： 123.450 m	＋6
3回目 ： 123.451 m	＋5
4回目 ： 123.462 m	－6
5回目 ： 123.459 m	－3
最確値： 123.456 m	

次に、残差を二乗します。vの二乗なのでvvと書きます。
3回目であれば　$(+5) \times (+5) = +25$
4回目であれば　$(-6) \times (-6) = +36$
二乗するので必ず＋になります。

	v（mm）	vv（mm）
1回目：123.456 m	0	0
2回目：123.450 m	＋6	＋36
3回目：123.451 m	＋5	＋25
4回目：123.462 m	−6	＋36
5回目：123.459 m	−3	＋9
最確値：123.456 m		

次に、vvを合計してΣvvを求めます。いきなり記号が出てきて難しく感じるかもしれませんが、数学では合計をΣ（シグマ）で表します。vvの値を計算すると次のようになります。

$0 + 36 + 25 + 36 + 9 = 106$

$\Sigma vv = 106$

最後に、標準偏差を求める公式に数値を載せて計算します。

ここが大事！

標準偏差を求める公式

$$M = \sqrt{\frac{\Sigma vv}{n(n-1)}}$$

M：最確値の標準偏差
n：観測回数
Σvv：残差の合計

公式に当てはめると

$$M = \sqrt{\frac{106}{5(5-1)}} = \sqrt{5.3} \fallingdotseq 2\ \text{mm}$$

これにより、解答は
最確値　123.456 m
最確値の標準偏差　2 mmとなります。

過去問題をやってみよう！

図に示すように，点 A において，点 B を基準方向として点 C 方向の水平角 θ を同じ精度で 5 回観測し，表に示す観測結果を得た。水平角 θ の最確値に対する標準偏差は幾らか。最も近いものを次の中から選べ。

なお，関数の数値が必要な場合は，8 ページの関数表を使用すること。

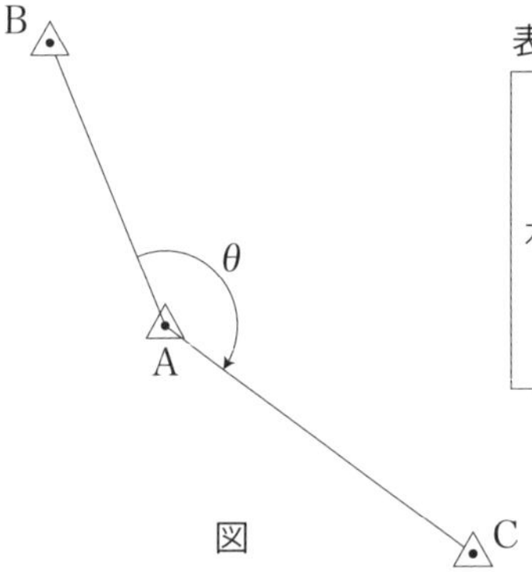

図

表

水平角 θ の観測結果	150° 00′ 07″
	149° 59′ 59″
	149° 59′ 56″
	150° 00′ 05″
	150° 00′ 13″

1． 2.4″
2． 3.0″
3． 3.6″
4． 6.0″
5． 6.7″

解答　2

まずは最確値を求めます。数値を扱いやすくするために、° の位と′ の位を統一します。ここでは、° と′ の小さいほう（149° 59′）に合わせます。

150° 00′ 07″ → 149° 59′ 60″ + 07″ = 149° 59′ 67″
149° 59′ 59″ ――――――――→ 149° 59′ 59″
149° 59′ 56″ ――――――――→ 149° 59′ 56″
150° 00′ 05″ → 149° 59′ 60″ + 05″ = 149° 59′ 65″

$150^\circ\ 00'\ 13'' \rightarrow 149^\circ\ 59'\ 60'' + 13'' = 149^\circ\ 59'\ 73''$

平均します。″の部分を足して5で割ります。

$$\frac{67 + 59 + 56 + 65 + 73}{5} = 64''$$

$149^\circ\ 59' + 64'' = 149^\circ\ 59'\ 64''$…最確値

150° 00′ 04″に直してもよいのですが、この後の計算も149° 59′ ○○″をベースに行うので、そのままで進めます。

次に標準偏差を求めます。

1）残差（*v*）を出します

$v = 149^\circ\ 59'\ 64'' - 149^\circ\ 59'\ 67'' = -3''$

$v = 149^\circ\ 59'\ 64'' - 149^\circ\ 59'\ 59'' = 5''$

$v = 149^\circ\ 59'\ 64'' - 149^\circ\ 59'\ 56'' = 8''$

$v = 149^\circ\ 59'\ 64'' - 149^\circ\ 59'\ 65'' = -1''$

$v = 149^\circ\ 59'\ 64'' - 149^\circ\ 59'\ 73'' = -9''$

2）残差を二乗します（*vv*）

$vv = (-3'')^2 = 9''$

$vv = (5'')^2 = 25''$

$vv = (8'')^2 = 64''$

$vv = (-1'')^2 = 1''$

$vv = (-9'')^2 = 81''$

3）*vv*を合計します（Σ *vv*）

$9'' + 25'' + 64'' + 1'' + 81'' = 180''$

4）公式で解きます

$$M = \sqrt{\frac{180''}{5\,(5-1)}} = 3''$$

最確値の標準偏差は3″で、解答は2となります。

lesson 12

2章

基準点成果表

重要度 ★★☆

合格のポイント！

基準点成果表は既知点（基準点）の位置やその精度、近くの点との位置関係を表にしたものです。測量士補試験では、座標上の符号（±）と距離の概算値を求める問題が出題されます。表の情報量が多く戸惑ってしまうかもしれませんが、解答に関係のある数値は一部ですのでそれを見分けましょう。

1 基準点成果表

基準点成果表はその基準点の等級や位置（座標値・標高）、近くの点との位置関係が示された表で、基準点ごとに作成されています。基準点を新しく作るたびに必ず作成する必要があり、国土地理院基準点成果等閲覧サービス上から簡単な手続きで検索・取得できます。

基準点ごとに作成する書類にはこの他に点の記や精度管理表、測量標設置位置通知書などがあります。

覚える用語

精度管理表・測量標設置位置通知書　精度管理表はどのくらいの精度で測量したかを記録した表で、測量標設置位置通知書は新しい測量標の種類や場所を関係都道府県知事に通知するための書類です。

試験では、平面直角座標における位置と縮尺係数が問われるので、ここでは成果表の見方から解説します。

② 成果表の見方

成果表の見方は以下のとおりです。

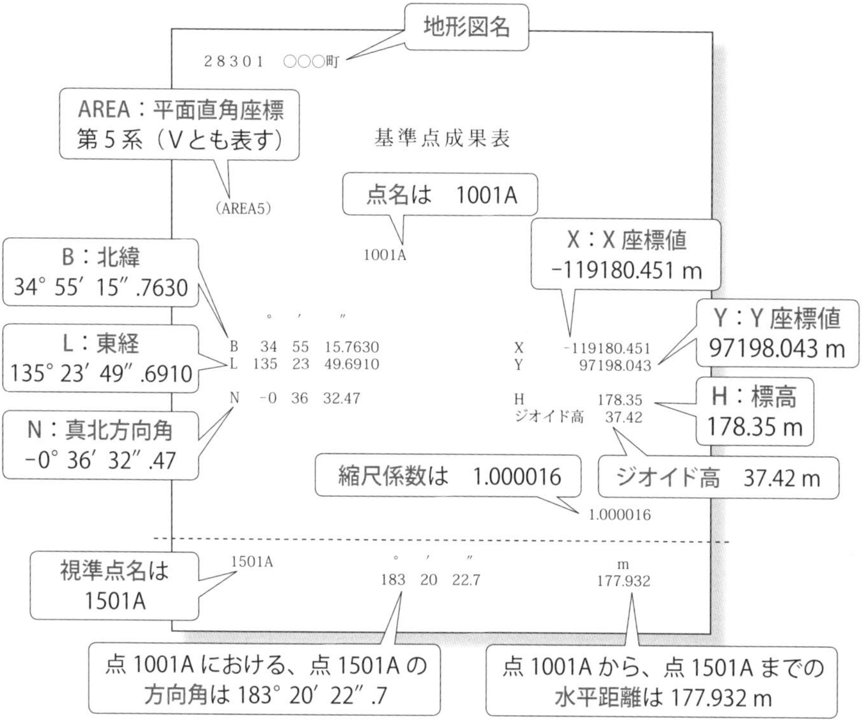

③ 真北方向角と偏角

測量で取り扱う北には次のものがあります。そのなかで座標の北と真北のズレを真北方向角、真北と磁北のズレを偏角（磁気偏角）と呼びます。

真北 ➡ 本当の北、北極点の方向
座標の北 ➡ 地球を平面に投影した場合の北
座標ではＸ軸の＋方向
磁北 ➡ 方位磁針の示す北

ここが大事！

方向角＝座標の北からの角度

方位角＝真北からの角度

真北方向角＝座標の北から真北までの角度

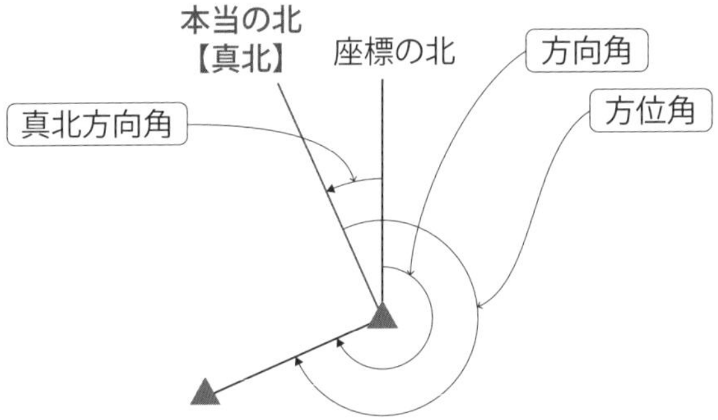

前ページ「②成果表の見方」における点線以下の 2 点間の関係は図のようになります。

点 1001A と点 1501A の関係

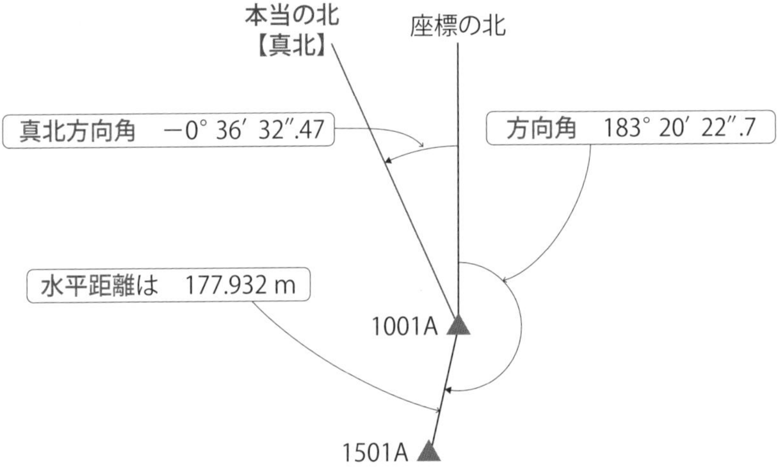

④ 縮尺係数

縮尺係数とは、曲面（楕円体・地球）を平面（紙・地図）で表したときのゆがみのことです。1 以下の場合は実物よりも小さく、1 以上の場合は実物より大きく投影されます。

測量では球面（地球表面）を平面（紙･画面）に写し取る（投影する）ため、想定した縮尺で地物を図化してもわずかに長さにゆがみが生じます。1 枚の地形図において図面上で任意の 2 点間の距離を正しく表現することは不可能なのです。たとえば、テニスボールを A4 の用紙で包むとき、用紙に全くしわを作らないといったことはできません。しわ＝ゆがみと捉えてください。

ゆがみは実際の長さよりも長くなってしまう場合もありますし、短くなってしまう場合もあります。平面直角座標系の問題では、投影の影響で Y の値について縮尺係数が変わります。

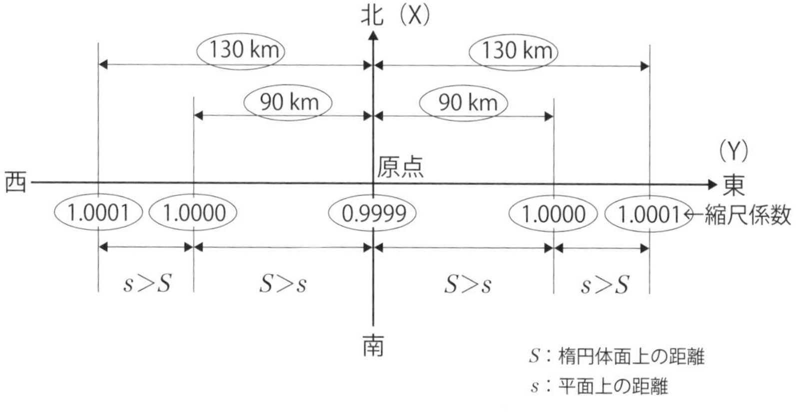

では、測量ではこのズレをどう扱っているかというと、ある程度ずれることを前提に、地図とする範囲を決めています。たとえば、平面直角座標系では 1 枚（系）の地図がおおむね東西 130 km の範囲に収まるように作られています。

過去問題をやってみよう！

表は，インターネットを利用して国土地理院のホームページで閲覧できる三角点・多角点情報表示の抜粋である。[ア]及び[イ]に入れるべき符号と[ウ]の縮尺係数として適当なものは①②のどれか。

表

測地成果	
基準点コード	○○○○
地形図名	○○○○○
種別	四等三角点
冠字番号	○○○○
点名	○○○
緯度	32° 57′ 35″.0932
経度	139° 49′ 43″.4036
標高	128.02 m
座標系	2 系
X	[ア] 4450.632 m
Y	[イ] 16012.038 m
縮尺係数	[ウ]
ジオイド高	32.80 m

① 0.999903

② 1.000003

ただし、平面直角座標系２系の原点数値は以下のとおりである。

緯度　 33° 00′ 00″

経度　131° 00′ 00″

解答　ア　－　イ　＋　ウ　①

原点の緯度経度と基準点の緯度経度を比較し、基準点がどの象限に入るかを考えることで座標でのプラスとマイナスがわかります。慣れるまでは図を描いて確認するとミスが減るでしょう。

まず、原点数値の緯度は 33° 00′ 00″、経度は 131° 00′ 00″であるのに対し、測地成果の緯度は 32° 57′ 35″.0932、経度は 139° 49′ 43″.4036 であるので、X は－、Y は＋であることがわかります。

X	－ 4450.632 m ＝－ 4.450632 km
Y	＋ 16012.038 m ＝＋ 16.012038 km

次に、平面直角座標における縮尺係数を知るには、「原点からどれくらい**離れているか**」を知る必要があります。

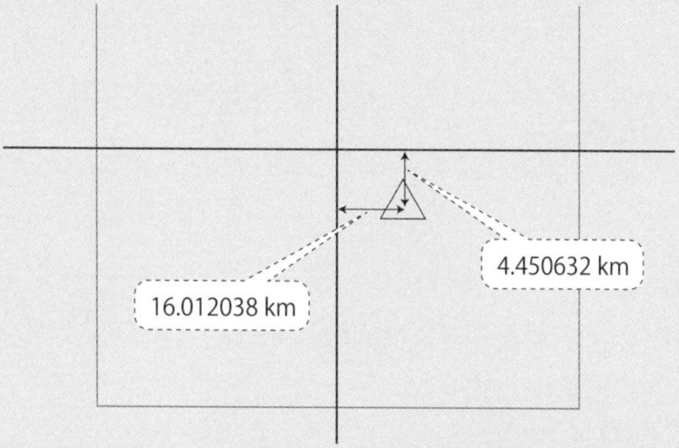

平面直角座標では Y が原点から **90** km 離れた場所で縮尺係数が **1** になりますので、90 km の**内側**にあるのか**外側**にあるのかを判断します（次ページの図参照）。

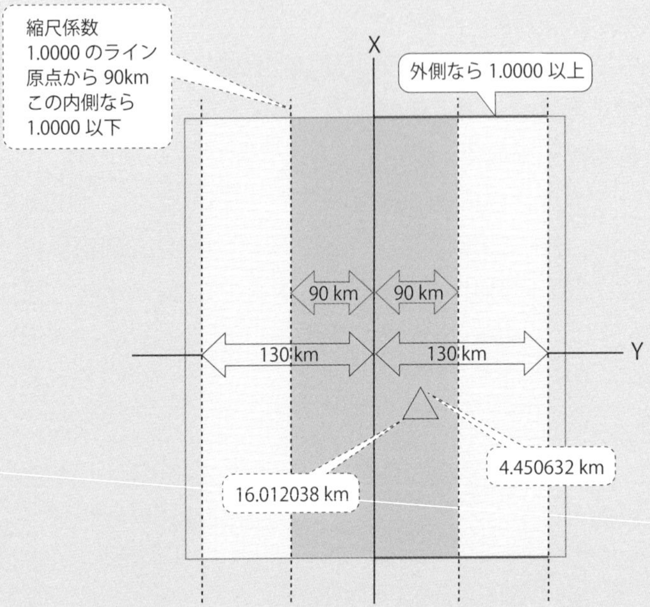

90 kmの内側なので1以下とわかり、解答は**0.999903**になります。

平面直角座標の縮尺係数については、7 章地図編集の lesson4 で詳しく解説しますが、基準点成果表の問題では平面直角座標の縮尺係数について出題されますので、ポイントを以下に紹介します。

	平面直角座標
原点の座標値	X = 0.000, Y = 0.000
縮尺係数が 1 の地点	原点から **90** km
原点縮尺係数	**0.9999**
どこで使うか	国土地理院の地形図

3章 汎地球測位システム測量

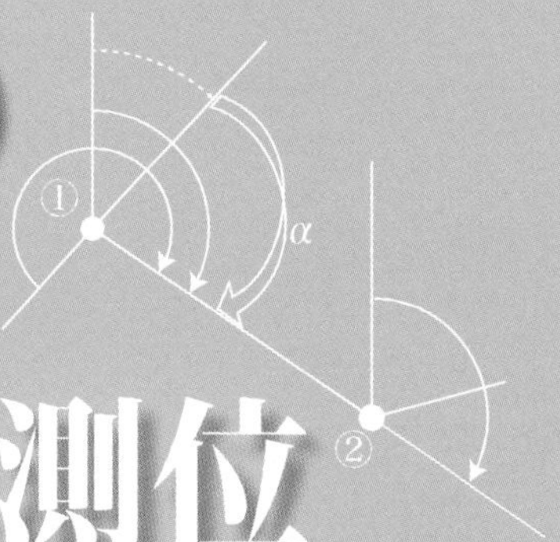

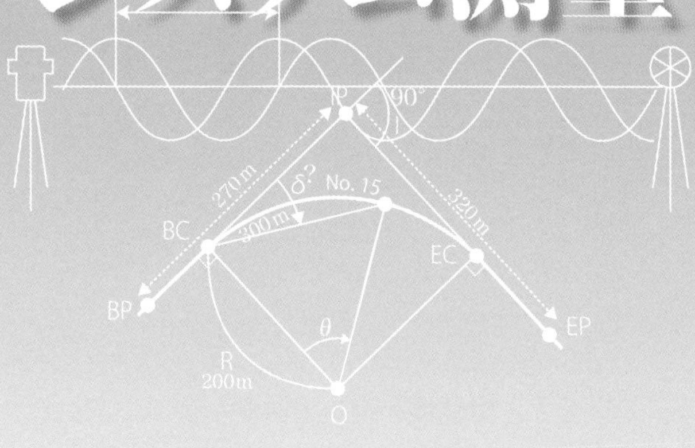

汎地球測位システム（GNSS）測量とは、4～5個以上の人工衛星の電波を同時に受信して位置を正確に求める測量のことをいいます。ここまでに学んだ測量方法との違いに注意しましょう。技術の進歩により、今後の出題可能性が高い分野です。

lesson 1

3章

GNSS測量の基礎

重要度 ★★☆

合格のポイント！

GNSSは人工衛星からの電波を受信して位置を求める測量であるため、角度と距離を測る測量とは異なる原理・概念で位置を決めています。他の測量と混同しないようしっかり分けて覚えましょう。

1 GNSS測位とは

GNSS測位とは人工衛星（GNSS衛星）からの電波を受信して地球（三次元直交座標）上での位置を求める測量で、各国が運営しています。

世界のGNSS測位システム

- GPS（アメリカ）
- GLONASS（ロシア）
- Galileo（EU）
- QZSS「みちびき」（日本）

※各測位システムを組み合わせ、GNSSと呼ぶ。

地上では、アンテナと受信機を用いて観測します。アンテナで衛星からの電波を受信し、受信機は受信状況を確認・監視し、受信したデータを保存します。

なお、GNSS測位には単独測位と相対測位があり、測量では相対測位を使います。

GNSSの分類（単独測位と相対測位）

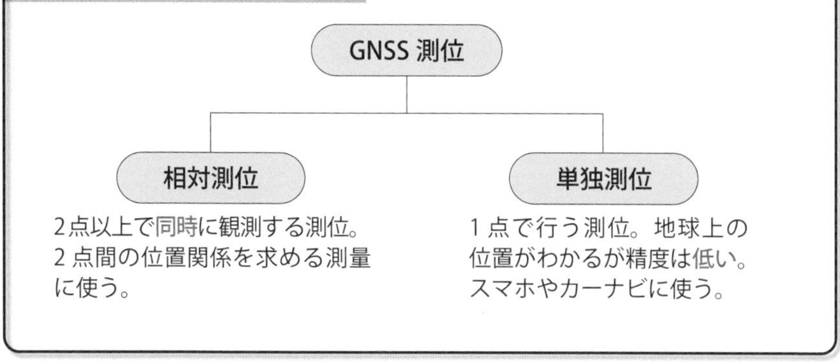

GNSS測量の基本的な流れはTSを用いた基準点測量と同じですが、観測の部分が大きく違います。

GNSS測量の流れ

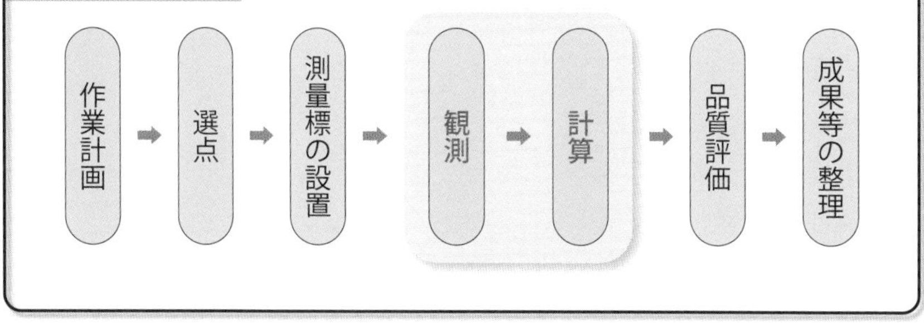

GNSS測量の観測（現地）

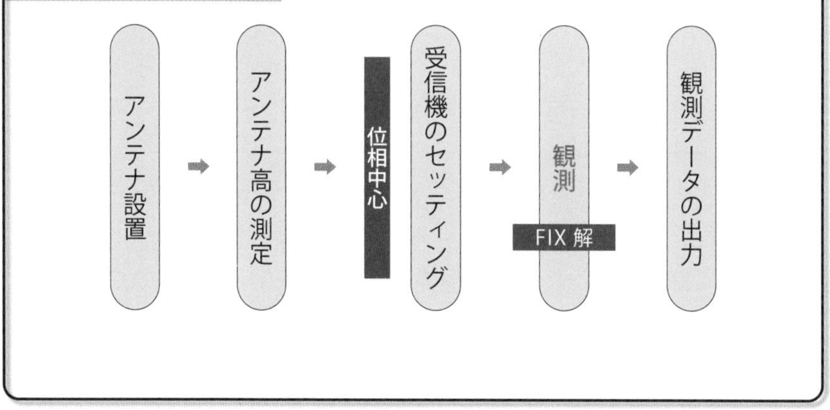

GNSS 測量では、FIX《フィックス》解《かい》（FIX ＝かたまり・まとまり）というものを得られればデータが受信できたことになります。

逆にデータが使えないものを FLOAT（FLOAT= 浮かんでいる・動いている）解といいます。

受信したデータを基に、測量会社等で 2 点間の位置関係を求める計算を行います。このことを基線解析といい、放送暦を使います。

なお、データ受信機に無線を積んで現地で位置暦（GPS 衛星の位置座標を決めるのに必要な情報で、衛星から常時送信されている）関係を求めることもでき、これをリアルタイム解析といいます。

② GNSS 測位の特徴

GNSS 測量の特徴には次のものがあります。

ここが大事！

- 天候に左右されにくい
  ➡ 雷と雪の場合を除く
- 視通がいらない
  ➡ 上空視界（空が見えること）が必要
- 電波の干渉・障害に注意が必要
  ➡ 電波が途切れる＝サイクルスリップや、電波が反射＝マルチパスの影響を受ける場合がある
- 衛星の軌道情報が必要
  ➡ GNSS 衛星の配置が片寄らないよう、軌道情報（飛来情報）つまり、衛星がどの時間帯にどこを飛んでいるかを確認する

観測は TS を用いる場合と変わらず、基準点と基準点を結び、図形を作って結合多角方式で行います。また、電子基準点を既知点として使用する場合は事前に電子基準点の稼働状況を確認する必要があります。

過去問題をやってみよう！

次の文は，GNSS 測量について述べたものである。明らかに間違っているものはどれか。次の中から選べ。

1．観測点の近くに強い電波を発する物体があると，電波障害を起こし，観測精度が低下することがある。
2．電子基準点を既知点として使用する場合は，事前に電子基準点の稼働状況を確認する。
3．観測時において，すべての観測点のアンテナ高を統一する必要はない。
4．観測点では，気温や気圧の気象測定は実施しなくてもよい。
5．上空視界が十分に確保できている場合は，基線解析を実施する際に GNSS 衛星の軌道情報は必要ではない。

解答　5

1. ○　電波塔や高圧電線などです。
2. ○　電子基準点とは、常時 GNSS 観測を行っている基準点のことです。メンテナンス等で運用を停止している場合がありますので確認が必要です。
3. ○　高さは統一する必要はありません。向きは印を北に向けるなどして統一します。
4. ○　GNSS 観測において、地上の気温・気圧・湿度は観測結果に関係ありません。宇宙からの電波を受信しています。
5. ×　GNSS 測位の精度は電波を受信できる衛星の数が多いほど高くなります。軌道情報から、上空にいくつの衛星を捉えられるか判断する必要があります。

lesson 2

GNSS 測位の種類

重要度★★★

合格のポイント！

測量で使われるのは相対測位ですが、さまざまな測位法が確立され、現在も進歩しています。干渉測位をスタート地点に、測位法がどのように進歩してきたのか、どのような条件であれば測位できるのかを整理して覚えましょう。

1 干渉測位と DGPS

相対測位は 2 点以上で同時に電波を受信しますが、さらに干渉測位と DGPS に分かれます。

1）干渉測位

2 点以上で同時に同じ電波を観測する測位で、2 点間の位置関係を求めます。

2）DGPS

1 点は移動局で、もう 1 点は DGPS 固定局が受信したデータを基に移動局の位置を求めるものです。船舶や航空機のナビ、森林の管理などに使われています。

どちらも 2 点で電波を受信しますが、精度が高く測量に使用するのは干渉測位です。2 点以上で同時かつ同じ電波を受信します。

GNSS による基準点測量にはスタティック法、キネマティック法、短縮スタティック法、RTK（リアルタイムキネマティック）法、ネットワーク型 RTK 法といった分類があります。

ここが大事！

- 電波の連続受信時間
- 位置はいつどこで解析する（わかる）か
- 衛星は上空にいくつ見える（電波を受信できる）必要があるか

	観測時間	解　析
スタティック法	60 ～ 120 分	後解析
キネマティック法	1 点 10 秒以上	後解析
短縮スタティック法	20 分程度	後解析
RTK 法	1 点 10 秒以上	リアルタイム解析
ネットワーク型 RTK 法	1 点 10 秒以上	リアルタイム解析 （FKP 方式は後処理も可）

作業規程の準則 37 条で、衛星の使用数は次のように定められています。GPS（＋ QZSS）衛星のみの場合と、GLONASS 衛星も観測する場合で数が異なるので注意しましょう。

観測方法 ＼ GNSS 衛星の組合せ	スタティック法	短縮スタティック法 キネマティック法 RTK 法 ネットワーク型 RTK 法
GPS・準天頂衛星	4 衛星以上	5 衛星以上
GPS・準天頂衛星及び GLONASS 衛星	5 衛星以上	6 衛星以上
備考	1.　GLONASS 衛星を用いて観測する場合は、GPS・準天頂衛星及び GLONASS 衛星を、それぞれ 2 衛星以上を用いること。 2.　スタティック法による **10 km 以上**の観測では、GPS・準天頂衛星を用いて観測する場合は 5 衛星以上とし、GPS・準天頂衛星及び GLONASS 衛星を用いて観測する場合は 6 衛星以上とする。	

② スタティック法とキネマティック法

1）スタティック法

すべての点にアンテナを固定し電波を受信する方法で、干渉測位の原理ともいえる測位法です。一般的に高精度な測量に使われます。

衛星が 4 つでいいのはスタティック法のみですが、2 点間の距離が 10 km 以上離れている場合は 5 つ以上必要です。

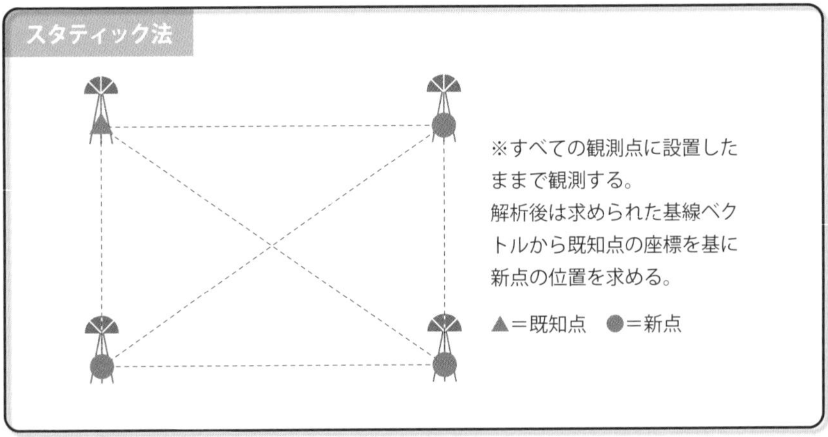

2）キネマティック法

キネマティック法はスタティック法から派生したものです。1 台の受信機とアンテナで測点間を移動しますので、アンテナの所有数が少なくても測位ができ、効率がよいのが特徴です。

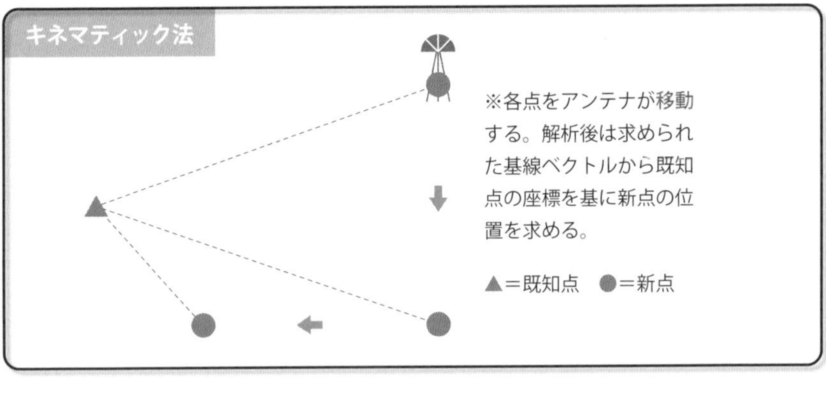

③ 短縮スタティック法

短縮スタティック法はすべての点にアンテナを固定し電波を受信する方法です。観測時間を短くするかわりに、観測できる衛星数を増やす必要があり、高精度なのが特徴です。

④ RTK（リアルタイムキネマティック）法

RTK 法は 1 台のアンテナを固定し、もう 1 台で他の点を移動しながら各点で電波を受信する方法です。受信機間を無線で接続しリアルタイムで位置を割り出しています。その場で位置がわかる点が画期的で、主に地形測量で使われます。衛星の状態や観測時間にもよりますが精度は低めです。

⑤ ネットワーク型 RTK 法

ネットワーク型 RTK 法は、電子基準点に囲まれた区域内で、インターネットからの電子基準点のリアルタイムデータを取得し、アンテナ 1 台で位置を求める方法です。インターネット接続環境（データプロバイダ契約等）が必要で、VRS と FKP の 2 つの方式があり、どちらも主に地形測量で使われます。

1）VRS 方式

VRS は仮想の基準点を区域内に作り、その点との位置関係で新点の位置を求めます。電子基準点の情報から仮想の基準点を作り、そこからの位置関係を求めているので、区域内ならどこでも位置がわかるのが特徴です。

2）FKP 方式

FKP は電子基準点の情報から大まかな位置を割り出し、GPS データセンターからインターネット経由で位置情報の補正を受けて位置関係を求めています。一時的な仮想の基準点を作らないので後処理が可能です。

 過去問題をやってみよう！

次のa～dの文は，公共測量におけるGNSS測量について述べたものである。[ア]～[オ]に入る語句の組合せとして最も適当なものはどれか。次の中から選べ。

a.　GNSSとは，人工衛星からの信号を用いて位置を決定する[ア]システムの総称である。

b.　1級基準点測量において，GNSS観測は，[イ]で行う。スタティック法による観測距離が10km未満の観測において，GPS衛星のみを使用する場合は，同時に[ウ]の受信データを使用して基線解析を行う。

c.　1級基準点測量において，近傍に既知点がない場合は，既知点を[エ]のみとすることができる。

d.　1級基準点測量においては，原則として，[オ]により行うものとする。

	ア	イ	ウ	エ	オ
1.	衛星測位	干渉測位方式	4衛星以上	電子基準点	結合多角方式
2.	衛星測位	干渉測位方式	4衛星以上	公共基準点	結合多角方式
3.	GPS連続観測	単独測位方式	4衛星以上	電子基準点	単路線方式
4.	GPS連続観測	干渉測位方式	3衛星以上	公共基準点	単路線方式
5.	衛星測位	単独測位方式	3衛星以上	電子基準点	単路線方式

解答　1

ア　衛星測位　GNSS はグローバル・ナビゲーション（測位）・サテライト（衛星）・システムの略ですので、衛星測位です。

イ　干渉測位方式　精度の高い干渉測位を用います。

ウ　4 衛星以上　スタティック法で 2 点間の距離が 10 km 未満であれば 4 衛星で観測できます。

エ　電子基準点　近傍《きんぼう》（近く）に既知点がない場合は、既知点を電子基準点とすることができます。

オ　結合多角方式　原則として、1 級基準点測量には結合多角方式を用います。

本章 lesson2 の出題範囲では、ここに紹介した問題のほか、次のようなパターンの出題もあります（すべて正答肢）。

- GNSS 測量では，観測点間の視通が確保できなくても観測できる。
- スタティック法による観測において，GPS 衛星のみを用いる場合は 4 衛星以上を用いなければならない。
- GNSS 測量の基線解析を行うには，GNSS 衛星の軌道情報が必要である。
- 基線解析の結果は FIX 解を用いる。
- GNSS 衛星の飛来情報を観測前に確認し，衛星配置が片寄った時間帯での観測は避ける。

lesson 3

GNSS測位の誤差

重要度 ★★☆

合格のポイント！

GNSS測位は宇宙からの電波を受信して測位しますので、TSやレベルを用いた測量とは誤差の原因が根本的に違います。原因と対応方法について整理しましょう。

1 電波遅延の誤差（電離層・対流圏）

GNSS測位では、地球の上空20000 ㎞にある衛星（宇宙）から、電波がアンテナ・受信機（地球）に届く行程で、遅延（障害物で速度が落ちる）することにより誤差が起きます。

1）電離層による影響の補正

電波が電離層を通過する際、電波が遅延します。電離層とは地球の上空400 ㎞にある電波を反射する性質がある層のことです。地球上の測点間（基線）が短い場合は、同じ厚さの電離層を通過する（同じだけ遅延する）ので問題ありませんが、10 km以上離れている場合は2周波のGNSS受信機を使用する必要があります。

2）対流圏による影響の補正

対流圏とは、地球の上空7 kmくらいまでにある、電波を遅らせる性質がある空気の層のことです。

対流圏はほぼ変化がありませんので、基線解析ソフトウェアで採用している標準値（標準大気モデルなどと呼ばれることもあります）を利用して補正します。

② 地上付近での誤差

地上の付近で考えられる誤差原因には以下のようなものがあります。

1）マルチパス

電波が近傍の地物に反射することにより起きます。本来衛星が受信してはいけない電波がアンテナに届いてしまうものです。衛星の見える角度が低いと起こりやすくなり、逆に天頂方向からの電波では起こりにくくなります。

2）サイクルスリップ

何らかの原因で電波が途切れてしまう現象です。電波は連続で受信することが基本なので、FIX 解が得られなくなることがあります。

3）電波干渉

電波を発する電波塔の近くで観測をしたり、無線を使ったりすると電波に干渉するおそれがあります。また、高圧電線も磁界を発生させている可能性がありますので、近くでの観測は避けましょう。

ここが大事！

誤差の対策

- 電離層 ➡ 2 点間が 10 km 以上→ 2 周波受信機（1 級）を使用する
- 対流圏 ➡ 標準大気モデル（基線解析ソフトウェアの標準値）を利用
- マルチパス ➡ 電波を反射するものを近くに置かない、高度の高い衛星からの電波を受信する
- サイクルスリップ ➡ 検出し、基線解析で補正
- 電波干渉 ➡ 電波塔・高圧電線近くでの観測を避ける、観測中無線を使用しない

過去問題をやってみよう！

次の文は，GNSS 測量機を用いた測量の誤差について述べたものである。[ア]～[エ]に入る語句の組合せとして最も適当なものはどれか。次の中から選べ。

GNSS 測量機を用いた測量における主要な誤差要因には，GNSS 衛星位置や時計などの誤差に加え，GNSS 衛星から観測点までに電波が伝搬する過程で生じる誤差がある。そのうち，[ア]は周波数に依存するため，2 周波の観測により軽減することができる。特に，10 km より長い基線の観測では，2 周波を受信できる GNSS 測量機を使う必要がある。一方，[イ]は周波数に依存せず，2 周波の観測により軽減することができないため，基線解析ソフトウェアで採用している標準値を用いて近似的に補正が行われる。[ウ]法では，電子基準点の観測データから作られる補正量などを取得し，解析処理を行うことで，これらの誤差を軽減している。

ただし，GNSS 衛星から直接到達する電波以外に電波が構造物などに当たって反射したものが受信される現象である[エ]による誤差は，[ウ]法によっても補正できないので，選点に当たっては，周辺に構造物などが無い場所を選ぶなどの注意が必要である。

	ア	イ	ウ	エ
1.	電離層遅延誤差	対流圏遅延誤差	ネットワーク型 RTK	マルチパス
2.	電離層遅延誤差	成層圏遅延誤差	キネマティック	サイクルスリップ
3.	成層圏遅延誤差	対流圏遅延誤差	ネットワーク型 RTK	アンテナ位相特性
4.	対流圏遅延誤差	成層圏遅延誤差	ネットワーク型 RTK	マルチパス
5.	対流圏遅延誤差	電離層遅延誤差	キネマティック	サイクルスリップ

解答　1

ア　電離層遅延誤差　10 km 以上で 2 周波を使うのは電離層遅延です。

イ　対流圏遅延誤差　基線解析ソフトウェアで採用している標準値（標準大気モデル）を使うのは対流圏遅延です。

ウ　ネットワーク型 RTK　電子基準点のデータから補正情報を受けて位置を補正するのはネットワーク型 RTK 法の FKP 方式です。

エ　マルチパス　電波の反射はマルチパスです。サイクルスリップ（電波の中断）と区別、整理しておきましょう。

マルチパスとサイクルスリップは以下のようなイメージで区別しておきましょう。

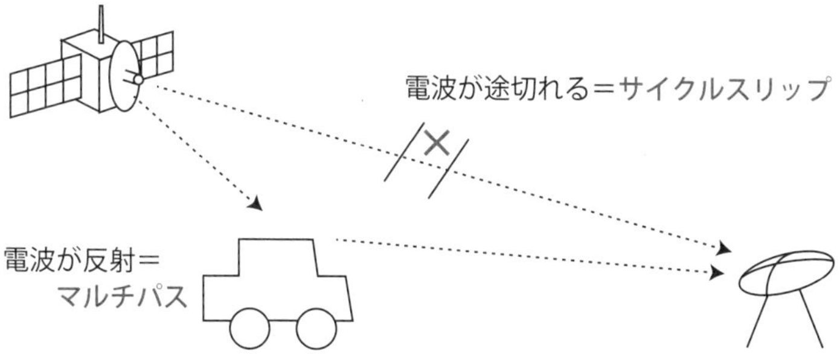

3章

lesson 4

GNSS 測位の補正計算

重要度 ★★☆

合格のポイント！

PCV 補正とセミ・ダイナミック補正は電子基準点の整備と GNSS 測量の普及によって必要になりました。近年はどちらか必ず出題される傾向です。

1 PCV 補正

PCV 補正はスタティック法、または短縮スタティック法での観測で、異なる機種を使う場合に行います。

衛星から受信する電波はアンテナにより同じ方向に少しズレます。衛星からの入射角によって受信位置が変化するためであり、同じ機種なら同じだけズレるので問題ありませんが、機種が違う場合、観測した位置関係にズレが生じてしまいます。これをアンテナ位相特性といいます。

そのため、GNSS 測位では、同一セッション（1回の同時観測）において同一機種により観測することが原則とされ、補正にはアンテナ定数（位相特性の中で高さ成分のみ）の補正をしていました。

しかし、電子基準点が整備されることで衛星測位が普及し、異なる機種間での観測でも精度を確保する必要が生じたことで、公共測量でも PCV 補正を行うことになりました。この補正は特定の機種のアンテナを基準にした補正表を使って行います。

なお、観測時のアンテナは位相中心ですが、PCV 補正時のアンテナ高はアンテナ底面となることに注意しましょう。

② セミ・ダイナミック補正

地球の表面はプレート運動に伴う定常的な地殻変動により常に動いています。測量成果の位置情報の基準日は通常「測地成果 2011」となりますが、そこから観測を行った日までの間に位置関係は変化し、座標がゆがんだ状態となっています。

基準点は 10 万点以上あり、毎年新しくすることは現実的ではありません。このため、測地成果 2011 の基準日を元期（がんき、げんき）、観測を行った日を今期と呼んで地殻変動のひずみを補正することとされており、これをセミ・ダイナミック補正といいます。

セミ・ダイナミック補正は一時的な広域地殻変動・広域的な地盤沈下の影響を受ける区域で行う基準点測量のうち、電子基準点（付属標を除く）のみを既知点として用いる測量で行います。

また、補正には国土地理院から出されている地殻変動補正パラメータという数値を使います。

■セミ・ダイナミック補正のイメージ

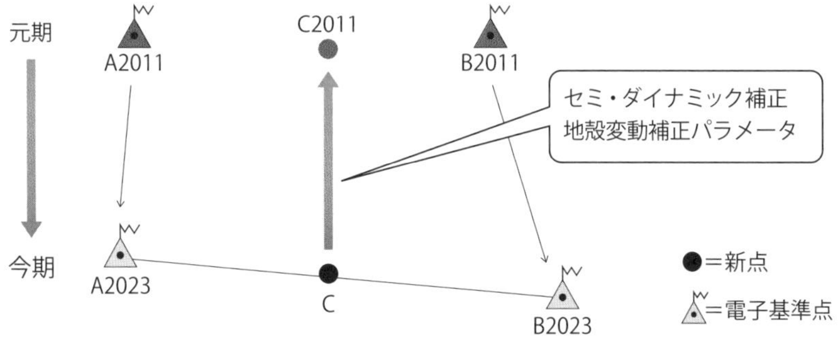

各点の地殻の変動量から 2011 年当時の位置を推測する作業

過去問題をやってみよう！

次の文は，公共測量におけるセミ・ダイナミック補正について述べたものである。

［ア］～［エ］に入る語句の組合せとして最も適当なものはどれか。次の中から選べ。

プレート境界に位置する我が国においては，プレート運動に伴う［ア］により，各種測量の基準となる基準点の相対的な位置関係が徐々に変化し，基準点網のひずみとして蓄積していくことになる。

GNSSを利用した測量の導入に伴い，基準点を新たに設置する際には遠距離にある［イ］を既知点として用いることが可能となったが，［ア］によるひずみの影響を考慮しないと，近傍の基準点の測量成果との間に不整合が生じることになる。

そのため，測量成果の位置情報の基準日である「測地成果2011」の［ウ］から新たに測量を実施した［エ］までの［ア］によるひずみの補正を行う必要がある。

	ア	イ	ウ	エ
1.	地殻変動	三角点	今期	元期
2.	地盤沈下	三角点	今期	元期
3.	地殻変動	電子基準点	今期	元期
4.	地盤沈下	三角点	元期	今期
5.	地殻変動	電子基準点	元期	今期

解答　5

ア　地殻変動　プレート運動で起こるのは地殻変動です。

イ　電子基準点　遠距離にある電子基準点を使用した場合に考慮します。

ウ　元期　「測地成果2011」が元の座標なので元期です。

エ　今期　元期から今期の変動を逆算して求め、元期の座標にします。

■日本列島の地殻変動の様子

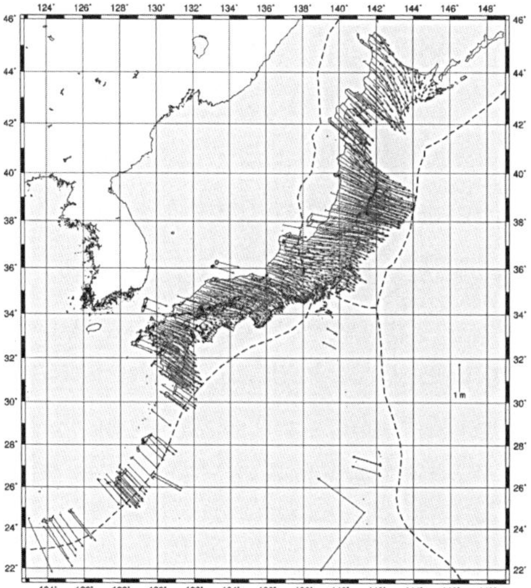

出典：国土地理院ウェブサイトより

3章

lesson 5

準天頂衛星システム

重要度 ★★☆

合格のポイント！

準天頂衛星システム（QZSS）は GPS を補う GNSS です。軌道や作業規程の準則での扱いなど基本的な問題が出題されています。

1 準天頂衛星システム

準天頂衛星システム（QZSS）とは準天頂軌道の衛星が主体となって構成されている日本の衛星測位システムのことです。準天頂衛星システムと GPS は互換性があり、従来の GNSS 測量において、準天頂衛星システムの衛星は GPS 衛星と同じとして取り扱います。

衛星システムには、アメリカの GPS、日本の QZSS、ロシアの GLONASS、EU の Galileo のほかにも、中国の BeiDou、インドの NAVIC（IRNSS）といった衛星システムがあります。

準天頂衛星システムが整備されることで、GNSS 観測における観測可能時間帯が伸び、精度が向上します。この衛星からの電波は日本だけでなく、アジア・オセアニア地域においても受信可能です。

また、衛星が真上に位置することで、ビルの多い市街地や森林でも電波がアンテナに届きやすいという利点もあります。

2 準天頂衛星の軌道

準天頂衛星はアジア・オセアニア地域を飛行しています。24 時間で 1 周する南北非対称の「8 の字軌道」になり、北半球に約 13 時間、南半球に約 11 時間留まり、日本付近に長く留まります。

過去問題をやってみよう！

次の文は，準天頂衛星システムを含む衛星測位システムについて述べたものである。正しいものはどれか。次の中から選べ。

1. 衛星測位システムには，準天頂衛星システム以外にGPS，GLONASS，Galileoなどがある。
2. 準天頂衛星と米国のGPS衛星は，衛星の軌道が異なるので，準天頂衛星はGPS衛星と同等の衛星として使用することができない。
3. 衛星測位システムによる観測で，直接求められる高さは標高である。
4. 準天頂衛星は，約12時間で軌道を1周する。
5. 準天頂衛星の測位信号は，東南アジア，オセアニア地域では受信できない。

解答　1

1. ○　中国やインドも衛星測位システムを整備しています。
2. ×　準天頂衛星は、観測時にはGPS衛星と同様に扱います。
3. ×　準天頂衛星を含め、GNSS測位で求められる高さは楕円体高です。標高を知りたい場合はジオイドの補正を行います。
4. ×　24時間で1周しますが、軌道は東経135°あたりを南北に8の時を描くように飛んでいます。一種の静止衛星ともいえます。
5. ×　日本だけでなく、アジア・オセアニア地域で受信できます。

3章

lesson 6

基線ベクトルの計算

重要度★★☆

合格のポイント！

基線ベクトルはGNSS測位で求められる2点間の位置関係のことです。三次元直交座標上での斜距離を求めます。

1 地心直交座標と基線ベクトル

地心直交座標はGNSS測位などで求められる地球の中心を原点としたXYZの座標値です。

地心直交座標と基線ベクトル

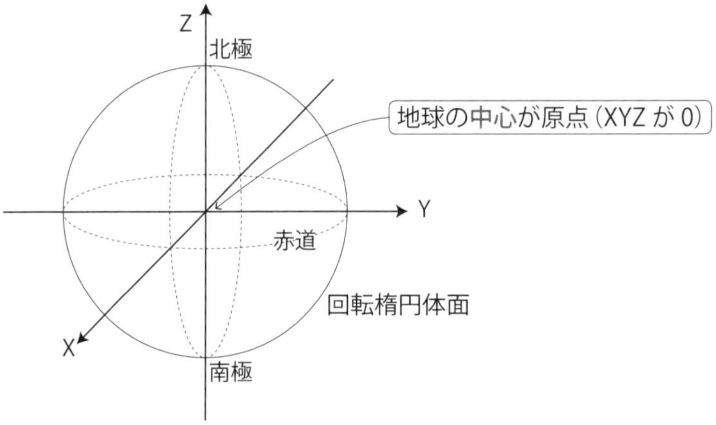

基線ベクトルは地心直交座標での斜距離のことです。次の図のようにA点とB点の斜距離で表されます。

基線ベクトル＝2点間の位置関係

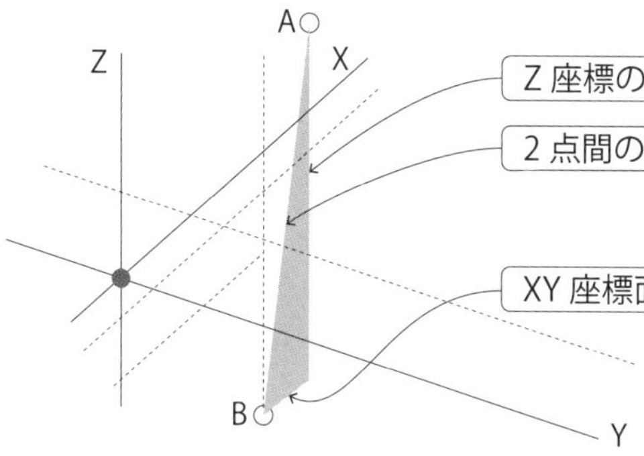

② 基線ベクトルの求め方

次の例をもとに基線ベクトルを求めてみましょう。問題は次のように2点のXYZ座標が示され、2点間の基線ベクトル（斜距離）を求めるよう出題されます。

GNSS測量機を用いた基準点測量を行い、基線解析により基準点Aから基準点Bまでの基線ベクトルを得た。表は、地心直交座標系におけるX軸、Y軸、Z軸方向について、それぞれの基線ベクトル成分（ΔX、ΔY、ΔZ）を示したものである。

基準点Aから基準点Bまでの斜距離は幾らか。なお、関数の数値が必要な場合は、8ページの関数表を使用すること。

	ΔX	ΔY	ΔZ
A	＋500.000m	－200.000m	－700.000m
B	＋100.000m	＋100.000m	－200.000m

このような出題パターンの場合、三平方の定理と平方根が使えれば手順通りで解答を求められます（計算問題を解くための基礎 5　三平方の定理、8　三角関数　参照）。

1）XY 座標値から、座標上の平面方向の斜距離を求める。

X 座標値の差　500 － 100 ＝ 400m

Y 座標値の差　－ 200 － 100 ＝－ 300m

2）図を書き、平面方向の斜距離 *D* を求める。

なお、下図では解きやすくするために、正負の向きは考慮していません。

基線ベクトルの求め方 1

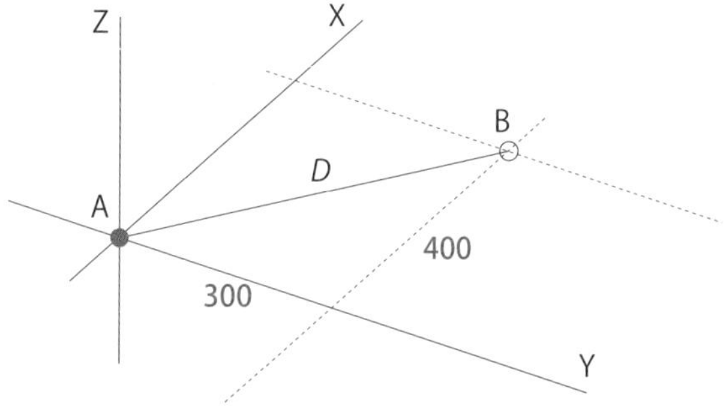

3）三平方の定理を使う。

基線ベクトルの求め方 2

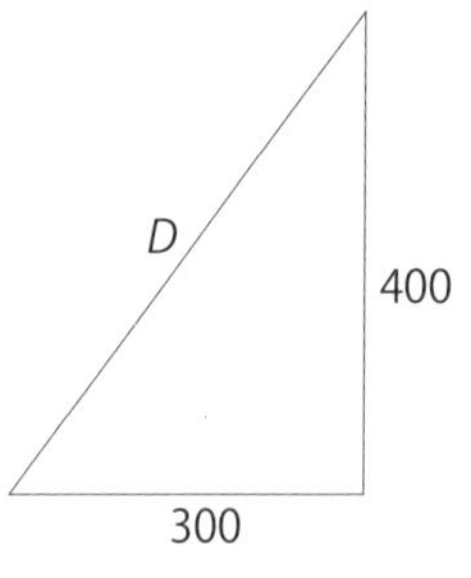

$$D = \sqrt{(300)^2 + (400)^2}$$
$$= \sqrt{90000 + 160000}$$
$$= \sqrt{250000}$$
$$= 500\ \mathrm{m}$$

平面方向の斜距離は 500 m とわかりました。

4）基線ベクトルを求める。

先に求めた平面方向の斜距離 *D* と Z 方向の距離（座標上の高さ方向）から 2 点間の基線ベクトルを計算します。

Z 座標値の差＝－ 700 －(－ 200)＝－ 500 m

5）三平方の定理を使う。

基線ベクトルの求め方 3

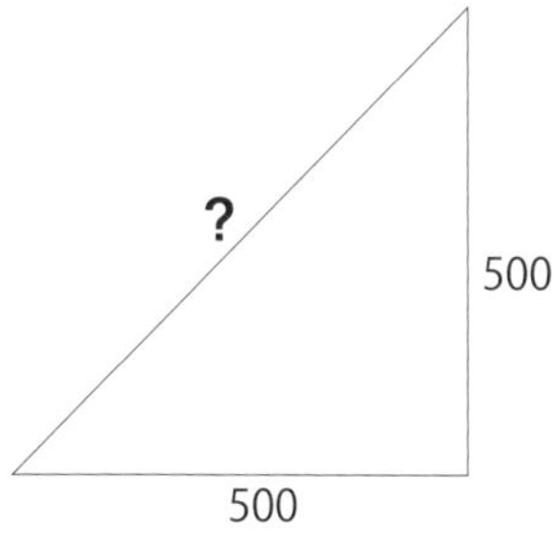

$$
\begin{aligned}
? &= \sqrt{(500)^2 + (500)^2} \\
&= \sqrt{250000 + 250000} \\
&= \sqrt{500000} \\
&= \sqrt{50} \times \sqrt{10000} \\
&= 707.107\ \mathrm{m}
\end{aligned}
$$

3）の三角形は辺の比が 3:4:5 の「サシゴの三角形」といい、決まった形で測量士・補試験で出題されます。300：400：*D* なので計算せずにわかります。覚えておくと、すぐに辺の長さがわかり便利です。

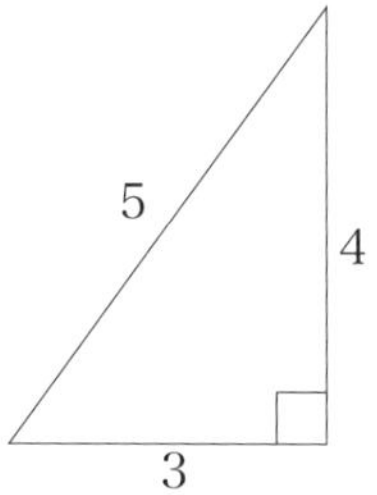

5）の三角形は 1：1：$\sqrt{2}$ の三角定規の二等辺三角形です。ここに気付けば$\sqrt{\ }$の計算をすることなく、比の計算や三角関数で求められます。

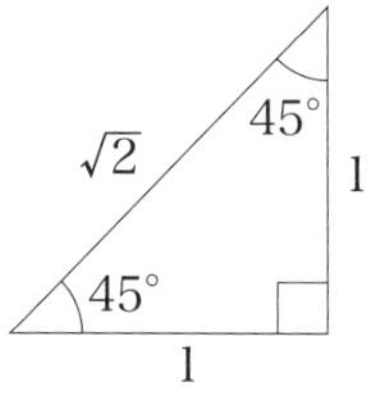

過去問題をやってみよう！

GNSS 測量機を用いた基準点測量を行い，基線解析により基準点 A から基準点 B，基準点 A から基準点 C までの基線ベクトルを得た。表は，地心直交座標系（平成 14 年国土交通省告示第 185 号）における X 軸，Y 軸，Z 軸方向について，それぞれの基線ベクトル成分（ΔX，ΔY，ΔZ）を示したものである。基準点 B から基準点 C までの斜距離は幾らか。最も近いものを次の中から選べ。

なお，関数の値が必要な場合は，8 ページの関数表を使用すること。

表

区間	基線ベクトル成分		
	ΔX	ΔY	ΔZ
A → B	＋ 400.000m	− 200.000m	＋ 100.000m
A → C	＋ 100.000m	＋ 200.000m	− 500.000m

1．640.312 m　　2．670.820 m　　3．754.983 m

4．781.025 m　　5．877.496 m

解答　4

ΔX の差は 400 m と 100 m なので 300 m です。また、ΔY の差は − 200 m と 200 m なので 400 m です。

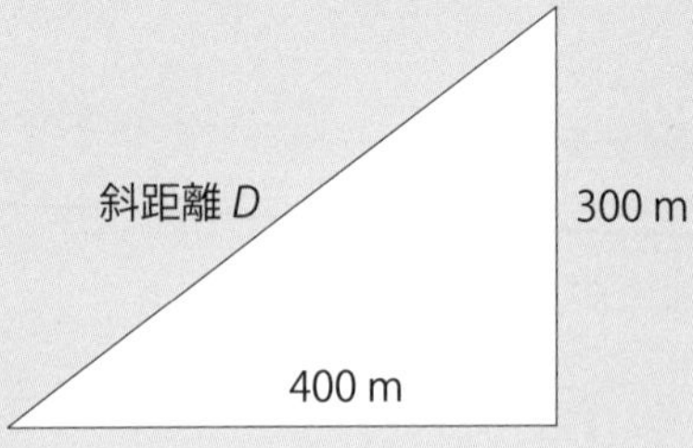

三平方の定理で解いてもいいのですが、これは「サシゴの三角形」なので平面方向の斜距離 D は 500 m です。

平面方向の斜距離 D と Z 方向の距離（座標上の高さ方向）から 2 点間の基線ベクトルを計算すると、Δ Z の差は 100 m と－ 500 m なので 600 m です。

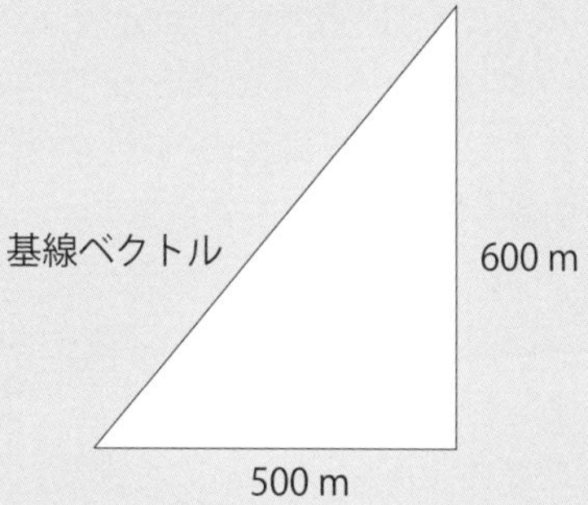

$$\text{基線ベクトル} = \sqrt{(500)^2 + (600)^2} = \sqrt{250000 + 360000}$$

$$= \sqrt{610000}$$

$$\sqrt{610000} = \sqrt{61} \times \sqrt{10000}$$

$$\sqrt{61} = 7.81025 \text{、} \sqrt{10000} = 100$$

$$7.81025 \times 100 = 781.025 \text{ m}$$

覚えておくとよい三角形の性質としては、本章 lesson6 で紹介したもののほかに次の（1：2：$\sqrt{3}$）の三角形があります。

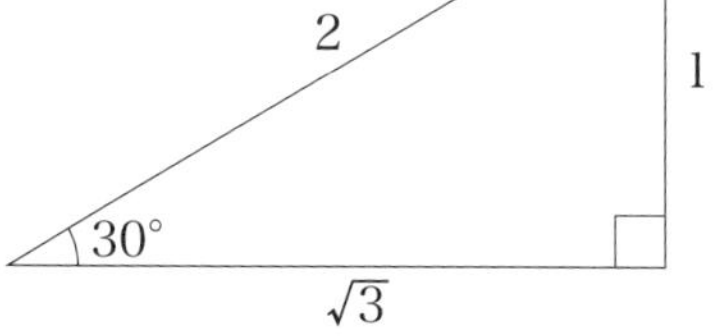

○測量士補から広がる関連資格

測量士補は公共測量の作業を行うための資格ですが、土地や図面・工事を扱う資格・認定につながっています。ここではその一部を紹介します。

- 測量士：測量に関する計画を作製し、または実施するための資格です。受験資格に年令、性別、学歴、実務経験は必要ありませんが、まずは測量士補を取得するのがいいでしょう。測量士補の資格を持っていれば、養成施設（専門学校等）で知識や技能を修得することで申請により測量士となることもできます。
- 土地家屋調査士：不動産の表示に関する登記及び土地の筆界を明らかにする業務の専門家です。測量士補の資格を持っていると、試験の午前の部の免除を受けることができます。
- 地理空間情報専門技術認定：（公社）日本測量協会が行っている講習や実習によって取得できる技術認定です。国土地理院が発注する測量業務等において能力の評価として活用されています。
- RCCM：Registered Civil Engineering Consulting Managerの略で、（一社）建設コンサルタンツ協会が実施している、土木工事関連の専門技術者の認定資格です。国土交通省が定める管理技術者や照査技術者、業務担当者になるために必要です。
- 施工管理技術検定：建設の現場管理を行う資格です。さまざまな種類がありますが、土木施工管理や造園施工管理では一部測量の問題が出題されています。

また、技術系資格の最高峰といえば技術士です。測量士補に合格したら測量士→ RCCM →技術士補→技術士と経験を積みながら目指すのも良いでしょう。

■建設等の現場でも測量機材は使われる

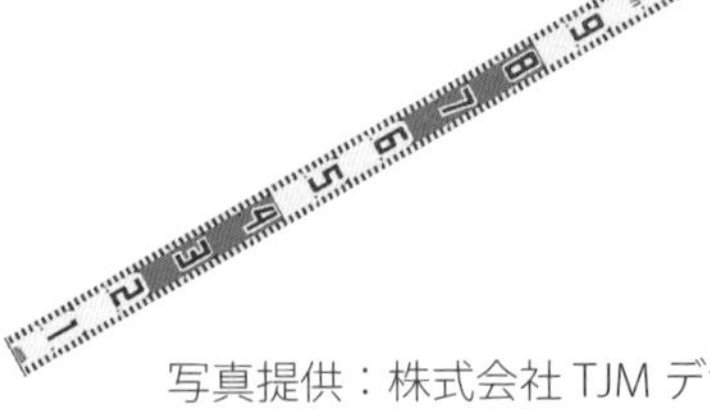

写真提供：株式会社 TJM デザイン

いちばんわかりやすい!

測量士補

テキスト&問題集＋予想模試

4章 水準測量

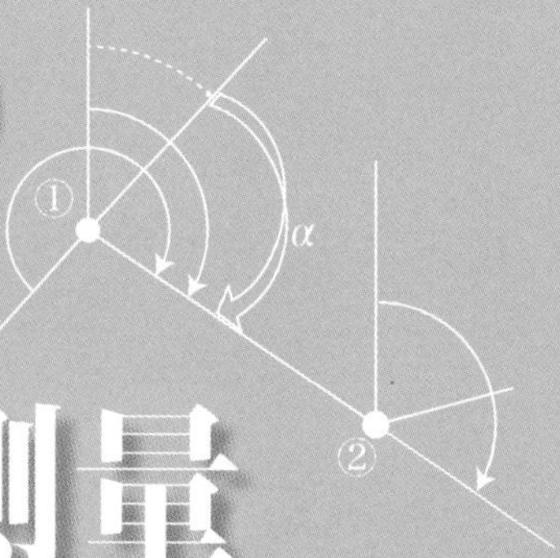

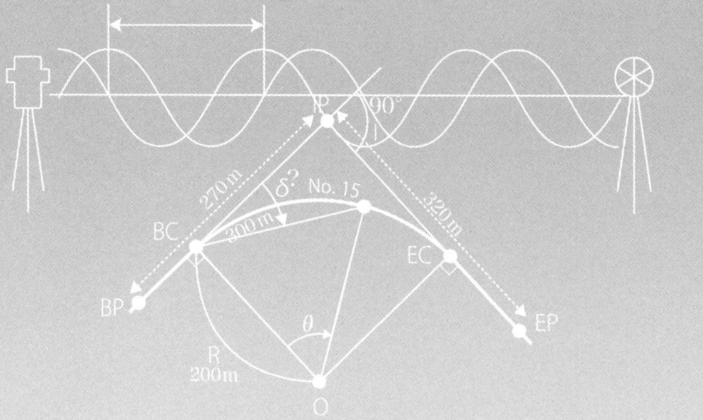

測量士補試験の中では比較的難度の低い問題が多く、学びやすい分野です。作業規程の準則からの出題もありますが、往復観測の較差をはじめとした計算問題については何度か繰り返して手順を覚えてしまうことが重要です。

lesson 1

4章

レベルによる水準測量の観測

重要度 ★★☆

合格のポイント！

水準測量も、観測の方法が作業規程の準則で定められています。観測時に留意すべきこととして、水準測量の誤差と合わせて出題されます。等級ごとに異なる数値もありますのでそこだけは覚えておきましょう。

1 水準測量とは

2点間の高低差や、新点の標高を求める測量です。レベルという道具を使い、単純な引き算で求める方法と、GNSS測量機を使う方法があります。ここではレベルによる水準測量の観測について学びます。

レベルによる水準測量では、レベルの視準線を基準に、高さを知りたい点に立てた標尺の目盛を読むことで高低差がわかります。

標尺とは長さの刻んである道具で、大きな直定規だと思ってください。バーコードが刻まれていて、レベルのボタンを押すだけで数値を表示するバーコード標尺もあります。バーコード標尺はバーコードを読み取れる電子レベルとセットで使用する必要があります。

覚える用語

レベル　視準線を水平にする道具です。
オートレベル　ある程度視準線を水平にすると、レベルに内蔵されているコンペンセータという自動補正の仕組みが働き、自動で視準線を水平にしてくれます。
チルチングレベル　合致式気泡管を用い、精密に水平にできます。

■バーコード標尺

写真提供：
タマヤ計測システム株式会社

■電子レベル

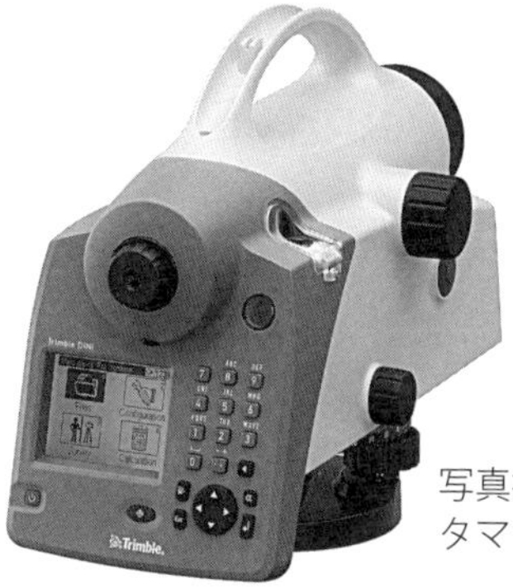

写真提供：
タマヤ計測システム株式会社

■標尺の読みの差から高低差がわかる

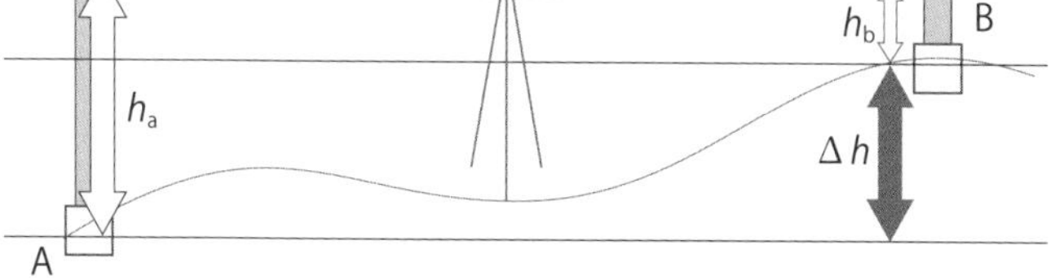

$$\Delta h = h_a - h_b$$

離れた2点間の高低差や離れた点の標高が知りたい場合は、2本の標尺と器械を移動しながらこれを繰り返します。

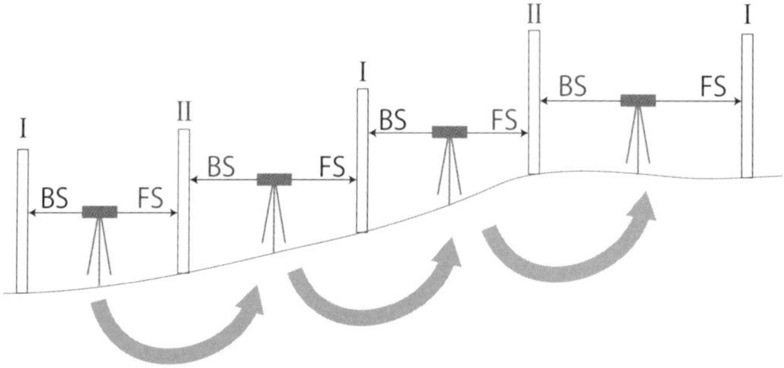

標高（海面からの高さ）を常に水準原点から測ることは不可能なので、日本全国に標高のわかっている「水準点」が作られています。

任意の新しい点の標高が知りたい場合は近くの水準点から測量して求めます。

② 新点（標石等）設置後の観測（準則64条）

水準測量における新点の観測は、永久標識の埋設後24時間以上経過してから行います。埋設後も沈下したり、コンクリートが硬化することによりわずかに動いたりするためです。

③ 記入（記録）した数値の取り扱い

記入（記録）した読定値は、訂正（消去）してはいけません。不正を防ぐためと、ミスをした場所をわかるようにしておくためです。ミスがわかったときは、新しい記録を作成します。

この考え方は水準測量だけでなく、どの測量でも同じです。

④ 作業期間中の点検調整（準則63条）

標尺・レベルは、作業期間中においても点検調整を行います。器械・器具の点検調整は、作業着手前と、作業期間中おおむね10日ごとに行います。

⑤ 日光を避ける

観測に際してはレベルに日光が直接当たらないようにします。気泡管やコンペンセータの機能が狂うので、直射日光は避け、日傘等を利用します。

⑥ 標尺付属の気泡管（準則 63 条）

標尺に付属する円形水準器は、標尺を鉛直に立てた状態で気泡が中心になるように視準線との平行性の点検調整をします。標尺を鉛直に立てた状態で読むためには、標尺を前後に振って一番小さい値を読む場合もあります。

⑦ 標尺の等級（準則 62 条）

1 級標尺は 1 ～ 4 級水準測量において使用できますが、2 級標尺は 3 ～ 4 級水準測量の使用に限られます。

測量の等級と器械・標尺の等級で数値が異なるので整理しておきましょう。

機　器	摘　要
1 級レベル	1 ～ 4 級水準測量
2 級レベル	2 ～ 4 級水準測量
3 級レベル	3 ～ 4 級水準測量 簡易水準測量
1 級標尺	1 ～ 4 級水準測量
2 級標尺	3 ～ 4 級水準測量
1 級セオドライト	1 ～ 4 級水準測量（渡海）
1 級トータルステーション	1 ～ 4 級水準測量（渡海）
測距儀	1 ～ 4 級水準測量（渡海）
水準測量作業用電卓	――
箱尺	簡易水準測量

⑧ 読定の単位（準則 64 条）

1 級水準測量は標尺を 0.1 mm 単位で読定し、2・3・4 級水準測量では 1 mm 単位で読定します。

⑨ 気温の測定（準則 64 条）

1 級水準測量では、観測開始時・終了時及び固定点到着時ごとに、気温を 1 ℃単位で測定します。固定点とは観測ミスがあったり、再測するときなどの目安となる固定した点のことです。一定区間ごとに作り、往路・復路で共通で使用します。木杭ではなく石や金属でつくります。

⑩ 最大視準距離（準則 64 条）

水準測量において、視準距離は、精度と作業効率から最大距離が定められています。1 級は 50 m、2 級は 60 m、3・4 級は 70 m です。

⑪ 機器の調整（準則 63 条）

自動レベル・電子レベルを用いる場合には円形水準器及び視準線の点検調整の他にコンペンセータの点検を行います。コンペンセータとはレベル本体に内蔵されている自動補正機構のことです。円形水準器で概ね器械を水平にすると、自動で器械を水平に補正します。

作業規程の準則では「気泡管レベルは、円形水準器及び主水準器軸と視準線との平行性の点検調整を行うものとする」「自動レベル、電子レベルは、円形水準器及び視準線の点検調整並びにコンペンセータの点検を行うものとする」とされています。

⑫ 再測（準則 65 条）

往復観測を行う水準測量において、往復の観測値の較差が許容範囲を超える場合は再測を行います。往復の較差が大きい場合、往路または復路、あるいは両方に誤差があるため再測を行うのです。この較差の許容範囲は定められています。

過去問題をやってみよう！

次の文は，公共測量における水準測量を実施するときの留意すべき事項について述べたものである。明らかに間違っているものはどれか。次の中から選べ。

1.　レベルの局所的な膨張で生じる誤差を小さくするために，日傘を使用して，レベルに直射日光を当てないようにする。
2.　1日の観測は，水準点で終わることを原則とする。やむを得ず固定点で終わる場合は，次の日の観測で固定点の異常の有無が点検できるような方法で観測を行う。
3.　新点の観測は，永久標識の設置後直ちに行う。
4.　標尺は，2本1組とし，往観測の出発点に立てる標尺と，復観測の出発点に立てる標尺を交換する。
5.　手簿に記入した読定値及び水準測量作業用電卓に入力した観測データは，訂正してはならない。

解答　3

1.　○　気泡管やコンペンセータの機能が狂うのを防ぎます。
2.　○　設問のとおりです。この固定点は、杭またはなるべく堅固な構造物等とします。
3.　×　24時間以上経過してから観測します。
4.　○　標尺の目盛の誤差を防ぎます。次のlesson2「水準測量の誤差」で詳しく学習します。
5.　○　不正を防ぐためと、ミスをした場所をわかるようにしておくため、訂正してはいけません。

4章

Lesson 2 水準測量の誤差

重要度★★★

合格のポイント！

水準測量は、原理的に単純な測量ですが、試験では誤差の種類について問われます。なぜ誤差が出るのか？　どう対処すればよいのか？　を関連付けて覚えておきましょう。

① 零目盛誤差

零目盛誤差は、標尺の底面（0）が削られてしまい、地表から視準線の正しい高さが読み取れないために起きる誤差で、次の対策をします。

①標尺の設置回数を**奇数**回にする。
②レベルの設置回数を**偶数**回にする。
③観測に2本の標尺を使い、**交互**に使用して出発点と到着点の標尺を同じにする。

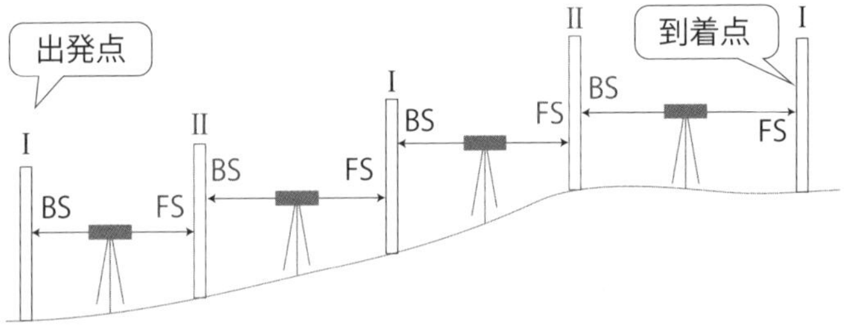

② 視準線誤差

視準線誤差は本来水平であるはずの視準線が上または下を向いてし

まっている誤差です。器械を回転させて観測するので、BS・FS は同じ方向に同じ角度で傾いています。

覚える用語

BS・FS　BS とは、進行方向に対し後ろの標尺の読みのことで、後視ともいいます。一方、FS とは進行方向に対し前の標尺の読みのことで、前視ともいいます。

この誤差を防ぐためには、次の対策をします。

①センターレベリング（2 点間の中央に置く・レベルと標尺を等距離にすること）を行う。
②視準線を調整する（杭打ち調整法）。

■センターレベリング

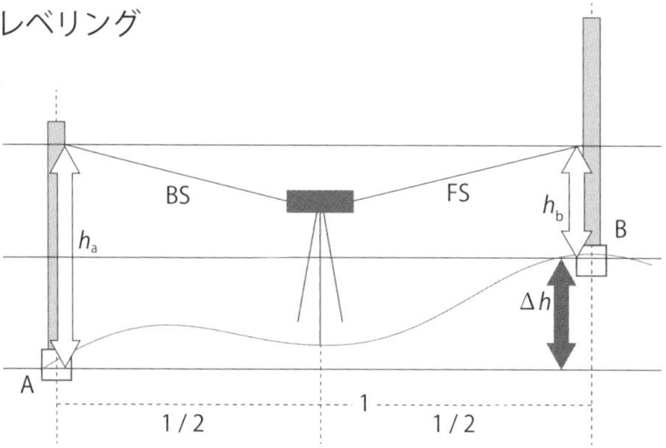

■視準線が水平でないと異なる高さを読むので観測が成立しない

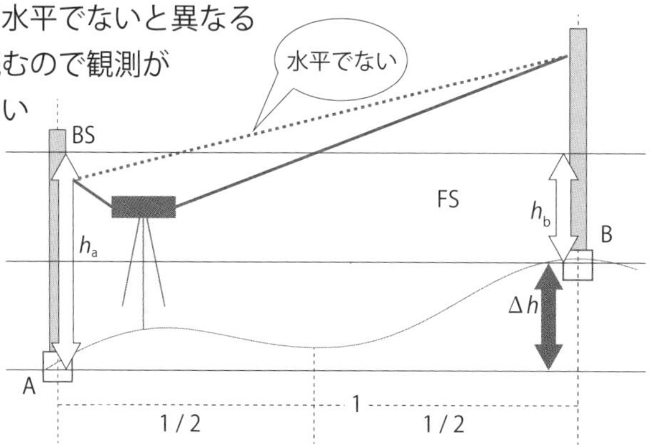

③ 両差（気差・球差）

直接水準測量でも両差の影響は考慮しなければなりません。空気の厚さによる光の屈折と地球の曲率のため両差による誤差が生じます。

両差も視準線誤差と同様に BS、FS 方向が同じ傾きですので、センターレベリング（2 点間の中央に置く・レベルと標尺を等距離にすること）で解決します。

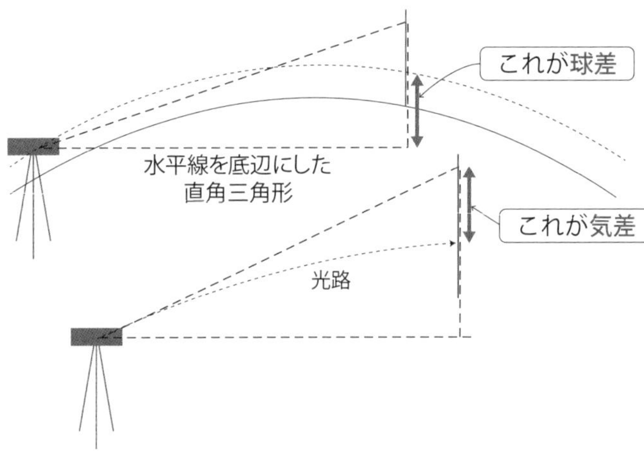

④ 三脚の沈下による誤差

軟弱地盤などで三脚が沈んでしまうことで、三脚の沈下による誤差が生じます。

観測している間に三脚が一定の速度で沈んでいると仮定すると、1 級水準測量では後視 ➡ 前視 ➡ 前視 ➡ 後視の順に、2 級水準測量では後視 ➡ 後視 ➡ 前視 ➡ 前視の順に視準することで観測高低差の影響が打ち消されます。

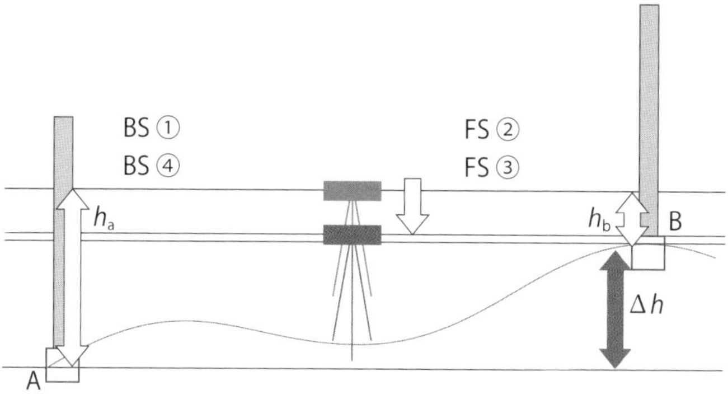

⑤ 大気による光の屈折の誤差

空気のゆらぎによって正しい数値を読み取ることができないことを、大気による屈折の誤差（空気のゆらぎ）といいます。

この場合の対策は標尺の下方 20 cm を視準しないことです。

⑥ 鉛直軸の傾きによる誤差

鉛直軸誤差はレベルの鉛直軸が鉛直でないために生じます。鉛直軸が傾くということは、回転する軸が傾いているという意味なので、視準線は BS と FS で同じ角度で正負に傾きます。

これを防ぐには特定の三脚の脚と標尺を常に対向させて観測を行います。

上から見た図

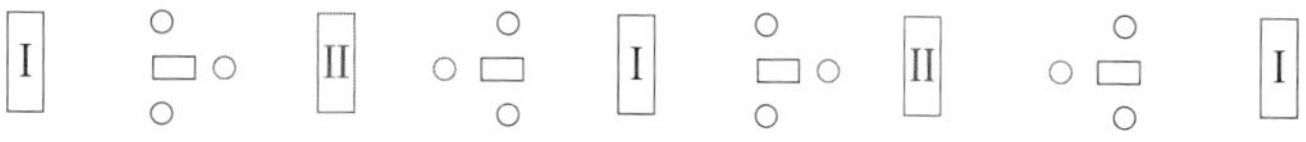

横から見た図

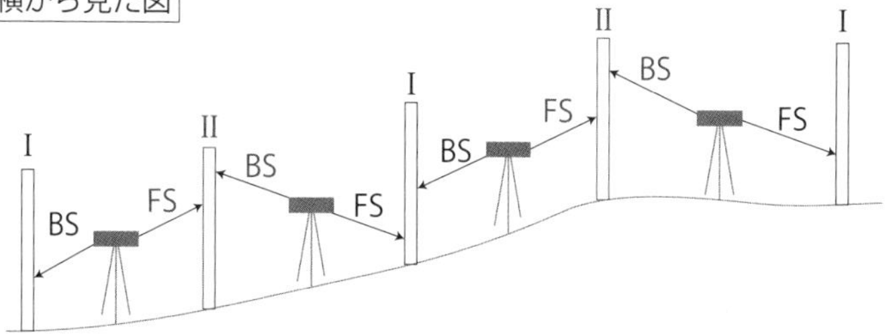

この際、三脚の脚の一つに目印を付けて、常に器械と向き合うように据え付けます。これにより正負の傾きが打ち消し合って誤差をなくすことができます。

⑦ 測量作業全体の誤差

1～6は各点の観測ごとの誤差ですが、作業全体を通して新しく求めた点の誤差もあります。

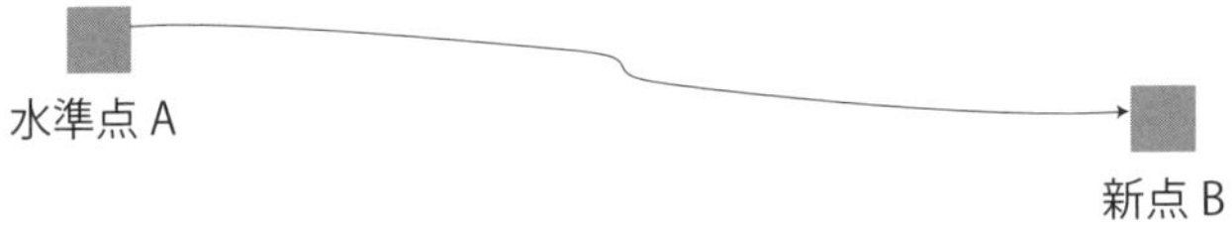

上のように標高がわかっている水準点Aから標高を知りたい新点Bまで、標尺とレベルを据え付けながら、比高の測定を繰り返して標高を求めます。

この場合、2点間の距離が遠いほど観測の回数が増えるため誤差は大きくなります。また、誤差は伝播していくので、距離の平方根に比例して大きくなっていきます。

覚える用語

伝播　測量では、誤差は伝わっていくと考えます。たとえば水準測量で水準点Aの標高から新点Bの標高を求め、その標高を元に新点Cの標高を求めます。同様に新点Cの標高を元に新点Dの標高を求めたとすると、新点DにはAB間、BC間、CD間の誤差が累積しているのです。新しい点の誤差はこれまでの測量の誤差を引きずっているとも言い換えられます。これを誤差の伝播といいます。

過去問題をやってみよう！

次のa～eの文は，水準測量における誤差について述べたものである。［ア］～［オ］に入る語句の組合せとして最も適当なものはどれか。次の中から選べ。

a. レベルと標尺の間隔が等距離となるように整置して観測することで，［ア］を消去することができる。

b. 零点誤差は，標尺を2本1組とし，レベルのすえつけ回数を［イ］にすることで消去することができる。

c. 地表面付近の視準を避けることにより，［ウ］は小さくできる。

d. 観測によって得られた比高に含まれる誤差は，観測距離の平方根に［エ］する。

e. 球差による誤差は，［オ］に整置して観測することで消去することができる。

	ア	イ	ウ	エ	オ
1.	鉛直軸誤差	奇数回	地球表面の湾曲による誤差	反比例	レベルを前後の標尺を結ぶ直線上
2.	視準線誤差	偶数回	大気中の屈折による誤差	比例	レベルと標尺を等距離
3.	視準線誤差	奇数回	大気中の屈折による誤差	比例	レベルと標尺を等距離
4.	鉛直軸誤差	偶数回	地球表面の湾曲による誤差	反比例	レベルを前後の標尺を結ぶ直線上
5.	鉛直軸誤差	偶数回	大気中の屈折による誤差	比例	レベルと標尺を等距離

解答　2

ア　視準線誤差　センターレベリングで消去できるのは、視準線誤差と両差（気差と球差）です。

イ　偶数回　標尺は2本1組とし出発点と到着点の標尺が同じになるように観測するので標尺は奇数回、器械は偶数回になります。

ウ　大気中の屈折による誤差　下方20 cmは避けます。

エ　比例　距離が伸びるほど誤差が伝播して蓄積するので比例します。

オ　レベルと標尺を等距離　センターレベリングで消去できるのは、視準線誤差と両差（気差と球差）です。

4章

lesson 3

不等距離法

重要度 ★★★

合格のポイント！

不等距離法は杭打ち調整法などとも呼ばれ、視準線の傾いたレベルを調整する方法です。図を描いて三角形の相似で解きますが、ここでは簡単な手順で値を求める方法を紹介します。

1 不等距離法（杭打ち調整法）とは

水準測量は、水平にした視準線で標尺を視準し高低差を求めます。

この視準線が器械の不調により上向き、または下向きに傾いてしまうと視準線誤差の出る原因となります。

lesson2 で紹介したように、この誤差はセンターレベリングで消去することができます。ただし、器械の不調をこのままにするわけにはいきませんので、傾いた視準線を水平にする必要があります。

不等距離法ではこの視準線を水平にするために、どれくらい視準線を上げれば（あるいは下げれば）よいかを求めます。具体的には、傾いた視準線を水平にするための標尺の読みを求めます。

ここが大事！

- 誤差のない位置に設置したときの高低差と、誤差のない位置に設置したときの観測値から、誤差のある位置のレベルの読みをいくつにすればよいのかを求める。
- 問題では 2 つレベルが描かれるので、同じレベルを 2 箇所に移動して据え付けたと読み取る。

② 計算手順

〔例題〕 視準線を水平にするためには、B の位置における標尺 II の読みをいくらにすればよいか？

	標尺 I の読み	標尺 II の読み
A	1.1987 m	1.1506 m
B	1.2765 m	1.2107 m

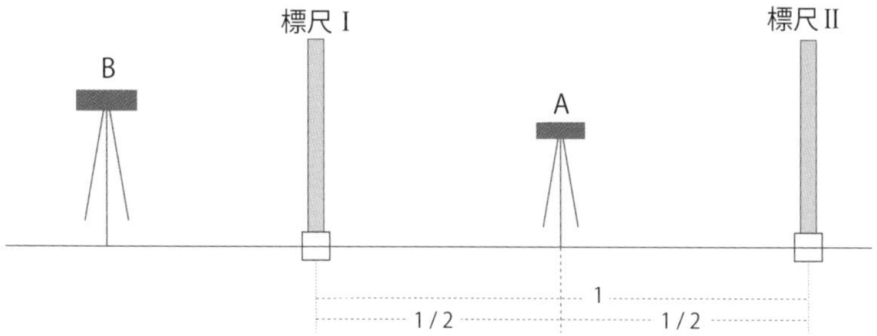

A の位置では視準線誤差は出ません。B の位置は 2 点間の中心からかなり外れていますので視準線誤差が出ます。

1）正しい設置位置と誤った設置位置のレベルを確認

2）誤った位置のレベルから見て近い標尺と遠い標尺を判断

	近 標尺 I の読み	遠 標尺 II の読み
正 A	1.1987 m	1.1506 m
誤 B	1.2765 m	1.2107 m

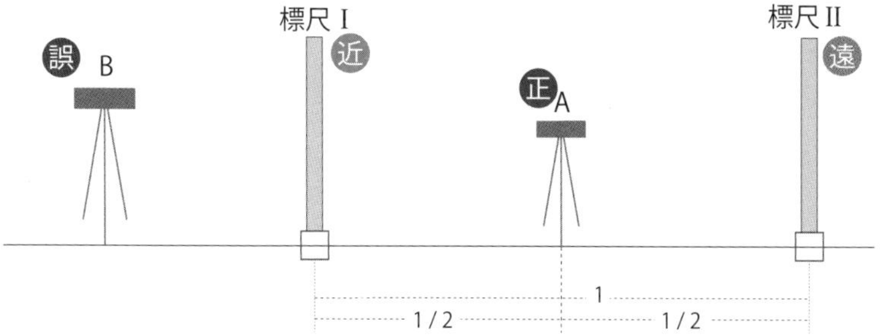

3）正しい位置と誤った位置のレベルそれぞれで高低差を求める

このとき必ず「遠い方－近い方」で計算します。

正の位置　1.1506 － 1.1987 ＝（－ 0.0481）

誤の位置　1.2107 － 1.2765 ＝（－ 0.0658）

測量士補試験では誤った位置のレベルが、右に外れる場合と左に外れる場合があります。また、標尺の呼称も右が I 、左が II の場合とその逆があります。正答を得るためには正・誤・遠・近の判断が重要です。

4）正しい高低差から誤った高低差を引く

（－ 0.0481）－（－ 0.0658）＝ 0.0177

5）1.1 をかける

0.0177 × 1.1 ＝ 0.01947

1.1 は誤った位置のレベルと正しい位置のレベルの遠い標尺からの長さの比です。過去問では 1.1 でのみ出題されています。

6）誤った位置のレベルの遠い方の標尺の読みに求めた値を補正

	近 標尺 I の読み	遠 標尺 II の読み
正 A	1.1987 m	1.1506 m
誤 B	1.2765 m	1.2107 m

1.2107 ＋ 0.01947 ＝ 1.23017

標尺 II の読みは 1.23017 m にするのが正答です。

この例題には間違えやすいポイントがいくつかあるので、必ず確かめながら計算していきましょう。

ここが大事！

よくあるミスに注意

- プラスマイナスの符号ミス
- 1.1 をかけ忘れるミス
- 引かれる数と引く数を間違うミス

過去問題をやってみよう！

図は不等距離法によるレベルの視準線の点検調整を模式的に表したものであり，次の文はその際に用いられる式の導き方を説明したものである。[ア]～[エ]に入る語句の組合せとして最も適当なものはどれか。次の中から選べ。

ただし，点A～Eは標尺，レベルの視準線及び水平線により形成される三角形の各頂点，a 及び e はそれぞれ点A及びEにおける標尺の読定値を表すものとする。

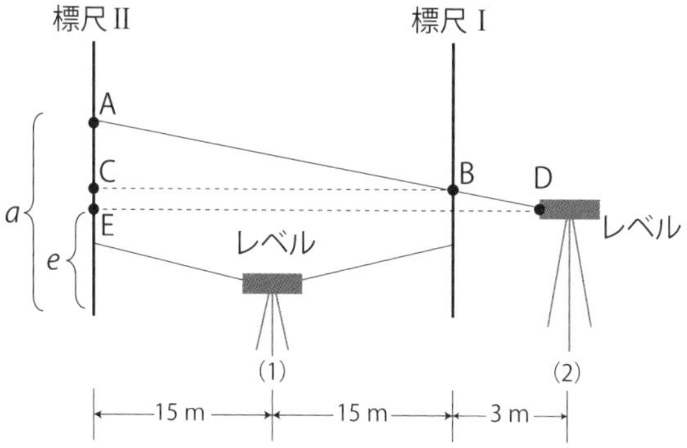

図

△ABCと△ADEは相似であるので，式－1の関係が成り立つ。

AC：CB ＝ AE：[ア]　　　　式－1

AEは標尺の読定値 a 及び e で表すことができる。また，標尺とレベルの位置関係から，CB及び[ア]に数値を代入すると，式－1は式－2のように書き換えられる。

AC：30m ＝ [イ]：[ウ]　　　　式－2

式－2を e について解くと，式－3が得られる。

$$e = a - 1.1 \times AC \qquad 式-3$$

レベルの視準線が水平でないとき，２本の標尺の中間である（1）から観測すれば，標尺Ⅰと標尺Ⅱの間の観測高低差に視準線誤差は含まれない。しかし，２本の標尺からの距離が等しくない（2）から観測した場合，標尺Ⅰと標尺Ⅱの間の観測高低差にACに相当する視準線誤差が含まれる。（1）及び（2）での標尺Ⅰに対する標尺Ⅱの観測高低差をそれぞれ h_1 及び h_2 とすると，式－３は式－４のように書き換えられる。

$$e = \boxed{\text{エ}} \qquad 式-4$$

以上のことから，e の値は h_1，h_2 及び a から計算することができる。(2) から標尺Ⅱを観測した際の読定値 a が e になるように調整すれば，視準線は水平になることが分かる。

	ア	イ	ウ	エ
１．	ED	$a-e$	30m	$a-1.1(h_1+h_2)$
２．	ED	$a+e$	33m	$a-1.1(h_1-h_2)$
３．	ED	$a-e$	33m	$a-1.1(h_1-h_2)$
４．	AD	$a+e$	33m	$a-1.1(h_1+h_2)$
５．	AD	$a-e$	30m	$a-1.1(h_1-h_2)$

解答　3

ア　ED　三角形の相似（計算問題を解くための基礎　6　相似　参照）により、△ABCと△ADEは相似なので、対応する辺の比は等しくなります。

イ　$a-e$　△ABCと△ADEの「縦：横」の比になっていますので、△ADEの縦（AE）の長さをきいています。

ウ　33 m　△ABCと△ADEの「縦：横」の比になっていますので、△ADEの横（標尺Ⅰから外れたレベルの距離）の長さをきいています。

エ　$a - 1.1\,(h_1 - h_2)$

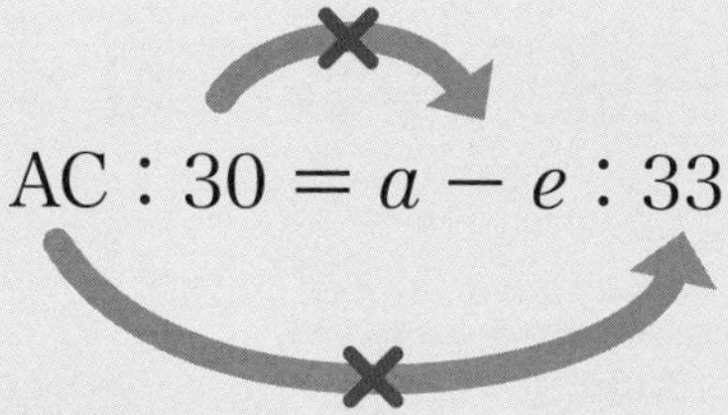

$$\mathrm{AC} : 30 = a - e : 33$$

$\mathrm{AC} \times 33 = 30\,(a - e)$

e =の形にしていきます。

$$\frac{\mathrm{AC} \times 33}{30} = \frac{\cancel{30} \times (a - e)}{\cancel{30}}$$

33割る30は1.1なので

$\mathrm{AC} \times 1.1 = a - e$

$e = a - (\mathrm{AC} \times 1.1)$

ここで図を見ると、ACは正しい高低差と間違った高低差の差になっています。

問題文では、「(1) 及び (2) での標尺Ⅰに対する標尺Ⅱの観測高低差をそれぞれ h_1 及び h_2 とする」とあります。(1) が正しい位置ですので、正しい高低差が h_1、(2) は誤った位置ですので間違った高低差が h_2 です。

$e = a - \mathrm{AC} \times 1.1$

$e = a - (h_1 - h_2) \times 1.1$

整理して

$e = a - 1.1\,(h_1 - h_2)$

となります。基本的にはこのレッスンで紹介した方法で解けますが、三角形の相似を使う場合もあります。

4章

lesson 4

重要度 ★★☆

新点標高の最確値

合格のポイント！

水準測量では新点の標高を求めたい場合、複数の水準点から高低差を観測し標高を求めます。このとき、ただ平均するのではなく、「近くから測ったほうが、観測回数が少ないので信用できる」と考え、重み付き平均という方法で最確値を計算します。

1 重み

次の図で考えてみます。A 点から求めた P 点の標高と、B 点から求めた P 点の標高はどちらが信用できるでしょうか。

重み付き平均値

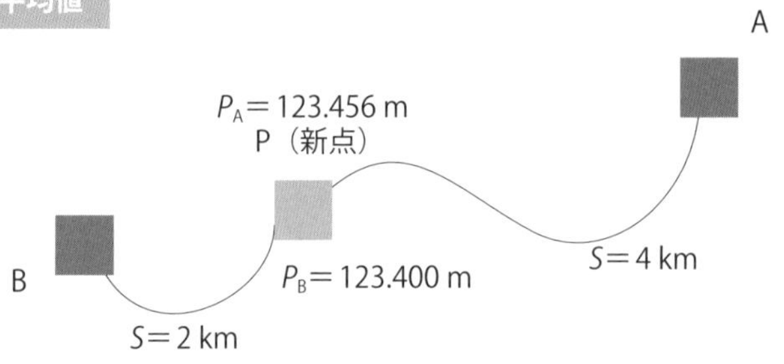

同じ新点の標高を複数の点から測った場合、近い点ほど誤差が出づらいので B 点からのほうが信用できると考えます。

この信用の度合いを「重み」や「重量」などと呼び、平均値の計算に反映させます。

水準測量の場合、近いほど信用できるという考え方で、重み（w）は距離（S）に反比例（$w = 1/S$）します。

左ページの図の場合、$w_A = 1/4$、$w_B = 1/2$ となります。分数のままだと計算しにくいので、分子に分母の最小公倍数をかけて整数にします。最小でなくても公倍数であれば問題ありません。ここでは比べやすくするため分母の最小公倍数の 4 をかけます。

$w_A = 4/4 = 1 \quad w_B = 4/2 = 2$

B 点の方が A 点より 2 倍信用できるということになります。整数にすることで、より重みが捉えやすくなります。

② 重み付き平均値

A 点から求めた P 点の標高と B 点から求めた P 点の標高を平均して P 点の正しい標高を求めますが、信用できる B 点のほうの影響を大きくしたいと考えます。

一般的な平均値は数値を足して、数値の数で割るだけですのでこのようになります。

P_A（A 点から求めた P の標高）＝ 123.456 m

P_B（B 点から求めた P の標高）＝ 123.400 m

$$P = \frac{123.456 + 123.400}{2} = 123.428\ \mathrm{m}$$

一方、重み付きの平均では

P_A（A 点から求めた P の標高）=123.456 m　$S_A = 4$ km　$w_A = 1$

P_B（B 点から求めた P の標高）=123.400 m　$S_B = 2$ km　$w_B = 2$

$$P = \frac{123.456 \times 1 + 123.400 \times 2}{1 + 2} \fallingdotseq 123.419\ \mathrm{m}$$

一般的な平均値：123.428 m

重み付き平均値：123.419 m

このようになり、数値に差が出ます。過去には、水準点が 3 ～ 4 点の問題が出題されています。

過去問題をやってみよう！

図に示すように，既知点 A，B，C から新点 Q の標高を求めるために水準測量を実施し，表 1 の結果を得た。新点 Q の標高の最確値は幾らか。

ただし，既知点の標高は表 2 のとおりとする。

表 1

路線	距離	観測高低差
A → Q	6 km	− 7.198 m
B → Q	3 km	＋ 10.246 m
C → Q	2 km	＋ 4.043 m

表 2

既知点	標高
A	42.731 m
B	25.290 m
C	31.506 m

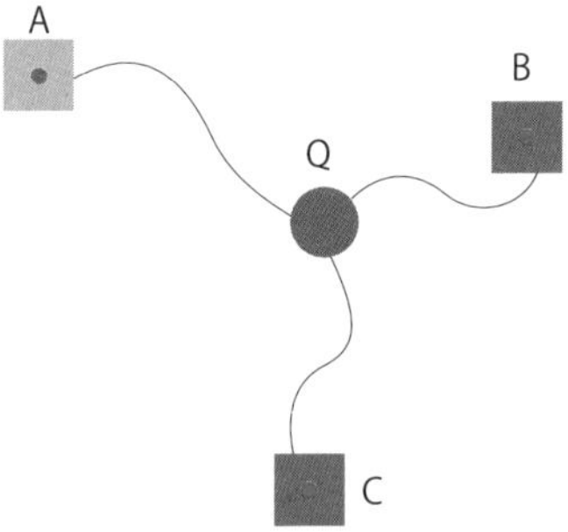

図

解答　35.542 m

数値を図に記入してみると解きやすくなります。数値を記入したら、次に Q の標高を各点から計算します。ここで 5 cm (0.05 m) 以上誤差があるなら計算ミスを疑いましょう。

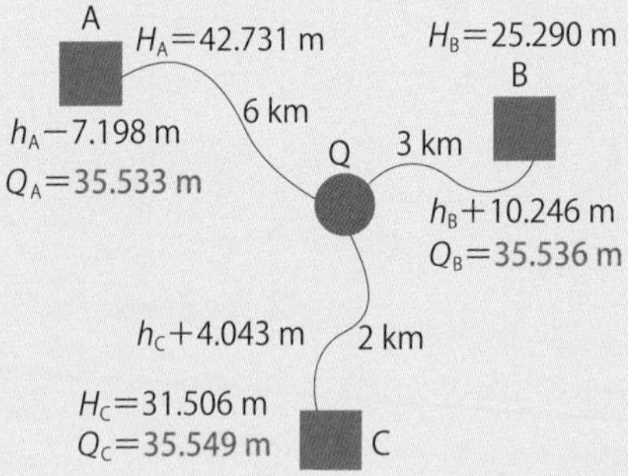

まずは重みを計算します。（1 / 距離）にしてから、分母の最小公倍数をかけ、整数にします。

路線	距離	重み	重み	(整数)
A → Q	6 km	1 / 6	6 / 6	1
B → Q	3 km	1 / 3	6 / 3	2
C → Q	2 km	1 / 2	6 / 2	3

既知点	各点から求めた Q の標高
A	35.533 m
B	35.536 m
C	35.549 m

重み付きの平均値を計算します。

$$H_{\mathrm{Q}} = \frac{35.533 \times 1 + 35.536 \times 2 + 35.549 \times 3}{1 + 2 + 3} = 35.542\ \mathrm{m}$$

答えは 35.542 m となります。平均の計算では、共通部分をくくりだした計算法も使えます（計算問題を解くための基礎　13　平均の計算　参照）。

$$\begin{aligned} H_{\mathrm{Q}} &= \frac{35.533 \times 1 + 35.536 \times 2 + 35.549 \times 3}{1 + 2 + 3} \\ &= \left[35.5\right] + \left[\frac{33 \times 1 + 36 \times 2 + 49 \times 3}{1 + 2 + 3}\right] \\ &= \left[35.5\right] + \left[\frac{33 + 72 + 147}{6}\right] \\ &= [35.5] + [42] = 35.542\ \mathrm{m} \end{aligned}$$

lesson 5

④章

往復観測の較差

重要度★★☆

合格のポイント！

既知点から往路で1m登った（＋1 m）ときは、復路は1 m下る（－1 m）という考え方です。往復観測の較差が許容範囲内かどうかの判定、再測すべき区間の判定と、問題によっては√の取り扱いも必要になります。

① 往復観測

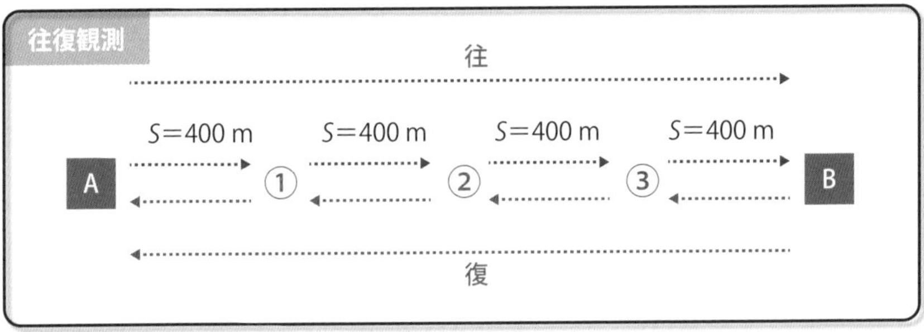

水準点Aから水準点Bの標高を①～③の固定点を経由して求めたとします。この時、AからBに向かって観測を行った後、BからAに向かって観測し返すことを往復観測といいます。

図の点線は往と復に対応しており、誤差が全く無い場合はプラスマイナスの符号が逆になって絶対値は同じになります。たとえばA→①の観測高低差と①→Aの観測高低差はプラスマイナス逆で同じ絶対値になります。

実際の測量では誤差が出ますので誤差の許容範囲（往復でこれくらいまでならズレても大丈夫という範囲）を決めています。この数値は距離に比例しており、1級水準測量では $2.5\ \mathrm{mm}\sqrt{S}$（Sは距離でkm）です。

許容範囲は問題に明記されますので暗記する必要はありません。

② 各区間と全体の往復観測の許容範囲の計算

左ページの図を例に、各区間の観測距離が 400 m、片道の観測距離を S km とし、往復観測値の較差の許容範囲が 2.5 mm $\sqrt{S}$ の場合を計算します。

小数点以下は 2 桁で計算すると解きやすくなります。各区間、たとえば A →①の距離は 0.4km なので、$\sqrt{0.4}$、全体の距離は 400 × 4 = 1.6 km なので $\sqrt{1.6}$ として計算します。

$\sqrt{0.4} = \sqrt{40} \times \sqrt{0.01}$（$\sqrt{40}$ は関数表より、$\sqrt{0.01}$ は 0.1）

$6.32456 \times 0.1 \fallingdotseq 0.63$

$\sqrt{1.6} = \sqrt{160} \times \sqrt{0.01} = \sqrt{40} \times \sqrt{4} \times \sqrt{0.01}$

$6.32456 \times 2 \times 0.1 \fallingdotseq 1.26$

この値に較差の許容範囲 2.5mm をかけることで、各区間と全体の許容範囲が算出できます。

各区間の許容範囲は $2.5\ \text{mm} \times \sqrt{0.4} = 2.5\ \text{mm} \times 0.63$
$= 1.575\ \text{mm}$

全体の許容範囲は $2.5\ \text{mm} \times \sqrt{1.6} = 2.5\ \text{mm} \times 1.26$
$= 3.15\ \text{mm}$

試験では、ここで計算した $\sqrt{\ }$ の値が最初から提示されている場合もあります。

ここが大事！

判定の流れ

- 許容範囲を計算
- 各区間を往と復の絶対値で比べる（ただし高低差 0 付近では注意）。「往－復」でもよい
- 較差が許容範囲をオーバーしていればその区間は再測
- すべての区間が許容範囲内でも全体（A から B）がオーバーしていれば較差の一番大きいところを再測

過去問題をやってみよう！

水準点Aから水準点Bまでの路線で，公共測量における1級水準測量を行い，表の結果を得た。再測すべきと考えられる区間は①～④のどれか。ただし，片道の観測距離を S km とするとき，往復観測値の較差の許容範囲は 2.5 mm $\sqrt{S}$ とする。

なお，$\sqrt{0.4} \fallingdotseq 0.63$　$\sqrt{1.6} \fallingdotseq 1.26$ とする。

表

区間番号	観測区間	観測距離	往方向	復方向
①	A～（1）	400 m	＋4.1238 m	－4.1231 m
②	（1）～（2）	400 m	＋4.0714 m	－4.0705 m
③	（2）～（3）	400 m	－1.1070 m	＋1.1076 m
④	（3）～B	400 m	＋2.0194 m	－2.0183 m

解答　④

図にすると次のようになります。

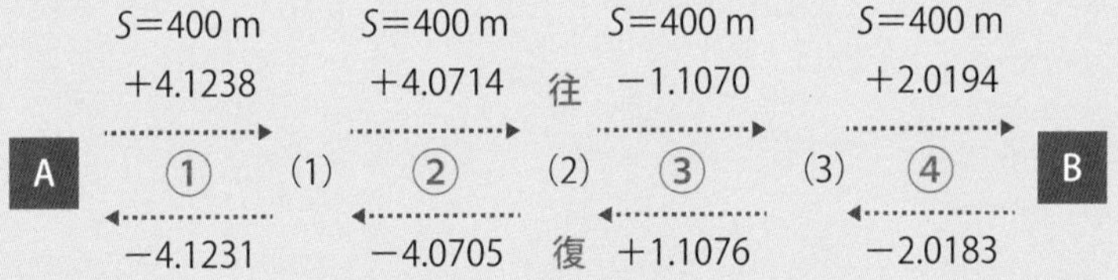

まず各区間と全体の往復観測の許容範囲を計算します。

- 各区間

$$2.5\ \text{mm} \times \sqrt{0.4} = 2.5\ \text{mm} \times 0.63$$
$$= 1.575\ \text{mm}$$

- 全体

$$2.5\ \text{mm} \times \sqrt{1.6} = 2.5\ \text{mm} \times 1.26$$
$$= 3.15\ \text{mm}$$

次に各区間ごとの往復の較差を計算します。往復関係なく、絶対値の大きいほうから小さいほうを引き算しただけです。

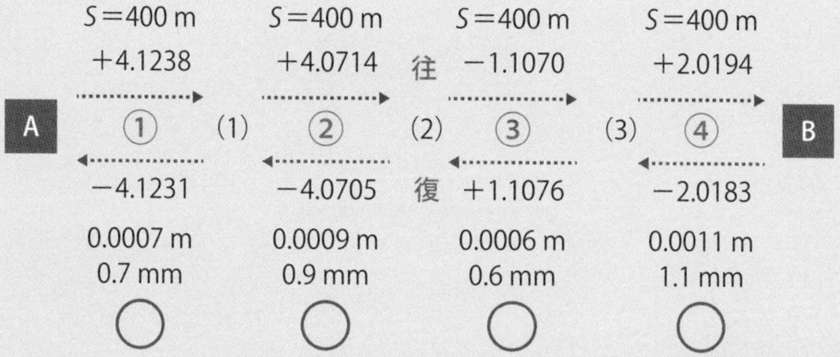

ここで許容範囲を超えているものがあれば、そこが再測すべき区間です。この問題の場合、いずれも超えていませんので、全体の往復観測も判定してみます。

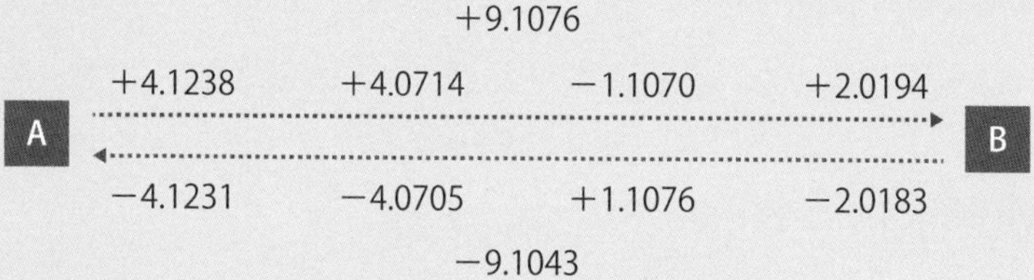

全体の較差：3.3 mm　全体の較差の許容範囲：3.15 mm

全体の許容範囲 3.15 mm を超えています。ここで路線ごとの較差をもう一度確認します。

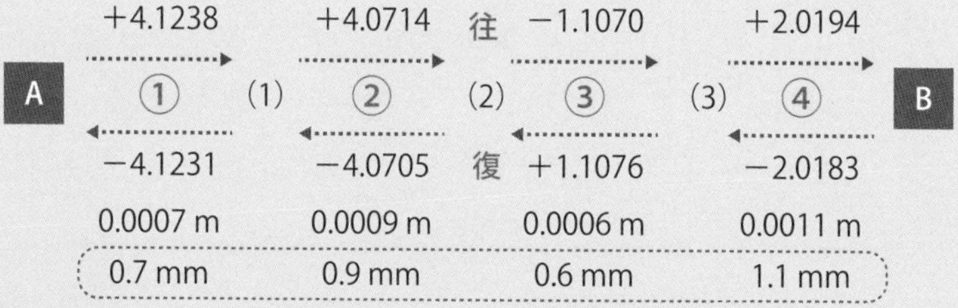

各区間は全て許容範囲内でしたが、全体では超えてしまっていたので較差の大きかった④を再測することになります。

lesson 6

標尺の補正

重要度 ★★☆

合格のポイント！

水準測量で使う標尺は、温度によって伸び縮みします。また、標尺によって特有の目盛の誤差もあります。この問題は２つの誤差を一度に補正できる公式がありますので、これを覚えて解くことをおすすめします。

1 標尺の膨張係数

標尺は気温が高くなると膨らんで伸び、低くなると縮みます。基準の温度に対して、気温差によって伸び縮みする割合が決まっており、これを膨張係数といいます。

膨張係数は次の式で計算されます。

膨張係数

$$\Delta C = (T - T_0) \times \alpha \times \Delta h$$

ΔC：補正値［m］
T_0：基準温度［℃］
T：観測時の温度［℃］
α：膨張係数［/℃］
Δh：高低差［m］

基準温度に対して観測時の温度がどれくらい変化したかがわかれば、観測値をどれくらい補正するのかがわかります。

② 標尺改正数

標尺に振られている目盛は、出荷時から特有の誤差を持っています。これが標尺改正数です。温度には関係なく、高低差に比例します。

標尺改正数は次の式で計算されます。

標尺改正数

$$\Delta C = C_0 \times \Delta h$$

ΔC：補正値［m］
C_0：基準温度の標尺改正数［m／m］
Δh：高低差［m］

③ 標尺補正計算の公式

膨張係数と標尺改正数の補正式を足して、Δhをくくりだしたものが公式になります。

標尺補正計算の公式

$$\Delta C = \{C_0 + (T - T_0) \times \alpha\} \Delta h$$

ΔC：補正値［m］
C_0：基準温度の標尺改正数［m／m］
T_0：基準温度［℃］
α：膨張係数［/℃］
Δh：高低差［m］

このとき、観測時の温度から基準の温度を引く点に注意しましょう。

ここが大事！

標尺補正の問題では毎回観測距離が示されますが、これは使わない数値です。使わない数値もあると思っておきましょう。

過去問題をやってみよう！

公共測量により，水準点 A から B までの間で 1 級水準測量を実施し，表に示す結果を得た。標尺補正を行った後の水準点 A，B 間の高低差は幾らか。最も近いものを次の中から選べ。

ただし，観測に使用した標尺の標尺改正数は 20℃において－ 6.60μm / m，膨張係数は 0.6×10^{-6} / ℃とする。

表

観測路線	観測距離	高低差	気温
A → B	2.151 km	－ 14.6824 m	6.0 ℃

1．－ 14.6822 m
2．－ 14.6823 m
3．－ 14.6824 m
4．－ 14.6826 m
5．－ 14.6966 m

解答　1

公式に数値をあてはめて計算します。

公式：$\Delta C = \{C_0 + (T - T_0) \times \alpha\} \times \varDelta h$

ΔC：補正値［m］

C_0：基準温度の標尺改正数＝－ 6.60 μm / m

T_0：基準温度［℃］＝ 20 ℃

T：観測時の温度［℃］＝ 6.0 ℃

α：膨張係数＝ 0.6×10^{-6}/℃

Δh：高低差［m］＝－ 14.6824 m

C_0：基準温度の標尺改正数＝－ 6.60μm / m の μm は $\times 10^{-6}$ m という意味です（計算問題を解くための基礎 11 距離の単位 参

照)。

$-6.60\ \mu\mathrm{m}/\mathrm{m}=-6.60\times10^{-6}\mathrm{m}/\mathrm{m}$

計算をするときに 10^{-6} を残しておくことがポイントです。最初から小数になおしてしまうと、計算がかなり煩雑になってしまいます。

数値を入れると次のようになります。

$$\Delta C=\{-6.60\times10^{-6}+(6-20)\times0.6\times10^{-6}\}\times(-14.6824)$$
$$=(-6.60\times10^{-6}-14\times0.6\times10^{-6})\times(-14.6824)$$
$$=(-6.60\times10^{-6}-8.4\times10^{-6})\times(-14.6824)$$
$$=(-15\times10^{-6})\times(-14.6824)$$
$$=-15\times10^{-6}\times(-14.6824)$$
$$=220.326\times10^{-6}$$

10^{-6} は小数点を 6 つ左に移動するという意味です(計算問題を解くための基礎　2　累乗　参照)。

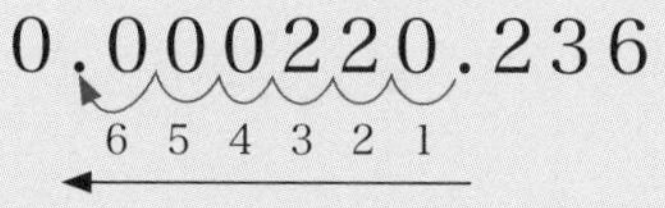

$\Delta C=0.000220236$

ΔC は補正値ですので、これを観測高低差に補正します。

正しい高低差　$\Delta H=\Delta h+\Delta C$

$$\Delta H=(-14.6824)+(+0.000220236)$$
$$=-14.682179764\fallingdotseq-14.6822\ \mathrm{m}$$

この問題で多いのは、プラスマイナスのミスです。プラスマイナスを間違った場合の計算結果が選択肢の中に必ずありますので、計算結果は必ずプラスマイナスを含めて見直しをしてください。

標尺の設置位置

重要度 ★★☆

合格のポイント！

一見簡単な問題ですが、２つの要素をもっています。条件を整理して図に描けばできる問題ですので、落ち着いて取り組みましょう。

1 センターレベリング

標尺の設置位置はセンターレベリングと最大視準距離に注意します。センターレベリングについては本章 lesson2 で紹介したとおり、観測時、器械を 2 点間の中央に設置します。

2 最大視準距離

作業規程の準則により、１回の最大視準距離は等級ごとに決められています。

項目＼区分	1 級水準測量	2 級水準測量	3 級水準測量	4 級水準測量	簡易水準測量
視準距離	最大 50 m	最大 60 m	最大 70 m	最大 70 m	最大 80 m

ここが大事！

センターレベリングされているか？
等級ごとの最大視準距離を超えていないか？

過去問題をやってみよう！

公共測量において3級水準測量を実施していたとき，レベルで視準距離を確認したところ，前視標尺までは 70m，後視標尺までは 72m であった。観測者が取るべき処置を次の中から選べ。

1.　前視標尺をレベルから 2 m 遠ざけて整置させる。
2.　レベルを後視方向に 1 m 移動し整置させる。
3.　レベルを後視方向に 2 m 移動し整置させ，前視標尺をレベルの方向に 3 m 近づけ整置させる。
4.　レベルを後視方向に 3 m 移動し整置させ，前視標尺をレベルの方向に 4 m 近づけ整置させる。
5.　そのまま観測する。

解答　4

「センターレベリング」が必要であることは気付けると思います。もう 1 つの条件として、「3 級水準測量の 1 回の最大視準距離は 70 m である」こともあげられます。この 2 つの条件を満たす解答を選べばよいということです。頭で考えても良いのですが、図にしてみるとわかりやすくなります。

また、そのまま観測はできませんので、選択肢から 5 はなくなります。

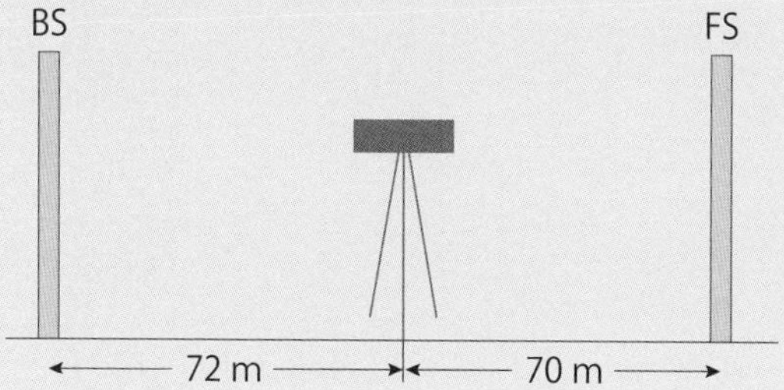

1.　前視標尺をレベルから 2 m 遠ざけて整置させる。

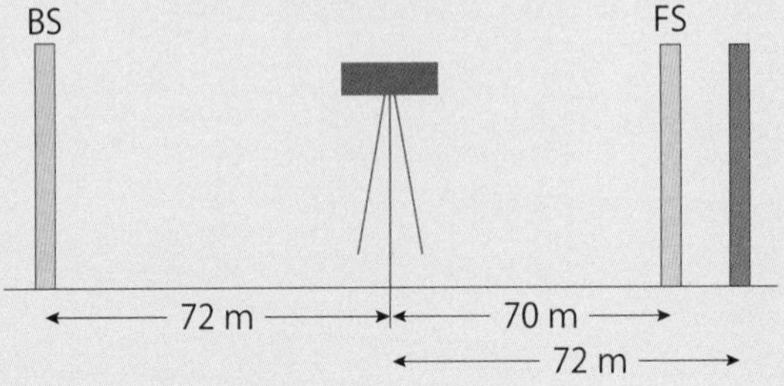

センターレベリングになりますが、最大視準距離が 70m を超えるため適切ではありません。

2.　レベルを後視方向に 1 m 移動し整置させる。

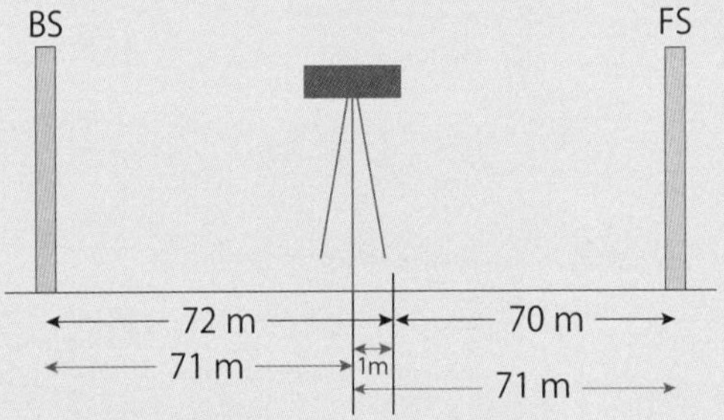

センターレベリングになりますが、最大視準距離が 70m を超えるため適切ではありません。

3.　レベルを後視方向に 2 m 移動し整置させ、前視標尺をレベルの方向に 3 m 近づけ整置させる。

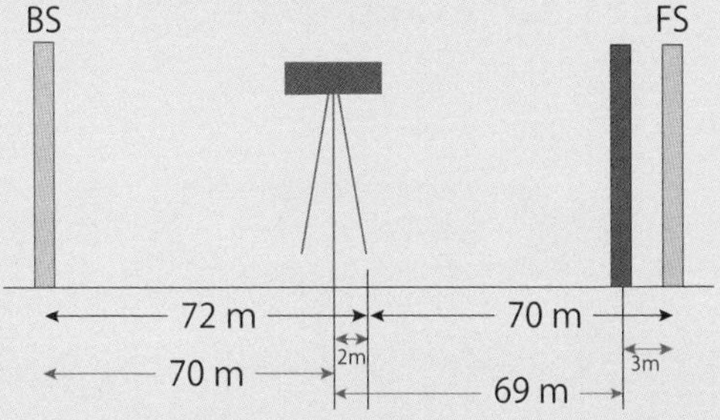

70 m 以内ですが、センターレベリングをしていないので適切ではありません。

4.　レベルを後視方向に 3 m 移動し整置させ、前視標尺をレベルの方向に 4 m 近づけ整置させる。

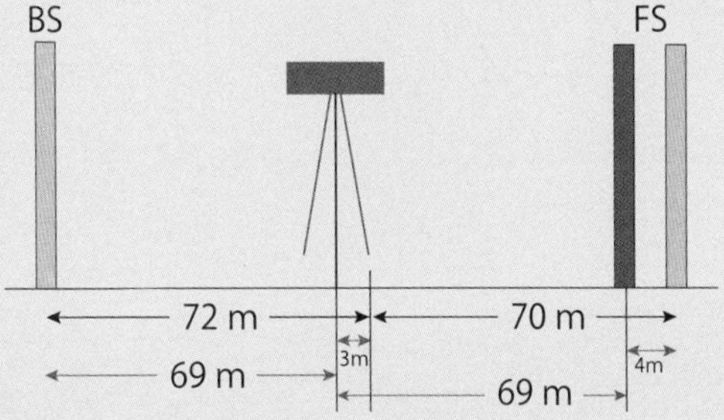

70 m 以内かつ、センターレベリングできているので観測できます。

lesson 8

GNSS水準測量

重要度 ★★☆

合格のポイント！

GNSS水準測量は、技術の確立により作業規程の準則にも記載されるようになりました。細かい数値や作業手順ではなく、全体像について聞かれます。作業規程の準則は一読しておきましょう。

1 GNSS水準測量（準則74条）

既知点に基づき、GNSS測量機を用いて、3級水準点を新設する作業です。3級水準測量に準じて行われ、ジオイド・モデルが提供されている地域でのみ可能です。

高精度なジオイド・モデルが整備されたことや、準天頂衛星を含めたGNSSによる測量の環境が整ってきたことから、公共測量でも実施されるようになりました。

覚える用語

ジオイド・モデル　ジオイドは、日本では東京湾平均海面を陸地まで延長した面です。地球内部の物質の構成などで凹凸があります。日本の各地点でGNSSやレベル等による水準測量で測定した標高と重力値からジオイドの高さを求めてモデル化してあり、これをジオイド・モデルと呼んでいます。

GNSS測量で求められる高さは楕円体高ですので、ジオイド・モデルからその地点のジオイド分を補正して標高を求めるのです。

ジオイド高のわからない空白地帯を無くすため、国土地理院が整備作業を進めてきました。現在最新のモデルは 2023 年の日本のジオイド 2011 Ver.2.2 です。

② 観測

GNSS 水準測量はスタティック法により、一～二等水準点、水準測量により標高が取り付けられた電子基準点、1 ～ 2 級水準点を既知点として行います。電子基準点であっても標高が水準測量で測量されていない点は使えません。

大気の状態による電波の遅延（大気遅延）は標高の精度に影響しますので、気象条件（台風・前線・集中豪雨等）に注意が必要です（3 章　lesson3　GNSS 測位の誤差　参照）。

スタティック法による基準点測量と異なり、電子基準点のみを使用した場合でも座標にセミ・ダイナミック補正は適用しません。これは、水準測量により標高が取り付けられた点を用いるためです。

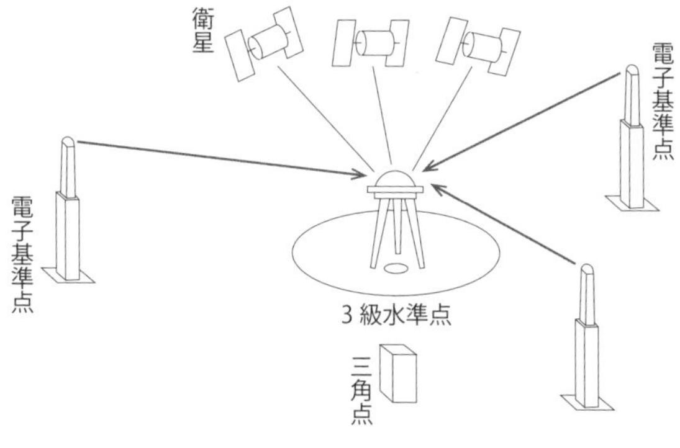

③ 計算

GNSS 測量によって求められるのは楕円体高ですので、ジオイド高を補正して標高を求めます（1 章　lesson3　測量の基準と位置の表示　参照）。

過去問題をやってみよう！

次の文は，公共測量における GNSS 測量機を用いた標高の測量（以下「GNSS 水準測量」という。）について述べたものである。［ア］～［エ］に入る語句の組合せとして最も適当なものはどれか。次の中から選べ。

GNSS 水準測量では，高精度な［ア］を用いることにより，近傍に水準点がない場合でも 3 級水準点が設置できる。

GNSS 水準測量を実施する場合は，既知点は一，二等水準点，［イ］で標高が取り付けられた電子基準点又は 1，2 級水準点を使用する。観測は，平均図などに基づき［ウ］により観測を行う。なお，電波の［エ］は標高に大きく影響する場合があることから，作業地域の気象条件には十分注意する必要がある。

	ア	イ	ウ	エ
1.	重力モデル	GNSS 水準測量	スタティック法	大気遅延
2.	ジオイド・モデル	測標水準	ネットワーク型 RTK 法	電離層遅延
3.	重力モデル	水準測量	ネットワーク型 RTK 法	大気遅延
4.	ジオイド・モデル	GNSS 水準測量	キネマティック法	電離層遅延
5.	ジオイド・モデル	水準測量	スタティック法	大気遅延

解答　5

ア　ジオイド・モデル　重力モデルはジオイド・モデルを作るために使う各点の重力値です。

イ　水準測量　電子基準点は使用できますが、水準測量によって精密に標高を求めた点である必要があります。

ウ　スタティック法　新点にアンテナを据え付けて観測します。

エ　大気遅延　気象条件が高さ方向に影響を及ぼします。

いちばんわかりやすい!

測量士補

テキスト&問題集＋予想模試

5章 地形測量

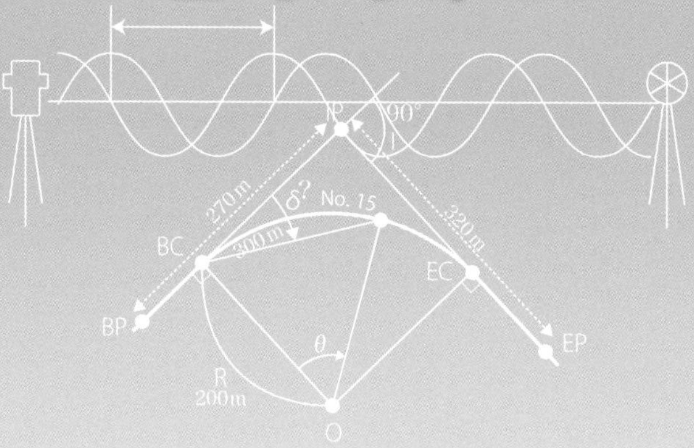

地形測量はTSやGNSSを用いて、地図（地形図・数値地形図データ）を作成する測量です。近年の出題もこの分野が中心ですが、その一方でUAVやレーザスキャナを用いた測量も公共測量で行えるようになったことから、この範囲をカバーしておくことも必要です。

lesson 1

地形測量の現地測量

重要度 ★★☆

合格のポイント！

現地でのTS点の設置と細部測量にはTS、キネマティック・RTK、ネットワーク型RTKの3種類の方法があります。作業の違いについて整理しておきましょう。

1 地形測量とは

地形測量とはいわゆる地図（地形図・数値地形図データ）を作成する測量です。主な使用器具はTSとGNSSですが、近年はUAVやレーザスキャナを用いた測量も公共測量で行えるようになりました。新技術については作業規程の準則等で一度確認する必要があるでしょう。

地形測量では、地形図を作りたい地域に基準点などを設置する「骨組測量」を行ってから、地物や地形を測る「細部測量」を行います。

骨組測量
基準点や目標となる点（基準点・TS点・標定点など）を設置する

↓

細部測量
骨組測量を元に、地形や地物の細部（位置・高低差など）を測る

覚える用語

地形・地物　地形とは地面の凹凸や傾きのこと。地物には河川などの自然物と家屋や道路などの人工物があります。

② 細部測量の概要　（準則 116 条）

細部測量とは基準点（4 級基準点同等以上の精度）または TS 点に、TS や GNSS 測量機を整置して地形・地物等を測定し、数値地形図データを取得（地図を作成）する作業です。なお、細部測量の数値は mm 単位で測定します。

数値地形図データの地図表現精度を地図情報レベルといい、原則として 1000 以下とされ、250・500・1000 を標準とします。

観測データを取得したその場で地図を描くことをオンライン方式といい、取得した観測データを事務所等に持ち帰ってから、データを元に作図することをオフライン方式といいます。オンライン方式では現地で確認するので、数値の取得漏れやミスが減るという特徴があります。

地図データの作成にあたっては、一般的にパソコンの測量用 CAD を使用します。

③ TS 点（準則 117 条）

視通や上空視界などの条件が悪く、基準点から地物を観測できない場合には TS 点を設置します。精度が落ちてしまうので、TS 点を基準として別の TS 点は設置できません。

④ TS 点の設置（準則 118 条～）

1）TS による TS 点の設置

TS は 4 級基準点または TS 点に TS を設置し放射法で行います。測定位置確認資料を作成し、データには分類コードを付けることになっています。

覚える用語

測定位置確認資料　観測した点がどの地形・地物のデータなのかを編集（作図）時にわかるようにするための資料です。現地で入力していく方法と写真などで記録していく方法があります。

2）キネマティック法・RTK 法による TS 点の設置

基準点に受信機を設置し、放射法で行います。観測は 1 セットで、初期化を行う観測点では 1 セットの観測終了後に再初期化を行い、2 セット目の観測を行います。

GNSS で求められる高さは楕円体高ですので、標高はジオイド高を用い、楕円体高を補正して求めます。

3）ネットワーク型 RTK 法による TS 点の設置

電子基準点に囲まれている区域であれば可能です。間接観測法または単点観測法で行います。キネマティック法・RTK 法と同様、標高はジオイド高を用い、楕円体高を補正して求めます。

5 数値編集（準則 125 条～）

細部測量の結果に基づき、図形編集装置を用いて数値地形図データ（いわゆる地図）を編集し、編集済データを作成する作業をいいます。

6 補備測量（準則 127 条）

取得漏れや経年変化などを、現地で直接測量する作業です。範囲は定められています。

7 数値地形図データファイルの作成（準則 128 条）

製品仕様書に従って編集済データから数値地形図データファイルを作成し、電磁的記録媒体（HDD や USB メモリ、DVD ディスクなど）に記録する作業です。

覚える用語

製品仕様書　どのような内容のデータを納品すればよいか定めたものです。測量計画機関等に求められた形式・内容でデータをまとめます。

過去問題をやってみよう！

次の文は，公共測量における地形測量のうち，現地測量について述べたものである。明らかに間違っているものはどれか。次の中から選べ。

1. 細部測量とは，地形，地物などを測定し，数値地形図データを取得する作業である。
2. トータルステーションを用い，地形，地物などの測定を放射法により行った。
3. 地形の状況により，基準点からの測定が困難なため，TS 点を設置した。
4. 設置した TS 点を既知点とし，別の TS 点を設置した。
5. 障害物のない上空視界の確保されている場所で，GNSS 測量機を用いて TS 点を設置した。

解答　4

1. ○　地形測量は地形図を作成する＝数値地形図データを作成する作業なので、細部測量も同様です。
2. ○　TS とキネマティック・RTK は放射法、ネットワーク型 RTK は間接観測法または単点観測法です。
3. ○　視通や上空視界がないなど観測が困難な場合に設置します。
4. ×　TS 点は基準点から設置します。
5. ○　GNSS 測量機でも TS 点は設置できます。ネットワーク型 RTK でも可能です。

5章

lesson 2

地形の表現方法

重要度 ★★☆

合格のポイント！

地形の表現方法では、主に等高線の性質について問われます。等高線は、標高が同じ点を結んだ線です。主に地形を表現するために使われますが、いくつか知るべき特徴や決まりごとがありますのでここで整理しておきましょう。出題される内容は毎回ほぼ同じです。

1 等高線の種類

等高線は主曲線を基に表現します。主曲線の間隔は地図情報レベルによって決まっています。

等高線の数を読みやすくするために、主曲線 5 本ごとに計曲線を太い線で示しています。ゆるい傾斜地で間隔が離れすぎて、地形の微細な変化を表せない場合には、主曲線の半分の間隔の補助曲線を用います。さらに必要な場合には主曲線の 1/4 の間隔の特殊補助曲線を用います。

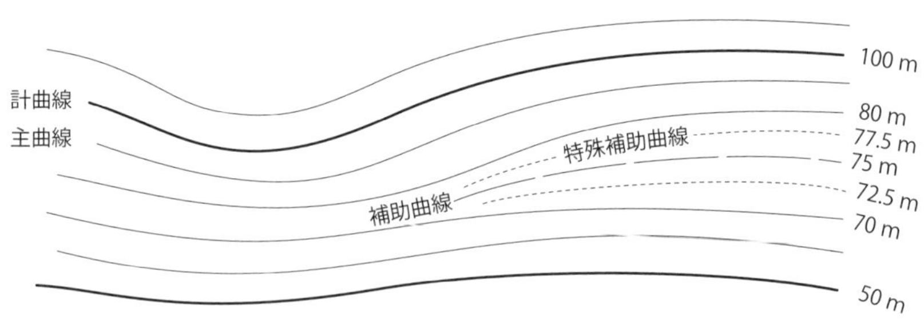

2 地性線

地表の起伏を曲面と考えると、これらの曲面が交わる線を地性線といいます。

地性線は地形の骨格を示すもので、凸線(稜線、尾根線)、凹線(合水線、谷線)、傾斜変換線の3つの線があります。山の尾根線や谷線は、等高線と直角に交わります。傾斜変換線は、同じ向きに傾く面において、その傾斜角度が異なる面が交わる線です。

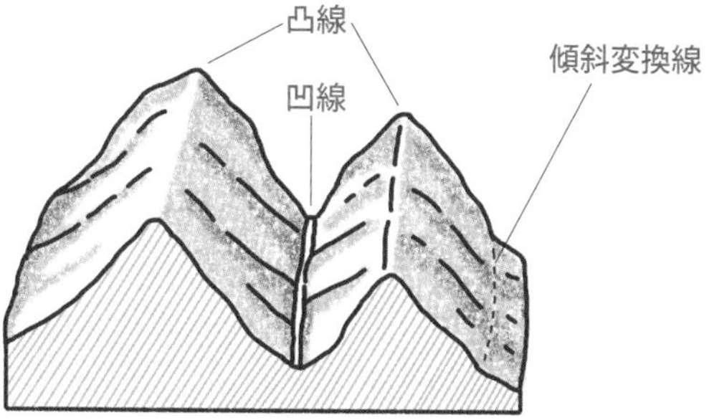

③ 等高線の性質

①同一等高線上の全ての点は同じ高さです。

②等高線の間隔は、傾斜が一様なところでは等間隔で、急傾斜地では狭くなり、緩傾斜地では広くなります。

③等高線は図面の中（表示されている地点）または外で必ず閉合します。図中で閉合するものは山頂かくぼ地になります。山頂と区別するため、くぼ地には低い方向に矢印をつけることになっています。

④等高線は途中で消失、分岐、合致などはしません（図郭の外は描画できませんが同じです）。

⑤等高線の最も間隔の狭い方向は、もっとも傾斜がきつい方向を示しています。

⑥高さの異なる2本の等高線は、垂直な絶壁などの特別な場合を除き重なり合いません。

⑦等高線が谷を横断するときは、谷を上流のほうへ上がってから谷筋を直角に横断します。

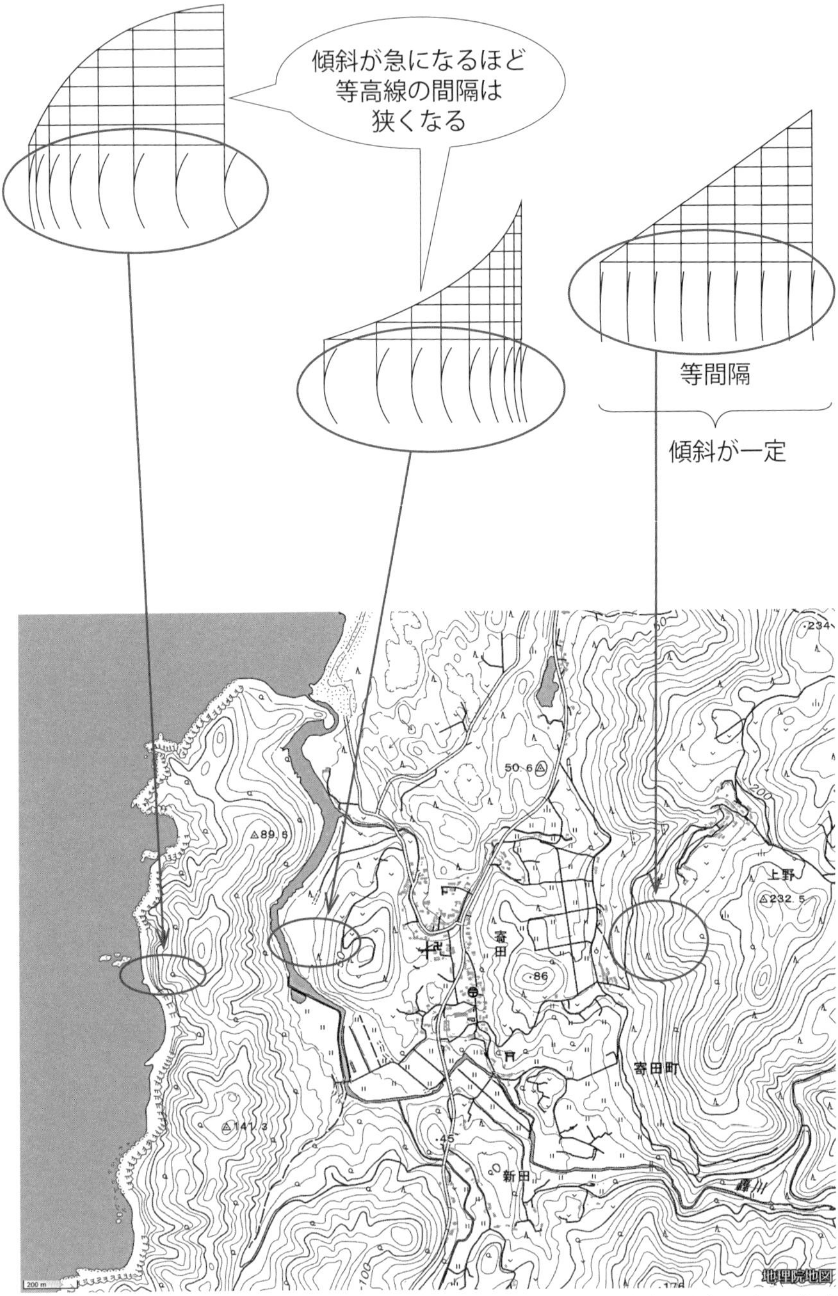

出典：地理院地図を加工して作成

過去問題をやってみよう！

次の文は，一般的な地図に表される等高線について述べたものである。明らかに間違っているものはどれか。次の中から選べ。

1.　1本の等高線は，原則として，図面の内又は外で，必ず閉合する。
2.　計曲線は，等高線の標高値を読みやすくするため，一定本数ごとに太めて描かれる主曲線である。
3.　補助曲線は，主曲線だけでは表せない緩やかな地形を適切に表現するために用いる。
4.　山の尾根線や谷線は，等高線と直角に交わる。
5.　閉合する等高線の内部には必ず山頂がある。

解答　5

1.　○　等高線は図面の中あるいは外で必ず閉合します。
2.　○　一定の本数ごとに太く表示します。
3.　○　補助曲線・特殊補助曲線を用います。
4.　○　低い点・高い点を結んだ線です。
5.　×　くぼ地の場合もあります。

■主曲線と計曲線

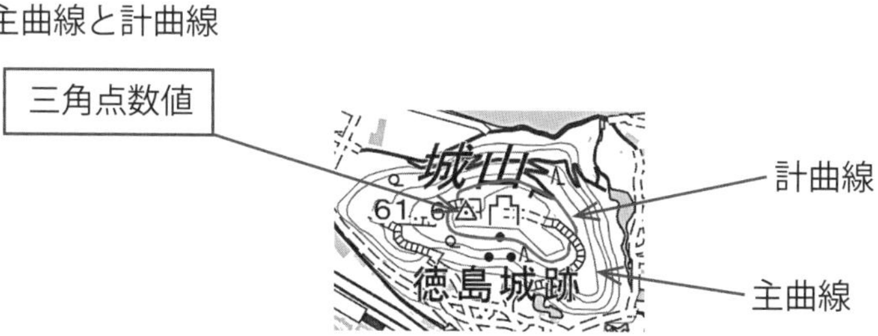

出典：電子地形図25000（国土地理院）を加工して作成

5章

lesson 3

数値地形モデル

重要度 ★★★

合格のポイント！

数値地形モデルは、地形の起伏を表すデータです。等高線とどのような関係があるのかについてよく問われます。

1 DTM

DTM（Digital Terrain Model）は DEM とも呼ばれ、地表面で格子状に点を取り、格子の交点ごとに標高を測定し、つないだものです。等高線の標高を表したデータと考えましょう。

■ DTM

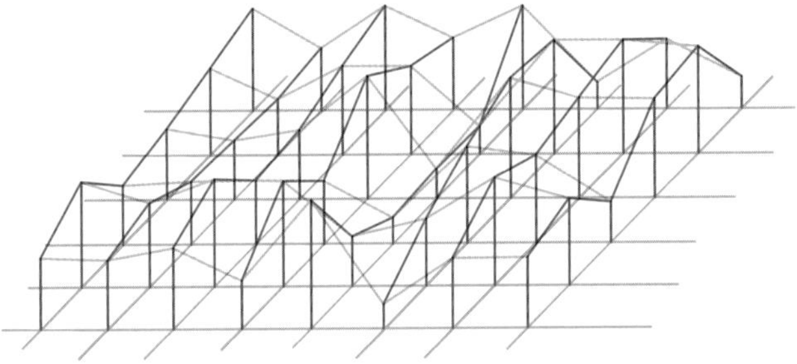

2 DTM の特徴

DTM の特徴は次のとおりです。

- 地形の断面図を作成することができます。
  断面図の集合が DTM ともいえます。

- 洪水の被災想定区域や浸水範囲などのシミュレーションを行うことができます。
  水は低いほうに流れますので、容易に水の動きが予想できます。
- 格子間隔が小さくなるほど詳細な地形を表現できます。
- DTMは等高線データから作成することができ、DTMからも等高線データを作成することができます。
  ただし、作成したデータの精度が元よりも高くなることはありません。
- DTMを使って数値空中写真を正射変換し、正射投影画像を作成することができます。

■デジタル地形図

出典：国土地理院ダウンロードサービスより加工して作成

③ DSM

DSM（Digital Surface Model）は DTM と異なり、表層（地物の上面）の起伏です。地物の表層で格子状に点を取り、木や建物の情報を記録したもので、地物がなければ地表をとります。リモートセンシングや航空レーザ測量で取得した高さのデータは DSM です。

DSM をフィルタリング処理（表層の地物データを取り除く）することで DTM が得られます。

覚える用語

リモートセンシング　遠隔探査ともよばれ、地表や大気から反射されたり放射される電磁波を、主に人工衛星に搭載したセンサにより観測し、データを解析することで測量する技術をいいます。

■ DSM を利用した阿蘇山鳥瞰図

出典：(C) 宇宙航空研究開発機構（JAXA）

過去問題をやってみよう！

次の文は，数値標高モデル（以下「DEM」という。）の特徴について述べたものである。

［ア］～［オ］に入る語句の組合せとして最も適当なものはどれか。次の中から選べ。

DEMとは，［ア］の標高を表した格子状のデータのことである。DEMは，既存の［イ］データや，［ウ］から作成することができる。DEMは，その格子間隔が［エ］ほど詳細な地形を表現でき，洪水などの［オ］のシミュレーションには欠かせないものである。

	ア	イ	ウ	エ	オ
1.	地表面	ジオイド高	正射投影画像	大きい	被災想定区域
2.	地表面	等高線	航空レーザ測量成果	小さい	被災想定区域
3.	地物の上面	等高線	正射投影画像	大きい	発生頻度
4.	地物の上面	ジオイド高	航空レーザ測量成果	小さい	発生頻度
5.	地表面	等高線	航空レーザ測量成果	大きい	被災想定区域

解答　2

ア　地表面　地物の上面の標高を示したものはDSMです。

イ　等高線　DEM（DTM）は等高線と相互にデータの作成ができます。ジオイド高はジオイド面（平均海面）の高さですので、等高線のように地表の高さを表すことはできません。

ウ　航空レーザ測量成果　航空レーザ測量成果はDSMなので、フィルタリング処理をすることでDEM（DTM）を得られるというところまで押さえておきましょう。

エ　小さい　格子間隔が小さくなるほど、詳細な地形を表現できます。

オ　（洪水の）被災想定区域　水は低いほうに流れます。DEM（DTM）は高さの情報ですので洪水などの広がり方が予測できます。

5章

lesson 4

標高値の点検計算

重要度 ★★☆

合格のポイント！

標準偏差を求める問題です。最確値の標準偏差を求める問題とは式も似ていますが異なる計算式なので、しっかり分けて理解しましょう。

1 標高値の点検計算

DTM の標高値は、航空レーザ測量や既存の等高線から処理をして作成したものです。

DTM における格子点などの標高値が正しいかどうかを、現地で計測した値と比較し点検します。

2 標準偏差

2 章 lesson11 で触れたとおり、数値のバラつきを表す数値です。小さいほど測定精度は高いと判断できます。

3 標準偏差の計算式

$$\sigma = \sqrt{\frac{(\text{地点 1 の標高値の差})^2 + (\text{地点 2 の標高値の差})^2 + \cdots + (\text{地点 } N \text{ の標高値の差})^2}{N}}$$

σ : 標準偏差　N: 観測地点の数

この式は問題で与えられるので、暗記する必要はありません。問題文ではσは「標高値の精度を点検するための値」とされ、標準偏差であることは隠されています。

過去問題をやってみよう！

数値地形モデル（以下「DTM」という。）の標高値の点検を，現地で計測した標高値との比較により実施したい。標高値の精度を点検するための値 σ を表に示す 5 地点における現地で計測した標高値と DTM の標高値から算出し，最も近いものを次の中から選べ。

ただし，σ は，計測地点の数を N 個とした場合，現地で計測した標高値と DTM の標高値との差を用いて以下の式で求めることとする。

なお，関数の値が必要な場合は，8 ページの関数表を使用すること。

$$\sigma = \sqrt{\frac{\left(\begin{array}{c}\text{地点1の}\\\text{標高値の差}\end{array}\right)^2 + \left(\begin{array}{c}\text{地点2の}\\\text{標高値の差}\end{array}\right)^2 + \cdots + \left(\begin{array}{c}\text{地点}N\text{の}\\\text{標高値の差}\end{array}\right)^2}{N}}$$

表

地点番号	現地で計測した標高値（m）	DTM の標高値（m）
1	23.5	23.4
2	45.9	46.0
3	102.1	101.7
4	10.9	11.4
5	132.8	132.2

1. 0.18 m
2. 0.32 m
3. 0.40 m
4. 0.44 m
5. 0.50 m

解答　3

地点ごとの標高値の差とその 2 乗を計算し、合計します。地点ごとの標高値との差とは、ここでは現地で計測した標高値から DTM の標高値を引いた値です。差は 2 乗してしまうので、この問題では符号は気にしなくても良いでしょう。

地点番号	現地で計測した標高値（m）		DTM の標高値（m）		
1	23.5	−	23.4	= 0.1	$0.1^2 = 0.01$
2	45.9	−	46.0	= 0.1	$0.1^2 = 0.01$
3	102.1	−	101.7	= 0.4	$0.4^2 = 0.16$
4	10.9	−	11.4	= 0.5	$0.5^2 = 0.25$
5	132.8	−	132.2	= 0.6	$0.6^2 = 0.36$
					+
					0.79

マイナスする

次に式に数値を入れます。

$$\sigma = \sqrt{\frac{0.79}{5}} = \sqrt{0.158}$$

概数で考えると

$\sqrt{0.158} \fallingdotseq \sqrt{0.16} = 0.4$

と求めることができ、測量士補の問題ではここまでで正解が選べます。ただし、これだけでは不安な方や、正しい数値が知りたいという方は、計算してみましょう（計算問題を解くための基礎　3　平方根　参照）。

$$\sqrt{0.158} = \sqrt{79} \times \sqrt{20} \times \sqrt{0.0001}$$

関数表より、$\sqrt{79} = 8.88819$　$\sqrt{20} = 4.47214$

$\sqrt{0.0001} = 0.01$

$\sqrt{0.158} = 8.88819 \times 4.47214 \times 0.01 = 0.397 \fallingdotseq 0.4$

と求めることもできます。

受験に役立つ地図記号

三角点
官公署
交番
田
水準点
税務署
神社
畑
電子
基準点
小中学校
寺院
果樹園
市役所
高等学校
博物館
桑畑
町村役場
病院
発電所等
茶畑
消防署
裁判所
灯台
広葉樹林
警察署
工場
城跡
針葉樹林
郵便局
電波塔
史跡・名勝・
天然記念物
荒地

5章

道路中心線と街区面のデータ

重要度 ★★☆

合格のポイント！

専門用語の意味がわかり、矢印が書き込めれば解ける問題です。図だけ見て諦めてしまっていた方も挑戦してみてください。

① ベクタデータとは

地図情報データの中で、地形・地物の位置関係を点・線・面で表したものです。図形や線分を、座標値を持った点または点列で表現したデータであるため、線分の長さや面積を求める幾何学的処理が容易にできることが特徴です。ベクタデータのほかに、地図や画像などを微小な格子状の画素（ピクセル）に分割し、画素ごとに輝度や濃淡などの情報を与えて表現するラスタデータもあり、衛星画像などが代表的です。

② 点

ベクタデータでは点の位置が座標で与えられます。

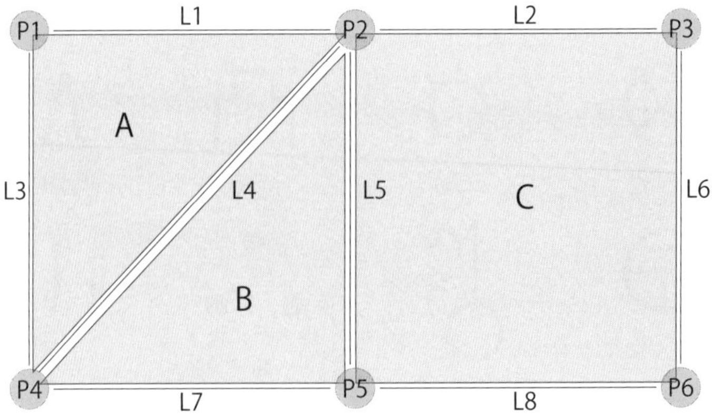

③ 線

線は両端の点で定義され、始点と終点があります。L1 の始点が P1、終点を P2 とすると、線の向きは次の図のようになります。

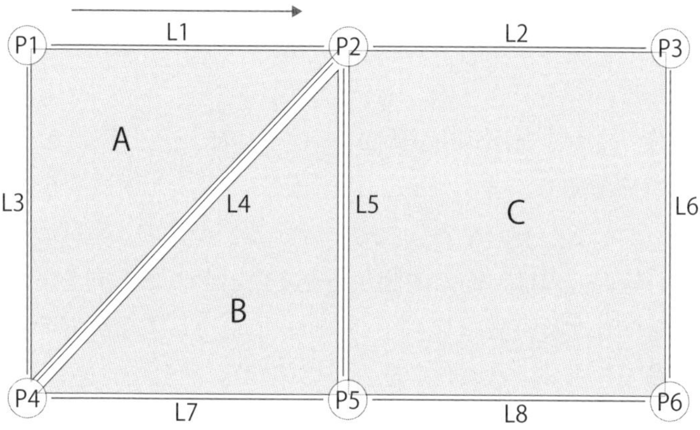

④ 面

面は線の組み合わせで定義され、方向があります。構成する線に方向があり、試験問題では時計回りをプラスにすることが多くなっています。たとえば、点を交差点、線を道路の中心線、面を一筆の土地（街区）のように表現します。

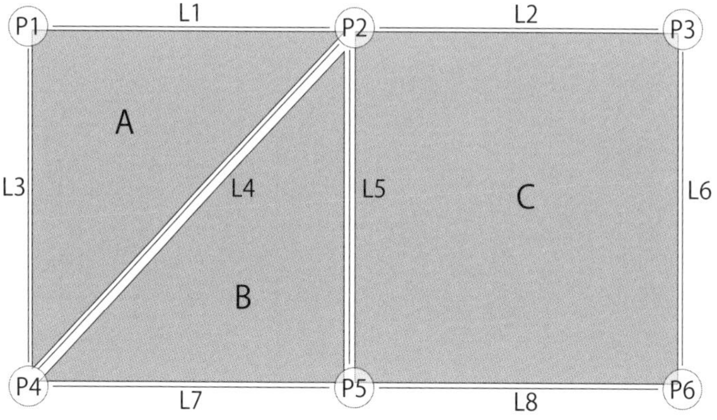

過去問題をやってみよう！

図は，ある地域の街区について数値化された道路中心線を模式的に示したものである。この図において，P1 ～ P9 は交差点，L1 ～ L11 は道路中心線，S1 ～ S3 は道路中心線 L1 ～ L11 で構成された街区面を表したものである。

また，表－1は，道路中心線 L1 ～ L11 の始点及び終点を P1 ～ P9 で表したものであり，表－2は，街区面 S1 ～ S3 を構成する道路中心線 L1 ～ L11 とその方向を表したものである。ここで，街区面を構成する道路中心線の方向は，面の内側から見て時計回りの方向を＋，その反対の方向を－とする。表－2の ア ～ ウ に入る記号の組合せとして最も適当なものはどれか。選択肢の中から選べ。

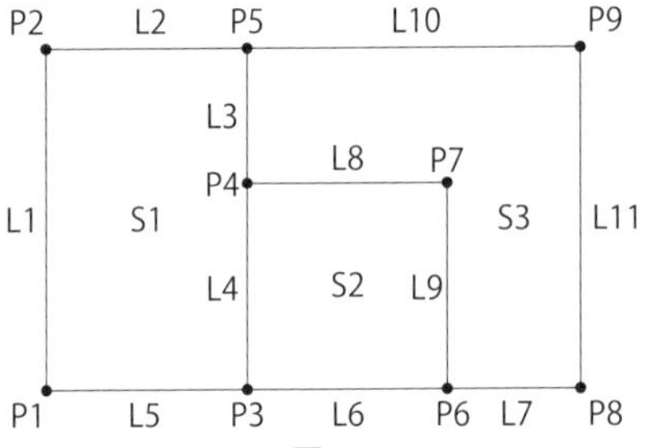

図

表－1

道路中心線	始点	終点
L1	P1	P2
L2	P2	P5
L3	P4	P5
L4	P3	P4
L5	P1	P3
L6	P3	P6
L7	P8	P6
L8	P4	P7
L9	P6	P7
L10	P5	P9
L11	P8	P9

表－2

街区面	道路中心線	方向
S1	L1	＋
	L2	＋
	L3	ア
	L4	－
	L5	－
S2	L4	＋
	L6	－
	L8	＋
	L9	－
S3	L3	イ
	ウ	＋
	L8	－
	L9	＋
	L10	＋
	L11	－

	ア	イ	ウ
1.	＋	－	L4
2.	－	＋	L7
3.	＋	－	L7
4.	－	＋	L4
5.	－	－	L7

解答　2

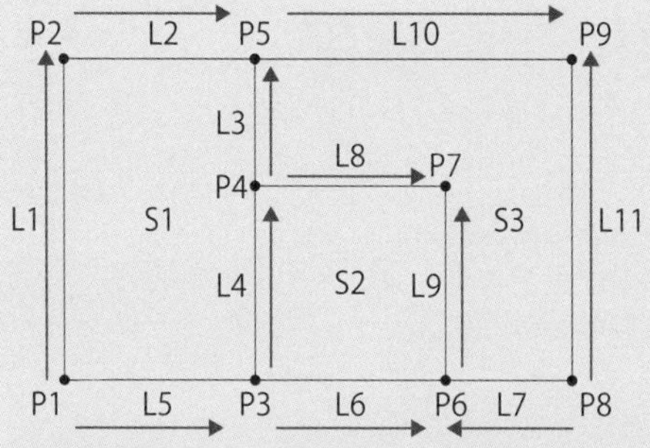

街区面の内側から見てみます。問題文で時計回りの方向が＋とされているのでこれも書き込みます。

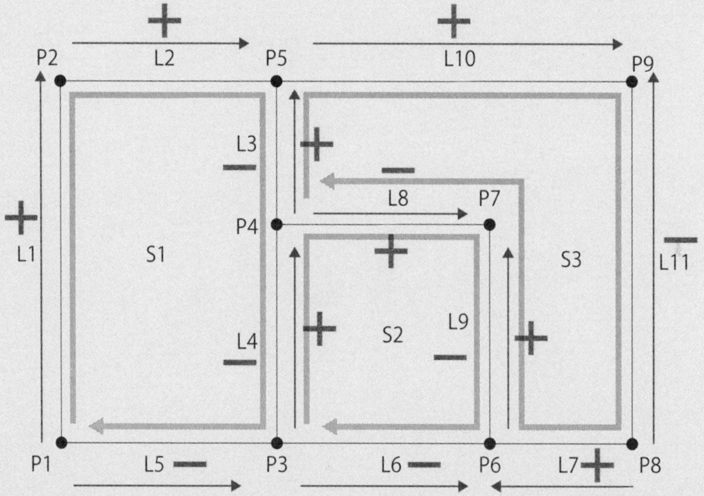

このときに、街区面の矢印方向と道路中心線の矢印方向が同じになれば＋で、逆向きだと－です。また、街区面は構成する中心線を探すだけです。答えはアが－、イが＋、ウがL7となり、解答は2となります。矢印さえ正しく描けばできる問題ですので、落ち着いて取り組みましょう。

lesson 6

5 章

水平位置の誤差

重要度★★☆

合格のポイント！

2点間の水平位置の計算にはラジアンを使います。このとき、円弧の長さは直線と同じとみなします。

1 扇形と三角形

ラジアンは、中心角に対する円弧の割合の決まりですが、近似的に直線として扱います（計算問題を解くための基礎　9　ラジアン　参照）。

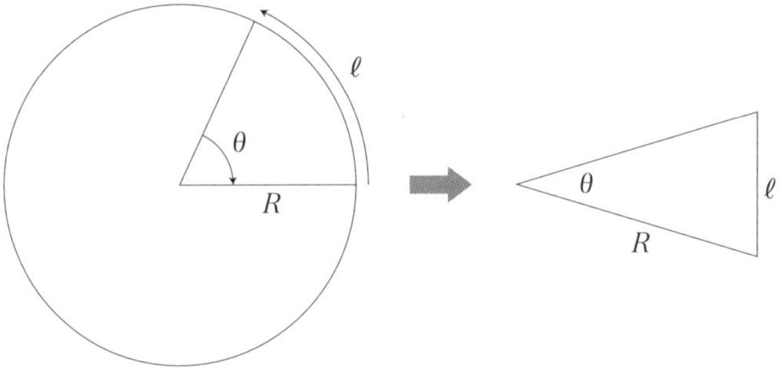

半径（R）が一定であれば、中心角（θ）と円弧（ℓ）は比例関係にあることから、次のような式が成立します。

$R:\ell = \rho:\theta$、あるいは $\frac{\ell}{R} = \frac{\theta}{\rho}$

この問題では、問題文で「1 ラジアンは $2'' \times 10^5$」と指定された場合、200000″と覚えておくことも、効率的に解答するためのポイントです。

過去問題をやってみよう！

細部測量において，基準点 A に TS を整置し，点 B を観測したときに 2′ 30″の方向誤差があった場合，点 B の水平位置の誤差は幾らか。ただし，点 A, B 間の水平距離は 92 m，角度 1 ラジアンは $2'' \times 10^5$ とする。

1． 46mm　　2． 50mm　　3． 54mm

4． 61mm　　5． 69mm

解答　5

求める水平位置の誤差を？とし、ラジアンの等式を？（ℓ）＝の式に変換すると計算が楽です。式に直接代入してから計算しても構いません。

まず、ラジアンが″で与えられているので、2′ 30″も秒に変換して計算しましょう。

1′ ＝ 60″ なので

2 × 60″ ＋ 30″ で 150″ になります。

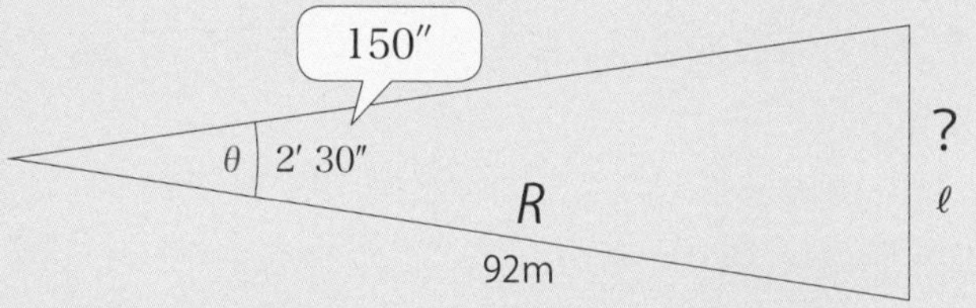

$$\ell = \frac{\theta}{\rho} \times R$$

$$= \frac{150''}{200000''} \times 92\ \mathrm{m} = 0.069\ \mathrm{m}\ (= 69\ \mathrm{mm})$$

以上より、答えは 69 mm となり、5 が解答となります。

lesson 7

5章

傾斜地における2点の位置関係

重要度 ★★★

合格のポイント！

2点間の位置関係を、三角形の相似を使って求めます。文章から図を描いて、視覚的に位置関係を捉えることがポイントです。近年は毎年出題されています。

1 傾斜地における2点の位置関係の計算方法①

傾斜地における2点の位置関係を求め方を、ここでは次の例題をもとに解説します。

> トータルステーションを用いた縮尺1/1,000の地形図作成において、傾斜が一定な直線道路上にある点Aの標高を測定したところ51.8 mであった。
> 一方、同じ直線道路上の点Bの標高は49.1 mであり、点Aから点Bの水平距離は48.0mであった。このとき、点Aから点Bを結ぶ直線道路とこれを横断する標高50 mの等高線との交点は地形図上で点Aから何cmの地点を横断するか？

- まずは、平均海面と傾斜の線を引きます。
- 次に、問題文から点A、点Bのどちらが上にあるかを判断して点を記入します。
- 標高や距離を矢印などで書き込みましょう。

② 傾斜地における２点の位置関係の計算方法②

この問題では 50 m の等高線なので、A 点と B 点の間で、かつ B 点寄りとなる位置に、答えとなる点を書き込みます。問題によっては AB の上あるいは下に、求めたい点がある場合もあります。

- 一番低い点（この問題の場合 B 点）から水平に線を引き直角三角形をつくります。また、他の 2 点との標高差を求めます。
- 問題で問われている場所を改めて確認します。「点 A から何 cm」なので、点Aから標高 50 m までの距離を求めます。

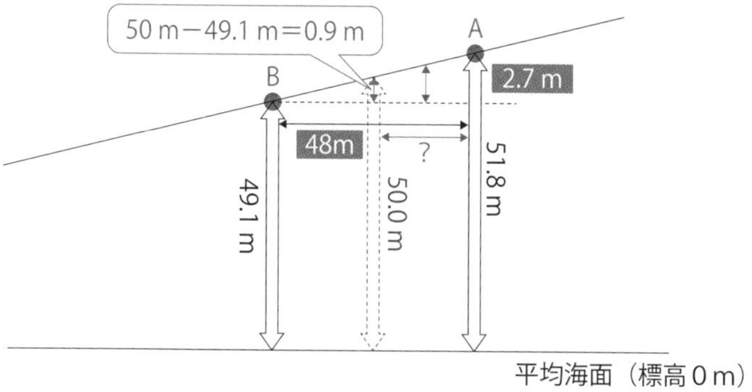

三角形を抜き出してまとめてみます。

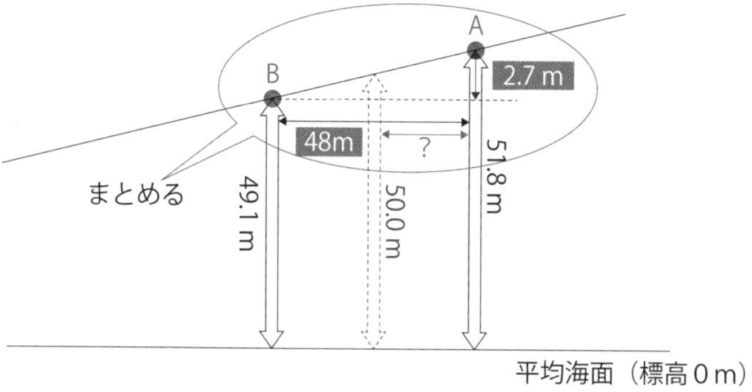

③ 傾斜地における 2 点の位置関係の計算方法③

2 つの三角形は相似なので、比例を使って、まず点 B から標高 50 m までの距離 D を求めます。式は $48\ \mathrm{m}:2.7\ \mathrm{m}=D:0.9\ \mathrm{m}$ となります。

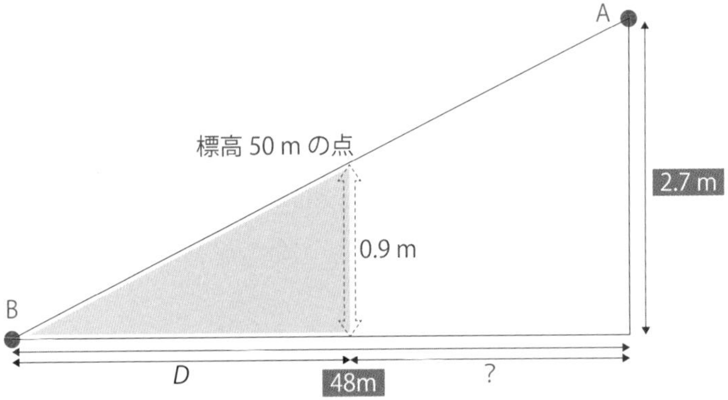

$$48\ \mathrm{m}:2.7\ \mathrm{m}=D:0.9\ \mathrm{m}$$

$$2.7\times D=48\times 0.9$$

$$D=\frac{48\times 0.9}{2.7}=16\ \mathrm{m}$$

最後に、48 m から D（16 m）を引くと、標高 50 m の点から点 A までの実際の距離が 32 m ということがわかります。それを地形図上の距離にしたものが答えです。

最初に触れたように、作る地形図は縮尺 1/1,000 なので

$$32\ \mathrm{m}/1000=0.032\ \mathrm{m}$$
$$=3.2\ \mathrm{cm}$$

点 A から 3.2 cm の地点を横断します。こういった問題の場合、5 択の中に紛らわしい選択肢があるので、どこを求めるのかを注意しましょう。

過去問題をやってみよう！

トータルステーション（以下「TS」という。）を用いた縮尺 1/1,000 の地形図作成において，標高 70 m の基準点から，ある道路上の点 A の観測を行ったところ，高低角 25°，斜距離 33 m の結果が得られた。その後，点 A に TS を設置し，点 A と同じ道路上にある点 B を観測したところ，標高 73 m，水平距離 190 m の結果が得られた。

このとき，点 A と点 B を結ぶ道路とこれを横断する標高 80 m の等高線との交点は，この地形図上で点 B から何cmの地点か。最も近いものを次の中から選べ。

ただし，点 A と点 B を結ぶ道路は直線で傾斜は一定であるとする。

なお，関数の値が必要な場合は，8 ページの関数表を使用すること。

1.　4.9cm
2.　6.8cm
3.　9.3cm
4.　12.2cm
5.　15.8cm

解答　4

まずは図にしてみましょう。「標高 70 m の基準点」とあるので、次のように点と線をとります。

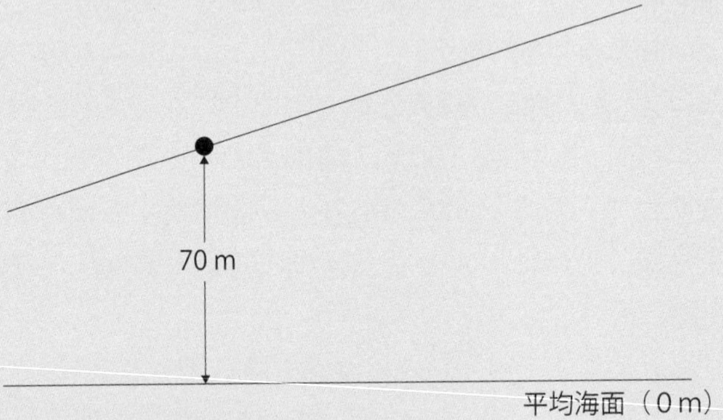

次に、点 A は「高低角 25°，斜距離 33 m」とあります。25°なので見上げた方向に A があります。

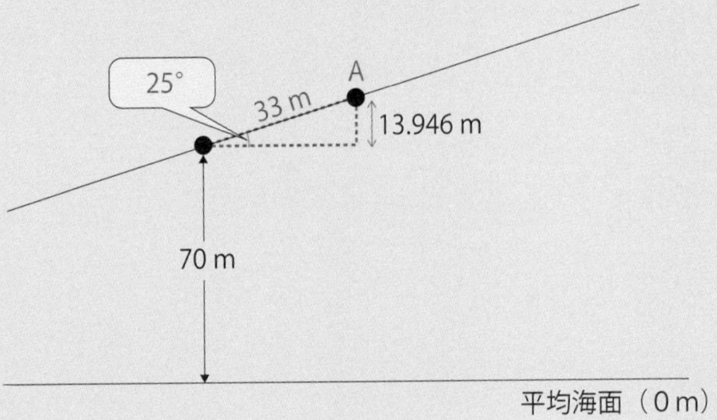

高低差を計算すると

$33\ \mathrm{m} \times \sin 25^\circ = 33\ \mathrm{m} \times 0.42262 \fallingdotseq 13.946\ \mathrm{m}$

点 A は標高 70 m の点より 13.946 m 上にあるとわかりましたので、点 A の標高は **83.946** m です。

次に、点 A と同じ道路上にある点 B は標高 73 m、水平距離 190 m なので、同じ傾斜で標高 73 m の点 B を描いておきます。

「標高 80 m の等高線との交点は図上で点 B から何 cm か」の点をPとしておきます。図上とありますが、まずは現地での距離を求めます。

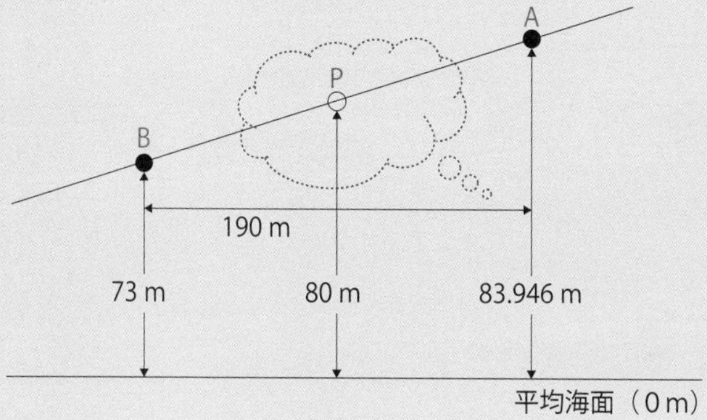

求めたい部分をはっきりさせるため、計算をしやすくするために図を整理します。

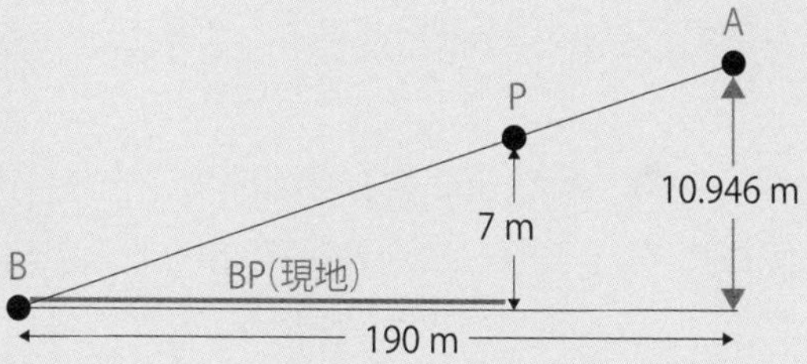

最後に計算をします。

$190\ \mathrm{m} : 10.946\ \mathrm{m} = \mathrm{BP} : 7\ \mathrm{m}$

$10.946\ \mathrm{m} \times \mathrm{BP} = 190\ \mathrm{m} \times 7\ \mathrm{m}$

$$\mathrm{BP} = \frac{190\ \mathrm{m} \times 7\ \mathrm{m}}{10.946\ \mathrm{m}} \fallingdotseq 121.5\ \mathrm{m}$$

求めたいのは図上距離で、縮尺は 1/1,000 なので

$0.1215\ \mathrm{m} \fallingdotseq 12.2\ \mathrm{cm}$

解答は 4 となります。

lesson 8

UAV写真測量

重要度 ★★☆

合格のポイント！

車載写真レーザ測量や地上レーザ測量と同様、技術が確立されたことから、作業規程の準則にも記載されるようになりました。細かい作業や作業手順ではなく、作業上の注意点について出題されます。作業規程の準則は一読しておきましょう。

1 UAV写真測量（準則132条～）

UAVとはドローンに代表される無人航空機のことで、これにより地形、地物などを撮影し、その数値写真を用いて数値地形図データを作成する作業です。

地図情報レベル250、及び500の数値地形図データ（地形図）を作成するために使われます。従来から行われてきたセスナなどによる航空写真測量とは異なり、広い地域の数値地形図データ（地形図）作成には不向きです。

■ UAVの例

写真提供：DJI JAPAN株式会社

②標定点（準則 136 条～）

撮影した画像データを図化するための、水平位置と標高の基準になる点です。この点が画像に写っていることにより、数値地形図データ（地形図）を作成することができます。明瞭な地物を利用することもあります。

標定点は撮影前に配置し、明瞭に写るよう対空標識も設置し、点の設置は、TS 点の設置に準じます。このほか、三次元点群データの位置精度を評価するため、標定点のほかに検証点も設置します。

■標定点（対空標識の例）

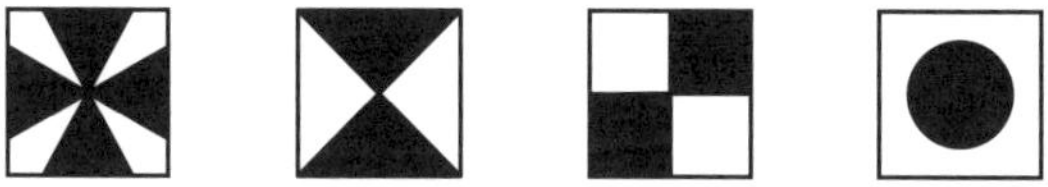

③撮影（準則 142 条～）

UAV は、自律飛行ができ、ブレを抑えるジンバルなどが付いている必要があります。

搭載するカメラは測量に必要な要素（画素数、記録容量、設定機能）を有している必要があります。また、カメラキャリブレーションを行ったものである必要があります。カメラキャリブレーションとは、焦点距離、画像中心からの画像のズレ、ゆがみを計測することで、内部標定要素ともよばれます。これがあらかじめわかっていることで、撮影した画像を正確に補正することができます。カメラは一般に市販されているデジタルカメラを使用することもできます。

撮影高度とカメラの性能によって、地物がどれくらいの大きさに写るかが決まります。画像 1 画素の大きさが地上のどれくらいの範囲を写すかということを地上画素寸法といい、地図情報レベル 250 では 2 cm 以内、500 では 3 cm 以内でなければいけません。

UAV の飛行は、機材を点検した上で法令にのっとり安全に行う必要があります。また、計画に対する飛行高度のズレは 10 %以内とする必要があります。

過去問題をやってみよう！

次の文は，公共測量においてUAV（無人航空機）による空中写真を用いた三次元点群データの作成を行う際の注意点について述べたものである。明らかに間違っているものはどれか。次の中から選べ。

1. 目的に応じて三次元点群データの位置精度を設定し，それに合わせて撮影を計画する。
2. 対空標識の設置に当たっては，あらかじめ土地の所有者又は管理者の許可を得る。
3. 撮影対象の比高が大きく変化する場合でも，三次元点群データの位置精度の確保のため撮影基準面は撮影対象地域全体で一定としなければならない。
4. 作成した三次元点群データの位置精度を評価するため，標定点のほかに検証点を設置する。
5. 撮影計画の確認や機器の点検のため試験飛行を行い，状況に合わせて臨機応変に計画を変更できるようにする。

解答　3

1.　○　写真から三次元点群データをつくることができます。
2.　○　UAVに限らず、何かを設置する場合には土地の所有者あるいは管理者に許可を得る必要があります。
3.　×　高低差の大きい区域については一定としない場合もあります。
4.　○　対空標識の設置や明瞭な地物も利用します。
5.　○　UAVに限らず、機器の点検や計画は重要です。

6 章 写真測量

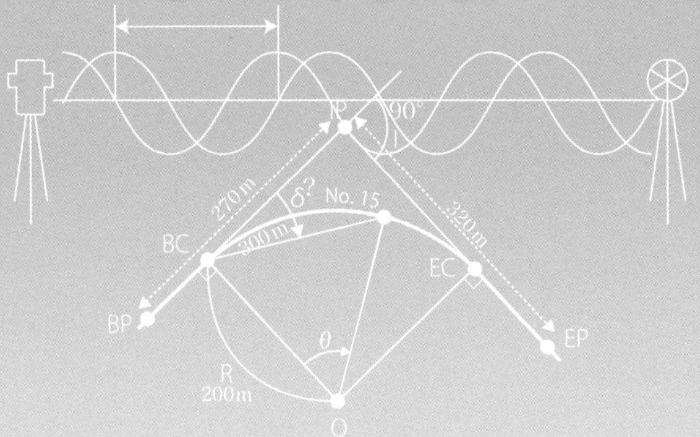

写真測量は空中から写真を撮影し、立体視することにより地図（地形図・数値地形図データ）を作成する測量です。苦手と感じる受験生も多いようですが、基本的な原理や計算方法をおさえていくことで合格に近づきます。

6章

lesson 1

空中写真測量の原理と特徴

重要度★★★

合格のポイント！

写真測量はあまり馴染みのない方も多いと思いますが、試験では基本的な原理が理解できていれば解ける問題ばかりです。ここで学ぶ原理は計算問題でも必要になります。

苦手意識を持たず、少しずつ解ける問題を増やしていきましょう。

1 写真測量とは（準則168、169条）

写真測量は空中から地上を写真に撮り、それを図化します。そのため、地上レーザ測量などと比べても広範囲の測量に適しており、他の測量に比べ技術者の経験等による精度の差がないため、一定の精度が望めるほか、写真から土地の利用状況などを一度に把握できるという利点があります。しかし、機材が高価であったり、航空機の手配が必要であったりというデメリットもあります。空中写真測量を行う場合はこれらを天秤にかけ、費用対効果を十分検討してから行う必要があります。なお、5章地形測量で紹介したUAVによる写真測量やリモートセンシングも写真測量といえます。

作成する数値地形図データの地図情報レベルは500、1000、2500、5000及び10000が標準です。

中心投影の写真を正射投影の地図にするという特徴があるため、計算問題では三角形の相似の概念を使うことが多くなります。

2 中心投影と正射投影

写真では、地物はまっすぐ見た像ではなく、レンズの中心を通して斜めに写ります。これを中心投影といい、空中から地上を写した写真も同じ性質があります。たとえば、高塔や高層建物は、写真の鉛直点を中心として放射状に広がるように、つまり中心から傾くように写ります。

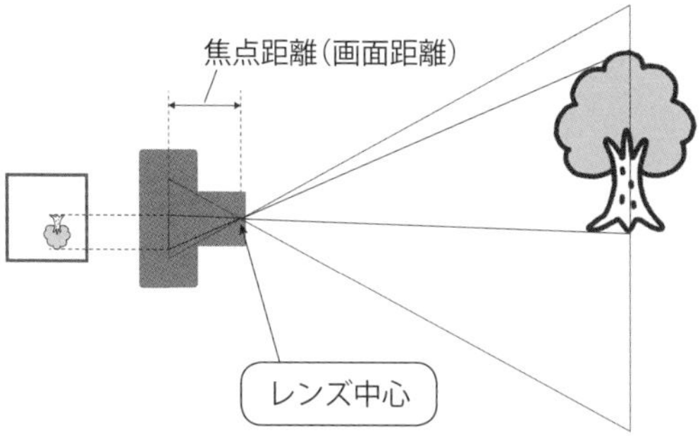

写真測量ではデジタルカメラを用います。このとき、レンズ中心と撮像面（地物が写し取られる面、アナログ写真でいうところのフィルム）の距離を写真測量では焦点距離または画面距離といいます。

一方、地図は真上から見た正射投影です。写真測量では撮影した写真を正射投影の地形図に描画し直す工程が必要です。

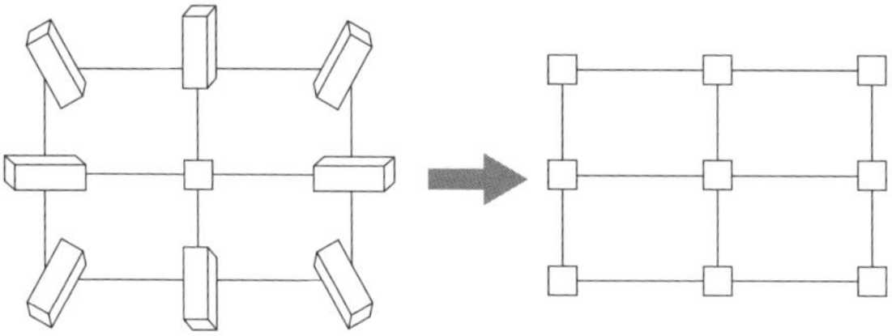

出典：国土地理院ウェブサイトより作成

3 撮影

撮影はセスナ飛行機などで空中からカメラを下に向けて撮影すると考えてください。このとき、飛行機の飛んでいる高さや地物との関係を次ページのように呼びます。

覚える用語

飛行高度　絶対高度ともよばれ、地物とは関係なく航空機の飛んでいる標高です。
対地高度　航空機から地表面（撮影面）までの高さです。航空機が移動すると変化していきますので、写真ごとに変化します。
撮影面の標高　写真に写る面の標高です。
対地高度＋撮影面の標高＝飛行高度　です。

④ 飛行高度・地物の大きさと縮尺

飛行高度と地物の写り方には次のような性質があります。

ここが大事！

$$\frac{\text{画面距離}\ [f]}{\text{対地高度}\ [H]} = \frac{\text{写真上の長さ}\ [\ell]}{\text{実物の長さ}\ [L]} = \frac{1}{M}$$

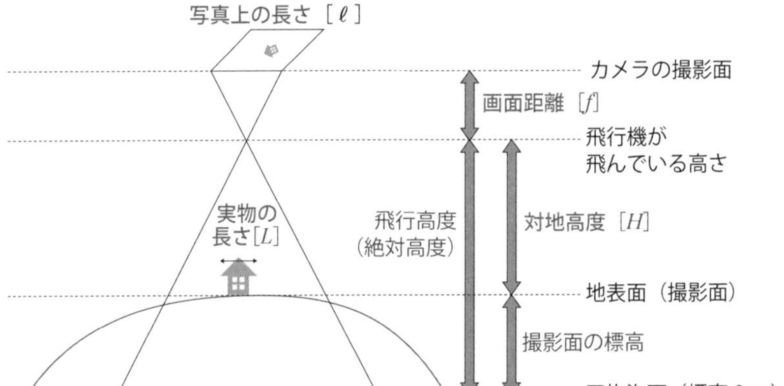

対地高度に対する画面距離の割合が、実際の地物と写真に写った地物の長さの割合と同じになります。これは、航空機が高く飛ぶほど、地上の人やモノが小さく見える原理と同じです。この割合がそのまま縮尺になります。つまり、他の撮影条件が一定ならば、撮影高度が高いほど、1 枚の写真に写る地上の範囲は広くなるといえます。

デジタル写真はごく小さな素子が縦横にならんでおり、地物を写し取ります。この素子１つにどれくらいの範囲が写るかを**地上画素**といいます。なお、起伏のある土地を撮影した場合には対地高度が異なるため、地上画素寸法も変化します。

⑤ シャッター間隔と基線長

写真測量では、航空機が飛行しながら地上を連続で撮影します。このときの距離の間隔を**撮影基線長**といい、*B* と表されます。

また、シャッターを切る時間的な間隔をシャッター間隔といいます。航空機の速度と合わせて互いを換算することができます。

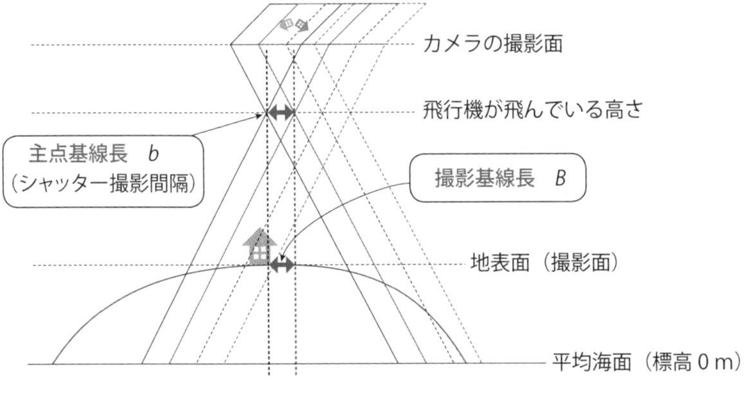

覚える用語　**主点**　写真の中心のことであり、重なり合った２つの写真主点の間隔のことを**主点基線長**といい、*b* で表されます。

■主点基線長

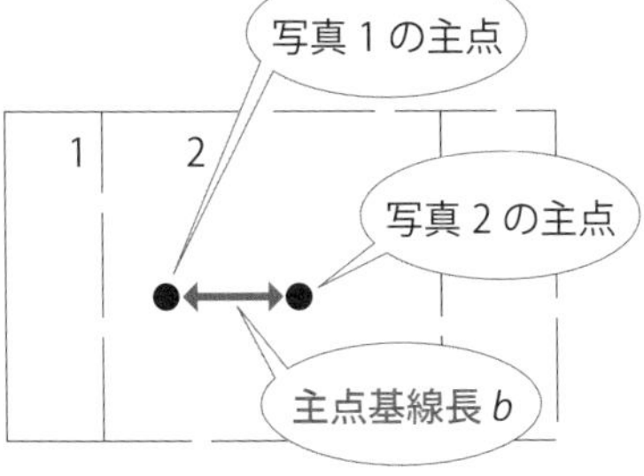

⑥ 立体視

上空から撮影した写真は中心投影ですので、これを正射投影に変換します。

撮影した隣り合う２枚の写真に同じ地物が写っていたとします。この２枚を立体視することで地図を描いていきます。

立体視しますので、２枚に写っている範囲が図化できる範囲になります。

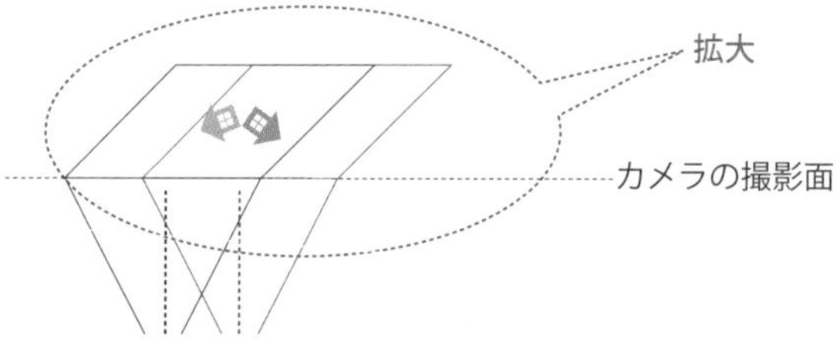

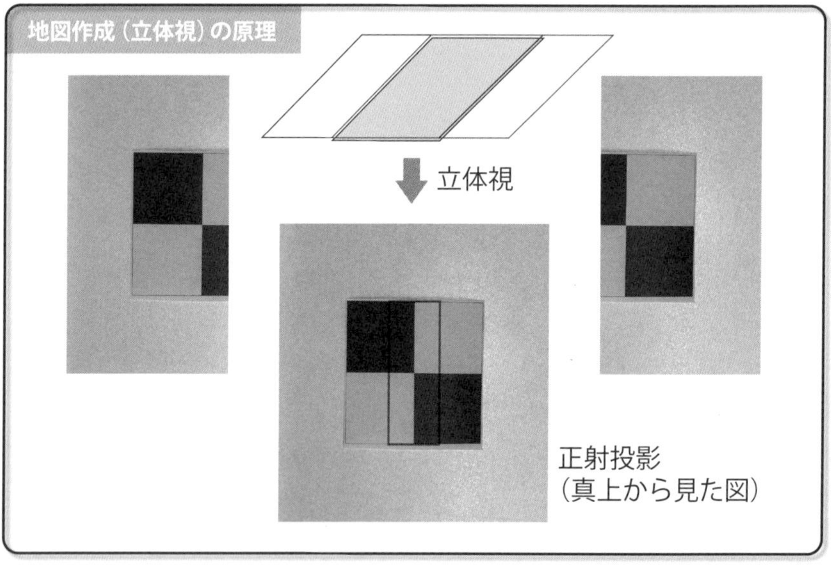

地図作成（立体視）の原理

この立体視できる一つの重複部分を図化する際には「ステレオモデル」「モデル」などと呼びます。

⑦ 空中写真の撮影

空中写真の撮影では、地図にしたい区域を覆うように写真に収めていきます。あとで図化するために必要な撮影の条件や知っておくべき要素がいくつかあります。

写真の撮影は航空機が区域を覆い、かつ区域外にも１モデル分多く撮影できるように飛行して行います。飛行するコースは通常東西にとります。

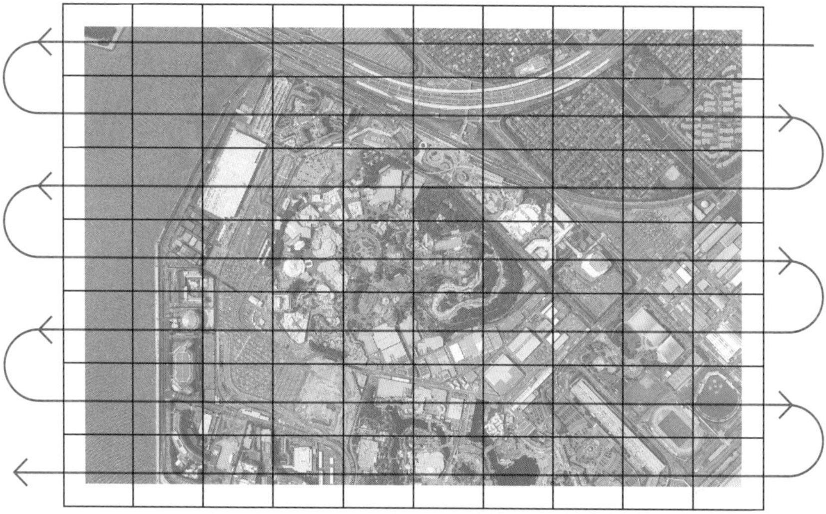

出典：地理院地図を加工して作成

ここが大事！

上記の写真のように、空中写真測量では、空中写真に写る地物の形状、大きさ、色調、模様などから、土地利用の状況を一度に把握することができます。

1）オーバーラップ（OL）

このとき、隣り合った写真の重なり方の程度をオーバーラップ（OL・重複度）といいます。同じ地物が 2 枚の写真に写っていないと図化できませんので、通常 50 %以上、実際は 60 %のオーバーラップをとります。重複している部分が60 %とすると、重複していない部分は40 %となり、これが基線長になります。測量士補の問題では OL がほとんど 60 %で出題されます。

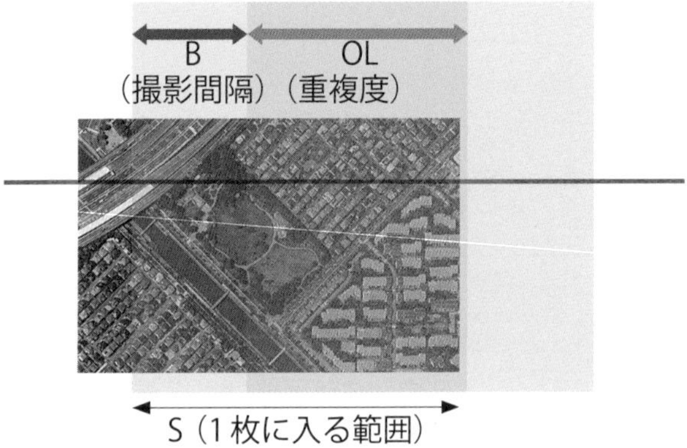

出典： 地理院地図を加工して作成

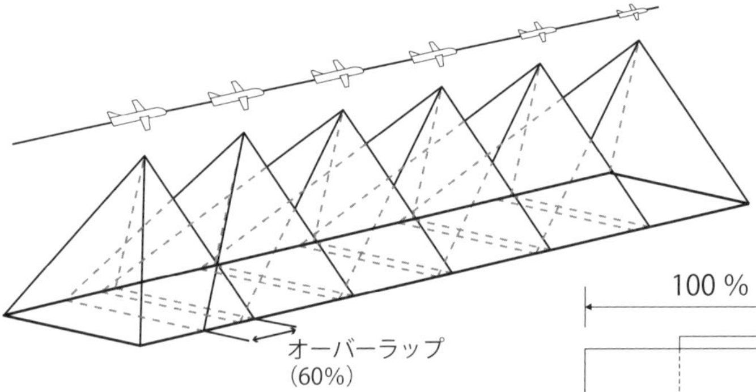

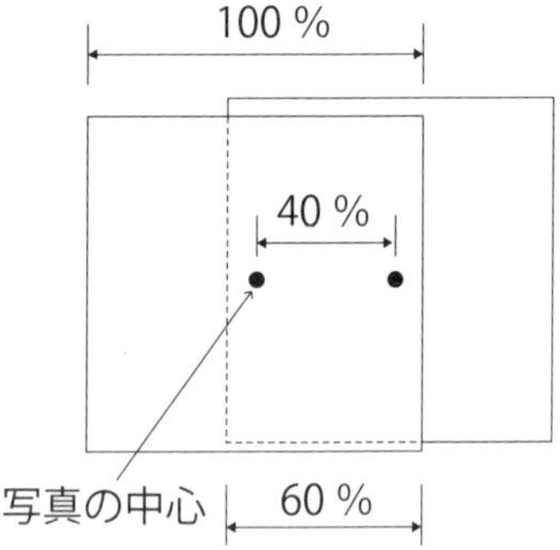

2）サイドラップ（SL）

同一コースで隣り合う写真が重複していれば図化できますが、できた地形図を正しく並べるためにも、共通する地物が写っている必要があります。そのために隣接コースで隣り合った写真も重ねる必要があり、この重複度（コース重複度）をサイドラップ（SL）といいます。測量士補の問題では SL がほとんど 30 %で出題されます。

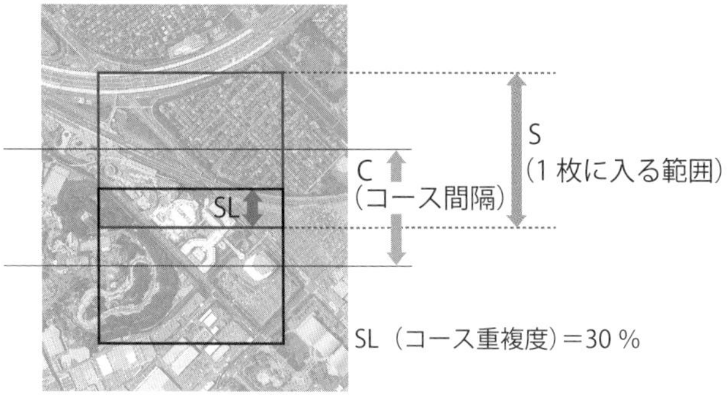

出典：地理院地図を加工して作成

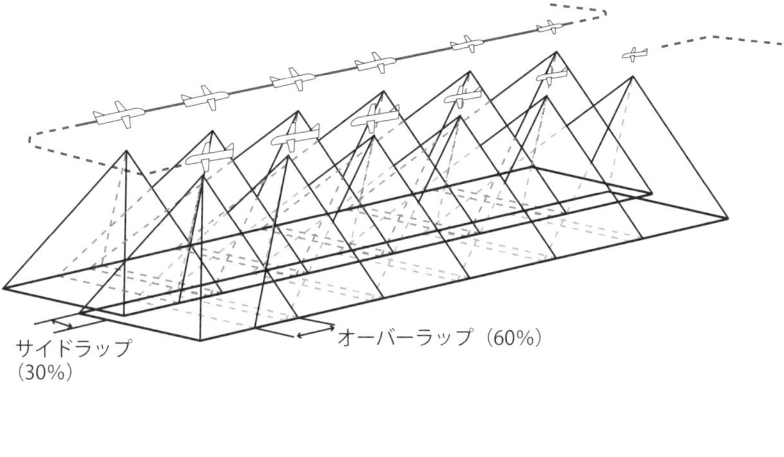

3）標定点（タイポイント・パスポイント）

OL、SL で写真を重ね合わせても、向きや傾きが正しくなければ正確に図化できません。そこで撮影時に重ね合わせる目印としてタイポイントとパスポイントを設定します。

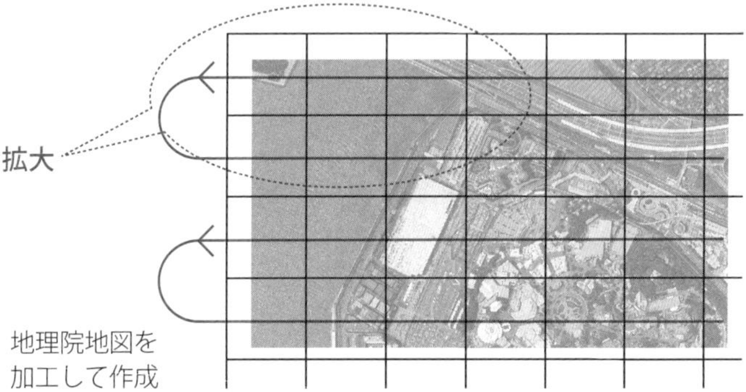

出典：地理院地図を
加工して作成

同一コースの重複箇所に置くのがパスポイント、隣接コースの重複箇所に置くのがタイポイントです。タイポイントはジグザグに設置します。タイポイントとパスポイントは兼ねることもできます。

パスポイント：同一コースの 3 枚の写真の重複箇所に 3 点
タイポイント：隣接コースの重複箇所にジグザグになるように 1 点

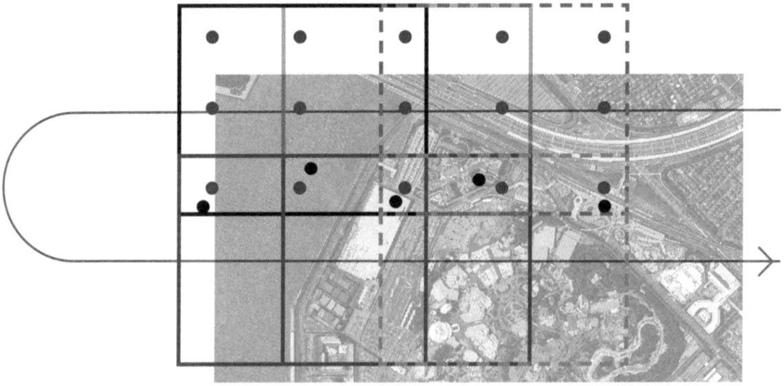

●パスポイント
●タイポイント

出典：地理院地図を
加工して作成

過去問題をやってみよう！

次の文は，空中写真測量の特徴について述べたものである。明らかに間違っているものはどれか。次の中から選べ。

1. 現地測量に比べて，広い範囲を一定の精度で測量することができる。
2. 起伏のある土地を撮影した場合でも，同一写真の中ではどこでも地上画素寸法が同じになる。
3. 他の撮影条件が一定ならば，撮影高度が高いほど，一枚の写真に写る地上の範囲は広くなる。
4. 高塔や高層建物は，写真の鉛直点を中心として放射状に広がるように写る。
5. 空中写真に写る地物の形状，大きさ，色調，模様などから，土地利用の状況を知ることができる。

解答　2

1. ○　広範囲の測量に向いています。
　他の測量に比べ技術者の経験などによる精度の差がありません。
2. ×　同一写真の中でも対地高度は異なりますので地上画素寸法も変化します。
3. ○　高いところから撮れば広い範囲が写ります。地物は小さく写ることになります。
4. ○　中心投影ですので中心から傾いて写ります。
5. ○　一度に把握できます。写真測量の大きな利点の一つです。

6章

lesson 2

空中写真測量の作業

重要度 ★★☆

合格のポイント！

写真測量の大まかな流れは「撮影→図化」ですが、その前後にさまざまな過程があります。何のためにその作業が必要なのか？　を理解している必要があります。デジタルステレオ図化機による処理が前提となったことで、以前とは異なる部分もあります。何度か受験されている方は必ず現行の作業規程の準則を確認しておきましょう。

1 工程別作業区分及び順序（準則 170 条）

空中写真測量の流れは以下のとおりです。

空中写真測量（数値地形データ取得）の作業

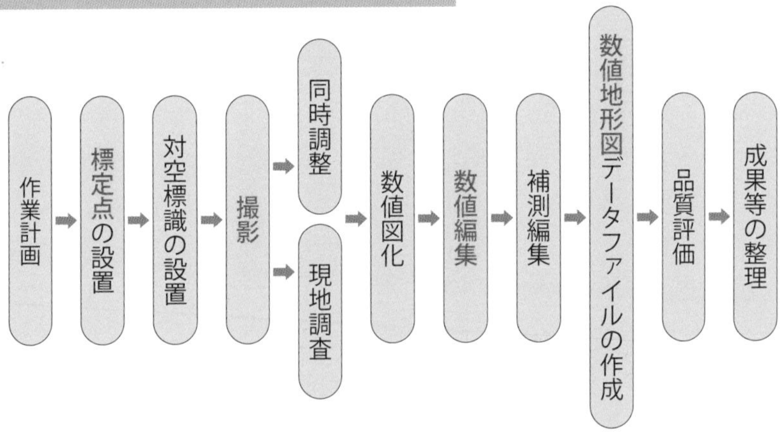

なお、補測編集以降は他の数値地形図データ作成作業と同じです。

② 作業計画

撮影区域、コース、標定点（タイポイント・パスポイント）などを決めます。

③ 標定点の設置（準則172条～）

5章lesson8 UAV写真測量で触れたとおり、標定点とは、立体視した写真に位置情報を与えるために必要な、座標及び標高がわかっている点のことです。隣接する写真に共通の標定点が写るようにします。既設の基準点を使ったり、大きな交差点の角を目印にしたりする場合もありますが、足りなければ新しく設置することもあります。

標定点の精度は、作成する数値地形図データの地図情報レベルにより変わります。地図情報レベルが大きいほど標準偏差も大きくなります。

精度 / 地図情報レベル	水平位置（標準偏差）	標高（標準偏差）
500	0.1 m以内	0.1 m以内
1000	0.1 m以内	0.1 m以内
2500	0.2 m以内	0.2 m以内
5000	0.2 m以内	0.2 m以内
10000	0.5 m以内	0.3 m以内

④ 対空標識の設置（準則176条～）

対空標識は、基準点・水準点・標定点などを写真上で判読しやすくする目印のことです。設置にはいくつか決まりがあります。

ここが大事！

- 対空標識は、あらかじめ土地の所有者または管理者の許可を得て、堅固に設置する
- 天頂からおおむね45度以上の上空視界を確保する
- バックグラウンドの状態が良好な地点を選ぶ
- 樹上に設置する場合は、付近の樹木より50㎝程度高くする
- 対空標識の保全などのために標識板上に公共測量・計画機関名・作業機関名を標示する

■対空標識

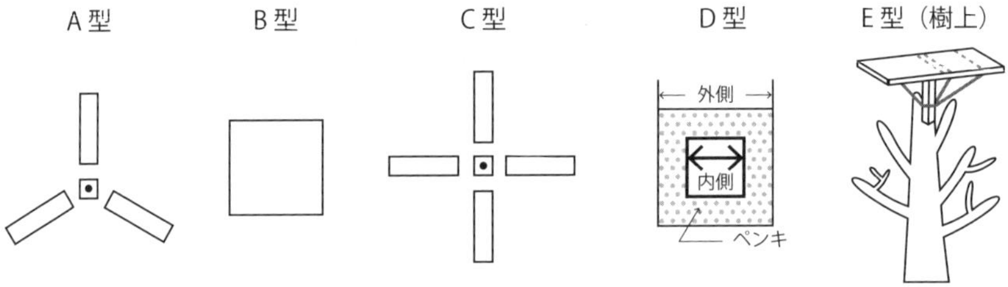

5 撮影

航空機に求められる主な条件は以下のとおりです。

- 安定性がよいこと
- 視界がよいこと
- カメラ視界が確保されていること
- 操縦性がよいこと
- 飛行速度が適宜変えられること
- 上昇限度が高く、上昇率が大きいこと
- 航続距離が長いこと
- GNSS / IMU装置が取り付け可能であること

■航空測量に使用される飛行機

出典：国際航業株式会社運営　解説サイト「MoGIST」写真測量技術の発展
（https://mogist.kkc.co.jp/history/development/03/index.html）

1）GNSS／IMU 装置

GNSS／IMU 装置は航空機の傾きや位置、速度などを記録しています。これらを「外部標定要素」といい、同時調整で用います。

● GNSS

電子基準点または既知点（基準局）との間で連続キネマティック法による干渉測位を行うことにより、飛行機の機材（カメラ・スキャナ等）の中心位置を計測しています。しかし、航空機は高速で移動するため、その間のデータは IMU の加速度データで補完しています。

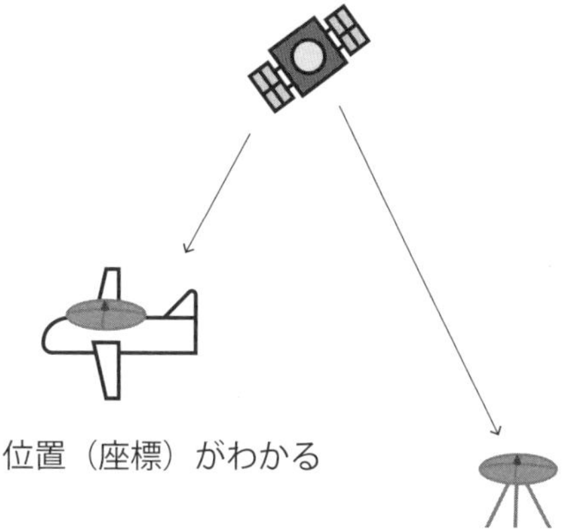

● IMU

3 軸ジャイロと加速度計から構成されています。3 軸ジャイロによってヘッド・ヨー・ピッチ・ロールが検出され、カメラの軸方向の傾きが求められます。

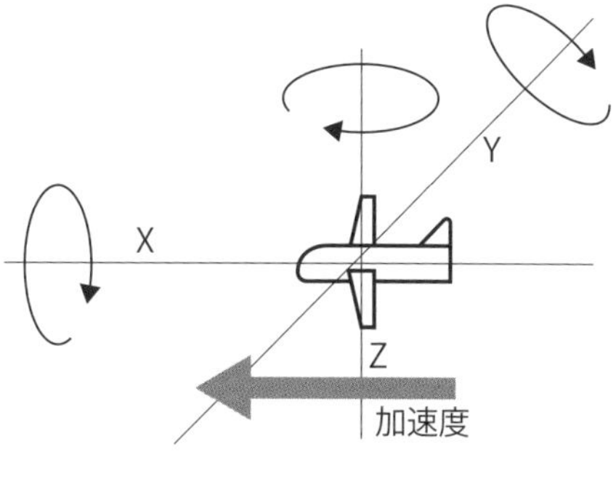

2）カメラ

カメラに求められる主な条件は以下のとおりです。

- レンズのゆがみが小さく、かつレンズの性質が正確にわかっていること
- カメラの指標間距離が正しく与えられていること
- デジタルの場合は画素に落ちがないこと

■航空測量に使われるカメラ

出典：国際航業株式会社運営　解説サイト「MoGIST」写真測量技術の発展
（https://mogist.kkc.co.jp/history/development/03/index.html）

⑥ 同時調整

同時調整は、空中写真を撮影時の状況を再現するように並べ（空中三角測量）、地形・地物の座標値を取得するための基準（タイポイント・パスポイント・標定点など）を測定し位置を求める作業です。

同時調整

デジタルステレオ図化機による空中三角測量

↓

パスポイント、タイポイント、標定点の写真上の座標を測定

↓

パスポイント、タイポイントの水平位置及び標高を決定

⑦ 現地調査

1）予察

写真に写らなかった箇所、写真で判読できない情報、空中写真撮影後に変化があった地形・地物を把握します。

2）調査

予察で把握した事項及び、注記に必要な情報や写真に写らない境界等を現地に行き測量・調査します。

⑧ 数値図化

空中写真及び同時調整などで得られた成果を使用し、デジタルステレオ図化機によりステレオモデルを構築（立体視）し、地形・地物などの座標値を取得して数値図化データを記録する作業です。

⑨ 数値編集

現地調査などの結果に基づき、図形編集装置を用いて数値図化データを編集し、編集済データを作成する作業です。

⑩ 補測編集

作成したデータや出力した図面で重要な事項の確認を行い、必要部分を現地で補測して、補測編集済データを作成する作業です。

⑪ 数値地形図データファイルの作成

製品仕様書に従って補測編集済データから数値地形図データファイルを作成し、電磁的記録媒体に記録する作業です。

⑫ 品質評価・成果等の整理

製品仕様書の仕様を満たしているか評価し、場合によっては測量にあたって使用・作成した帳簿・書類をまとめ、社内または第三者機関の検査を受ける作業です。

過去問題をやってみよう！

図は，公共測量における空中写真測量の標準的な作業工程を示したものである。

ア ～ エ に入る語句の組合せとして最も適当なものはどれか。次の中から選べ。

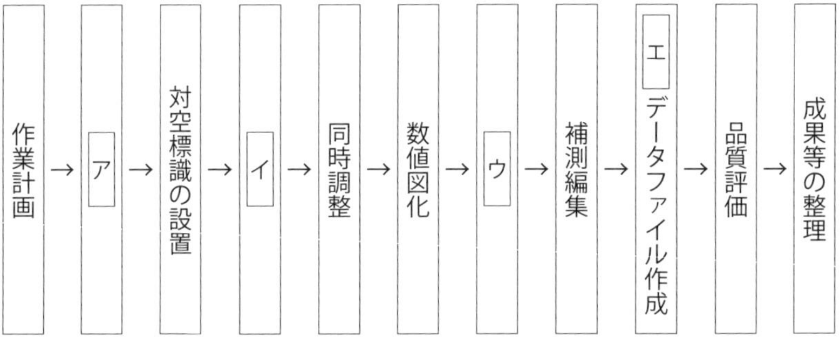

図

	ア	イ	ウ	エ
1.	標定点の設置	撮影	数値編集	数値地形図
2.	撮影	標定点の設置	数値編集	数値写真
3.	標定点の設置	撮影	正射変換	数値写真
4.	撮影	標定点の設置	正射変換	数値地形図
5.	標定点の設置	撮影	正射変換	数値地形図

解答　1

ア　標定点の設置　標定点は撮影の前に設置する必要があります。

イ　撮影　写真を撮影しないと、写真に写ったタイポイント・パスポイント・標定点の座標は求められません。

ウ　数値編集　正射変換はオルソ画像(後述)作成の作業工程です。

エ　数値地形図　数値地形図データファイル（地形図）を作成するのが空中写真測量です。

航空写真のように高い所から撮影する場合にはゆがみが生じます。そのゆがみを修正し、補正した画像をオルソ画像といいます。

正射画像（オルソフォト）の作業工程と、内容や順序を区別しておきましょう。

本章 lesson2 の出題範囲では、ここに紹介した問題のほか、次のようなパターンの出題もあります（すべて正答肢）。

- 同時調整とは，デジタルステレオ図化機を用いて，パスポイント，タイポイント，標定点の写真座標を測定し，標定点成果及び撮影時に GNSS/IMU 装置で取得したデータの解析処理で得られた外部標定要素の観測データを統合して調整計算を行い，各写真の外部標定要素の成果値，パスポイント，タイポイントなどの水平位置及び標高を決定する作業である。
- 調整計算は，区域撮影においては原則として，作業地区全域を一つのブロックとしてバンドル法により行うものとし，標定点は，ブロックの四隅付近と中央部付近に配置することを標準とする。

6章

lesson 3

写真地図作成の作業

重要度 ★★☆

合格のポイント！

写真地図は写真に地理情報を与えたものです。写真と地図を重ね合わせたものともいえます。作業過程は、空中写真測量とほぼ共通（並行して行う）ですので、違いを意識しましょう。

① 写真地図（準則 309 条）

写真地図はオルソ画像・オルソフォトとも呼ばれ、デジタル写真をデジタルステレオ図化機で正射投影（真上から見た写真）に変化し、水平位置や高さの位置情報を与えたものです。

作業規程の準則ではこの作成作業を写真地図データファイルの作成といっています。

写真地図を正射変換した正射投影画像作成の作業工程

作業計画 ➡ 標定点の設置 ➡ 対空標識の設置 ➡ 撮影 ➡ 同時調整 ➡ 数値地形モデルの作成 ➡ 正射変換 ➡ モザイク ➡ 写真地図データファイルの作成 ➡ 品質評価 ➡ 成果等の整理

撮影にあたっては、写真地図の作成に適した良質鮮明な画質を得るように努めるとされており、作業工程は数値地形モデルの作成以降の作業が空中写真測量と異なっています（準則170条、312条参照）。

ここが大事！

- 写真地図は、図上で水平距離を計測することができる。
- 写真地図には、平たんな場所より起伏の激しい場所のほうが、標高差の影響によるゆがみが残りやすい。

② 数値地形モデル（DTM）の作成（準則316条）

ブレークライン法、等高線法、標高点計測法及び自動標高抽出技術またはこれらの併用法を用いて標高を取得し、数値地形モデルファイルを作成します。

覚える用語　ブレークライン法　傾斜が急激に変化する点や、その連続線について標高を取得する方法です。

③ 正射変換（準則322条）

数値写真を中心投影から正射投影に変換し、正射投影画像を作成します。前項の「数値地形モデルの作成」で作成したデータを用いて標高データを与え、高低差によるゆがみを除去して地図と同じ正射投影に変換します。

正射変換した写真は中心投影ではないので立体視（ステレオモデル化）はできません。また、数値地形モデルで高低差のゆがみを除去しますが、高低差のデータが与えられるわけではありません。

ここ数年の画像処理技術の進歩により、デジタル航空写真から自動で作成されたDSMや既存のDEMを使用して、容易にオルソフォトが作成されるようになりました。

また、航空レーザ測量データを標高データとして利用したオルソフォトも作成されるようになりました。

④ モザイク（準則324条～）

隣接する正射投影画像をデジタル処理により結合させ、モザイク画像を作成します。

モザイクは、隣接する正射投影画像の接合部で著しい地物の不整合及び色調差が生じないように行います。また、線状対象物においては水平位置の精度を満たす必要があります。

この後、写真地図データファイルを作成して品質評価・成果等の整理・納品の流れは空中写真測量と同じです。

覚える用語

線状対象物　道路・鉄道・水路などの線状の構造物です。複数の正射投影図にまたがるのでズレは少なく接合（モザイク）しなければなりません。

「歪み」は「ゆがみ」とも「ひずみ」とも読みます。厳密には使い方が分かれますが、試験では同じニュアンスで捉えておきましょう。

過去問題をやってみよう！

次のａ～ｅの文は，写真地図について述べたものである。明らかに間違っているものだけの組合せはどれか。次の中から選べ。

ただし，注記など重ね合わせるデータはないものとする。

ａ．写真地図は，図上で水平距離を計測することができない。
ｂ．写真地図は，図上で土地の傾斜を計測することができない。

c．写真地図は，写真地図データファイルに位置情報が付加されていなくても，位置情報ファイルがあれば地図上に重ね合わせることができる。

d．写真地図は，正射投影されているので，隣接する写真が重複していれば実体視することができる。

e．写真地図には，平たんな場所より起伏の激しい場所の方が，標高差の影響によるゆがみが残りやすい。

1．　a，c

2．　a，d

3．　b，d

4．　b，e

5．　c，e

解答　2

a.　×　正射投影されているので計測することができます。

b.　○　写真地図から高さはわかりません。重ね合わせデータの無い正射投影ですので、写真自体から高さの情報を得ることはできません。

c.　○　写真地図は正射投影に変換されていますので、位置情報と重ね合わせることができます。

d.　×　写真地図は中心投影ではなくなってしまっているため、立体視はできません。

e.　○　中心投影の写真を正射投影に変換する場合、起伏のある場所ではゆがみが出やすくなっています。特に、隣接する画像を重ね合わせる場所では顕著です。

以上より、明らかに間違っているものの組合せはaとdとなり、解答は2となります。中心投影と正射投影の違いを理解していると考えやすい問題です。

lesson 4

6章

写真測量の図化と図化機

重要度★☆☆

合格のポイント！

アナログ図化機からデジタル図化機の進化について知るとともに、作業の違いを確認しておきましょう。

1 図化機とは

写真の撮影時の状況（2 枚の写真の位置関係や傾き）を再現し、立体視して地形図を作成する器械です。

技術の始まりは機械式でしたが、現在は画像処理のできるパソコンとなりました。操作性や難易度、作業の量は変化しましたが、基本的な原理は変わっていません。

2 アナログ図化機

実際に現像した写真を並べます（標定といいます）。立体視し浮かび上がったものをハンドル操作で写し取ります。

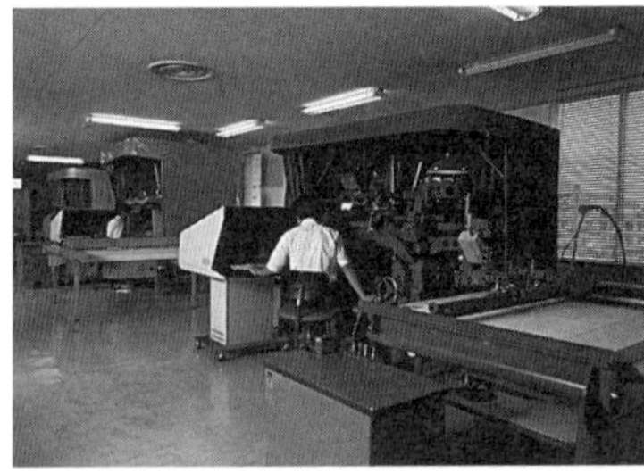

出典：国際航業株式会社運営　解説サイト「MoGIST」写真測量技術の発展
（https://mogist.kkc.co.jp/history/development/03/index.html）

③ デジタルステレオ図化機

機械式のアナログ図化機に代わり、現在ではデジタルステレオ図化機が使われています。デジタル画像ソフトウェア上で標定し、ステレオ視装置（3D メガネ）を掛けて立体視できたものをハンドルやマウスのポイント操作により図化します。

画像はデジタルで撮影されたものか、アナログ写真をデジタル化したものを使います。

標定は撮影時に GNSS / IMU 装置でカメラの状態がわかっているので容易です。

写真提供：株式会社 エアロ・フォト・センター

デジタルステレオ図化機の機能には次のものがあります。

- 立体観測表示（3D メガネ着用）
- 同時調整（自動内部標定、相互標定、絶対標定、画像マッチングによる自動空中三角測量）
- 数値地形モデル（DTM）の自動作成
- オルソフォト自動作成
- オルソフォトモザイク
- オルソフォトステレオペアの作成

正射画像を作成する機能が標準になりつつあります。出題ポイントとしては次の点をおさえておきましょう。なお、基本的に点検や調整は省略できません。

ここが大事！

デジタルステレオ図化機の機能

- 数値図化データを画面上で確認することができる
- 数値地形モデルを作成することができる
- ステレオ視装置を介してステレオモデルを表示することができる
- アナログ空中写真をスキャナで読み込み図化できる
- 外部標定要素を用いた同時調整を行うことができる

覚える用語

空中写真用スキャナ　空中写真のロールフィルムをスキャンし、数値写真を画像形式で取得及び記録する機能を有するスキャナ、ソフトウェア、電子計算機及び周辺機器で構成されるシステムです。

④ 同時調整

同時調整とは、デジタルステレオ図化機を用いて、空中三角測量により、パスポイント、タイポイント、標定点の写真座標を測定し、標定点成果及び撮影時に得られた外部標定要素を統合して調整計算を行い、各写真の外部標定要素の成果値、パスポイント、タイポイント等の水平位置及び標高を決定する作業のことをいいます。

●同時調整におけるタイポイントとパスポイントの配置

- パスポイントは主点付近及び主点基線に直角な両方向の**3箇所以上**に配置することを標準とし、主点基線に直角な方向は、**上下端付近**の等距離に配置することを標準とします。
- タイポイントは**隣接コースと重複**している部分で、空中写真上で明瞭に認められる位置に、直線状にならないよう**ジグザグ**に配置することを標準とします。
- タイポイントはパスポイントで**兼ねて**配置できます。

過去問題をやってみよう！

次のａ～ｄの文は，デジタルステレオ図化機の特徴について述べたものである。明らかに間違っているものは幾つあるか。次の中から選べ。

a.　デジタルステレオ図化機では，デジタル航空カメラで撮影したデジタル画像のみ使用できる。
b.　デジタルステレオ図化機では，数値地形モデルを作成することができる。
c.　デジタルステレオ図化機では，外部標定要素を用いた同時調整を行うことができる。
d.　デジタルステレオ図化機では，ステレオ視装置を介してステレオモデルを表示することができる。

1.　0（間違っているものは１つもない。）
2.　1つ
3.　2つ
4.　3つ
5.　4つ

解答　2

a.　×　フィルムカメラで撮られたアナログ写真でもデジタル化すれば使用できます。
b.　○　数値地形モデル（DTM）が作成できます。
c.　○　GNSS / IMU 装置の情報を使って同時調整を行います。
d.　○　ステレオ視装置とは 3D メガネなどのことをいいます。これらを使って立体視します。

以上より、解答は 2（1 つ）となります。

6章

lesson 5

画素の寸法

重要度 ★★☆

合格のポイント！

写真測量で撮影されたデジタル写真は画素の集まりです。この問題では、対地高度と画面距離からこの画素１枚にどれくらいの範囲が写るか（地上画素寸法）を計算します。

① 画素の寸法を求める問題の計算方法①

地上画素寸法から対地高度を求める問題も出題されますが、同じ図と三角形の相似から求めることができます。ここでは例題で学んでいきましょう。

> 画面距離 12 cm、撮像面での素子寸法 12 μm、画面の大きさ 14000 画素× 7500 画素のデジタル航空カメラを用いて、海面からの撮影高度 3000 m で鉛直空中写真の撮影を行った。撮影基準面の標高を 0 m とすると、撮影基準面での地上画素寸法は幾らか。

問題文の数値を図にしてみると、次の図のようになります。撮影基準面が標高 0 mなので、飛行高度と対地高度は同じになります。

画素の寸法を求める問題の計算方法①

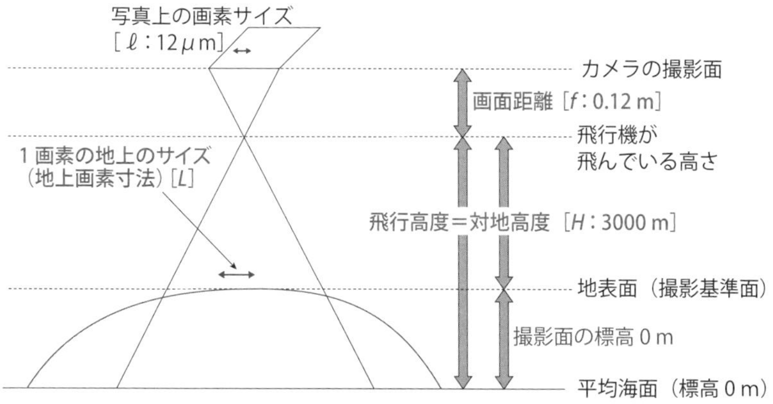

画面距離と対地高度から写真の縮尺 M を求めるため、次の公式を使います。

ここが大事！

$$\frac{\text{画面距離}\ [f]}{\text{対地高度}\ [H]} = \frac{\text{写真上の長さ}\ [\ell]}{\text{実物の長さ}\ [L]} = \frac{1}{M}$$

公式に数値を当てはめてみます。

画面距離［f］は 12 cm なので、m に直すと 0.12 m となります。海面からの撮影高度は、飛行高度であり対地高度でもあるので、3000 m です。

$$\frac{\text{画面距離}\ [f]}{\text{対地高度}\ [H]} = \frac{0.12\ \text{m}}{3000\ \text{m}} = \frac{1}{M}$$

この後は次のように計算することで写真の縮尺 M がわかります（計算問題を解くための基礎　4　分数の性質　参照）。

$$\frac{0.12 \div 0.12}{3000 \div 0.12} = \frac{1}{3000 \div 0.12}$$

$$= \frac{1}{25000}$$

縮尺は 1/25000 ということがわかりました。

② 画素の寸法を求める問題の計算方法②

1画素の大きさ（撮像面での素子寸法）に25000をかけると1画素に写る地上の広さ（地上画素寸法）がわかります。

地上画素寸法＝ $12 \times 10^{-6} \times 25000$ m

$1\mu = 10^{-6} = 0.000001$ だから

地上画素寸法＝ $12 \times 0.000001 \times 25000$ m

＝ 0.3 m ＝ 30 cm

以上より、撮影基準面での地上画素寸法は30 cmとなります。

③ 対地高度を求める問題の計算方法

地上画素寸法から対地高度を求める問題の場合は次のように考えます。260ページの例題で、撮影高度がわからなかったとします。

公式より、 $$\frac{0.12}{H} = \frac{12 \times 0.000001}{0.3}$$

$$H = \frac{0.12 \times 0.3}{0.000012}$$

$$= \frac{0.036}{0.000012}$$

$$= 3000$$

撮影基準面の標高が0 mなので、この空中写真の撮影高度は3000 mとなります。

過去問題をやってみよう！

画面距離 10.5 cm のデジタル航空カメラを使用して，撮影高度 2,800 m で数値空中写真の撮影を行った。このときの撮影基準面での地上画素寸法は幾らか。最も近いものを次の中から選べ。

ただし，撮影基準面の標高は 0 m とし，デジタル航空カメラの撮像面での画素寸法は 9 μm とする。

1.　18 cm
2.　21 cm
3.　24 cm
4.　27 cm
5.　30 cm

解答　3

画面距離と対地高度から写真の縮尺がわかります。

$$\frac{0.105}{2800} = \frac{0.105 \div 0.105}{2800 \div 0.105} = \frac{1}{2800 \div 0.105} = \frac{1}{26667}$$

撮像面での画素寸法 9 μm を 26667 倍すれば 1 画素に写る地上の広さ（地上画素寸法）がわかります。

1 μ は 10^{-6} なので

$9 \times 10^{-6} \times 26667$

10^{-6} は最後に計算するのがポイントです。

$240003 \times 10^{-6} \fallingdotseq 0.24\ \text{m} = 24\ \text{cm}$

以上より、地上画素寸法は 24 cm で、解答は 3 となります。

lesson 6

⑥章

地物の実長

重要度 ★★☆

合格のポイント！

中心投影の原理を理解していれば、相似で解けます。この問題も図を正しく描くことが大切です。とにかく過去問題にたくさん挑戦して出題のパターンに慣れましょう。

① 地物の実長を求める問題の計算方法①

ここでも例題で学んでいきましょう。

画面距離 12 cm、撮像面での素子寸法 12 μm のデジタル航空カメラを用いて、海面からの撮影高度 2500 m で鉛直空中写真の撮影を行ったところ、1 枚の数値空中写真の主点付近に画面の短辺と平行に橋が写っていた。この橋は標高 100 m の地点に水平に架けられており、画面上で長さを計測したところ 1250 画素であった。この橋の実長は幾らか。

ここが大事！

前のレッスンでは撮影基準面の標高が 0 mでしたが、このレッスンのように、標高が示される問題もあります。標高をプラスマイナスすることを忘れないようにしましょう。

地物の実長を求める問題の計算方法①

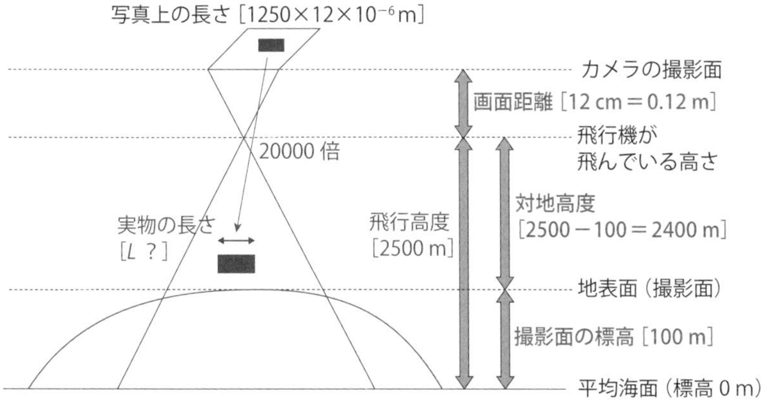

問題文の数値を図にしてみると、このようになります。撮影基準面が標高 100 m なので、対地高度は飛行高度 2500 m から標高 100 mを引き 2400 m になります。

写真の縮尺は

$$\frac{\text{画面距離}\ [f]}{\text{対地高度}\ [H]} = \frac{1}{M}$$

$$\frac{0.12\ \text{m}}{2400\ \text{m}} = \frac{0.12 \div 0.12}{2400 \div 0.12} = \frac{1}{2400 \div 0.12} = \frac{1}{20000}$$

2 地物の実長を求める問題の計算方法②

写真上に写っている橋は 1250 画素です。問題文から 1 画素の大きさは 12 μm なので、図上の長さに直すと $1250 \times 12 \times 10^{-6}$ m です。

知りたいのは橋の実際の長さなので、写真に写った大きさに縮尺の分母（M）である 20000 をかければよいことがわかります。

$$\frac{1}{20000}$$

これより、$1250 \times 12 \times 10^{-6}$m を 20000 倍すれば実際の長さがわかります。

実際の長さ＝ $1250 \times 12 \times 10^{-6} \times 20000$ m

$1\,\mu\text{m} = 10^{-6} = 0.000001$ だから

$= 1250 \times 12 \times 0.000001 \times 20000$ m

$= 1250 \times 12 \times 0.01 \times 2$ m

$= 2500 \times 12 \times 0.01$ m

$= 30000 \times 0.01$ m

$= 300$ m

以上より、橋の実長は 300 mとなります。

こういった問題の場合、5 択になると地物の標高 100 m を計算し忘れた場合の対地高度 2500 m で計算した選択肢が紛れていますので、対地高度・飛行高度を意識し間違えないようにしましょう。

過去問題をやってみよう！

画面距離 10 cm，撮像面での素子寸法 12 μm のデジタル航空カメラを用いて，海面からの撮影高度 2,500 m で，標高 500 m 程度の高原の鉛直空中写真の撮影を行った。この写真に写っている橋の長さを数値空中写真上で計測すると 1,000 画素であった。

この橋の実長は幾らか。最も近いものを次の中から選べ。

ただし，この橋は標高 500 m の地点に水平に架けられており，写真の短辺に平行に写っているものとする。

1. 180 m
2. 240 m
3. 300 m
4. 360 m
5. 420 m

解答　2

この問題を図にすると次のようになります。

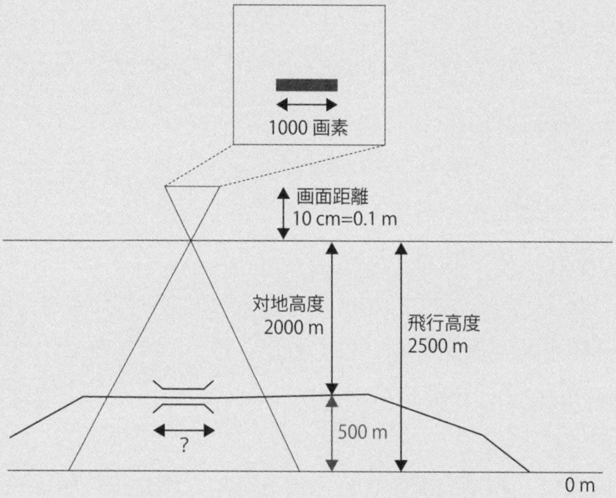

撮影基準面が標高 500 mなので、対地高度は飛行高度から標高を差し引いた 2500 − 500 = **2000** mになります。

写真上に写っている橋は **1000** 画素です。1 画素あたりの地上寸法がわかれば実際の大きさが分かり、解答の道筋が立ちます。

問題文から 1 画素の大きさは 12μm なので、写真の縮尺から**地上画素寸法**を求めます。

写真の縮尺は

$$\frac{0.1\ \mathrm{m}}{2000\ \mathrm{m}} = \frac{0.1 \div 0.1}{2000 \div 0.1} = \frac{1}{2000 \div 0.1} = \frac{1}{20000}$$

撮像面での画素寸法 12 μm を 20000 倍すれば 1 画素に写る地上の広さ（地上画素寸法）がわかります。

μは 10^{-6} なので

$12 \times 10^{-6} \times 20000\ \mathrm{m}$

10^{-6} は**最後に計算**するのがポイントです。

$240000 \times 10^{-6} = 0.24\ \mathrm{m}$

知りたいのは橋の実際の長さなので、写真に写った画素数1画素あたりの地上寸法をかければ答えがわかります。

$1000 \times 0.24 = 240$ m

以上より、この橋の実長は240 mで、解答は2となります。

●UAV写真測量の注意点

5章で紹介したUAVを利用する写真測量は、作業規程の準則にも掲載されたように、現在広がりつつある測量の一つです。UAVを飛行させる場合の注意点を紹介します。

- 使用するUAVは自律飛行機能及び異常時の自動帰還機能を装備していること。
- 航行能力は、利用が想定される撮影区域の地表風に耐えることができること。
- 撮影時の機体の振動や揺れを補正し、デジタルカメラの向きを安定させることができること。
- 使用するUAVは、安全確保の観点から、飛行前後における適切な整備や点検を行うとともに、必要な部品の交換などの整備を行う。
- 人口集中地区や空港周辺、高度150 m以上の空域でUAVを飛行させる場合には、国土交通大臣による許可が必要となる。

UAV測量が普及することで、試験でも定期的に出題されることが予想されます。ここに紹介したポイントだけでなく、作業規程の準則も確認しておくようにしましょう。

空中写真の判読のポイント

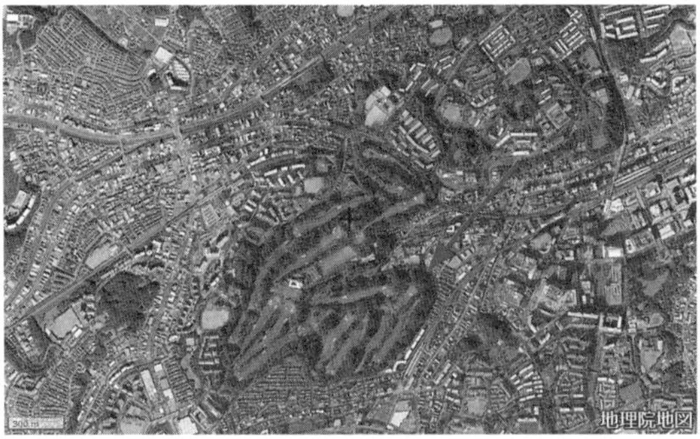

出典：地理院地図を加工して作成

ゴルフ場は林に囲まれた細長い形状の緑地がいくつも隣接して並んでいます。

出典：地理院地図を加工して作成

茶畑は緑色の細長い筋状に並んでいる列が何本もみられます。

6章

lesson 7

写った地物と飛行高度

重要度 ★★☆

合格のポイント！

空中写真測量の計算問題の中では、手間もかかり難しい問題です。中心投影の原理にのっとり、段階を踏んでいけば解けますので、例題で学んでいきましょう。

1 写った地物と飛行高度の問題の計算方法①

ここでも例題で学んでいきましょう。

> 画面距離が 15 cm、画面の大きさが 23 cm × 23 cm の航空カメラを用いて、海抜 2200 m の高度から撮影した鉛直空中写真に、鉛直に立っている高さ 50 m の直線状の高塔が写っている。この高塔の先端は、鉛直点から 70.0 mm 離れた位置に写っており、高塔の像の長さは 2.0 mm であった。
>
> この高塔が立っている地表面の標高は幾らか。

問題文の数値を図にしてみると、次ページの図のようになります。求めたいのは図の？の部分で、地物の標高です。

段階的に求めると答えにたどり着けます。

公式的に解き方を覚えてしまってもよいでしょう。

写った地物と飛行高度の問題の計算方法 1

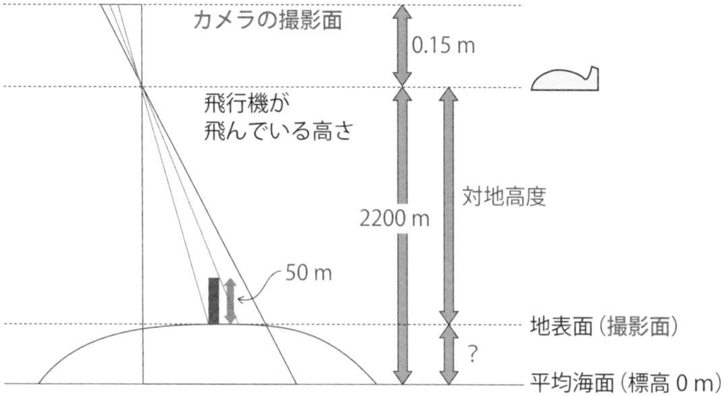

高塔の状況は次のとおりです。

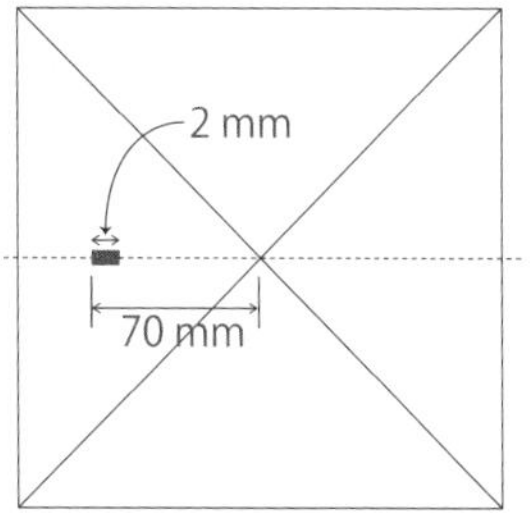

まず、写真に写っている像について考えてみます。ここでは、わかりやすくするために三角形の比率を変えています。

写った地物と飛行高度の問題の計算方法 2

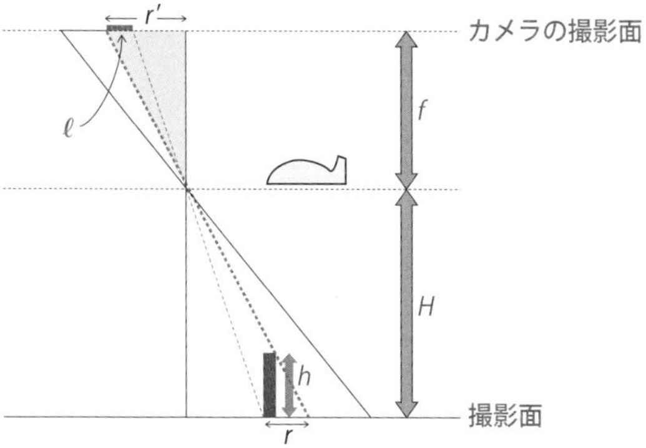

ここでは次の式が成立します。

$$\frac{h}{r} = \frac{f}{r'}$$

飛行機の飛んでいる面の上下で 2 つの三角形を作ります。この上下のの三角形 2 つは相似です。

［地物の高さ（h）と影（r）の割合］と、［画面距離（f）と写真の中心から写った地物の先端までの長さ（r'）の割合］は同じになります（計算問題を解くための基礎　6　相似　参照）。

$$h : r = f : r'$$

② 写った地物と飛行高度の問題の計算方法②

次に縮尺について考えてみます。

写った地物と飛行高度の問題の計算方法 3

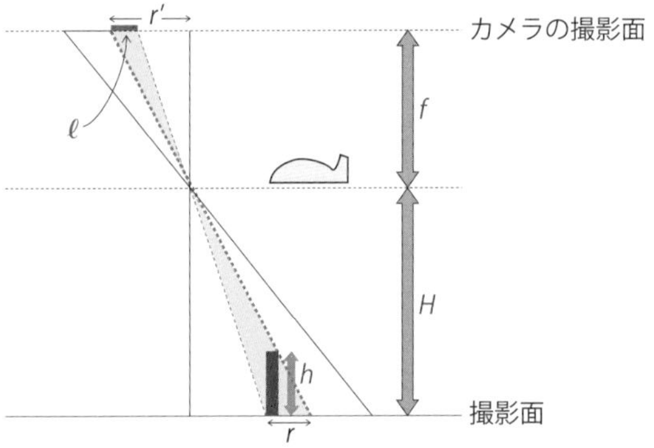

ここでは次の式が成立します。

$$\frac{f}{H} = \frac{\ell}{r}$$

先ほどとは形の異なる 2 つの三角形を作ります。この上下の三角形 2 つも相似です。

［対地高度（H）と画面距離（f）の割合］と、［地物の影（r）と写っ

た地物の先端までの長さ（ ℓ ）の割合］は同じになります。

$$H : f = r : \ell$$

写った地物と飛行高度の問題の計算方法 4

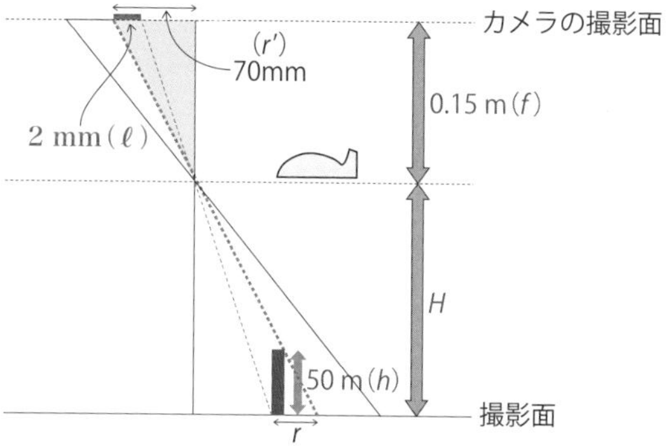

では計算してみましょう。

まず、影にあたる部分（r）を求めましょう。

$h : r = f : r'$

$50\ \mathrm{m} : r = 15\ \mathrm{cm} : 70\ \mathrm{mm}$

$50000\ \mathrm{mm} : r = 150\ \mathrm{mm} : 70\ \mathrm{mm}$

$$50000 : r = 150 : 70$$

$$r \times 150 = 50000 \times 70$$

$$\frac{r \times \cancel{150}}{\cancel{150}} = \frac{50000 \times 70}{150}$$

$$r = \frac{50000 \times 70}{150} \fallingdotseq 23333\ \mathrm{mm}$$

これで、対地高度を求めることができます。

$H : 0.15\ \mathrm{m} = 23333\ \mathrm{mm} : 2\ \mathrm{mm}$

$H : 150\ \mathrm{mm} = 23333\ \mathrm{mm} : 2\ \mathrm{mm}$

$$H : 150\ \mathrm{mm} = 23333\ \mathrm{mm} \times 2\ \mathrm{mm}$$

$$150 \times 23333 = H \times 2$$

$$H = \frac{150 \times 23333}{2} = 1749975\ \mathrm{mm} \fallingdotseq 1750000\ \mathrm{mm} = 1750\ \mathrm{m}$$

対地高度は 1750 m とわかりました。飛行高度は 2200 m ですので

$2200 - 1750 = 450$

地物の標高は 450 m とわかりました。

この他にも比例を分数で表し計算する方法や、公式として覚えてしまうなど、さまざまな解き方や順序があります。

対地高度が分かっていて高い建物が写っている場合のほか、建物の高さを求めたい場合には次の比例式でも解けます。

対地高度：主点から建物の先端の長さ（図上での長さ）

＝建物の高さ：建物の長さ（図上での長さ）

なお、試験問題の図ではイメージしにくいですが、地物は以下の図のように立っていると考えてください。

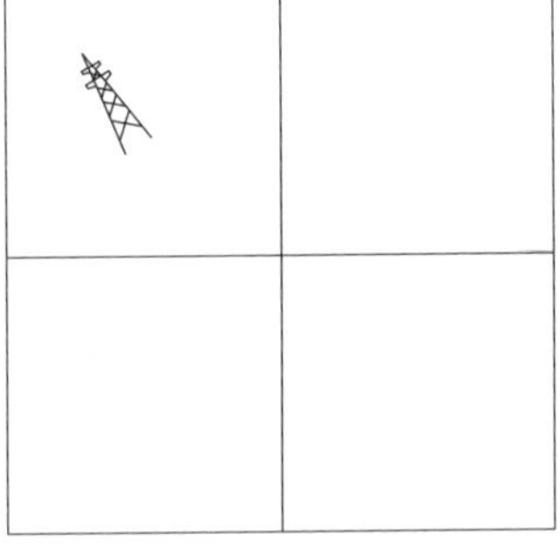

過去問題をやってみよう！

航空カメラを用いて，海面からの撮影高度 1,900 m で標高 100 m の平たんな土地を撮影した鉛直空中写真に，鉛直に立っている直線状の高塔が写っていた。図のように，この高塔の先端は主点 P から 70.0 mm 離れた位置に写っており，高塔の像の長さは 2.8 mm であった。

この高塔の高さは幾らか。最も近いものを次の中から選べ。

なお，関数の値が必要な場合は，8 ページの関数表を使用すること。

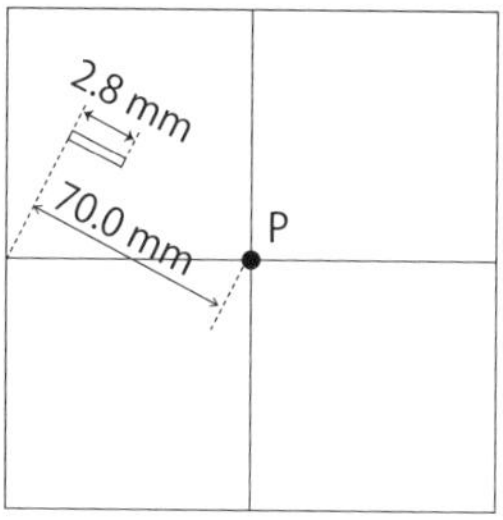

図

1.　68 m　　2.　72 m　　3.　76 m

4.　80 m　　5.　84 m

解答　2

ここでは公式として解く方法で解説します。

対地高度：主点から建物の先端の長さ（図上での長さ）

＝建物の高さ：建物の長さ（図上での長さ）

この式に当てはめてみると

$(1900 - 100)$ m：70 mm $= h$：2.8 mm

$70 \times h = 1800 \times 2.8$

$$h = \frac{1800 \times 2.8}{70} = 72 \text{ m}$$

以上より、高塔の高さは 72 m となり、解答は 2 となります。

6章

lesson 8

基線長・OL・SL

重要度 ★★☆

合格のポイント！

写真の重なりや、シャッター間隔の問題です。これまでと違い、撮影コース方向の縮尺がメインになります。基本となる三角形は同じです。

1 基線長・OL・SL の問題の計算方法①

ここでも例題で学んでいきましょう。

画面距離 10 cm、画面の大きさ 26000 画素× 15000 画素、撮像面での素子寸法 4 μm のデジタル航空カメラを用いて、海面からの撮影高度 3000 m で標高 0 m の平たんな地域の鉛直空中写真を撮影した。撮影基準面の標高を 0 m、撮影基線方向の隣接空中写真間の重複度を 60 %とするとき、撮影基線長は幾らか。ただし、画面短辺が撮影基線と平行とする。

問題文の数値を図にしてみると、次のようになります。

求めたいのは図の *B* の部分で、撮影基線長です。なお、OL はオーバーラップの略、SL はサイドラップの略です。

基線長・OL・SLの問題の計算方法

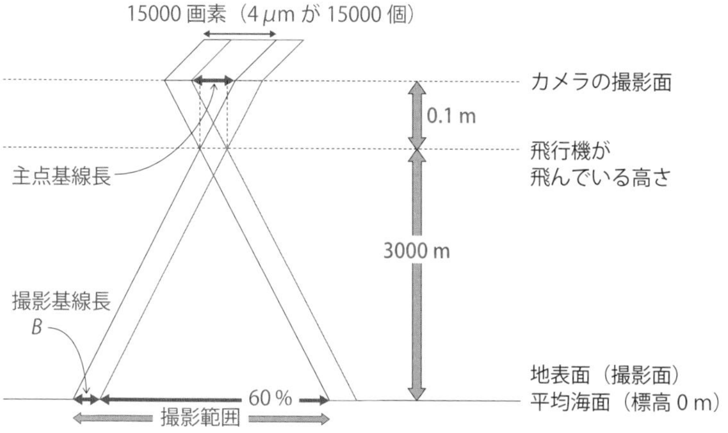

基線長は写真のOLではない部分（重複していない部分）の幅になりますので、撮影範囲がどれくらいかを求め、その範囲の60 %がOLだとすると、残りの40 %が基線長です。段階的に求めると答えにたどり着けます。

まず、写真の縮尺を求めます。なお、わかりやすくするために三角形の比率を変えています。

画面距離が0.1 m、対地高度が3000 mですので、この写真の縮尺は

$$\frac{0.1}{3000} = \frac{1}{M}$$

② 基線長・OL・SLの問題の計算方法②

縮尺の形にしたいので分母と分子を分子で割ります。

$$\frac{0.1 \div 0.1}{3000 \div 0.1} = \frac{1}{30000}$$

これで縮尺がわかりました。

次に撮影範囲を求めます。この写真は実物を 1 / 30000 にしたことがわかっているので、画面の横幅である（4 μm に画素が 15000 個並んでいる）4 μm × 15000 を 30000 倍すれば撮影範囲になります。

写真の幅について考えてみましょう。画面の大きさ 26000 画素× 15000 画素、撮像面での素子寸法 4 μm のデジタル航空カメラを用いているので次のようになります。

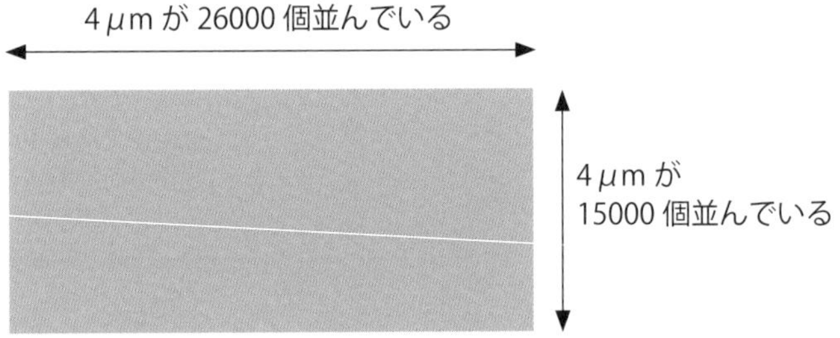

$1\mu = 10^{-6} = 0.000001$ なので、次のように考えます。なお、ほとんどの場合「ただし、画面短辺が撮影基線と平行とする。」という条件が入っています。

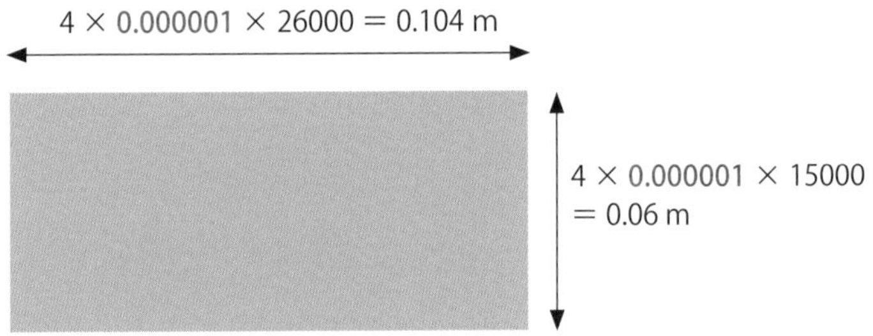

これより、画面の横幅は 0.06 m です。

これを 30000 倍すると、写真に写る地上の範囲です。

$0.06 \times 30000 = 1800$

1800 m の 60 % が写真の OL ですので残り 40 % が基線長です。測量士補の問題ではだいたい 60 %で出題されます。

重複度と基線長

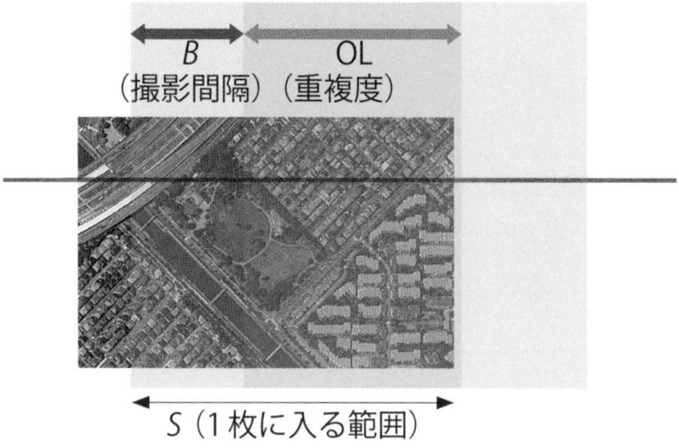

$$\text{OL（重複度）} = \frac{S - B}{S} \times 100\ [\%]$$

出典：地理院地図を加工して作成

1800 × 0.4 = 720

解答は720 mです。

この他にも比例で表し計算する方法や、公式として覚えてしまうなど、さまざまな解き方や順序があります。数学の得意な方や比例の考え方が得意な方は、自分が得意な解答パターンを探してみてください。

■主点基線長

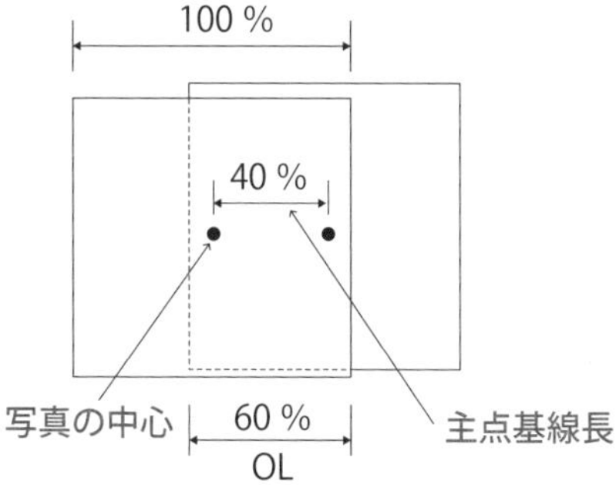

過去問題をやってみよう！

画面距離 12 cm，撮像面での素子寸法 12 μm，画面の大きさ 14,000 画素× 7,500 画素のデジタル航空カメラを用いて，海面からの撮影高度 2,400 m で標高 0 m の平たんな地域の鉛直空中写真の撮影を行った。撮影基準面の標高を 0 m とし，撮影基線方向の隣接空中写真間の重複度が 60 %の場合，撮影基準面における撮影基線方向の重複の長さは幾らか。最も近いものを次の中から選べ。

ただし，画面短辺が撮影基線と平行とする。

1. 540 m
2. 900 m
3. 1,080 m
4. 1,200 m
5. 1,440 m

解答 3

問題を図に表すと次のようになります。

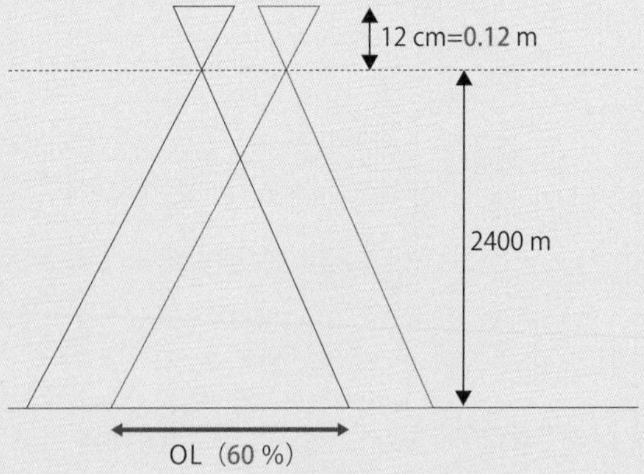

まず、写真の縮尺を求めます。画面距離が 0.12 m、対地高度が 2400 m ですので、この写真の縮尺は

$$\frac{0.12}{2400} = \frac{1}{M}$$

縮尺の形にしたいので、分母と分子を分子で割ります。

$$\frac{0.12 \div 0.12}{2400 \div 0.12} = \frac{1}{20000}$$

これで縮尺がわかりました。次に撮影範囲を求めます。この写真は実物を 1/20000 にしたことがわかっているので、画面の横幅である（12 μm の画素が 7500 個並んでいる）12 μm × 7500 を 20000 倍すれば撮影範囲になります。10^{-6} は最後に計算しましょう。

$12 \times 10^{-6} \times 7500 \times 20000 = 1800000000 \times 10^{-6}$

$\times 10^{-6}$ は小数点を 6 桁左に移動する（「0」を 6 つ消す）ので

$= 1800$ m

重複はこの 60 %ですので

$1800 \text{ m} \times 0.6 =$ **1080** m

重複の長さは **1080** mで解答は **3** となります。ちなみに、この場合の撮影基線長は、

1800 m － 1080 m　で **720** m です。

重複を求める問題と、基線長を求める問題がありますので、混同しないようにしましょう。

試験本番の心構え

●余裕を持って会場へ行くこと

試験室への入室は試験開始1時間前からです。試験の15分前には説明が始まりますので、お手洗いや水分補給を済ませて試験開始30分前までに試験室へ入ってください。

●試験開始後にすぐ問題を解き始めないこと

試験が始まったら、まずは問題を一通り観察してみましょう。解けそうな問題、難しそうな問題、時間がかかりそうな問題を把握してから取り掛かりましょう。毎年1問は簡単に解けないような問題が出題されます。そういった問題はすべて見直しが終わってからじっくり考えると、解けることもあります。

●見直しをすること

全ての問題を必ず見直しましょう。よくあるミスは「問題用紙の解答とマークシートが違っている」「間違っているものの数を答える問題で、番号ではなく数の数字を選んでしまっている」「数値の補正をする問題でプラスマイナスが間違っている（間違っているものが5択の中にある）」「正しいもの・間違っているものを逆に考えてしまっている」などです。時間は十分ありますから、落ち着いて見直しをしましょう。

●試験後すぐに解き直しをすること

試験が終わると一息つきたい気持ちになると思います。しかし、家に帰ったらすぐにテキスト等で解答を確認してみましょう。わからなかった問題も案外簡単だったり、簡単だった問題に工夫が必要だったりと、気づくことがあると思います。次回の試験や他の資格試験につなげるためにも、記憶が新しいうちに見直してみましょう。

いちばんわかりやすい!
測量士補
テキスト&問題集＋予想模試

7章 地図編集

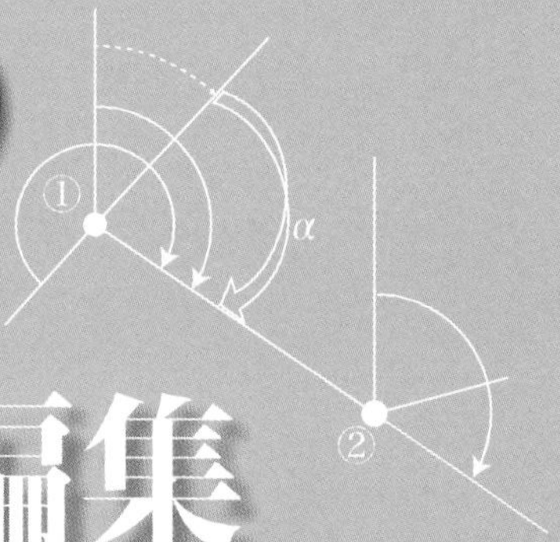

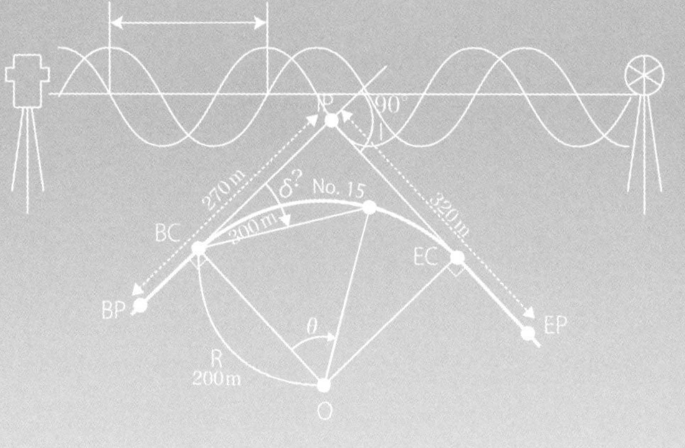

地図編集に関しては基本的に文章からの出題が中心で、近年では地理情報システム（GIS）から1問出題されるようになっています。これまでに出題された内容を繰り返し解いていくことで着実に力を付けることができる分野です。

7章

地図の読解

重要度★★☆

合格のポイント！

この問題のポイントは、「縮尺」「地図記号」「図式」「等高線」です。主要な地図記号を覚えている必要がありますが、地図の基本的な読み方さえ知っていれば解けます。

1 地図編集とは

測量法に規定されていた地図の調製にあたります。地図を組み合わせて新しい地図を作るイメージです。測量士補試験では、調製の方法そのものではなく、図法や地図から情報を読み取る方法などが聞かれます。

2 地図の読解問題の解き方①

次の例題をもとに学んでいきましょう。

次ページの地図は国土地理院発行の縮尺 1/25000 の地形図の一部（縮尺を変更、一部を改変。本章 lesson1 の他の地図も同じ）です。この地図の内容に関する次の文で、明らかに間違っているものはどれでしょうか。

1. 山麓駅と山頂駅の標高差は約 250 m である。
2. 税務署と裁判所の距離は約 460 m である。
3. 消防署と保健所の距離は約 340 m である。
4. 裁判所の南側に消防署がある。
5. 市役所の西側に図書館がある。

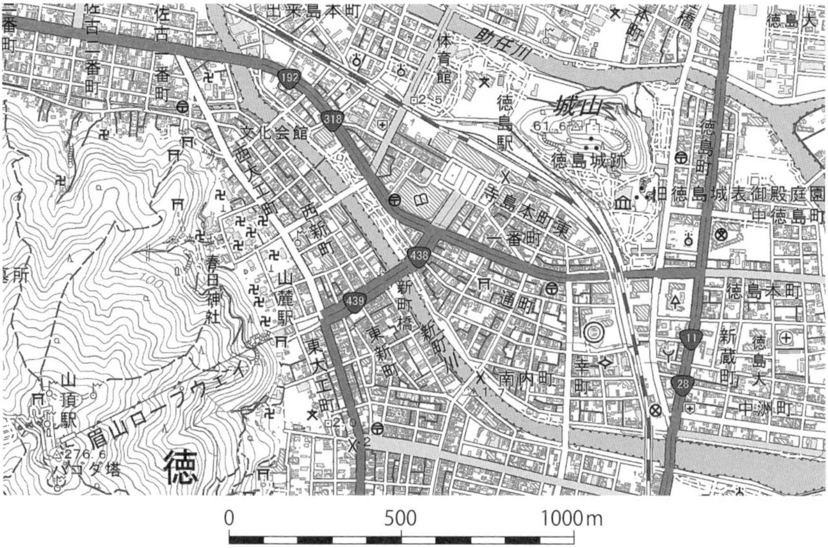

1）1．山麓駅と山頂駅の標高差は約 250 m である。

正解です。100 m の等高線から数えると山麓駅の標高は 10 m であることがわかります。

等高線の読み方は 5 章 lesson2 でも触れましたが、地図上の春日神社の左にある計曲線から主曲線を数えていくとよいでしょう。等高線の間隔は次のとおりです。

> 等高線の間隔（2 万 5000 分 1 地形図）
> 主曲線：10 m ごと
> 計曲線：50 m ごと
> 補助曲線：5 m ごと

山頂駅付近の三角点が 276.6 m ですので、そこから主曲線を読み取り、標高 260m であることがわかります。

260 m － 10 m で、約 250 m といえます。山頂駅から等高線を数えてもよいでしょう。なお、次ページ以降の解説の地図は、わかりやすくするためもとの地図を拡大しています。

2）2. 税務署と裁判所の距離は約 460 m である。

間違いです。地図を見てみましょう。三角に縦線が裁判所、そろばんの玉が税務署です。

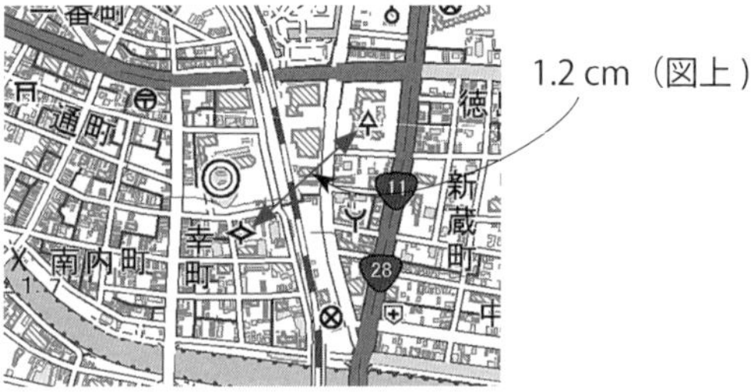

図上のスケールとの比で求めます（計算問題を解くための基礎　12 縮尺　参照）。

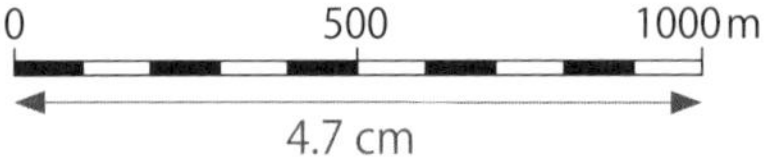

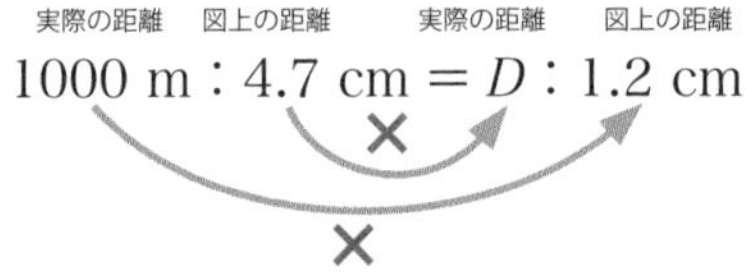

$$1000\ \mathrm{m} : 4.7\ \mathrm{cm} = D : 1.2\ \mathrm{cm}$$

$$4.7 \times D = 1000 \times 1.2$$

$$D = \frac{1000 \times 1.2}{4.7} \fallingdotseq 255\ \mathrm{m}$$

460 m とはかなり離れていますので間違いです。

3）3．消防署と保健所の距離は約 340 m である。

地図を見てみましょう。さすまたが消防署、丸に十字が保健所です。これも図上のスケールの比で求めます。

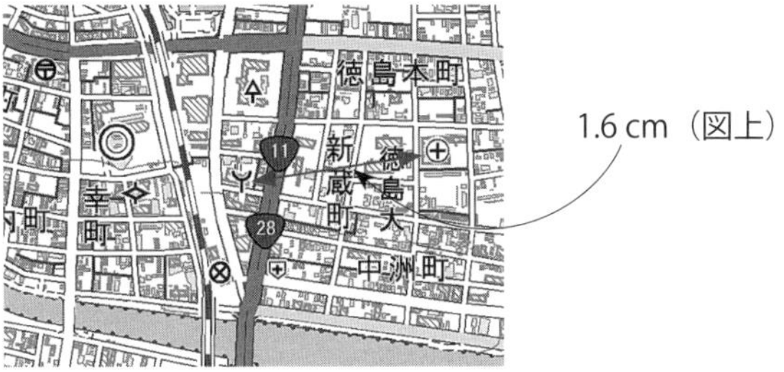

実際の距離　図上の距離　実際の距離　図上の距離

$$1000\ \text{m} : 4.7\ \text{cm} = D : 1.6\ \text{cm}$$

× ×

$$4.7 \times D = 1000 \times 1.6$$

$$D = \frac{1000 \times 1.6}{4.7} \fallingdotseq 340\ \text{m}$$

約 340m といってよいでしょう。

4）4．裁判所の南側に消防署がある。

三角に縦線が裁判所、さすまたが消防署でした。地図上で確かに確認できます。

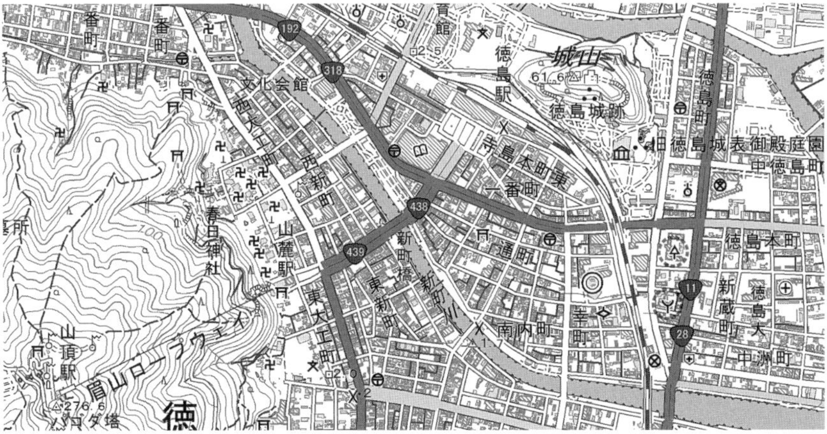

5）5．市役所の西側に図書館がある。

二重丸が市役所、本が開いている形が図書館です。図書館は市役所の西なので正しいです。

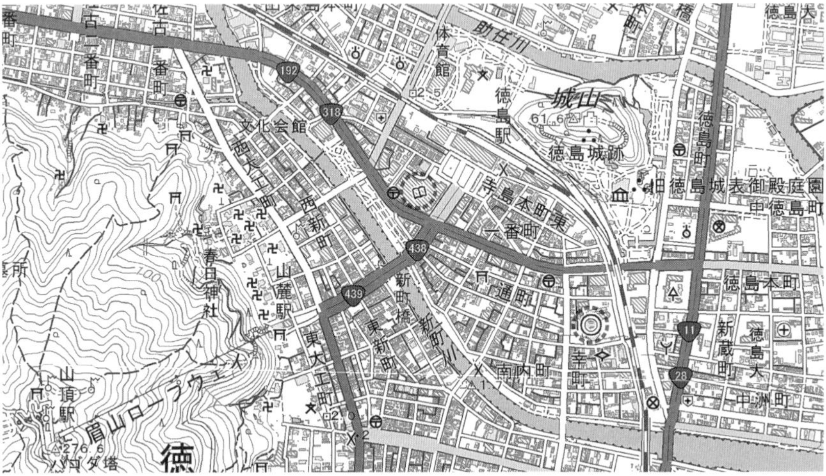

③ 地図の読解問題の解き方②

図上の距離に関しては縮尺を計算してから、縮尺の分母をかけて計算する方法もあります。

$$\frac{0.047\ \mathrm{m} \div 0.047}{1000\ \mathrm{m} \div 0.047} = \frac{1}{M} \fallingdotseq \frac{1}{21277}$$

この場合、図上の距離に 21277 をかければ実際の距離になります。

問題では、地形図上の 2 点間の実際の距離を聞かれることがあります。この場合、まず地図の縮尺を求め、次に 2 点間の図上距離を測って縮尺の分母をかけることで求めることができます。

覚える用語

スケール　地図の左下に「0 m－ 500 m」といったように線が書かれている場合があります。これはスケールなどと呼ばれ、現在画面に表示されている地図または出力した地図の縮尺を求めるためのものです。

過去問題をやってみよう！

図は，国土地理院刊行の 1 / 25,000 地形図の一部（縮尺を変更，一部を改変）である。次の文は，この図に表現されている内容について述べたものである。明らかに間違っているものはどれか。次の中から選べ。

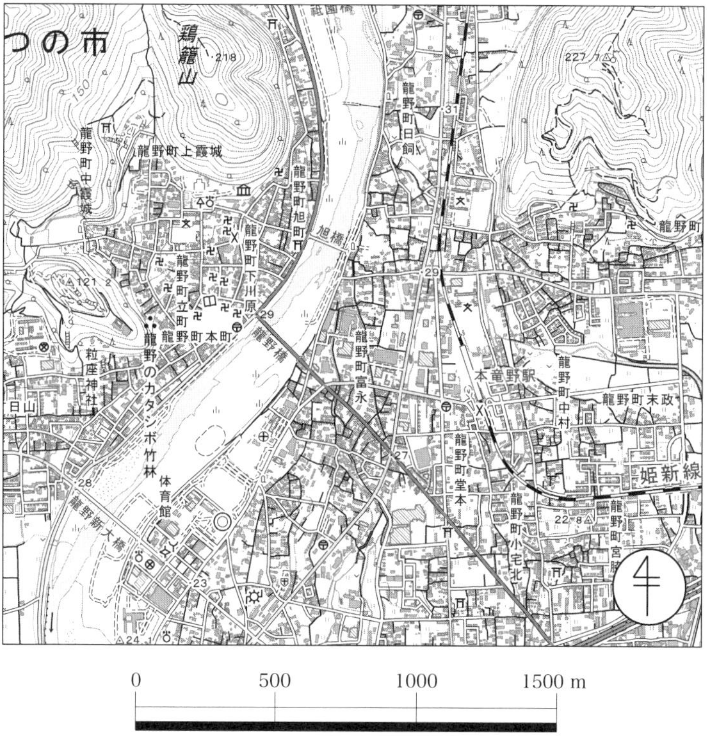

1.　龍野新大橋と鶏籠山の標高差は，およそ 190 m である。
2.　龍野のカタシボ竹林は，史跡，名勝又は天然記念物である。
3.　龍野橋と龍野新大橋では龍野新大橋の方が下流に位置する。
4.　裁判所と税務署では税務署の方が北に位置する。
5.　本竜野駅の南に位置する交番から警察署までの水平距離は，およそ 1,320 m である。

解答　4

各選択肢ごとに見ていきます。なお、解説では分かりやすくするために地図を拡大しています。

1. ○　龍野新大橋と鶏籠山の標高差は、およそ 190 m である。

鶏籠山付近の標高点が 218 m、龍野新大橋付近の標高点が 28 m なのでおよそ 190m です。

2. ○　龍野のカタシボ竹林は、史跡、名勝又は天然記念物である。

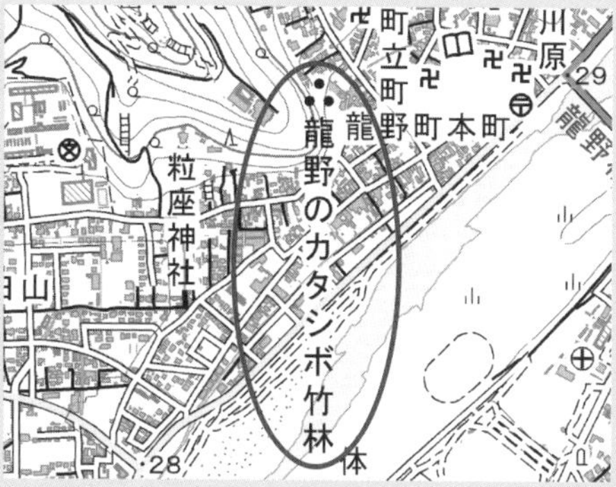

地図記号で示されているように、史跡・名勝・天然記念物です。

3. ○　龍野橋と龍野新大橋では龍野新大橋のほうが下流に位置する。

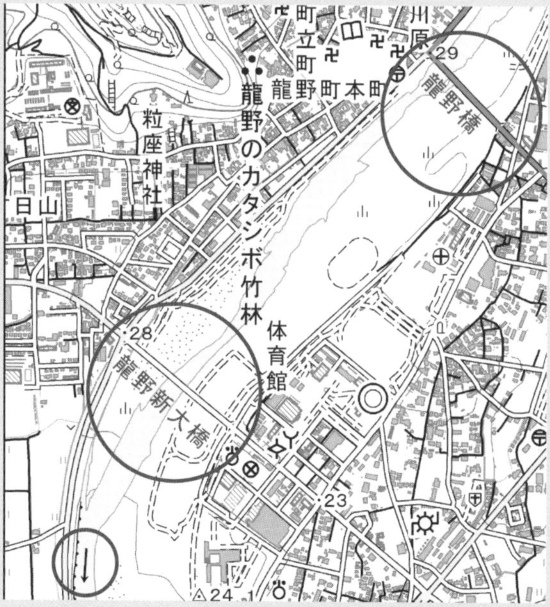

矢印が流れの方向を示しているので龍野新大橋のほうが下流です。そのほか、標高点や地形を参考に位置を考えることもできます。

4.　×　裁判所と税務署では税務署の方が北に位置する。

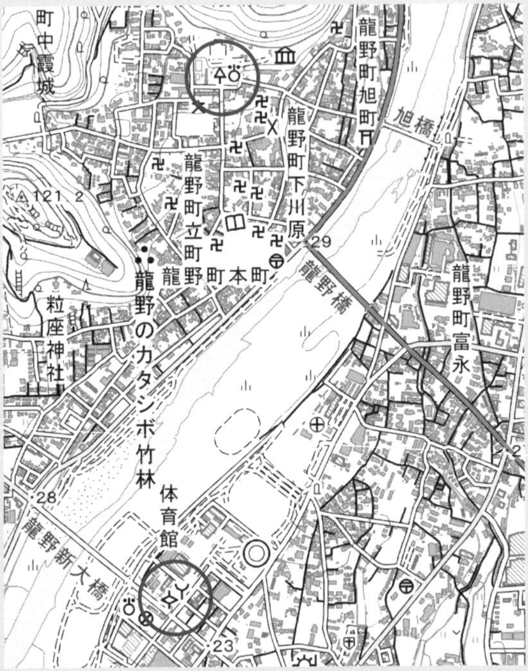

裁判所のほうが北なので間違いです。

5.　○　本竜野駅の南に位置する交番から警察署までの水平距離は、およそ 1,320 m である。

交番は×、警察署はそれを○で囲んだものです。

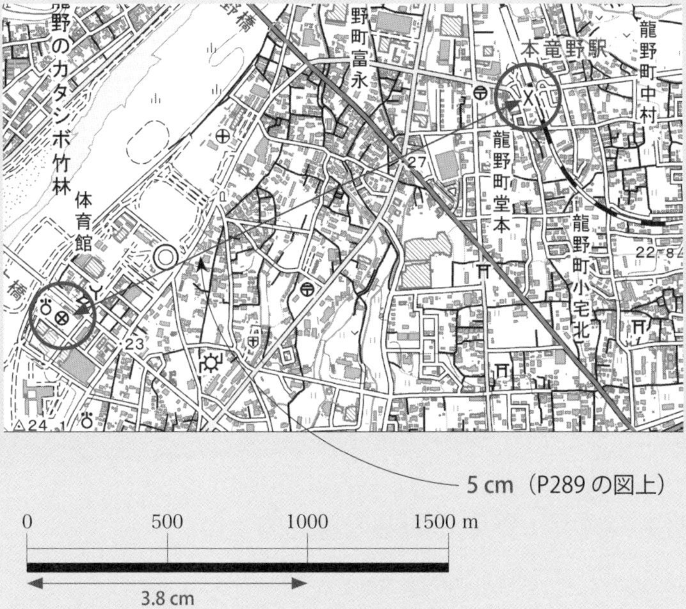

$$1000\ \mathrm{m} : 3.8\ \mathrm{cm} = D : 5\ \mathrm{cm}$$

$$3.8\ \mathrm{cm} \times D = 1000\ \mathrm{m} \times 5\ \mathrm{cm}$$

$$D = \frac{1000\ \mathrm{m} \times 5\ \mathrm{cm}}{3.8\ \mathrm{cm}} \fallingdotseq 1315.8\ \mathrm{m}$$

およそ 1320 m といえます。

7章

lesson 2

地物の緯度・経度

重要度★★☆

合格のポイント！

この問題のポイントは、補助線を引くことです。三角点や建物の緯度経度を計算しますが、5択で近いものを選べば良いので建物の中心か、地図記号の中心かのようなところまではこだわる必要はありません。

① 地物の緯度・経度の問題の解き方

次の例題をもとに学んでいきましょう。

図は地理院地図（縮尺を変更、一部を変更。本章 lesson2 の他の地図も同じ）の一部です。図内に示す消防署の経緯度は幾らでしょうか。ただし、以下に示す数値は、図内に示す三角点の経緯度及び標高を表しています。

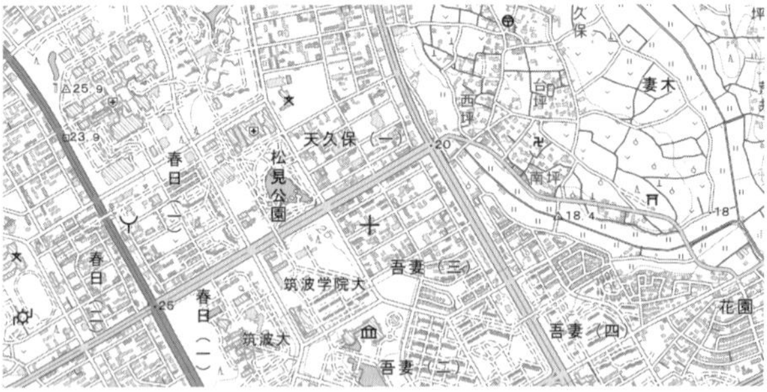

種別	経度	緯度	標高（m）
三等三角点	東経 140° 06′ 00″	北緯 36° 05′ 36″	25.98
四等三角点	東経 140° 07′ 02″	北緯 36° 05′ 23″	18.48

三角が三等三角点、四角が四等三角点、丸が消防署です。緯度・経度を手がかりにしても良いですし、近くの水準点から標高を頼りに探しても良いです。

まず、二つの三角点から緯度・経度の方向に線を作図します。地図の外に出るまで余裕を持って長く描くと後の計測がしやすくなります。

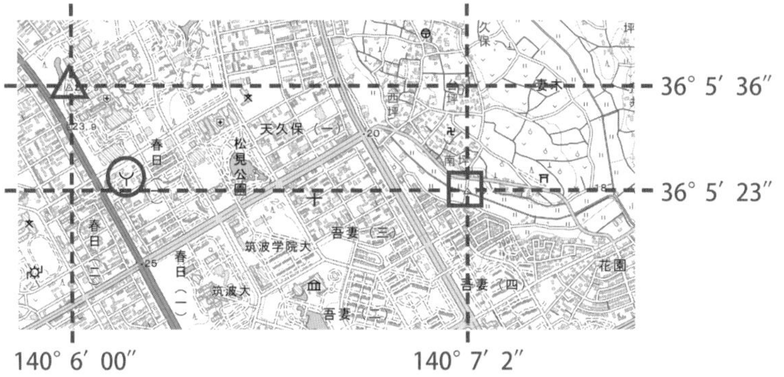

本番では色のついた筆記具は使用できませんので、緯度・経度を記入しておいて間違えないようにしましょう。この線を基準に図上の距離を測って消防署の緯度・経度を比例で求めます。どちらの三角点を基準にしても構いません。

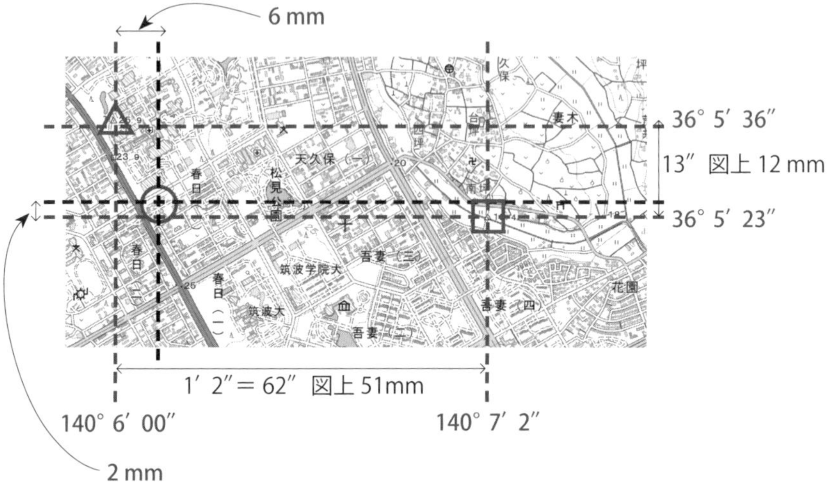

緯度方向（X）は三角点間の緯度差と長さの比を基準に、四等三角点との緯度差（Δ*x*）と図上の長さの比で求めます。経度方向（Y）は三角点間の経度差と長さの比を基準に、三等三角点との経度差（Δ*y*）と図上の長さの比で求めます。

X　13″：12 mm ＝Δ*x*：2 mm

Y　62″：51 mm ＝Δ*y*：6 mm

ここで、X は　13″：12 mm ＝Δ*x*：2 mm なので、次の式のようになります。

$$13'' : 12\ \mathrm{mm} = \Delta x : 2\ \mathrm{mm}$$

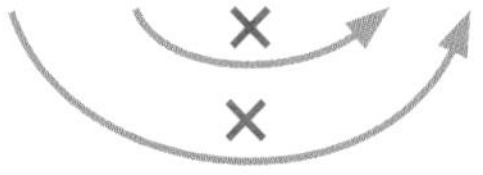

$$12 \times \Delta x = 13 \times 2$$

$$\Delta x = \frac{13 \times 2}{12} \fallingdotseq 2.2''$$

四等三角点との緯度差は 2.2″とわかりました。

これを計算してみると

36° 5′ 23″＋2.2″≒36° 5′ 25″となります。

同様に Y は次のように求められます。

$$62'' : 51\ \mathrm{mm} = \Delta y : 6\ \mathrm{mm}$$

$$51 \times \Delta y = 62 \times 6$$

$$\Delta y = \frac{62 \times 6}{51} \fallingdotseq 7.3''$$

三等三角点との経度差は 7.3″とわかりました。これを計算してみると

140° 6′ 00″ ＋ 7.3″ ≒ 140° 6′ 7″

となり、答えは北緯：36° 5′ 25″、東経：140° 6′ 7″となります。

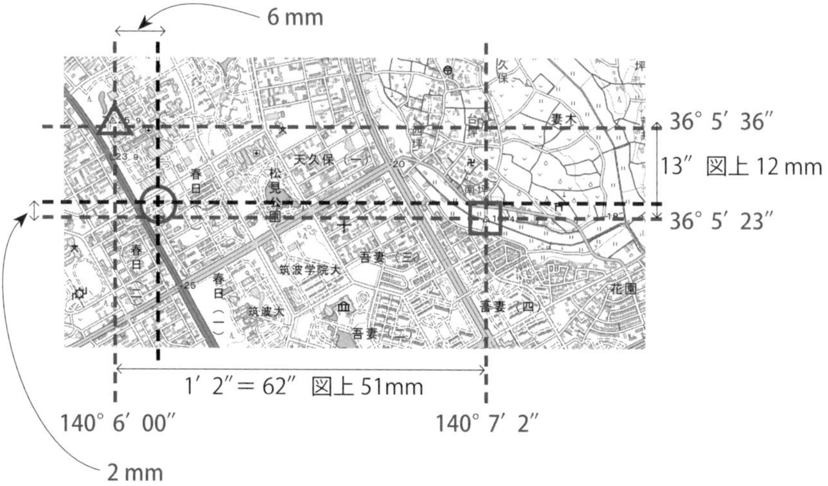

過去問題をやってみよう！

図は，国土地理院刊行の電子地形図 25000 の一部（縮尺を変更，一部を改変）である。この図にある博物館の経緯度で最も近いものを次の中から選べ。

ただし，表に示す数値は，図の中にある三角点の経緯度を表す。

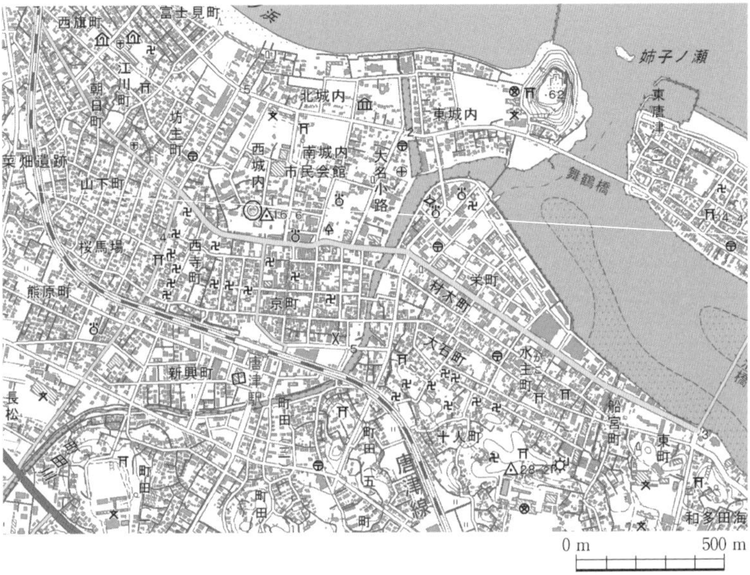

図

表

経　度	緯　度
東経　129°58′06″	北緯 33°27′00″
東経　129°58′37″	北緯 33°26′33″

1. 東経 129° 57′ 49″　　北緯 33° 27′ 08″
2. 東経 129° 58′ 02″　　北緯 33° 26′ 43″
3. 東経 129° 58′ 14″　　北緯 33° 26′ 59″
4. 東経 129° 58′ 18″　　北緯 33° 27′ 12″
5. 東経 129° 58′ 27″　　北緯 33° 27′ 02″

解答　4

例題では図上の長さの比で求めましたが、ここでは 1mm 当たりの経緯度差を求めて、図上の距離にかける方法で解説します。

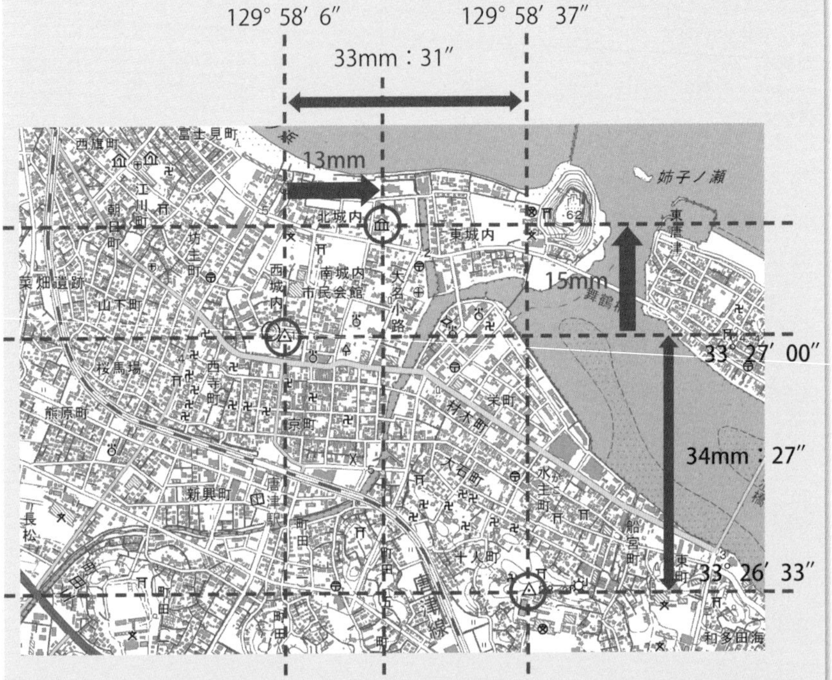

	経　度	緯　度
標高 16.6m の三角点	東経　129°58′06″	北緯 33°27′00″
標高 28.2m の三角点	東経　129°58′37″	北緯 33°26′33″

1）経度

図上 1 mm あたりの経度差を計算してみましょう。33 mm に対して 31″なので

$$\frac{31}{33} \fallingdotseq 0.94$$

1 mm あたり 0.94″の経度差であることが分かります。

標高 16.6m の三角点との図上距離は 13 mm なので

$13 \times 0.94'' \fallingdotseq 12''$

博物館の経度は

$129^\circ\ 58'\ 06'' + 12'' = 129^\circ\ 58'\ 18''$

2）緯度

図上 1 mm あたりの緯度差を計算してみましょう。34 mm に対して 27″なので

$$\frac{27}{34} \fallingdotseq 0.79$$

1 mm あたり 0.79″の緯度差であることが分かります。

標高 16.6m の三角点との図上距離は 15 mm なので

$15 \times 0.79'' \fallingdotseq 12''$

博物館の緯度は

$33^\circ\ 27'\ 00'' + 12'' = 33^\circ\ 27'\ 12''$

答えは東経 129° 58′ 18″、北緯 33° 27′ 12″で、解答は 4 となります。

地図上に線を引いて考えるのが難しい場合は、白紙の上に線を引いて考えてみるのもおすすめです。

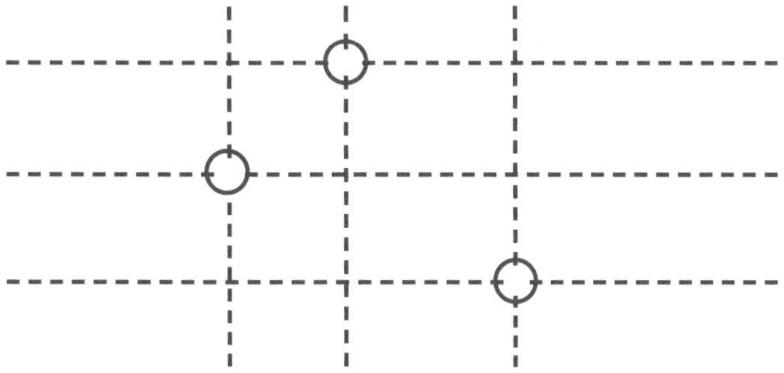

7章

lesson 3

地図の投影と図法

重要度 ★★☆

合格のポイント！

投影法とその特徴や原理、分類について問われます。ここで学ぶことは主にひずみの３要素・投影の種類・図法の種類です。それぞれ深く聞かれることはないので、形や名称だけ整理しておけば十分です。

① 投影によるひずみ

（地図）投影とは、球である地球の表面を平面に描き表す方法です。地球は球体（回転楕円体）であり、ごく狭い範囲を除いて球面上の図形をひずみなく完全に平面に描き表すことはできません。そのため投影法は、球面を地図に表したときのひずみができるだけ小さくするように工夫されてきました。

立体である楕円体を平面である地形図に写し取るとき、必ずズレが生じます。このズレは大きいものを小さく写し取るという意味ではなく、形がひずむと考えてください。

ひずむのは「角度」「距離」「面積」です。この三つともひずむことなく球面を平面に描き表すことはできません。しかし、二つまでひずむことなく表現することができます。

地図を作る際には用途や地図にしたい区域に応じてどの要素を地図上で正しく描き表すのかを決め、図法を選択します。

このひずみには、3 つの要素の中で正しく描き表すことができる組み合わせは決まっています。

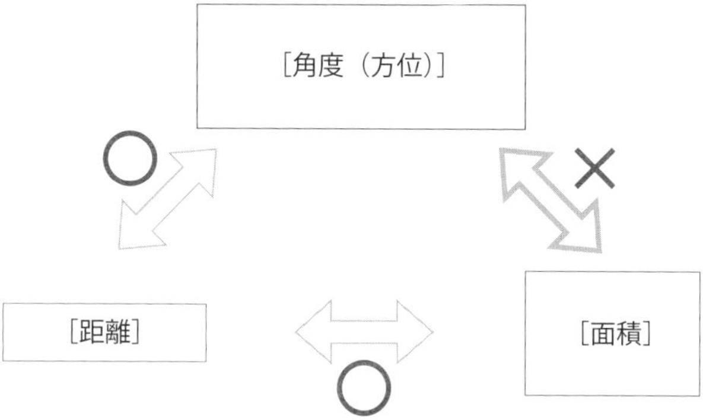

面積と角度（方位）の組み合わせは両立できません。「角度」「距離」「面積」、それぞれどの要素を正しく投影したのか、という投影要素により、正角図法・正距図法・正積図法と分類されます。

■正積図法（モルワイデ図法）

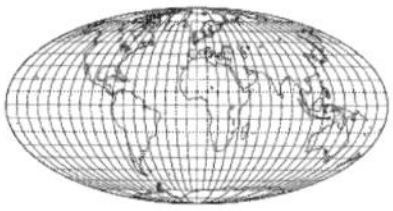

出典： Wikimedia Commons

■正距方位図法・国連旗（北極点を中心に描かれた地球）

出典： Wikimedia Commons

② 図法

1）投射図法

光を当てることでできる影を写し取るようなイメージです。光を発する場所（視点）によって平面への写り方が変化します。

2）円錐図法（正距図法）

円錐を地球にかぶせて、地球の中心から投射した図法です。円錐に触れている部分がひずみのない部分になります。

地球表面と円錐が接する線を標準緯線と呼び、1本の場合と2本の場合があります。円錐の中に地球をすっぽり収めた形が接円錐図法です。

ひずみのない（少ない）部分を増やすため、円錐を地球にめり込ませたような形（2標準緯線の場合）は割円錐図法といいます。

■1標準接円錐図法

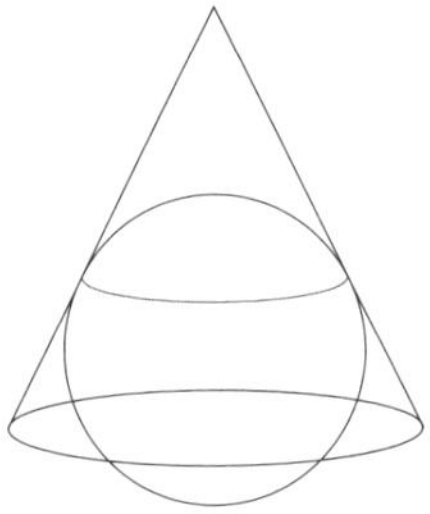

■2標準割円錐図法

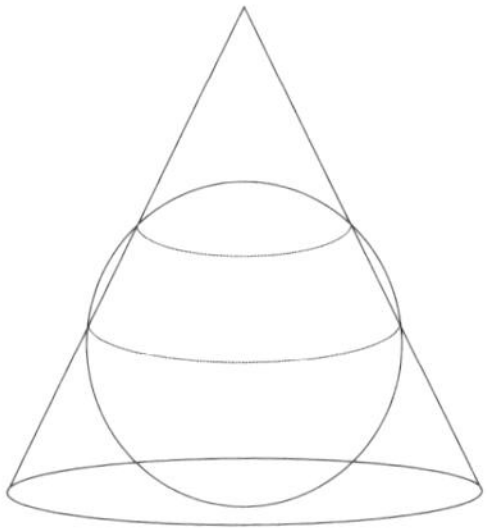

3）円筒図法

円筒を地球にかぶせて、地球の中心から投影した図法です。円筒に触れている部分がひずみのない部分になります。地球の回転軸（南北）の方向で、円筒の中に地球をすっぽり収めた形が正軸接円筒図法です。

ひずみのない（少ない）部分を増やすため、円筒を地球にめり込ませたような形の正軸割円筒図法もあります。

■正軸接円筒図法

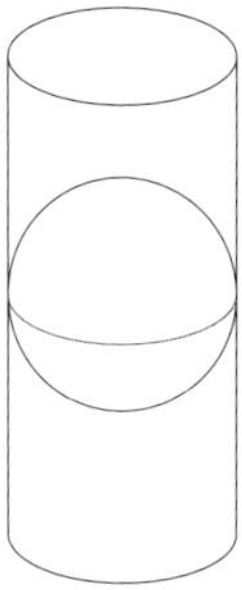

■正軸割円筒図法

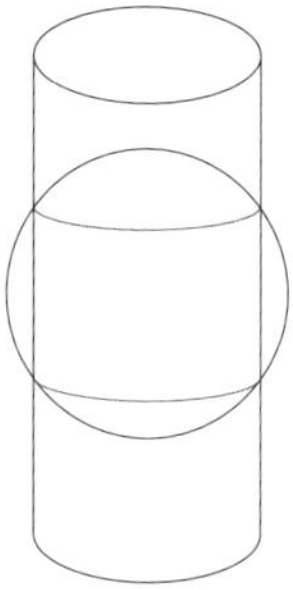

4）横メルカトル図法（ガウス・クリューゲル図法）

メルカトル図法は円筒図法で、投射する円筒を倒して任意の経線で地球に接するようにした図法です。その中で、地球が楕円であることを考慮して、より高い精度で表現するものがガウス・クリューゲル図法です。日本の地形図は普通この図法で作られています。

■横メルカトル図法（ガウス・クリューゲル図法）

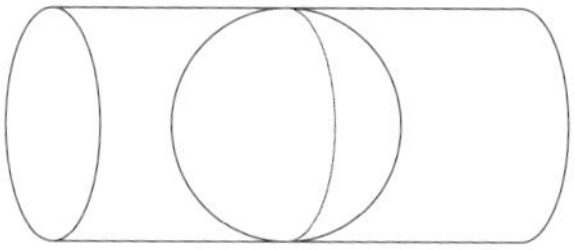

ここが大事！

メルカトル図法は正角図法であり、両極を除いた任意の地点における角度を正しく描くことができます。

過去問題をやってみよう！

次の文は，地図の投影について述べたものである。
[ア]～[オ]に入る語句の組合せとして最も適当なものはどれか。次の中から選べ。

地図の投影とは，地球の表面を[ア]に描くために考えられたものである。曲面にあるものを[ア]に表現するという性質上，地図の投影には[イ]を描く場合を除いて，必ず[ウ]を生じる。

[ウ]の要素や大きさは投影法によって異なるため，地図の用途や描く地域，縮尺に応じた最適な投影法を選択する必要がある。

例えば，正距方位図法では，地図上の各点において[エ]の1点からの距離と方位を同時に正しく描くことができ，メルカトル図法では，両極を除いた任意の地点における[オ]を正しく描くことができる。

	ア	イ	ウ	エ	オ
1.	球面	極めて広い範囲	ひずみ	任意	距離
2.	球面	ごく狭い範囲	転位	特定	距離
3.	平面	極めて広い範囲	ひずみ	任意	角度
4.	平面	ごく狭い範囲	転位	特定	角度
5.	平面	ごく狭い範囲	ひずみ	特定	角度

解答　5

ア　平面　地球の表面（球面）を平面に描くためです。

イ　ごく狭い範囲　狭い範囲であれば地球を平面としても差し支えありません。

ウ　ひずみ　“歪み”とも書きます。転位は、地形図を作るときに同じ位置に二つ以上の建物を描画しなければならないときに、それぞれをずらして描画することです。

エ　特定　任意＝どの点でもという意味なのでそれはできません。また、特定の１点とは通常、地図の中心です。

オ　角度　メルカトル図法は正角図法なので“角度”です。

●長久保赤水の「改正日本輿地路程全図」

「改正日本輿地路程全図」は、1779年に長久保赤水によって作成された実用的な日本地図で、欧米での日本図作成に大きな影響を与えました。この地図には東西に緯線が認められます。

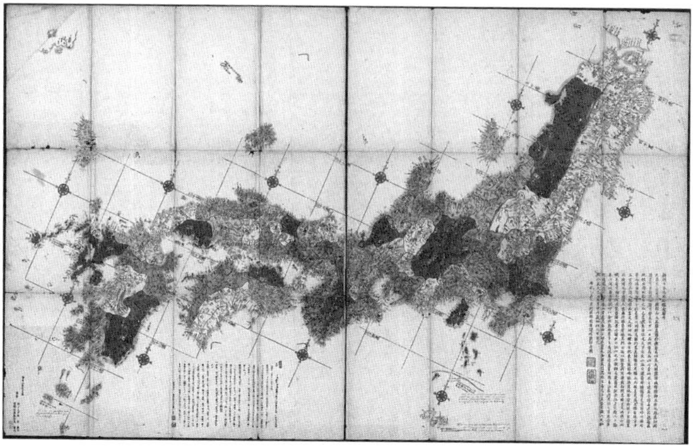

出典：United States Library of Congress's Geography & Map Division

lesson 4

平面直角座標とUTM座標

重要度 ★★☆

合格のポイント！

どちらも地球上の位置を表す座標ですが、用途や図法が違います。この違いについて混同させるような問題がよく出題されています。しっかり整理しておきましょう。

1 平面直角座標

測量法では、地球上の位置を表す方法が定められており、平面直角座標は水平方向の位置を表す座標の一つです（1章　lesson3　測量の基準と位置の表示　参照）。この座標系は日本全国（北方四島を除く）を19のブロックに分け、それぞれのブロックをガウス・クリューゲル図法で投影するものです。

ここが大事！

- 正角図法で座標は縦軸をX軸、横軸をY軸としています
- 原点の座標値は
  X＝0.000 m　Y＝0.000 m
  原点から東方向・北方向が（＋）
  原点から西方向・南方向が（－）
- 中央経線上の縮尺係数を0.9999とし、中央経線より東西方向に約90 km離れた所で1.0000となります
- 適用範囲は130 kmまでで、その地点での縮尺係数は1.0001です

平面直角座標では一つの座標系を Area（エリア）やブロックなどと呼び、日本の国土全てを覆うように原点が設置されています。それぞれの範囲はカバー範囲に漏れがないよう重複しています。

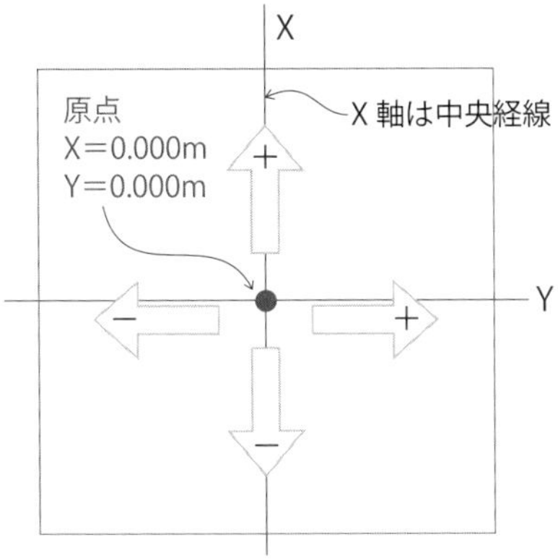

原点の X 軸方向に円筒をかぶせて投影していますので、ひずみについて考慮するのは Y 方向です。

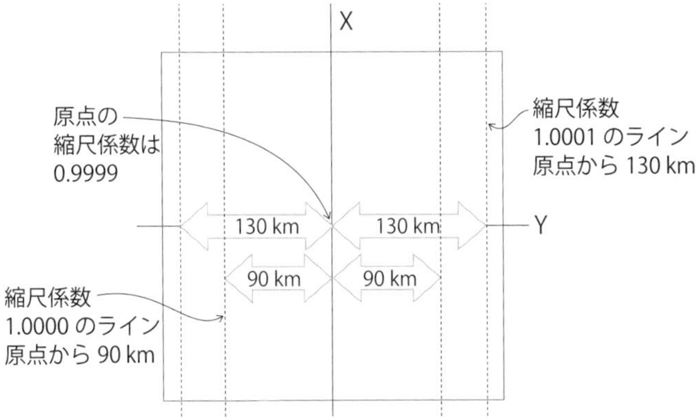

② UTM（ユニバーサル横メルカトル図法）

主に小縮尺図を作るための図法です。地球全体をカバーしています。地球全体を 6 度の経度帯 (Zone) に分けた座標系で、その Zone ごとにガウス・クリューゲル図法で投影するものです。北極から見ると次ページの図のように Zone を分けています。

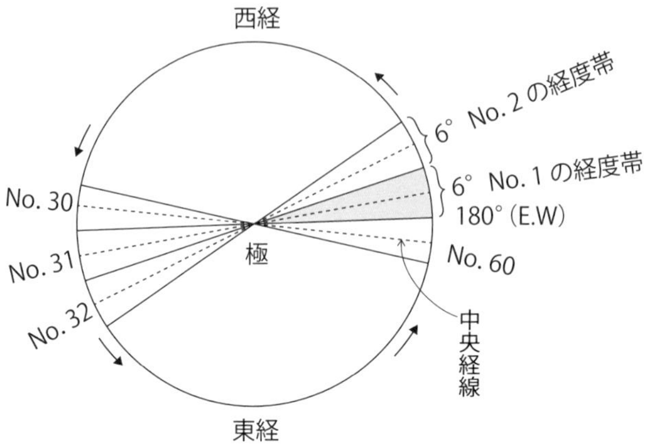

世界地図でみると下の図のようになります。縦に大きな範囲をカバーしているように見えますが、両極で大きなひずみが生じていますので実際は異なります。あくまでイメージとして捉えてください。

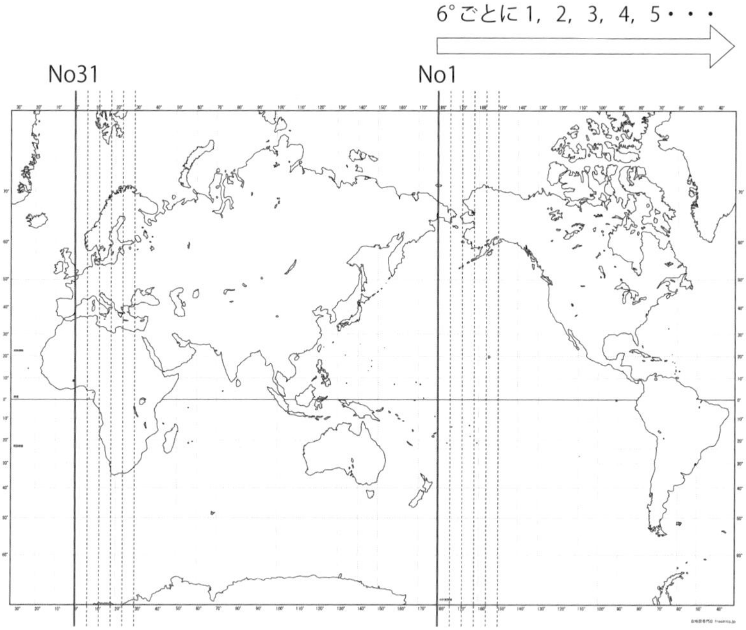

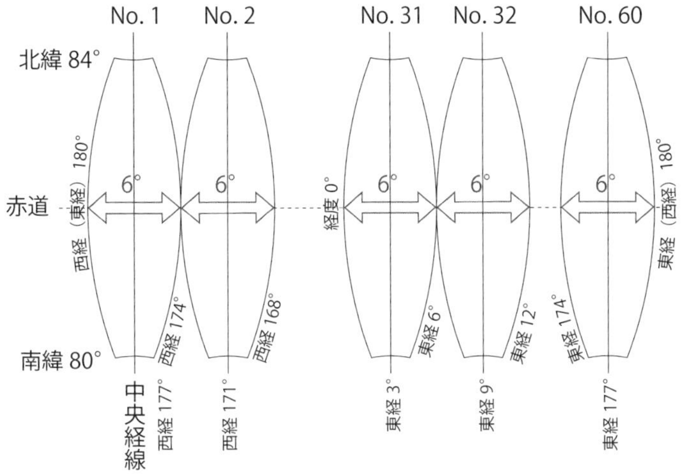

図葉（地図一枚）は上の図のような、少し膨らんだ形になります。イメージとしてはみかんの皮をむくと平らにならないのと同じです。

また、北緯 84° 以上と南緯 80° 以上は面積と距離のひずみが大きくなりすぎるため、別の図法で描き表すことになっています。

ここが大事！

- 正角図法です。
- 座標は縦軸をN軸、横軸をE軸とします。
- 原点の座標値は（北半球で）

  N ＝ 0.000 m　E ＝ 500.000 km

  原点から東方向・北方向が（＋）

  原点から西方向・南方向が（－）
- 中央経線上の縮尺係数を 0.9996 とし、中央経線より東西方向に約 180 km 離れた所で 1.0000 となります。
- 適用範囲は 270 km までで、その地点での縮尺係数は 1.0004 です。

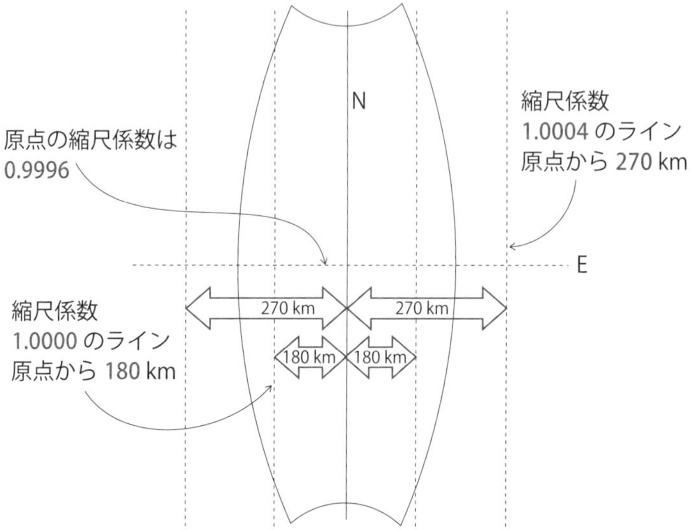

形は赤道に対して上下対称、中央経線に左右対称になります。

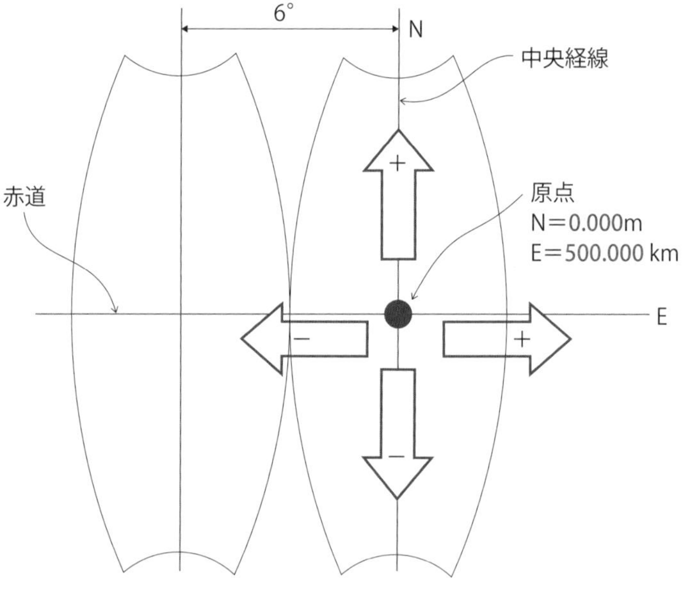

図郭の形は不等辺四辺形です。

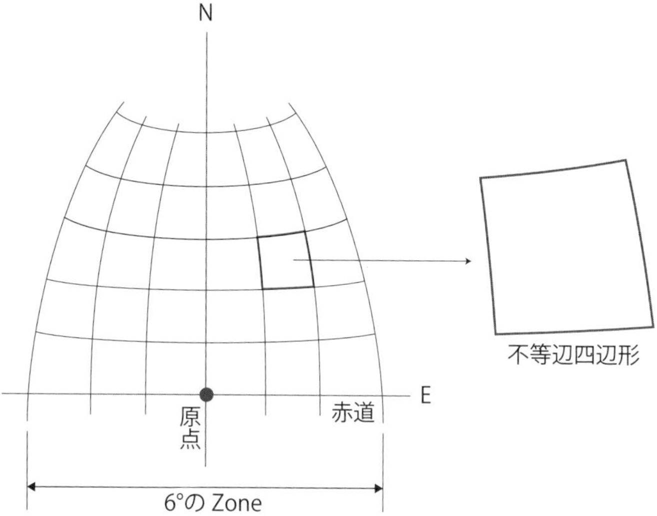

Eの数値にマイナスが出ないようにするため、原点がプラス 500 km になっているのが特徴的です。

測量士補試験では、この 2 つの座標について出題されますが、2 つの座標を比較させたり、あるいは混同させたりする問題が出題されます。

	平面直角座標	UTM
投影法	ガウス・クリューゲル図法（正角図法）	
範囲と座標系	日本に 19 系	世界で経度 6° ごとに 60 zone
原点と座標軸	国土を覆うように配置、XY 座標	6° ごとの経線と赤道の交点
原点の座標値	X ＝ 0.000 m，Y ＝ 0.000 m	N ＝ 0.000 m，E ＝ 500.000 km
縮尺係数が 1 の地点	原点から 90 km	原点から 180 km
原点縮尺係数	0.9999	0.9996
どこで使うか	国土地理院の地形図	地方公共団体の作る小縮尺地図

過去問題をやってみよう！

次のａ～ｅの文は，平面直角座標系（平成 14 年国土交通省告示第９号）（以下「平面直角座標系」という。）について述べたものである。明らかに間違っているものだけの組合せはどれか。次の中から選べ。

a.　平面直角座標系で用いる投影法は，横円筒図法の一種であるガウス・クリューゲル図法である。

b.　平面直角座標系の X 軸上における縮尺係数は，1.0000 である。

c.　平面直角座標系では，日本全国を 16 の区域に分けている。

d.　平面直角座標系における座標系原点の座標値は，X ＝ 0.000 m，Y ＝ 0.000 m である。

e.　平面直角座標系における Y 軸は，座標系原点において子午線に直交する軸とし，東に向かう方向を正としている。

１．a, d

２．a, e

３．b, c

４．b, e

５．c, d

解答　3

a.　○　平面直角座標系で用いる投影法は、ガウス・クリューゲル図法です。

b.　×　0.9999 です。UTM は 0.9996 です。

c.　×　19 の区域です。

d.　○　原点の座標値は、X = 0.000 m、Y = 0.000 m となります。

e.　○　原点から東方向・北方向が（+）で、原点から西方向・南方向が（−）となります。

以上より、間違っているものの組合せは b と c となり、解答は 3 となります。

本章 lesson4 の出題範囲では、ここに紹介した問題のほか、次のようなパターンの出題もあります（すべて正答肢）。

- 平面直角座標系におけるＹ軸は、座標系原点において子午線に直交する軸とし、真東に向かう方向を正としている。
- 平面直角座標系では、日本全国を 19 の座標系に分けている。
- 平面直角座標系における座標系原点はすべて赤道上にはない。

lesson 5

7章

地図編集の原則

重要度 ★★☆

合格のポイント！

地形図を描画する際にはいくつか決まりがあります。測量の基本的な知識のみで、ある程度わかる問題もありますが、描画の優先順位などは覚えておく必要があります。

① 基図

地図編集は既にある数値地形図データから数値地形図データをつくる測量（測量法でいう「地図の調製」）です。

このとき基になる地図を基図といい、新たに作成する地図よりも地図情報レベルが小さく（縮尺でいうと大きく）かつ作成する数値地形図データに近い必要があります。また、最新であり、作成地域の全域をカバーしていることも条件です。

空中写真は地物の名称がわからず、建物が何に使われているかも判断できないため基図にはできません。

② 転位・総描・取捨選択

地物が重なってしまった場合には、「取捨選択」してどちらかを描画しない、あるいは、どちらかまたは両方を動かす転位という処理をします。細かい屈曲のある等高線や線形構造物、複雑な形の地物などが図上で細かくなってしまって描き表せない場合、形の全体像や特徴を捉えて省略して描くことを総描といいます。

これらの処理をするときは、元の位置関係や形をできるだけ崩さないようにします。

小縮尺地図は大縮尺地図に比べると同じ図郭内にたくさんの地物を収める必要があるので、必然的にこういった処理が増えます。

③ 描画の優先順位

転位や取捨選択をする場合、真位置（本当の位置）に描く優先順位が決められています。

優先順位は、地形図を描画していく順序と同じであり、基本的にはそれだけ整理してあれば十分です。例外もあります。

地形・地物の描画順序（優先順位）

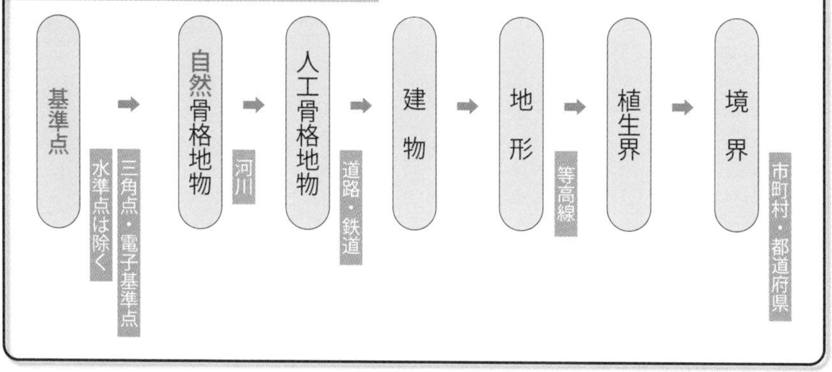

ここが大事！

- 表記事項の総合的な位置関係は崩さない
- 水平位置の基準となるものが優先（特に三角点は転位しない）
- 自然のものが優先
- 形あるものが優先
- 水準点は建物と同等の優先順位（転位できる）

過去問題をやってみよう！

次のａ～ｅの文は，公共測量における地図編集について述べたものである。明らかに間違っているものだけの組合せはどれか。次の中から選べ。

a.　等高線による表現が困難又は不適当な地形は，変形地の記号を用いて表示する。
b.　転位及び取捨選択による描画は，小さい縮尺の地図作成において有効な方法である。
c.　縮尺の異なる地図においても，地物の取得項目及び表示方法は，共通である。
d.　新しい地図の作成のために，複数の既成の地図を使用する場合，縮尺が異なる地図を使用しても良い。ただし，作成する地図より小さい縮尺の地図を使用する。
e.　注記は，対象物の種類，図上の面積及び形状により，小対象物，線状対象物などに区分して表示する。

１．a, b
２．a, e
３．b, d
４．c, d
５．c, e

解答　4

a.　○　くぼ地などでは特殊な記号を使い表現します。

b.　○　小縮尺地図では、地物を小さく描く必要があるため有効です。

c.　×　小縮尺地図では、大縮尺地図に比べたくさんの地物を同じ図郭に収める必要があるため、取得項目や表示方法は一部異なります。

d.　×　作成したい地図よりも大きい必要があります。

e.　○　作業規程の準則の付録7　公共測量標準図式第53条　に小対象物、線状対象物などに区分して表示するように表記されています。

以上より、明らかに間違っているものはcとdで、解答は4となります。

●総描のイメージ（建物）

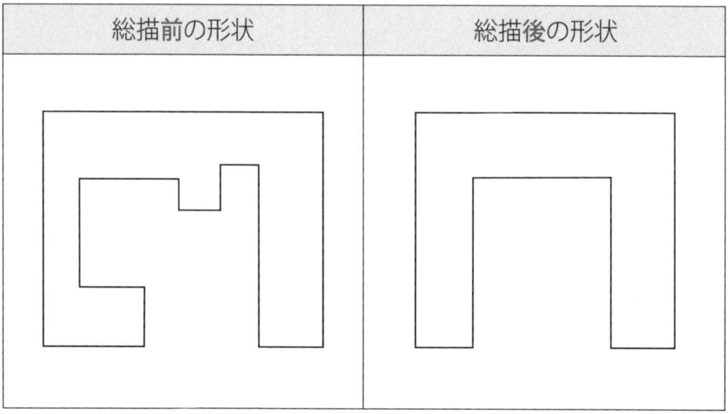

lesson 6

7 章

GIS

重要度 ★★☆

合格のポイント！

GIS の概要と、通常の地図と比較して「できること・できないこと」や、「防災における利用」について出題されます。ラスタ・ベクタについてもここで学習しておきましょう。

1 GIS の概要

地理情報システム（GIS：Geographic Information System）は、地理的位置を手がかりに、位置に関する情報を持ったデータ（空間データ）を総合的に管理・加工し、視覚的に表示し、高度な分析や迅速な判断を可能にする技術です。

GIS では地球上に存在する地物や事象を地図上に可視化して、情報の関係性・パターン・傾向をわかりやすいかたちで導き出し、意思決定の基準とすることができます。

覚える用語

ベクタデータ　点と線で構成されたデータです。測量設計では GIS の位置情報や CAD で用いられます。座標値なのでデータをコピーしても劣化しません。拡大縮小しても線の太さは変わりません。

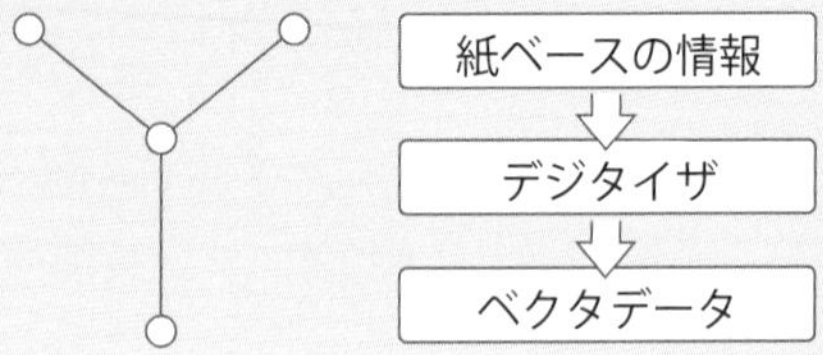

覚える用語

ラスタデータ　網目（メッシュ）を塗りつぶしたデータです。デジタルカメラで撮影した写真や、人工衛星から撮影したデータもラスタデータです。

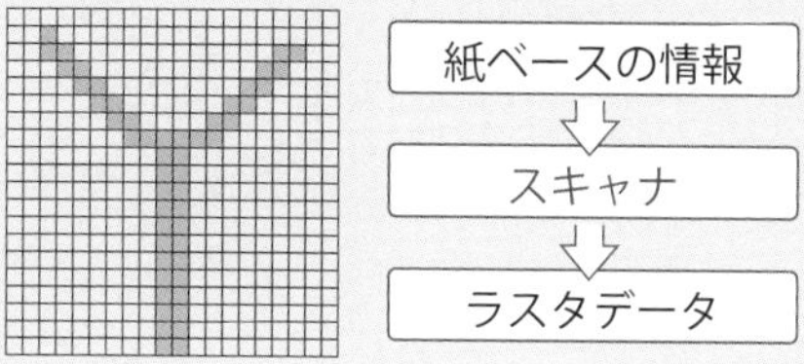

1）データの重ね合わせと分析

地形図による位置情報をベースに、さまざまなデータを組み合わせて可視化することができます。このデータの重ね合わせをレイヤ（階層）と呼び優先順位を付けて表示したり、逆に必要ないデータは省くなどして分析したりすることができます。

2）情報の関連性の把握

情報の対比が簡単にでき、関係性が見えやすくなります。地図上の位置関係からデータを特定し、定量的な情報を把握することもできます。

例えば、河川の氾濫箇所から 2 km 以内の人口を計算する、または崖から 50 m 以内の地域を計算するなど、特定の場所や線分、領域などからある距離以下（あるいは以上）の地域を抽出することができます。

② 情報の可視化

紙ベースの地図と異なり、3D やアニメーションなどを用いて情報をわかりやすく伝えることができるようになります。

③ GIS でできること・できないこと

試験では GIS でできること・できないことを判断する問題が出題されます。GIS の基本的な仕組みを理解している必要があります。ここでは、過去問題を例に学んでいきましょう。

1）　地中に埋設されている下水管の位置、経路、埋設年、種類、口径などのデータを基盤地図情報に重ね合わせて、下水道を管理するシステムを構築する。

➡できる。下水管網をベクタデータで作成し、既存の地図情報と組み合わせることができる。また、点と線に埋設年や種類等の情報を持たせることができる。

2）　コンビニエンスストアの位置情報及び居住者の数に関する属性をもった建物データを利用し、任意の地点から指定した距離を半径とする円内に出店されているコンビニエンスストアの数や居住人口を計算することで、新たなコンビニエンスストアの出店計画を支援する。

➡できる。GIS では範囲や条件を指定した検索ができるため、このような支援を得意とする。

3）　植生分類ごとにポリゴン化された植生データのレイヤと野生生物の生息域データのレイヤを重ね合わせることにより、どの植生域に生物が生息しているかを分析する。

➡できる。GIS ではレイヤという考え方でデータを重ね合わせることができる。透明なフィルムで描かれた情報を重ねるイメージ。

4）　構造化された道路中心線データを利用し、火災現場の位置座標を入力することにより、消防署から火災現場までの最短ルートを表示し、到達時間を計算するシステムを構築する。

➡できる。中心線データは長さ（距離）の情報を持っているので、消防車の速度がわかれば到着時間を推測することが可能。信号や時間ごとの混雑状況の情報があれば経路ごと、時間ごとに変化する到着までの時間がわかる。

5）　交通施設、観光施設や公共施設などの情報と地図データを組み合わせることにより、施設の名称や住所により指定した場所の周辺案内ができるシステムを構築する。

➡できる。カーナビのように近くのコンビニを探すことができる。

6) 避難所、道路、河川や標高などのデータを重ね合わせることで、洪水の際により安全な避難経路を検討するシステムを構築する。

➡ DTM データを組み合わせればできる。水は低いほうに流れるので高いほうの経路を優先するようにすればよい。

7) 過去の市町村の行政界データを重ね合わせて、市町村合併の変遷を視覚化するシステムを構築する。

➡できる。行政界データに時間の情報を与えれば、変遷が整理され視覚化できる。

8) スキャナで読み込んだ紙地図の画像データに含まれる等高線をラスタ・ベクタ変換して、等高線のベクタデータを作成する。

➡できる。ただし、元のデータより精度が上がることはない。また、線が引けるというだけで、高さのデータが得られるわけではない。

9) 地球観測衛星「だいち」で観測された画像から市町村の行政界を抽出し、市町村合併の変遷を視覚化するシステムを構築する。

➡できない。人工衛星画像には、市町村界は写らない。

10) ラスタデータからネットワーク解析により最短経路を検索する。

➡できない。厳密にはできなくはないが、経路検索にはベクタデータが適している。

4 地理空間情報の防災における利用

国土地理院では、防災のための「ハザードマップ」や「指定緊急避難場所」をHP等で発信するほかに、地震や風水害などの自然災害発生時に、いち早く現場から災害情報を収集して、地図上にわかりやすく表示する「統合災害情報システム（DiMAPS）」を運用しています。

また、地理院地図上では自然災害リスクの高い地形をベクトルタイルとして公開し、上記情報発信と組み合わせることによって、適切な避難場所や避難ルートについて調べることができます。

測量士補試験では、地形ごとの自然災害リスクについて出題されることがあります。国土地理院による主な地形分類は以下のとおりです。

地形分類（自然地形）	土地の成り立ち	地形から見た自然災害リスク
山地	尾根や谷からなる土地や、比較的斜面の急な土地。山がちな古い段丘崖の斜面や火山地を含む。	大雨や地震により、崖崩れや土石流、地すべりなどの土砂災害のリスクがある。
崖・段丘崖	台地の縁にある極めて急な斜面や、山地や海岸沿いなどの岩場。	周辺では大雨や地震により、崖崩れなどの土砂災害のリスクがある。
地すべり地形	斜面が下方に移動し、斜面上部の崖と不規則な凹凸のある移動部分からなる土地。山体の一部が重力により滑ってできる。	大雨・雪解けにより多量の水分が土中に含まれたり、地震で揺れたりすることで、土地が滑って土砂災害を引き起こすことがある。
台地・段丘	周囲より階段状に高くなった平坦な土地。周囲が侵食により削られて取り残されてできる。	河川氾濫のリスクはほとんどないが、河川との高さが小さい場合には注意。縁辺部の斜面近くでは崖崩れに注意。地盤は良く、地震の揺れや液状化のリスクは小さい。

山麓堆積地形	山地や崖・段丘崖の下方にあり、山地より斜面の緩やかな土地。崖崩れや土石流などによって土砂が堆積してできる。	大雨により土石流が発生するリスクがある。地盤は不安定で、地震による崖崩れにも注意。
扇状地	山地の谷の出口から扇状に広がる緩やかな斜面。谷口からの氾濫によって運ばれた土砂が堆積してできる。	山地からの出水による浸水や、谷口に近い場所では土石流のリスクがある。比較的地盤は良いため、地震の際には揺れにくい。下流部では液状化のリスクがある。
自然堤防	現在や昔の河川に沿って細長く分布し、周囲より 0.5 ～数メートル高い土地。河川が氾濫した場所に土砂が堆積してできる。	洪水に対しては比較的安全だが、大規模な洪水では浸水することがある。縁辺部では液状化のリスクがある。
天井川	周囲の土地より河床が高い河川。人工的な河川堤防が築かれることで、固定された河床に土砂が堆積してできる。	ひとたび天井川の堤防が決壊すれば、氾濫流が周辺に一気に拡がるため注意が必要。
砂州・砂丘	主に現在や昔の海岸・湖岸・河岸沿いにあり、周囲よりわずかに高い土地。波によって打ち上げられた砂や礫、風によって運ばれた砂が堆積することでできる。	通常の洪水では浸水を免れることが多い。縁辺部では強い地震によって液状化しやすい。
凹地・浅い谷	台地や扇状地、砂丘などの中にあり、周辺と比べてわずかに低い土地。小規模な流水の働きや、周辺部に砂礫が堆積して相対的に低くなる等でできる。	大雨の際に一時的に雨水が集まりやすく、浸水のおそれがある。地盤は周囲（台地・段丘など）より軟弱な場合があり、とくに周辺が砂州・砂丘の場所では液状化のリスクがある。

氾濫平野	起伏が小さく、低くて平坦な土地。洪水で運ばれた砂や泥などが河川周辺に堆積したり、過去の海底が干上がったりしてできる。	河川の氾濫に注意。地盤は海岸に近いほど軟弱で、地震の際にやや揺れやすい。液状化のリスクがある。沿岸部では高潮に注意。
後背低地・湿地	主に氾濫平野の中にあり、周囲よりわずかに低い土地。洪水による砂や礫の堆積がほとんどなく、氾濫水に含まれる泥が堆積してできる。	河川の氾濫によって周囲よりも長期間浸水し、水はけが悪い。地盤が軟弱で、地震の際の揺れが大きくなりやすい。液状化のリスクがある。沿岸部では高潮に注意。
旧河道	かつて河川の流路だった場所で、周囲よりもわずかに低い土地。流路の移動によって河川から切り離されて、その後に砂や泥などで埋められてできる。	河川の氾濫によって周囲よりも長期間浸水し、水はけが悪い。地盤が軟弱で、地震の際の揺れが大きくなりやすい。液状化のリスクが大きい。
落堀	河川堤防沿いにある凹地状の土地。洪水のときに、堤防を越えた水によって地面が侵食されてできる。	河川の氾濫や堤防からの越水に注意。周囲の地盤に比べて軟弱なことが多く、液状化のリスクが大きい。
河川敷・浜	調査時の河川敷や、調査時または明治期等に浜辺、岩礁である土地。	河川の増水や高波で冠水する。河川敷は液状化のリスクが大きい。
旧水部	江戸時代または明治期から調査時までの間に海や湖、池・貯水池であり、過去の地形図などから水部であったと確認できる土地。その後の土砂の堆積や土木工事により陸地になったところ。	地盤が軟弱で、液状化のリスクが大きい。沿岸部では高潮に注意。

地形分類（人工地形）	土地の成り立ち	地形から見た自然災害リスク
切土地	山地、台地の縁などの斜面を切取りにより造成した土地。	切取り斜面によっては、大雨や地震により斜面崩壊のリスクがある。地盤は一般的に良好。
農耕平坦化地	山地などを切り開いて整地した農耕地。	大雨や地震により崩壊するリスクがある。
高い盛土地	周辺よりも約２ｍ以上盛土した造成地。主に海水面などの水部に土砂を投入して陸地にしたり、谷のような凹地を埋め立てて造成した土地。	海や湖沼、河川を埋め立てた場所では、強い地震の際に液状化のリスクがある。山間部の谷を埋め立てた造成地では、大雨や地震により地盤崩壊のリスクがある。
干拓地	水面や低湿地を堤防で締め切って排水して、新たな陸地になった土地。過去の地形図や資料から、干拓されたことが確認できる場所。	一般に海・湖水面より低いため、洪水時に氾濫水が留まりやすい。沿岸部では特に高潮に対して注意が必要。地盤は軟弱で、地震による揺れも大きくなりやすい。液状化のリスクがある。
盛土地・埋立地	周囲の地表より高く盛土した土地や、海水面などの水部に土砂を投入して陸地にしたり、谷のような凹地を埋め立てて造成した土地。	高さが十分でない場合には浸水のリスクがある。山地や台地では降雨・地震により地盤崩壊のリスクがある。低地では液状化のリスクがあり、海や湖沼・河川を埋め立てた場所では特に注意。

過去問題をやってみよう！

次の文は，地理空間情報を用いた GIS（地理情報システム）での利用について述べたものである。明らかに間違っているものはどれか。次の中から選べ。

1.　50 m メッシュ間隔の人口メッシュデータと避難所の点データを用いて，避難所から半径 1km に含まれるおおよその人口を計算した。
2.　ネットワーク化された道路中心線データを利用し，消防署から火災現場までの最短ルートを表示した。
3.　航空レーザ測量で得た数値地形モデル（DTM）と基盤地図情報の建築物の外周線データを用いて，建物の高さ 15 m 以上の津波避難ビルの選定を行った。
4.　公共施設の点データに含まれる種別属性と建物の面データを用いて，公共施設である建物面データを種別ごとに色分け表示した。
5.　浸水が想定される区域の面データと地図情報レベル 2500 の建物の面データを用いて，浸水被害が予想される概略の家屋数を集計した。

解答　3

1.　○　GIS の代表的な機能の一つです。

2.　○　カーナビなども同じ原理でルート検索をしています。

3.　×　外周線データは、建物の外側の形をデータにしたものなので、高さの情報を含みません。ですから、15 m 以上の建物を探すことができません。

4.　○　種別属性とは何に使われている建物なのかというデータです。このデータを基に色分けします。

5.　○　エリアにある建物の数を数えることができます。

■東京都の 500 m メッシュ間隔の人口メッシュデータと医療機関および鉄道の位置データを利用した位置関係図

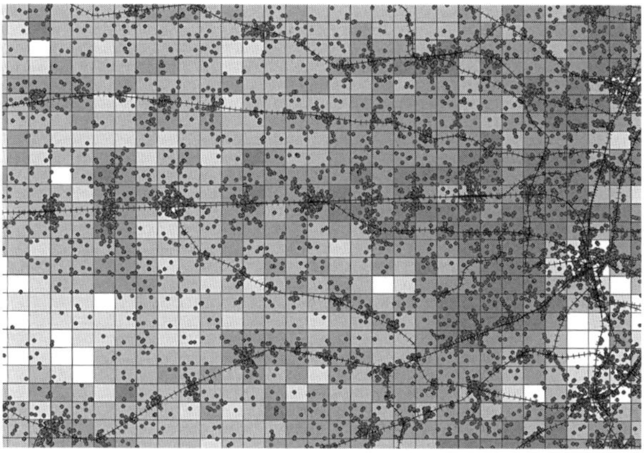

出典：国土数値情報ダウンロードサービスより作成

lesson 7

7章

地理情報標準

重要度 ★★☆

合格のポイント！

測量の情報は紙（地図・帳簿）から電磁データ（地理空間情報データ）に移り変わりました。そのため、データを測量に従事する人が使いやすいようデータ作成のルールを決める必要があり、できたものが地理情報標準です。

1 地理空間情報とは

GIS をはじめとした地理情報のデジタル化と衛星測位（GNSS）や三次元スキャナなどの測量技術の進歩を受けて、地理情報を新時代に対応させるとともに新しい測位技術を活用するために地理空間情報活用推進基本法がつくられました。この法律で「地理空間情報とは、第一号の情報又は同号及び第二号の情報からなる情報をいう。」と定義されています。

第一号の情報は「空間上の特定の地点又は区域の位置を示す情報（当該情報に係る時点に関する情報を含む。以下「位置情報」という。）」とされ、地物の場所を示す従来の地図と捉えて良いでしょう。

第二号の情報は「前号（第一号のこと）の情報に関連付けられた情報」とされています。これが GIS でいう建物の用途や土地の所有者などの属性情報にあたります。

地理空間情報 ＝「位置情報」＋「位置情報に関連付けられた情報」
＝「地図」＋「属性情報」

② 地理情報標準

地理情報標準とは、地理空間情報を、異なるシステム間（GIS）で相互利用する際の互換性の確保を主な目的に、データの設計、品質、記述方法、仕様の書き方などのルールを定めたものです。これによって、地理空間情報を異なるシステムで使えるようになります。

例えば、パソコンに付いているUSBという差込口があります。これは世界中でどこでも誰でも使えるように異なるメーカーのパソコンやゲーム機、最近は自動車にも標準で付いています。このように、サイズや形状などの仕様を共通にして誰でも使えるようにすることを「標準化」といいます。

測量の地理空間情報も同じで、以前はつくった会社と同じパソコンやソフトウェアでないと利用できませんでした。それを、地理空間情報のつくり方や、検索方法を「標準化」することで、誰でも使えるようにしました。この「標準化」した地理空間情報のつくり方・使い方のルールが地理情報標準です。

これにより無駄な測量がなくなり、新しい地理空間情報の活用法が普及しています。GNSSや三次元スキャナなどの進歩している技術も、取得する情報を標準化したものに合わせることでスムーズに現場に導入できます。

地理情報標準の地理空間情報を描くときの決まりは地理情報標準プロファイル（JPGIS）といい、もともとあったISO規格とJIS規格を整理してまとめられました。

覚える用語

ISOとJIS　ISOは国際規格、JISは日本の規格です。どちらも測量だけでなく他の製品やサービスなどの標準化をしたものです。
JPGISはこの2つから測量や地理空間情報に関するものを抜き出して作られました。

■地理情報標準

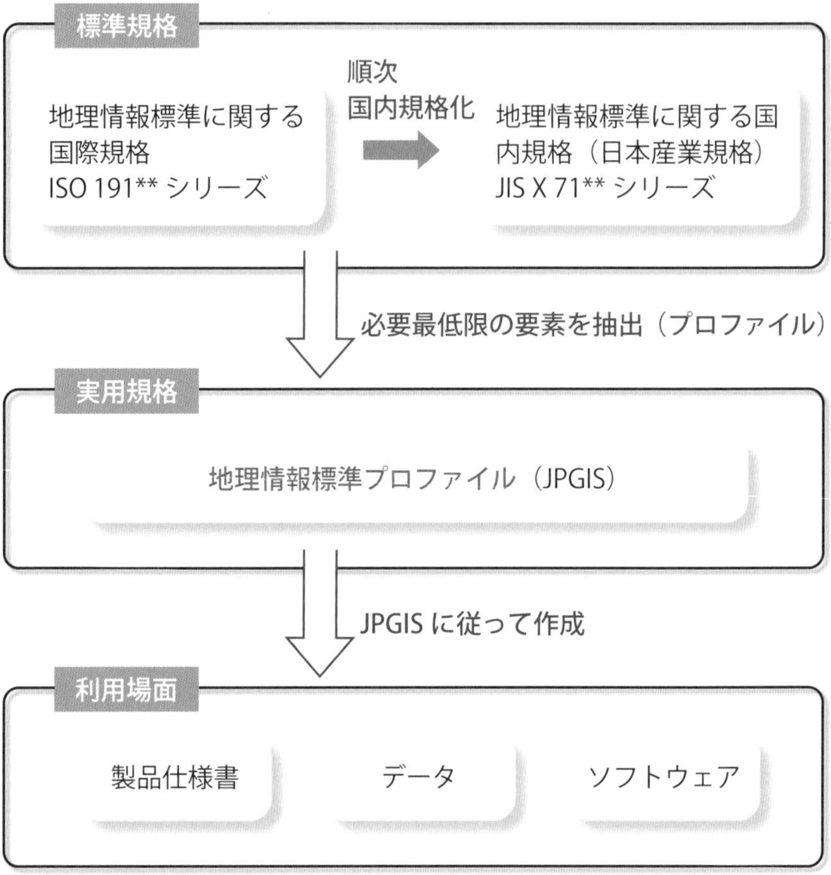

出典：国土地理院ウェブサイトより作成

地理情報標準の中身を見てみましょう。

1）製品仕様書

データの設計図のことです。データの定義・構造・品質・記録方法などを統一化された基準の下で、利用目的に応じたデータ仕様を決めることができます。

たとえば、地方公共団体が測量を請け負う会社に地形図を発注するとしましょう。このときに「災害情報マップ（ハザードマップ）に使いたい」「○○市全域の地物を取得してほしい」「建物には高さの情報を与えてほしい」「避難経路を検索したい」「精度はこれくらい」などの要望があるとして、これを地理情報標準に沿って製品仕様書としてまとめます。ですから、製品仕様書は発注仕様書や説明書として使うことができます。

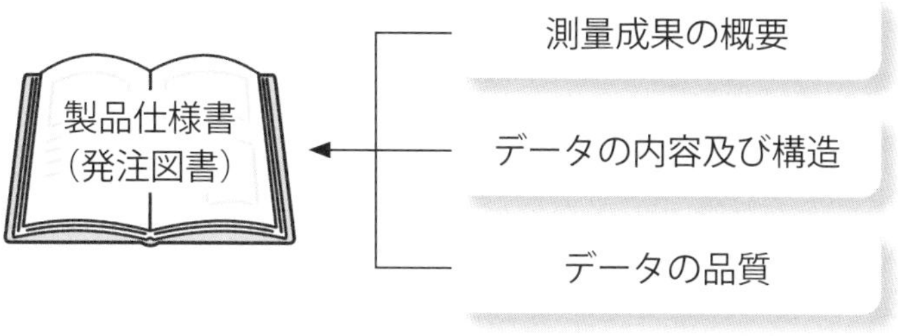

出典：国土地理院ウェブサイトより作成

2）データ・ソフトウェアの標準化

地理空間情報をお互いに使えるようにするために、さまざまなGISソフトウェアで使用できるようにします。データを交換するときには標準の形式で交換し、利用時にはシステムの内部形式に変換して使用するのです。

これによって、データの相互運用性、正確性・迅速性、再利用性が向上します。

3）品質の表示

JPGISでは、データの品質（ここでいう品質とは、欲しい地理空間情報が、作成された地理空間情報に全て含まれているかどうかということです）をチェックするためのルールを定めています。定められた品質チェックの方法にしたがい、データの品質がチェックされ、データは「製品」として流通します。

4）メタデータとクリアリングハウス

メタデータとは、地理空間情報に関する説明書のこと、クリアリングハウスとはメタデータの検索システムのことです。

地理空間情報はさまざまなデータが含まれていますので、その都度開いて確認することはとても手間がかかります。そこで、商品のカタログのように、商品を手に取らなくてもわかるように情報をまとめたものがメタデータです。データの看板といっても良いでしょう。メタデータに品質を明示することで、提供者にとっては利用者に対してデータの品質において責任を負うことになり、利用者にとっては安心してデータを利用することができるようになります。

地理空間情報を作成した人は、クリアリングハウス（検索システム）に登録するメタデータにデータの入手先を記述することで、利用者がクリアリングハウスで欲しいデータの有無を検索すると同時にオンラインでデータを入手することも可能になります。

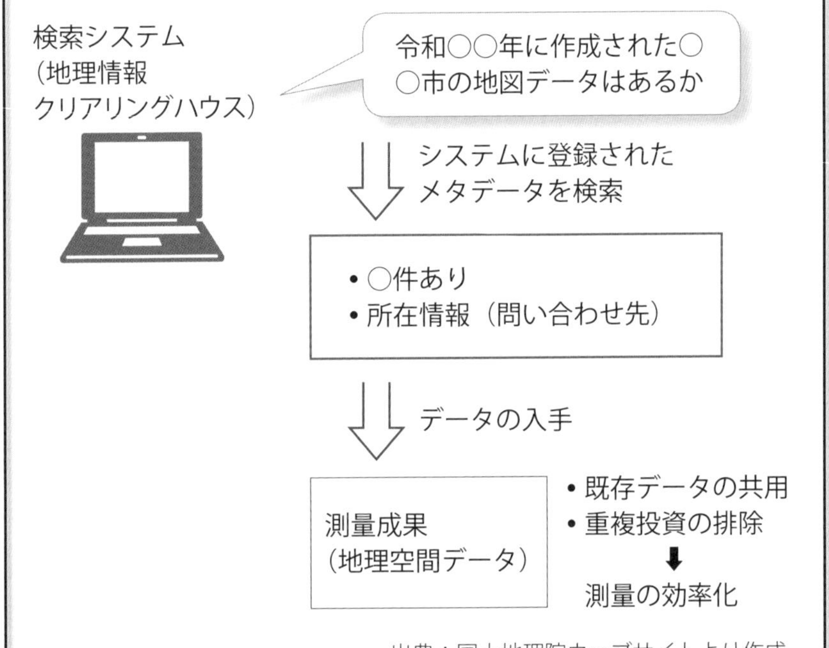

出典：国土地理院ウェブサイトより作成

ここが大事！

製品仕様書には、空間データの「設計図」としての役割と、「取扱説明書」としての役割という、二つの役割があります。

過去問題をやってみよう！

次の文は，地理空間情報の利用について述べたものである。［ア］～［エ］に入る語句の組合せとして最も適当なものはどれか。次の中から選べ。

地理空間情報をある目的で利用するためには，目的に合った地理空間情報の所在を検索し，入手する必要がある。［ア］は，地理空間情報の［イ］が［ウ］を登録し，［エ］がその［ウ］をインターネット上で検索するための仕組みである。

［ウ］には，地理空間情報の［イ］・管理者などの情報や，品質に関する情報などを説明するための様々な情報が記述されている。

	ア	イ	ウ	エ
1.	地理情報標準	作成者	メタデータ	利用者
2.	クリアリングハウス	利用者	地理情報標準	作成者
3.	クリアリングハウス	作成者	メタデータ	利用者
4.	地理情報標準	作成者	クリアリングハウス	利用者
5.	メタデータ	利用者	クリアリングハウス	作成者

解答　3

ア　クリアリングハウス　検索する仕組みです。

イ　作成者　登録するのは作った人です。

ウ　メタデータ　登録する地理空間情報を見つけやすくするデータです。

エ　利用者　利用者がメタデータを検索して使うことができます。

●ハザードマップとは

土砂災害や津波などの災害発生時に、どういった場所でどのように被害が発生しそうかわかるようにした地図のことを「ハザードマップ」といいます。ハザードマップは災害の種類ごとに順次整備が進められており、「洪水ハザードマップ」では、河川の周りが赤や黄色で塗り分けられています。また、ハザードマップには被害の発生しそうな状況だけでなく、避難先などの情報もあわせて掲載されています。

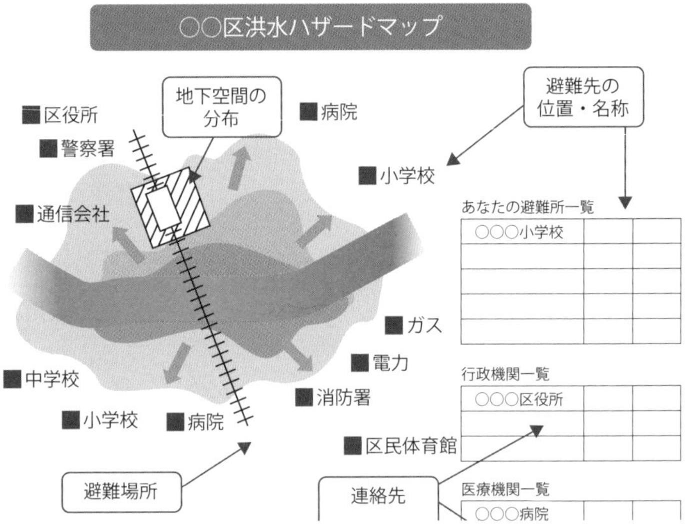

出典：東京都防災ホームページを参考に作成

8章 三次元点群測量

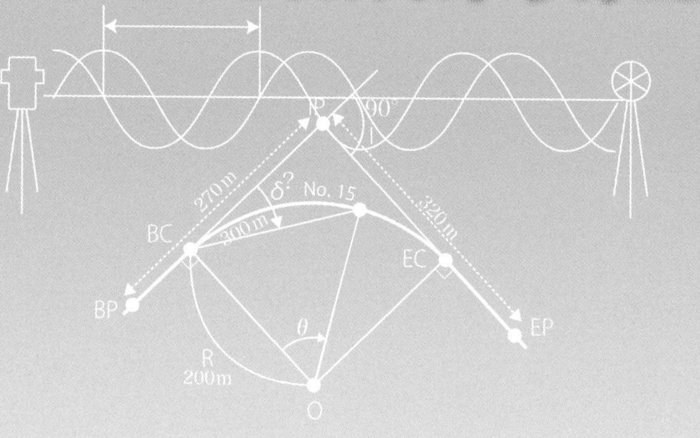

三次元点群測量は従来の地上レーザ測量と UAV 写真点群測量、航空レーザ測量に UAV レーザ測量、車載写真レーザ測量、航空レーザ測深測量が加わりました。新しい項目についてはテキストを読みながら、過去問については従来の問題を中心に学習しましょう。

8章

lesson 1

三次元点群測量の概要

重要度 ★★☆

合格のポイント！

ここでは、三次元点群測量の概要を確認します。三次元点群データ（オリジナルデータ）について理解した上で個別の測量方法について確認していきましょう。

1 三次元点群測量とは

三次元点群測量とは三次元点群データ等を作成する作業をいい、三次元点群データを用いた数値地形図データを作成する作業も含みます。

「三次元点群データ」とは、地形、地物等を表す三次元座標を持つたくさんの点データと、その内容を表す属性データであり、 数値地形図（平面図）だけでなく、断面図や距離・体積の計測などに利用できます。

2 三次元点群データ（オリジナルデータ）を作成する方法

三次元点群データ（オリジナルデータ）を作成する方法には次の6つがあります。

	点群の取得方法	位置情報の取得	数値地形図データの地理情報レベル	特　徴
地上レーザ測量	レーザスキャナ	器械点・標定点の位置情報	250 500	地上にレーザスキャナを設置して観測します。狭い範囲で高精度。
UAV 写真点群測量	空中写真 ↓ 三次元形状復元	標定点	記述なし	UAV から撮影した写真から特徴のある点をとらえ、解析（三次元形状復元）して点群データにします。
UAV レーザ測量	レーザ測距装置	GNSS/IMU 装置　固定局	500 1000	UAV に搭載したスキャナで空中から点群データを取得します。

車載写真 レーザ測量	レーザ測距装置	GNSS/IMU 装置　固定局	500 1000	自動車にレーザスキャナを載せ、走行しながら点群データを取得します。
航空 レーザ測量	レーザ測距装置	GNSS/IMU 装置　固定局	500 1000 2500 5000	航空機からレーザ測距装置で地形の情報を取得します。やや広い範囲を一度に観測できます。
航空レーザ 測深測量	レーザ測距装置 （グリーンレーザ）	GNSS/IMU 装置　固定局	500 1000 2500 5000	航空機からレーザ測距装置で地形の情報を取得します。やや広い範囲を一度に観測できます。水面で反射されないレーザを使用します。

③ オリジナルデータの作成

オリジナルデータとは、位置情報を持った点の集まりです。レーザスキャナによる観測または、写真による点群復元によって得られた点群データに、標定点等の位置情報（平面直角座標）を与えることでオリジナルデータが得られます。

ここが大事！

オリジナルデータ ＝ 位置情報を持った点の集まり

レーザスキャナによる観測または写真による点群復元

→点群データ

⇩

点群データに標定点等により位置情報（平面直角座標）を与える

→オリジナルデータ

④ オリジナルデータを元に作成するデータ

次のものがオリジナルデータを元に作成されます。

グラウンドデータ	地表面の高さのデータ（フィルタリング処理）
グリッドデータ	格子状の標高データ（内挿補間処理）
等高線データ	同じ高さの点を結んだ線（グラウンドデータ・グリッドデータから作成）
数値地形図データ	（オリジナルデータから地形・地物の座標値を取得して作成）

⑤ グラウンドデータ

地表面の高さのデータのことをいい、オリジナルデータをフィルタリング処理して求めます。

グラウンドデータ（不整三角網データ）

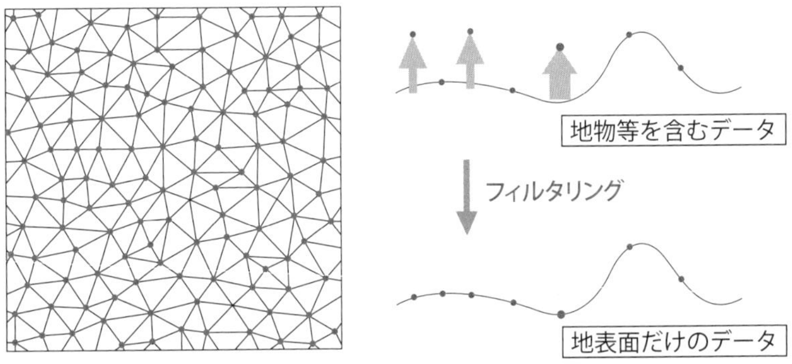

グラウンドデータは通称「TIN データ」と呼ばれます。また、グリッドデータ等の構造化データに変換することを構造化といいます。

⑥ グリッドデータ

グリッドデータは格子状の標高データで、グラウンドデータを内挿補間処理して作成します。

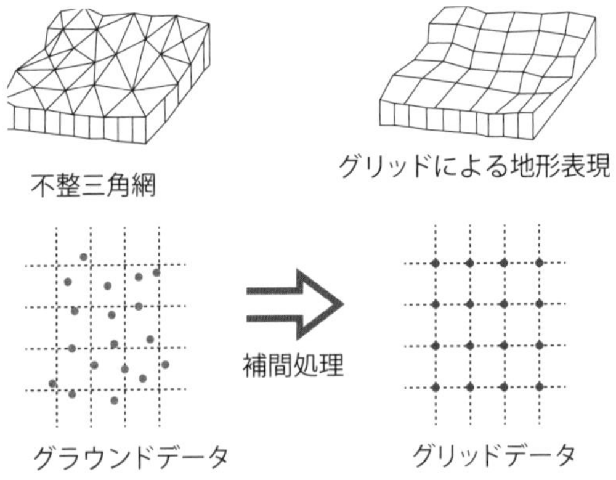

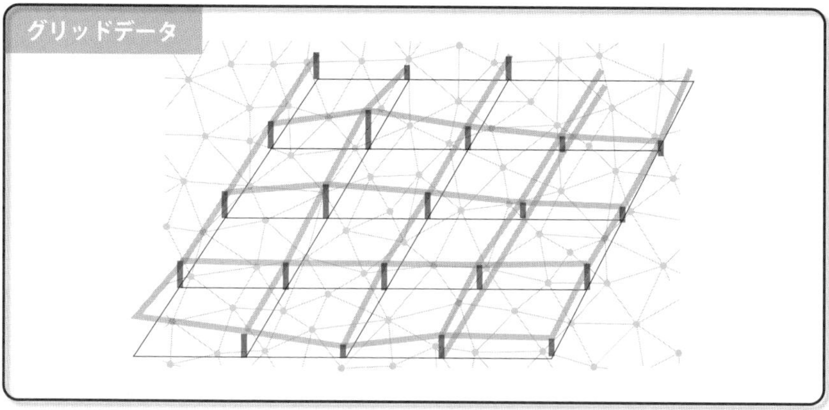

⑦ 等高線データ

等高線データは同じ高さの点を結んだ線で、グラウンドデータ・グリッドデータから作成します。

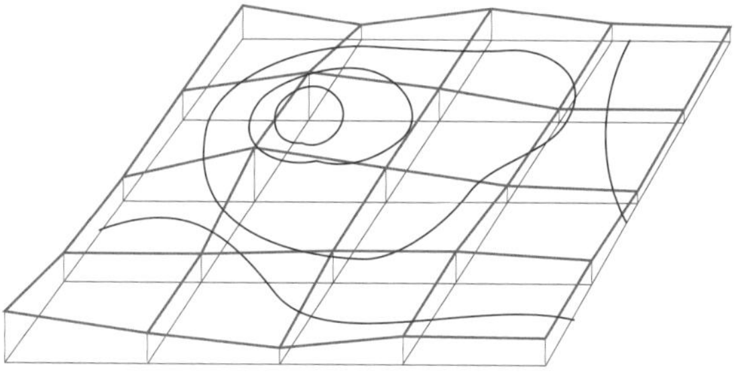

⑧ 数値地形図データ

数値地形図データはオリジナルデータから地形・地物の座標値を取得して作成します。電子計算機、スクリーンモニター、マウスを使い、任意の視点からの三次元表示ができます。ＸＹの座標値の修正および記録ができます。

写真提供：福井コンピュータ株式会社

8章

lesson 2

地上レーザ測量

重要度 ★★☆

合格のポイント！

地上レーザスキャナを用いて地形、地物等を観測し、数値地形図データを作成する測量です。しばらくは細かな許容範囲などではなく、作業手順・全体像や作業時の注意点について出題が予想されます。

① 地上レーザ測量（準則365～408条）

地上レーザスキャナを用いて地形、地物等を計測し、取得したデータからオリジナルデータ等の三次元点群データおよびオリジナルデータから必要なデータを作成する作業です。

地図情報レベル250、及び500の数値地形図データ等を作成するために使われ、小縮尺地図の作成には不向きです。

地上レーザ測量の作業

作業計画 → オリジナルデータの作成 → その他の成果データの作成 → 成果データファイルの作成 → 品質評価 → 成果等の整理

同一地域において、複数時期のオリジナルデータを取得して比較点検等をする場合（他の点群データ比べる場合）と、しない場合（新しく測量する場合）に応じて、観測方法や標定点の精度が定められています。

②オリジナルデータの作成

レーザスキャナによって、三次元点群データ（器械点と測定したい地物までの距離）が得られます。このとき、光を照射してデータを取得する点を計測点といいます。

計測点は密で多くなるほど詳細なデータになりますが、作業規程では計測時期間の標高の較差の許容範囲（標準偏差）によってどれくらいの間隔にするかが定められています。

このデータを、器械を設置した基準点や標定点のデータと合わせて平面直角座標系に変換し、位置情報を持った三次元観測データ（オリジナルデータ）を作成します。

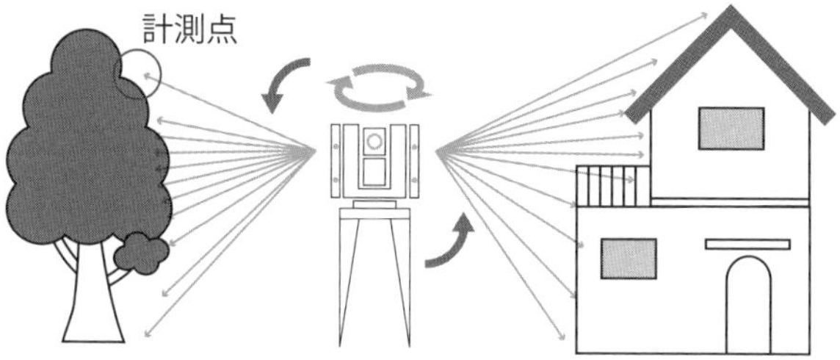

③標定点の設置

標定点とは、座標変換等により地上レーザスキャナに水平位置、標高及び方向を与えるための基準となる点のことで、点と点の位置関係や同時に撮影した写真を結合し調整するための基準になる点です。原則として、計測条件を満たす範囲の外に設置します。設置数は測定の方式に応じて決められています。

標定点から器械の位置・点群の位置を求める方法（観測方法）は3つあります。

1）相似変換法（主に局地座標）

複数の器械点から同じ点を捉え、座標値を割り出す方法です。

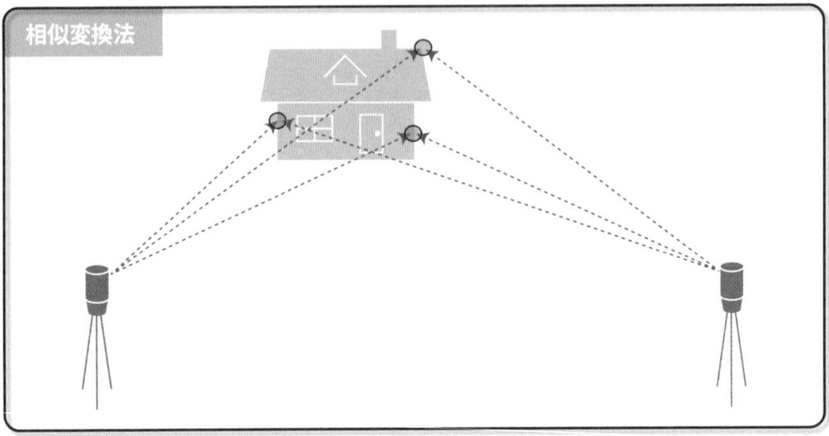

2）後方交会法（主に局地座標）

器械点から既知点を捉え、器械の座標値を割り出す方法です。コンペンセータ・求心機装置が必要です。

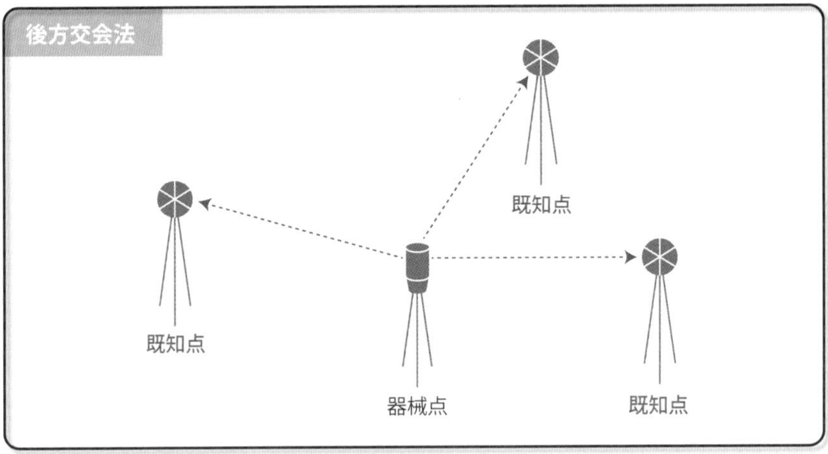

3）器械点・後視点法（平面直角座標）

器械点から後視点を捉え、器械の座標値を割り出す方法です。器械点の移動時はこれを繰り返していきます。コンペンセータ・求心機装置が必要です。

器械点・後視点法

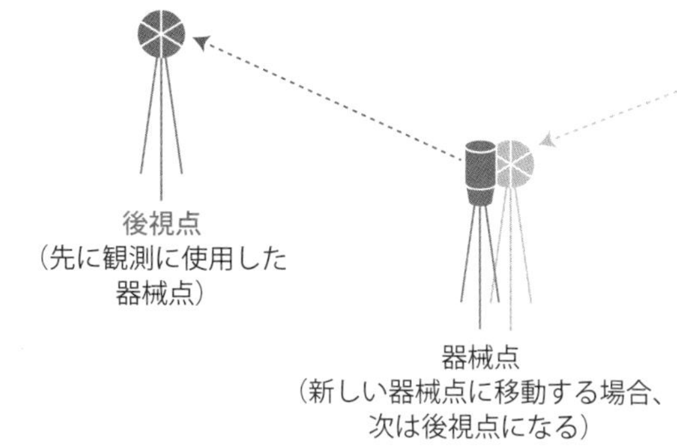

同一地域において、複数時期のオリジナルデータを取得して比較点検等をする場合は、器械点・後視点を用いた方法で観測を行う必要があります。

④ 地上レーザ計測

観測対象物は標識（標定点上の一時標識）・地形・地物等に分類し、大きさ・形状・地上レーザスキャナからの距離に応じて観測を行います。

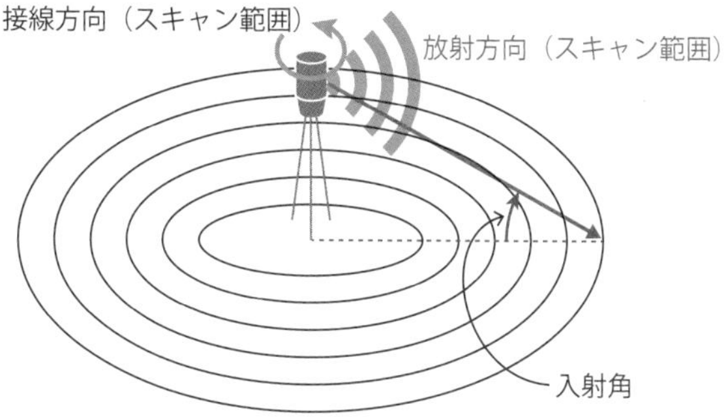

この際、方向・距離・受光した**反射強度**を記録します。これを三次元観測データといいます。距離は位相測定方式（基準点測量の、光波測距儀と同じ原理）または TOF 方式（反射して帰ってくる時間とレーザの速度で測定）です。

観測はできるだけ地形の低い方から高い方へ行うことを原則とします。入射角が小さくなりすぎないようにするとともに、反射するレーザ光を受信しやすくし、点群を密にするためです。

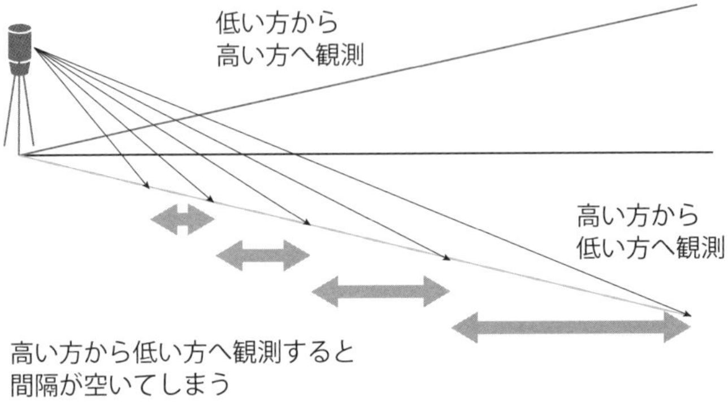

観測したデータを、標定点等を使用して平面直角座標系へ変換し、オリジナルデータが完成します。

5 その他データの作成

オリジナルデータを元にグラウンドデータ（地表面のデータ）、グリッドデータ（格子状の標高データ）、等高線データ、数値図化データ（地形図の原図）を作成します。必要な場合は改めて現場で補測を行います。

6 成果データファイルの作成

作成して点検したデータは製品仕様書に従った形式で保存します。

過去問題をやってみよう！

次のa～cの文は，地上レーザスキャナを用いた地形測量及び地上レーザスキャナを用いた三次元点群データ作成について述べたものである。

[ア]～[エ]に入る語句の組合せとして最も適当なものはどれか。次の中から選べ。

a．地形測量では，地上レーザスキャナで取得された高密度の標高値群とその[ア]を基に地物などを描画していく。
b．三次元点群データ作成とは，[イ]から地形を捉えられなかった点を除去していき，地形を表現する標高値の集合を作成することである。
c．航空レーザ測量では，上空から地上に向けて[ウ]を照射するため，[エ]によって地表面を識別できる。そのため，電線や樹木といった数値地形図データ作成に不必要な情報を自動的に除去しやすい。一方で，地上レーザ測量では，不必要な情報は[エ]のみによっては自動的に除去することが比較的難しいため，地上レーザ測量の対象地域は[ウ]を遮るものが少ない地域に限定することが望ましいと考えられる。

	ア	イ	ウ	エ
1.	波長	三次元観測データ	ラストリターンパルス	レーザ光
2.	波長	数値地形モデル	レーザ光	ラストリターンパルス
3.	反射強度	三次元観測データ	レーザ光	ラストリターンパルス
4.	反射強度	三次元観測データ	ラストリターンパルス	レーザ光
5.	反射強度	数値地形モデル	レーザ光	ラストリターンパルス

解答　3

ア　反射強度　スキャナで取得された三次元観測データ（反射強度）を基に地物を描画します。

イ　三次元観測データ　DTM を作成します。

ウ　レーザ光　レーザ光を発射して、反射してくる光（リターンパルス）を捉えることで地物を識別します。

エ　ラストリターンパルス　遠くにある地点＝地面からの強度の強い最後の反射光です。

lesson 3

8章

UAV写真点群測量

重要度 ★★☆

合格のポイント！

「UAV 写真測量」とは異なり、数値写真（画像データ）から三次元点群データを作成する測量です。対空標識の設置や UAV・カメラについては共通です。作業規程では UAV 写真測量を参照している部分が多くあります。作業規程を一読し UAV 写真測量と UAV 写真点群測量とで共通点・相違点を整理しておきましょう。

① UAV 写真点群測量（準則 409 ～ 436 条）

UAV 写真点群測量は、UAV により地形、地物等を撮影し、その数値写真を用いてオリジナルデータ等の三次元点群データを作成する作業です。裸地（地上に植栽や建物等の地物がない区域）等において行われます。

UAV 写真点群測量の作業

作業計画 → 標定点及び検証点の設置 → 撮影 → 三次元形状復元計算 → グラウンドデータの作成及び構造化 → 成果データファイルの作成 → 品質評価 → 成果等の整理

② 標定点及び検証点の設置

撮影に先立ち、後の計算処理で点群座標を現地の測地系に関連付けて位置情報を与えるために必要な標定点を設置します。

標定点は作業地域の外側（外部標定点）と内側（内部標定点）に設置します。また、計画時の作業地域内において最も標高の高い地点及び最も標高の低い地点にも、標定点を設置します。外側標定点は３点以上、内側標定点は１点以上設置するものとします。

検証点は、標定点とは別に、作業地域内の標定点からできるだけ離れた場所に均等に配置します。設置する検証点の数は、設置する標定点の総数の半数以上（切り上げ）が標準です。各点には対空標識を設置します。

③ 撮影

撮影は三次元形状復元計算用の数値写真を撮影する作業です。撮影基準面は撮影区域に対して一つですが、高低差が大きい地域では安全のために複数設定することもあります。また、撮影高度は作成するオリジナルデータに求める位置精度とカメラの諸元によって変化します。撮影する数値写真の地上画素寸法は、作成するオリジナルデータの位置精度に応じて、次のようになります。

位置精度	地上画素寸法
0.05 m以内	0.01 m以内
0.10 m以内	0.02 m以内
0.20 m以内	0.03 m以内

ここが大事！

- 対地高度の求め方

{（地上画素寸法）÷（使用するデジタルカメラの１画素のサイズ）×（焦点距離）} 以下

重複度（空中写真測量参照）については、OL が 80 %以上、SL は 60 %以上確保できるように撮影計画を立てます。ただし、撮影後に重複度の確認ができない場合には、OL は 90 %以上として計画します。

また、外側標定点を結ぶ範囲のさらに外側に、少なくとも 1 枚以上の数値写真が撮影されるよう、撮影計画を立てます。

撮影時には、計画した高度と実際の高度のズレが 10 %以内になることとし、UAV が安全に飛行できないと判断した場合には直ちに撮影を中止します。

撮影方法（UAV 写真測量を準用）

測量に用いられる UAV は自律飛行ができるため、それなりの大きさとなります。カメラには一定の画素数、記録容量、設定機能が求められるほか、内部標定要素を求めるカメラキャリブレーションが必要となります。

④ 三次元形状復元計算

撮影した数値写真及び標定点を用いて、オリジナルデータを作成する作業を三次元形状復元計算といいます。計算は数値写真の外部標定要素及び数値写真に撮像された地点（特徴点）の位置座標を求め、地形、地物等の三次元形状を再現します。

ここが大事!

三次元形状復元

- 特徴点の抽出
- 標定点の測定
- 外部標定要素の算出
- オリジナルデータの生成

三次元形状復元のイメージ

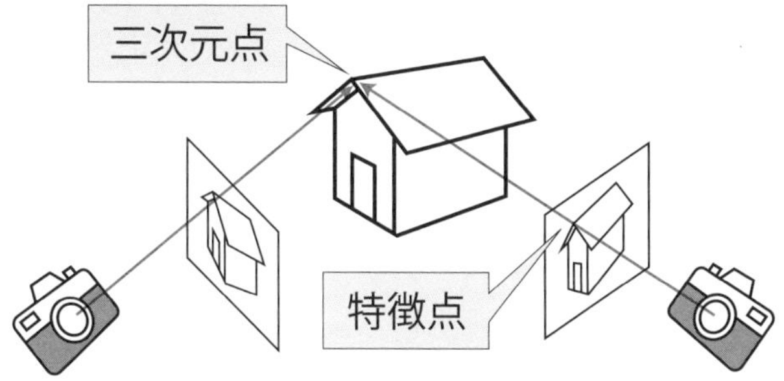

5 グラウンドデータの作成及び構造化

オリジナルデータ（点群データ）を元に、地形以外のデータを取り除くなどして、グラウンドデータ（点群をつないだ地表面のデータ）を作成します。このとき、必要な場合には改めて現場で補測をおこないます。作成したグラウンドデータをグリッドデータ（格子状の標高データ）などに変換することを構造化といいます。

6 成果データファイルの作成

作成して点検したデータは製品仕様書に従った形式で保存します。

lesson 4

UAVレーザ測量

重要度 ★★☆

合格のポイント！

「UAV写真測量」「UAV写真点群測量」とは異なり、写真を撮影して解析するのではなく、レーザスキャナで直接点群データを取得します。

① UAVレーザ測量（準則437～478条）

UAVに位置姿勢データ取得装置及び、レーザ測距装置を搭載した計測・解析システム（ＵＡＶレーザ測量システム）でオリジナルデータ等の三次元点群データ及び数値地形図データを作成します。地図情報レベルは、500及び1000が標準です。

UAVレーザ測量の作業工程

成果品の要求仕様の策定 → 作業計画 → 作業仕様の策定 → オリジナルデータの作成 → その他の成果データの作成 → 成果データファイルの作成 → 品質評価 → 成果等の整理

② 成果品の要求仕様書の策定

計画機関が、目的等を踏まえ、測量により作成する成果品の内容、精度等を明らかにして要求仕様として取りまとめる作業です。

③ 作業計画

工程別に作成します。なお、「その他の成果データの作成」では、「成果品の要求仕様の策定」で策定する要求仕様の内容を踏まえ、必要となる作業のみを行うものとします。

④ 作業仕様の策定

作業機関は要求仕様書の仕様を満たすためにどのような基準で作業すればよいかを検討し、UAV レーザ測距装置の性能や品質を確保するための作業方法について作業仕様を策定します。作業仕様は測量計画機関の承認を得る必要があります。

⑤ UAVレーザ測量システム

UAV レーザ測量システムは、GNSS アンテナ、GNSS 受信機、IMU（慣性計測装置）及びレーザ測距装置の各機器と、これらを搭載する UAV 及び解析ソフトウェアから構成します。主なポイントは次のとおりです。

1）GNSS アンテナ及び GNSS 受信機

- GNSS アンテナは、UAV の頂部に確実に固定されていること。

2）IMU（慣性計測装置）

- センサ部の 3 軸の傾き（ローリング、ピッチング、ヘディング）及び加速度を計測可能なこと。

3）レーザ測距装置

- スキャン機能を有すること。

4）UAV

- 自動飛行機能及び異常時の自動帰還機能を装備していること。
- 航行能力は、計測が想定される飛行域の地表風に耐えることができること。

5）最適軌跡解析ソフトウェア

- GNSS 及び IMU から得られたデータを用いて推定した誤差モデルから、再度軌跡を計算する繰り返し計算によって誤差モデルを改善し、最適解を算出できること。

6）統合解析ソフトウェア

- 最適軌跡解析で得た結果及びレーザ測距データを統合解析し、計測点の三次元位置が算出できること。

6 オリジナルデータの作成

1）計測計画

飛行のコース・固定局・調整点・要員・日程などについて計画します。コースは成果品の範囲外 10 mを含み、等速飛行ができるよう設定します。また、日程については天候や GNSS 衛星の配置を考慮する必要があります。

2）固定局の設置

原則として、電子基準点を利用し、計測中の位置情報を取得します。近隣に電子基準点がない場合は新たに設置します。

3）調整点の設置

点群データの点検・調整を行うための基準点です。既設の基準点を調整点にする場合と、基準点測量に準じて新たに設置する場合があります。

覚える用語

固定局　GNSS キネマティック測量により位置情報を取得するための点（電子基準点）

調整点　位置情報データを点検・調整するための基準点

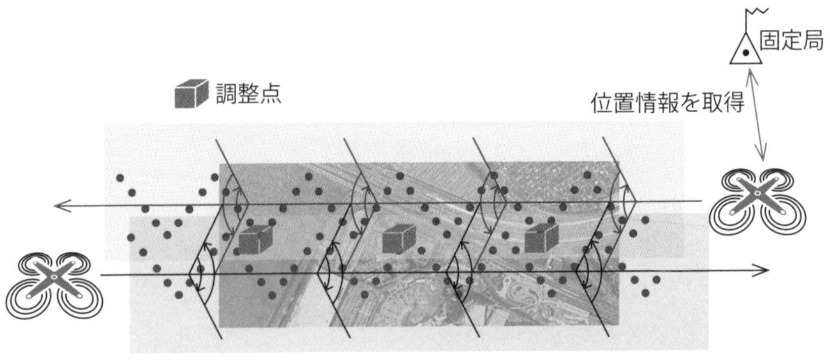

出典：地理院地図を加工して作成

4）計測

レーザにより地形の情報を取得するとともに、GNSS/IMU 装置によって位置情報や機体の傾き・慣性を測定します。同時に数値写真も撮影します。飛行高度は等高度が基本ですが、地形によっては等対地高度とすることもあります。

UAV の飛行に異常が認められた場合は直ちに中止します。

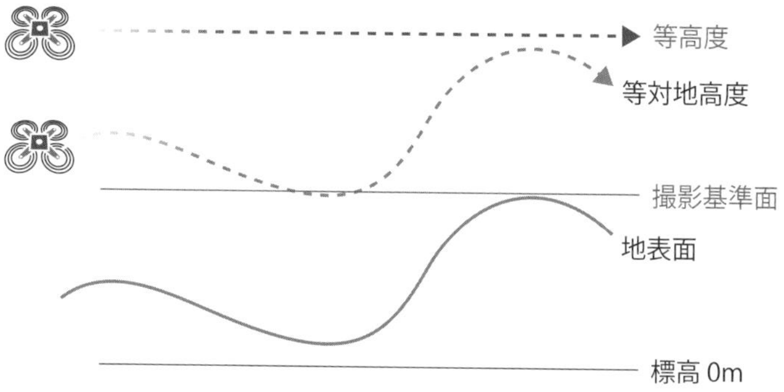

5）最適軌跡解析

GNSS/IMU の取得データから、UAV（レーザ測距装置）の飛行した経路を精密に解析することです。

6）オリジナルデータの作成

最適軌跡解析結果とレーザ測距で得た点群データを統合させ、三次元座標を持つ点群データ（オリジナルデータ）を作成します。

7）オリジナルデータの点検測量

オリジナルデータの作成とは別に点検測量を実施し、較差を求めて要求仕様を満たしているか確認します。検証点の設置による方法や、横断面を比較する方法などがあります。

7 その他の成果データの作成

オリジナルデータを元に「グラウンドデータ」「グリッドデータ」「等高線データ」「数値地形図データ」を作成します（本章 lesson1「三次元点群測量の概要」を参照）。

lesson 5

8章

車載写真レーザ測量

重要度 ★★☆

合格のポイント！

「UAV レーザ測量」と同じ原理で点群データを作成しますが、こちらは車両の屋根に装置一式を搭載し、走行しながらデータを取得します。

① 車載写真レーザ測量（準則 479 ～ 534 条）

車両に搭載した位置姿勢データ取得装置及びレーザ測距装置でオリジナルデータ等の三次元点群データ及び数値地形図データを作成します。地図情報レベルは、500 及び 1000 が標準です。

車載写真レーザ測量システムの概要

点群データ

メイン・アンテナフレームユニット
（GNSS・IMU・デジタルカメラ・レーザスキャナで構成され、車両上部に搭載）

写真

写真提供：© 株式会社パスコ

車載写真レーザ測量の作業工程

成果品の要求仕様の策定 ➡ 作業計画 ➡ 作業仕様の策定 ➡ 調整点の設置 ➡ オリジナルデータの作成 ➡ その他の成果データの作成 ➡ 成果データファイルの作成 ➡ 品質評価 ➡ 成果等の整理

② 成果品の要求仕様書の策定

計画機関が、目的等を踏まえ、測量により作成する成果品の内容、精度等を明らかにして、要求仕様として取りまとめる作業です。

③ 作業計画

作業計画は工程別に作成します。

④ 作業仕様の策定

作業機関は要求仕様書の仕様を満たすためにどのような基準で作業すればよいか検討し、車載レーザ測距装置の性能や品質を確保するための作業方法について作業仕様を策定します。作業仕様は測量計画機関の承認を得る必要があります。

ここが大事！

車載写真レーザ測量のシステム　　外部標定要素

- GNSS　位置情報取得
- IMU　車両の姿勢や傾きを取得

水平位置：0.15 m以内　標高：0.2 m以内

（位置情報）

- レーザスキャナ　点群データを取得
- デジタルカメラ　点群データに合わせた画像を取得

5 調整点の設置

ここでは、既知点の他に、解析結果の点検調整に必要な点を調整点と呼びます。水平位置、標高の基準となり、写真や点群のデータを、正確につなぎ合わせるための目印になります。調整点の精度は、水平位置・標高共に標準偏差 0.1 m 以内が標準とされています。

ここが大事！

調整点の設置
- GNSS 衛星からの電波受信が困難な場所
- カーブや右折左折などの進路変更をする場所
- 取得区間のはじめとおわり

→ 2 点以上設置する。新たに作る基準点ではなく、写真・点群データ上で確認できる既存の地物標識やテープで設置してもよい。

6 オリジナルデータの作成

車載写真レーザ測量におけるオリジナルデータの作成は、車両が移動しながら自車位置姿勢データ及び写真・レーザ測距データを取得し、それらを統合してデータ処理をすることにより行います。

1）移動取得計画

データ取得の障害になるものや、必要な画素寸法が得られる走行速度について計画します。いくつかの区間に分けて走行しデータを取得しますが、GNSS の電波が安定して観測できればその範囲は一つの取得区間とすることができます。

2）GNSS 固定局

キネマティック法により移動体の位置情報を取得するための基準点で、通常は電子基準点を使用します。

新たに設置する場合は定められた精度・方法で設置し、GNSS アンテナを設置します。

3）移動取得

移動取得計画に従い、自車位置姿勢データ及び写真・レーザ測距データを取得します。

■ MMS（モービルマッピングシステム）のイメージ

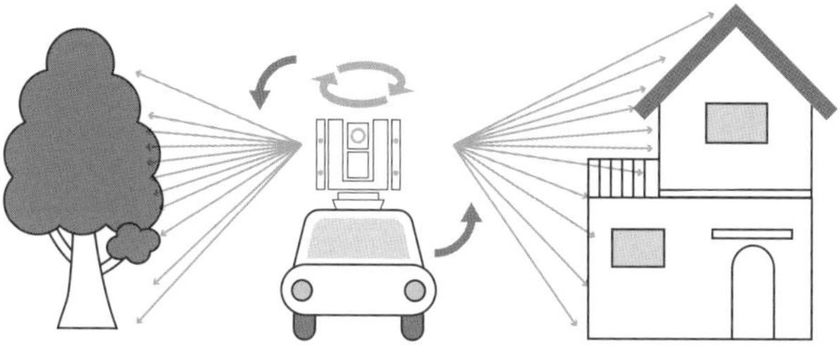

4）データ処理

レーザ測距装置及び計測用カメラの計測位置及び姿勢を解析して、「写真・点群データの作成」「調整点との調整処理」等を行うことをいいます。データ処理において調整や点検を行いながら、オリジナルデータを作成していきます。

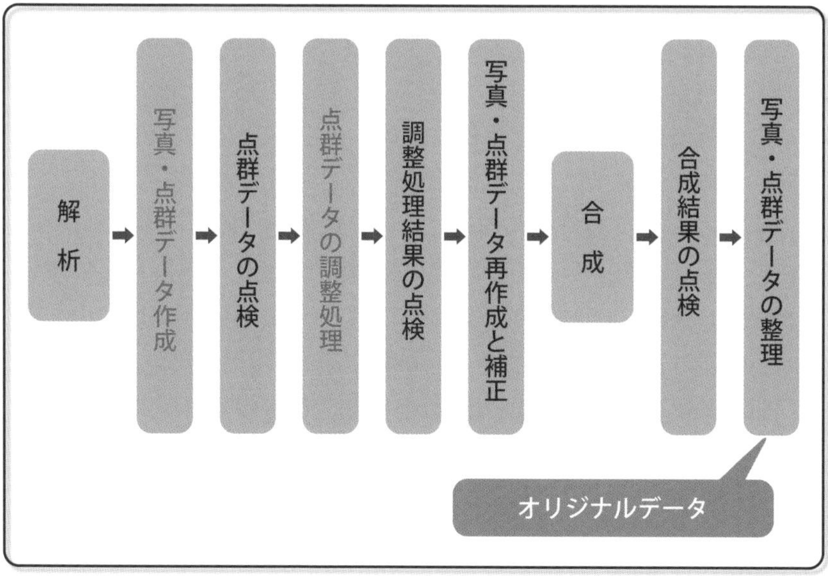

5）オリジナルデータの点検測量

オリジナルデータの作成とは別に点検測量を実施し、較差を求めて要求仕様を満たしているか確認します。検証点の設置による方法や、横断面を比較する方法などがあります。

⑦ その他の成果データの作成

オリジナルデータを元に「グラウンドデータ」「グリッドデータ」「等高線データ」「数値地形図データ」を作成します。

⑧ 成果データファイルの作成

作成して点検したデータは製品仕様書に従った形式で保存します。

過去問題をやってみよう！

次の文は，公共測量における車載写真レーザ測量（移動計測車両による測量）について述べたものである。［ア］～［エ］に入る語句の組合せとして最も適当なものはどれか。次の中から選べ。

車載写真レーザ測量は，車両に搭載したGNSS／IMU装置，走行距離計，計測用カメラ，レーザ測距装置などで構成されるシステムを用いて，主に［ア］及びその周辺における数値地形図データを作成する手法である。GNSS／IMU装置による計測データから得られる［イ］，計測用カメラにより撮影された写真及びレーザ測距装置による距離データを用いて，［ウ］を作成することができる。

なお，トンネルなどGNSS衛星からの測位信号の受信が困難な箇所については，データ処理時に［エ］を用いた調整処理を行う必要がある。

	ア	イ	ウ	エ
1.	道路	内部標定要素	数値図化用データ	仮想基準点
2.	河川	外部標定要素	数値図化用データ	仮想基準点

3. 道路　外部標定要素　数値図化用データ　調整点
4. 河川　内部標定要素　自車位置姿勢データ　仮想基準点
5. 道路　外部標定要素　自車位置姿勢データ　調整点

解答　3

ア　道路　車両が走行してデータを取得します。

イ　外部標定要素　車両の位置情報・速度・傾きなどのことです。内部標定要素はカメラレンズの特性（焦点距離や主点の位置など）を指します。

ウ　数値図化用データ　この測量では数値図化用データ（地形図）の作成が目的です。

エ　調整点　位置情報が正しく得られない場所や車両の進路が変わる点に設置します。

本章 lesson5 の車載写真レーザ測量については、ここに紹介した問題のほか、次のようなパターンの出題もあります（すべて正答肢）。

a．移動取得を行うに当たっては，自車位置姿勢データ取得装置の初期化から終了処理までの走行区間及び数値図化用データ取得装置によるデータの取得区間を決定する。

b．取得区間における車両の走行が可能であり，かつ数値図化を適切に行うことができるよう，事前に取得区間の道路幅員を調査する。

c．車両の走行速度は，数値図化用データ取得装置が所定の地上画素寸法又はレーザ点群密度を得ることができ，かつ欠測の生じないものとする。

d．移動取得時は車両の安定走行に努めるものとし，交通状態，気象状態，太陽の高度を勘案して随時取得区間を見直す。

lesson 6

8章

航空レーザ測量

重要度 ★★☆

合格のポイント！

「UAV レーザ測量」や「車載写真レーザ測量」が普及しており、作業規程にも記載されるようになりましたが、広い区域の地形データを取得する方法としては「航空レーザ測量」が用いられます。他のレーザ測量との違いを意識して学ぶと理解が深まります。

① 航空レーザ測量（準則 535 ～ 572 条）

航空レーザ測量システムを用いて地形を計測し、格子状の標高データである数値標高モデル（グリッドデータ・DTM とほぼ同義）等の三次元点群データファイルを作成する作業です。

地図情報レベルは 500、1000、2500、5000 が標準です（5 章 lesson3 数値地形モデル 参照）。

航空機のほか、おもな機械はスキャン式レーザ測距装置と GNSS/IMU 装置（慣性計測装置）です。

スキャン式レーザ測距装置とは、レーザパルスを航空機の進行方向と直角に斜め下方にスキャンしながら発射し、その反射波の到達時間から、反射点までの距離を測定するものです。航空機の進行と共にスキャンするので、反射点（照射点、計測点）の軌跡はジグザグになります。

■スキャン式レーザ測距装置

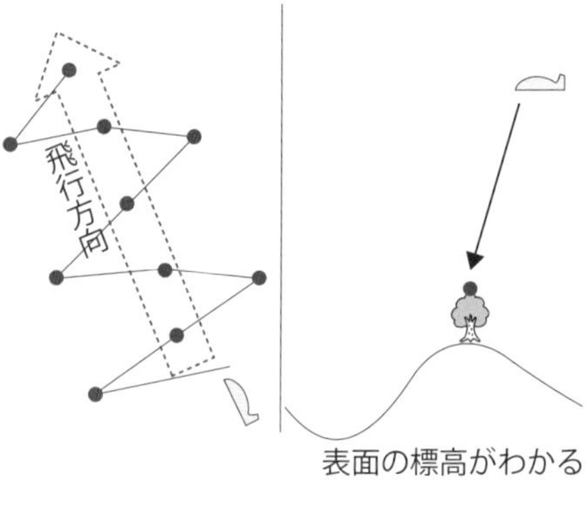

GNSS ／ IMU 装置（慣性計測装置）については 6 章 Lesson 2 を参考にしてください。

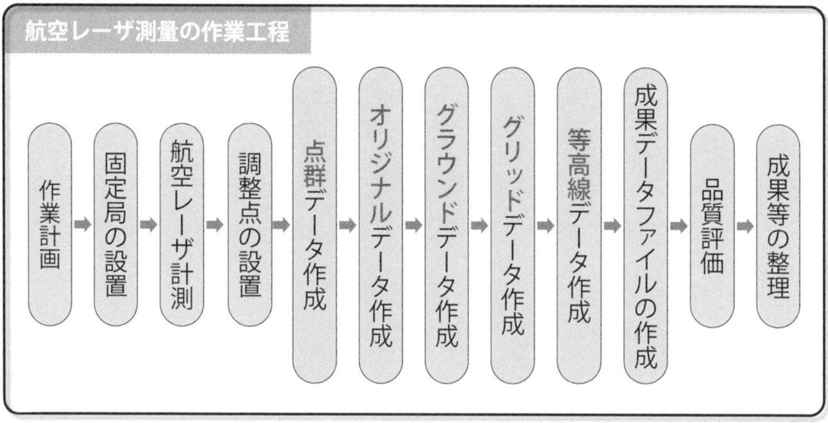

2 作業計画

GNSS 衛星配置等を考慮して、計測諸元（対地高度、対地速度、SL、スキャン回数、スキャン角度、パルスレート及び取得点間隔）、飛行コース、固定局の設置場所及び GNSS 観測について計画します。このときSL は 30 %程度です。

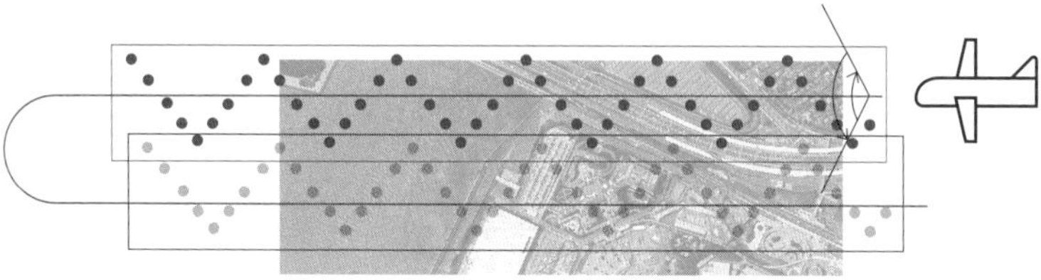

出典：地理院地図を加工して作成

3 固定局の設置

原則として電子基準点を利用し、計測中の位置情報を取得します。近隣に電子基準点がない場合は新たに設置します。

レーザ測距装置の位置をキネマティック法で求めるための地上固定局を設置します。通常は電子基準点を使い、基線は 50 km 以内となります。電子基準点が使えない場合は、1 級基準点測量・3 級水準測量で固定点を設置します。

④ 航空レーザ計測

システムはキャリブレーションを実施したものを用い、撮影は直線かつ等高度、一定速度が基本です。最適軌跡解析・点検までをレーザ計測の中に含みます。

固定局の GNSS 観測データ、航空機上の GNSS 観測データ、IMU 観測データ（標高を取得した点の座標）及びレーザ測距データ（表面の標高）について計測を行います。このとき写真も撮影します。

航空レーザ計測

GNSS/IMU の解析処理 ➡ 最適軌跡解析（いつどこを飛んだか割り出すこと）を行うと同時に撮影した写真に外部標定要素を与える

航空レーザ計測の点検 ➡ 計測が正しく行われたか点検する
再計測が必要か判断する
- 固定局、航空搭載機の GNSS 観測の良否
- サイクルスリップ状況
- 計測範囲の良否
- 写真の良否
- 高度、コースの良否

⑤ 調整点の設置

点群データの点検及び調整を行うための基準点（調整用）を調整点といい、これを設置する作業です。

調整点は平坦で計測点間隔の 2 倍から 3 倍までの辺長があるグラウンド、空き地、道路、公園、屋上などに設置します。設置数は 4 点以上で、作業地域の面積（㎢単位）を 25 で割った値に 1 を足した値（数）が標準です。原則として、作業地域の四隅に設置します。

ここが大事！

水平位置：４級基準点測量（場合によってはGNSS単点観測も可）
標高：４級水準測量（場合によってはGNSSも可、セミ・ダイナミック補正不要）

⑥ 点群データの作成

レーザ測距データと最適軌跡解析データを統合解析し、点群データを作成する作業です。地上座標値は0.01 mくらいとし、エラー点など必要のない点は除去していきます。

1）点群データの点検

調整点成果と比較します。調整点において点群データの平均値との較差を求め、その平均値とのRMS誤差等を求めます。この場合のRMS誤差とは、調整点成果を基準として、得られた点群データの位置情報がどれくらい離れているか（あるいは近いか）を表す統計量です。

点群データの点検

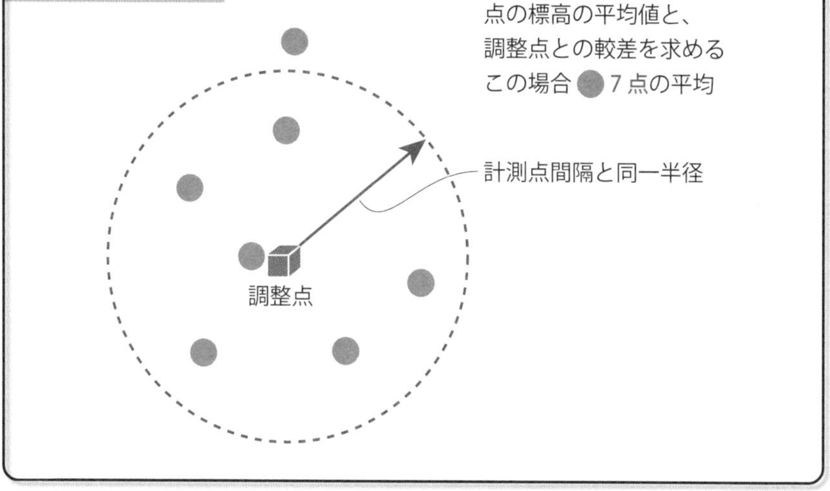

2）コース間標高値の点検

コース間の重複部分で標高値を比較点検します。点検箇所の数は、（コース長（km）/ 10 ＋ 1）の小数点以下切り上げです。点検箇所は、重複部分のコースの端点に取り、重複部分の上下均等に配置します。

3）再点検

作業終了後には、調整点配点図、調整点明細表、点群データ点検表、調整点調査表、コース間点検箇所配点図及びコース間点検精度管理表を作成し、これらに航空レーザ測量用数値写真を用いて、調整点の配点及び設置箇所の適否、調整点と点群データとの較差の平均値及び RMS 誤差の適否、点検箇所の配点及び選点箇所の適否、点検箇所の標高値の較差の平均値及び RMS 誤差の適否、の点検を行います。

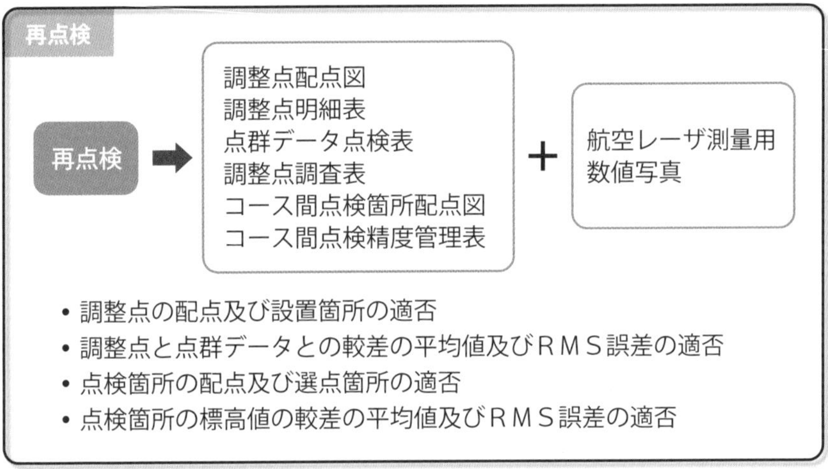

4）航空レーザ用写真地図データの作成

「航空レーザ用数値写真」及び「点群データ」等を用いて正射変換により行います。

5）水部ポリゴンデータの作成

「航空レーザ用写真地図データ」を用いて水部の範囲を対象に作成します。ここで水部とは、海部のほか、河川、池等地表が水で覆われている場所とします。

6）欠測率の計算

格子ごとのデータ数から、次のように計算します。欠測率の計算は、計算問題としても出題されます。

欠測率＝（欠測格子数／作業範囲全体の格子数）× 100

7）データの点検

点検の対象となるのは、航空レーザ用写真地図データの画像接合部の著しいズレの有無（道路等主要地物で確認）、水部ポリゴンデータの取得漏れの有無、水部ポリゴンデータ接合の良否、欠測率の良否です。

この後、点群データから調整点成果を用いて点検・調整した「三次元点群データ」を作成する、オリジナルデータ作成の作業があります。

7 グラウンドデータの作成

オリジナルデータから、フィルタリング処理により地表面の点群データを作成する作業です。

グラウンドデータの作成

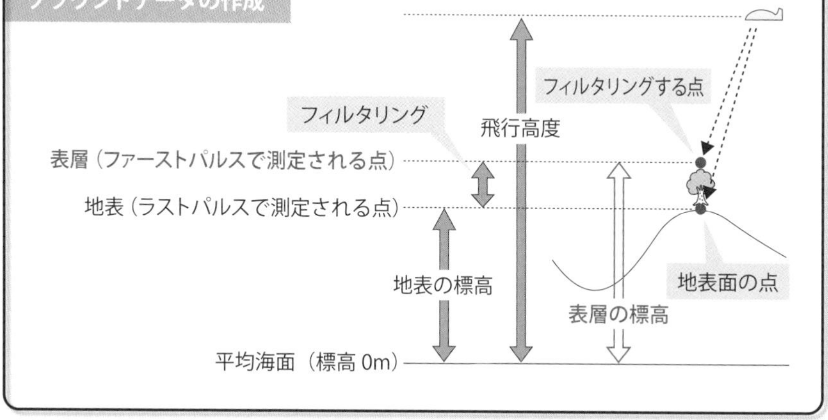

フィルタリングやデータ欠損が多いことによって地形表現が困難になってしまった部分（数値地形図データの精度を満たせない部分）については、別に低密度ポリゴンデータを作成します。

このほか、グリッドデータと等高線データを作成します。

過去問題をやってみよう！

次の文は，航空レーザ測量について述べたものである。明らかに間違っているものはどれか。次の中から選べ。

1. 航空機からレーザパルスを照射し，地表面や地物で反射して戻ってきたレーザパルスを解析し，地形などを計測する測量方法である。
2. 空中写真撮影と同様に，データ取得時に雲の影響を受ける。
3. 対地高度以外の計測諸元が同じ場合，対地高度が高くなると，取得点間距離が短くなる。
4. フィルタリング及び点検のための航空レーザ用数値写真を同時期に撮影する。
5. 計測したデータには，地表面だけでなく，構造物や植生で反射したデータも含まれる。

解答　3

1. ○　航空レーザ測量は、レーザパルスを航空機の進行方向と直角に斜め下方にスキャンしながら発射し、その反射波の到達時間から、反射点までの距離を測定するものです。
2. ○　雲の影響を受けます。
3. ×　時間あたりに照射する回数は同じですので、地面が遠い分、間隔は長くなります。
4. ○　レーザ計測と同時期に写真を撮影します。
5. ○　構造物や植生で反射したデータも含まれます。地表面のデータ（グラウンドデータ）にするためにフィルタリングを行います。

空中写真の判読のポイント

出典：地理院地図を加工して作成

鉄道は道路に比べて直線又は緩やかなカーブを描いています。

出典：地理院地図を加工して作成

送電線は適度の間隔をおいて高い塔が直線状に並び、塔の間をつなぐ線が見られます。

8章

lesson 7

航空レーザ測深測量

重要度 ★☆☆

合格のポイント！

今までの写真測量やレーザ測距装置では計測することのできなかった水部の底を計測できる緑波長レーザ（グレーンレーザ）を用いた航空レーザ測量です。ほとんど航空レーザ測量と同じ作業になりますので、異なる点を中心に学びましょう。

① 航空レーザ測深測量（準則 573 ～ 614 条）

航空レーザ測深システムを用いて河川等水域及びその周辺の地形・地物等を計測し、オリジナルデータ等の三次元点群データファイルを作成する作業です。地図情報レベルは 500、1000、2500、5000 が標準です（5章 lesson3 数値地形モデル 参照）。

航空機以外のおもな機械はスキャン式レーザ測距装置と GNSS/IMU 装置（慣性計測装置）です。ただし、レーザは水底（河川や湖沼の底）を捉えることができる、グリーンレーザです。

航空レーザ測深

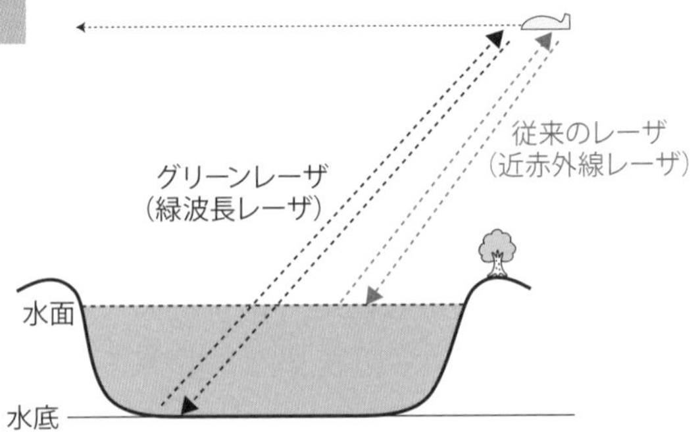

GNSS/IMU 装置（慣性計測装置）については 6 章 lesson 2 を参考にしてください。

航空レーザ測深の作業工程

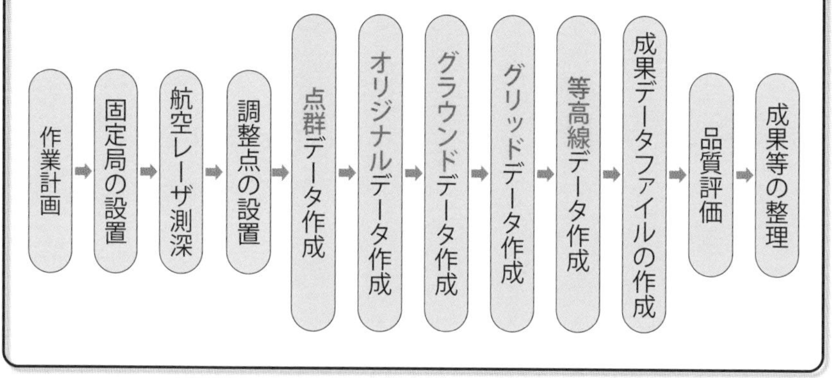

2 航空レーザ測深の精度

航空レーザ測深の精度は、次を標準とします。ただし、水部の標高は水質の影響により水底が測深できない場合は、適用しません。

区分	精度（標準偏差）
陸部の標高	0.3 m以内
水部の標高	0.3 m以内

3 作業計画

GNSS 衛星配置等を考慮して、計測諸元（対高度、対速度、SL（30%程度）、スキャン回数、スキャン角度、パルスレート及び取得点間隔）飛行コース、固定局の設置場所及び GNSS 観測について計画します。

水質の調査を行い、水底と陸上は同時に測定するよう計画します。また、測深の日時は河川の水質、水位、植生密生度に留意が必要です。

作業計画を立てたのち、固定局の設置を行います（航空レーザ測量参照）。

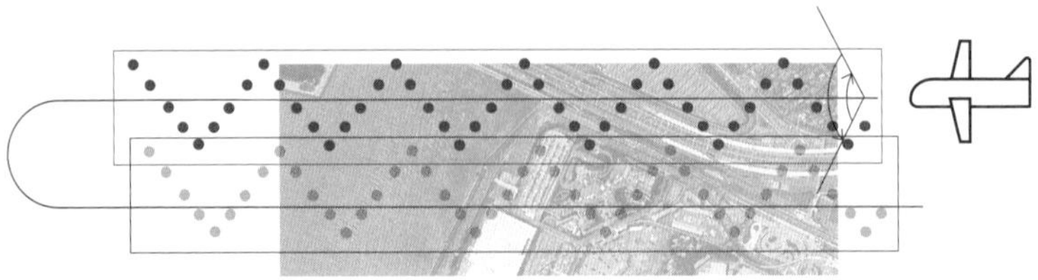

出典：地理院地図を加工して作成

④ 航空レーザ測深

航空レーザ測量では表面のデータを取得しましたが、航空レーザ測深測量では水底・水面・陸上について行います。

また、航空レーザ測深で使用する解析ソフトウェアは水中の屈折率を補正解析する機能が備わっている必要があります。

航空レーザ測深の次に調整点の設置を行います。

⑤ 点群データの作成

点検箇所は陸部の重複部分に配置する必要があります。水部ポリゴンデータは写真地図データからではなく水面標高から作成します。

近赤外線レーザ、緑波長レーザの 2 種類で点群データを取得した場合はデータの結合をする必要があります。この後、オリジナルデータを作成します。

⑥ グラウンドデータの作成

グラウンドデータの作成においては水底地形を含みます。水部のフィルタリングでは地上物の除去に加え、水中の濁り、漁業関連施設、水生植物、浮草等も取り除きます。低密度ポリゴンデータは陸部と水部に分けて作成します。

いちばんわかりやすい!

測量士補

テキスト&問題集＋予想模試

9章 応用測量

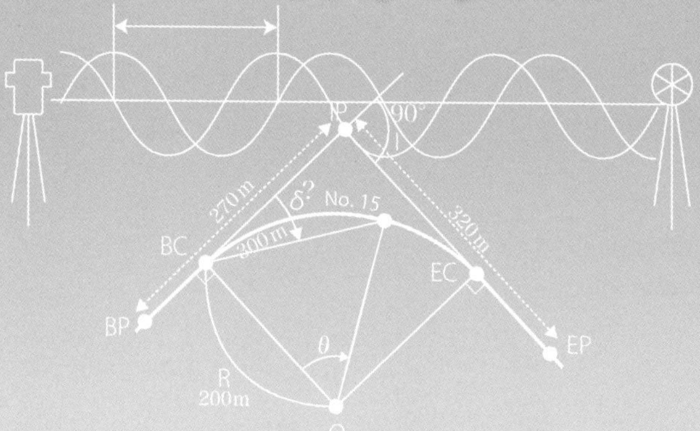

応用測量には、路線測量、用地測量、河川測量、その他の応用測量から出題されており、近年の出題傾向からは路線測量、用地測量、河川測量を中心に学習することが効率的です。計算問題が多く出題されるので、過去問題等を通して出題パターンに慣れておくと良いでしょう。

9章

lesson 1

路線測量

重要度★★☆

合格のポイント！

道路などの線形構造物をつくるための測量です。測量法に従った作業工程・各工程の作業内容・方法・精度を覚えておく必要があります。

1 路線測量とは（準則623条〜）

応用測量は、土木・建築・設計コンサルなどの現場で使われる測量技術です。線形構造物の設計や、土地の測量などですが、ここまでの分野で学んできた測量の組み合わせですので注釈に従って振り返る場面もあります。路線測量はその中でも、道路や鉄道、水路などの線形構造物をつくるための測量です。

路線測量の作業

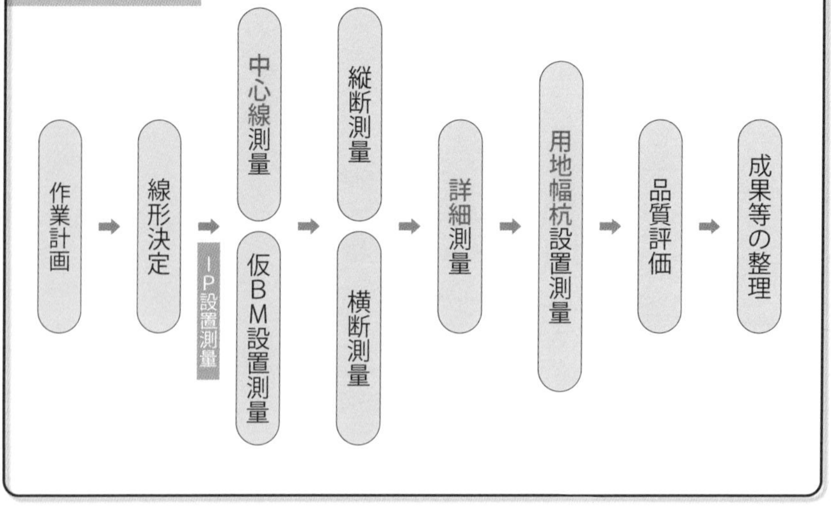

② 作業計画

資料の収集、計画路線の調査、作業方法、作業工程、作業班編成、使用機器などを計画し、計画書を作成します。

③ 線形決定

地図情報レベル 1000 以下の地形図上で設計条件及び現地の状況を勘案して行い、線形の基本になる交点 (IP) の座標、路線の形状を規定する各種曲線の諸元《しょげん》、曲線の始終点などの主要点、中心点などの座標（線形図データファイル）を決定します。各点の座標値は、4 級以上の基準点に基づき、TS または GNSS により放射法などにより求めます。

④ IP 設置測量

必要な場合のみ設置します。線形決定により決定した地形図上に IP の位置を、その座標値により現地に設置します。

⑤ 中心線測量

図上で選定計算された計画中心線の主要点と中心点を、4 級以上の基準点あるいは先に設置した IP から放射法により現地に中心杭を設置し、線形地形図データファイルを作成する作業です。

主要点には役杭《やくぐい》を、必要に応じて引照点杭《いんしょうてんぐい》を設置します。

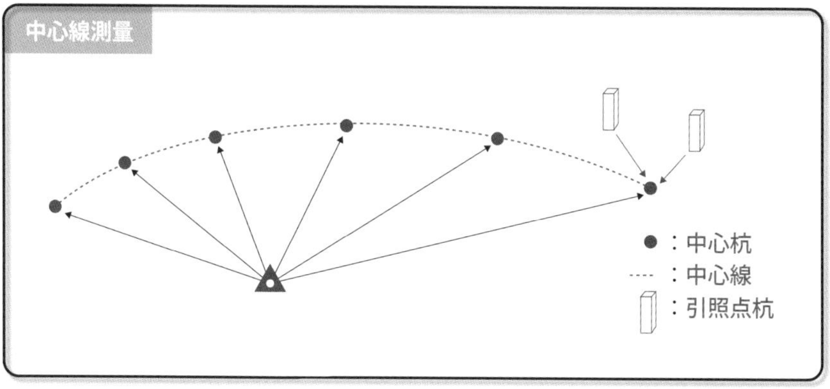

中心線測量

覚える用語

引照点杭　中心杭や役杭などが無くなったり、動いてしまったりしたときのために打つ杭です。中心杭や役杭は施工の段階で抜いてしまったり、意図せず亡失してしまったりすることがありますが、それらを復元するために使います。

土地の境界などにも利用しますが、役目は同じです。

6 仮 BM 設置測量

縦断測量及び横断測量に必要な水準点「仮 BM（ベンチマーク＝水準点）」を 3 級水準測量（山地では 4 級）で現地に設置し、標高を定める作業です。

ただし、河川などで距離標がある場合は、これを仮 BM として使用することができます。

設置間隔は 0.5 km（500 m）が標準です。

仮 BM 設置測量

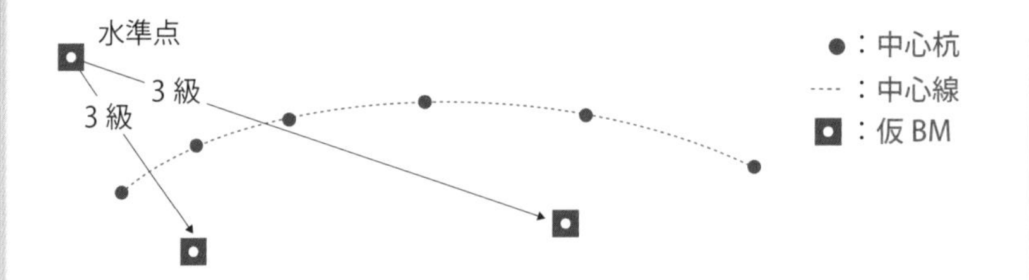

7 縦断測量

仮 BM などに基づき、4 級水準測量（山地は簡易水準測量）により中心杭などの標高を定め、縦断面図データファイルを作成する作業です。

縦断面図の距離を表す横の縮尺は線形地形図の縮尺と同一とし、高さを表す縦の縮尺は、線形地形図の縮尺の 5 倍から 10 倍にします。これは縦断方向の起伏をわかりやすくするためです。

縦断測量

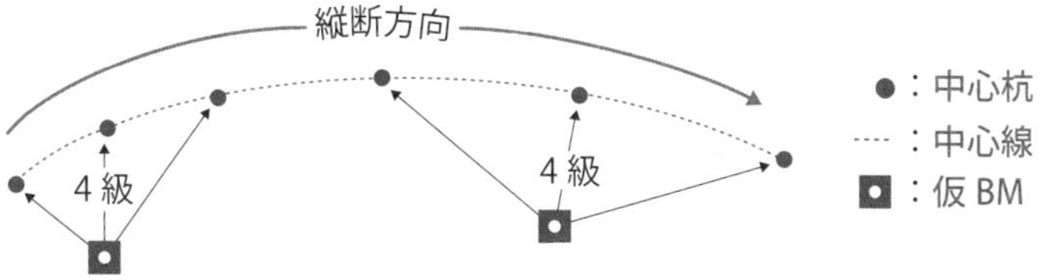

縦断面図

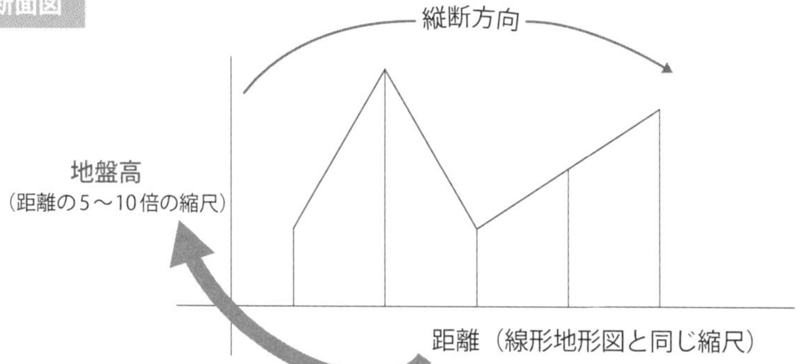

⑧ 横断測量

中心杭などを基準にして地形の変化点などの距離及び地盤高を定めて、横断面図データファイルを作成する作業です。中心点における中心線の接線に対して直角方向の線上にある地形の変化点及び地物について、中心点からの距離及び地盤高を測量します。横断面図の高さの縮尺は縦断面図の縦の縮尺と同一にします。

横断方向

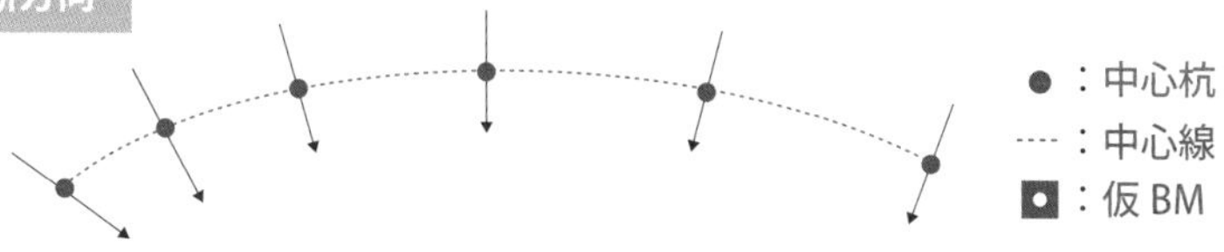

■横断測量のイメージ

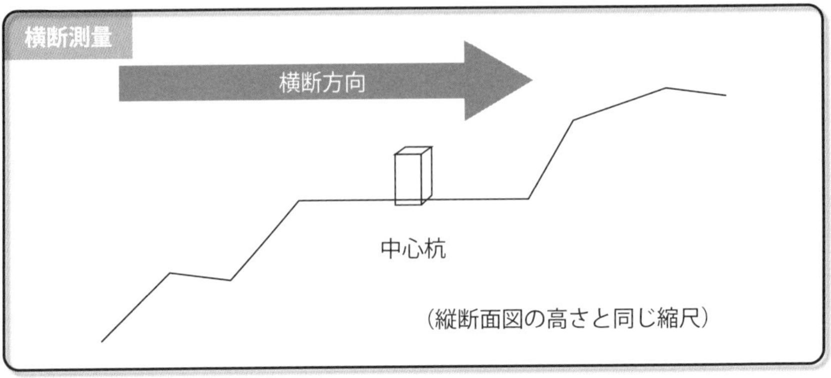

⑨ 詳細測量

一般に使用する地形図（1/500、1/1000）では設計上支障をきたし、より詳細な地形図を必要とする場合に、主要な構造物の設計に必要となる詳細平面図データファイル、縦断面図データファイル及び横断面図データファイルを作成する作業です。

- ●横断測量の方法は、4 級水準測量、山地においては簡易水準測量
- ●詳細平面図データの地図情報レベルは 250
- ●図紙に出力する場合、縦断面図の横の縮尺は詳細平面図の縮尺と同一、縦の縮尺は 1 / 100
- ●横断面図の縮尺は縦断面図の縦の縮尺に合わせる

⑩ 用地幅杭設置測量

中心点などから中心線に対して直角方向の用地幅杭点座標値を計算し、それに基づいて、近傍の 4 級以上の基準点、主要点、中心点などから放射法などにより用地幅杭を設置して行います。設置した標杭には、測点番号、中心杭などからの距離などを表示します。

用地幅杭設置測量

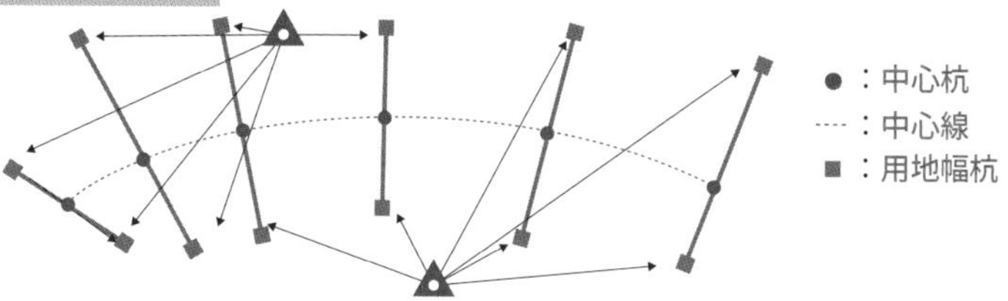

覚える用語

用地幅杭　路線（道路・水路・鉄道等）に必要な土地の範囲を現地で示す杭です。道路本体など主要な部分だけでなく、盛土の法面《のりめん》（盛土によって作られた斜面）など付帯する部分も含めて用地とします。

⑪ 品質評価

「測量成果（作成した地理空間データ）が、製品仕様書の規定する品質を満たしているか」を確認する作業のことです。

⑫ 成果等の整理

1）メタデータの作成

製品仕様書に従いファイルの管理及び利用において必要となる事項について作成します。

2）成果等の整理

作成したデータを整理します。

●作業規程の準則の「路線測量」には含まれませんが、作業計画の前には「路線選定」という作業もあります。

- 縮尺5万分の1や2万5千分の1の地形図を用いて路線の位置やインターチェンジ、橋梁、トンネルなどの位置を決定します。
- いくつかの比較路線を計画し、経済的・社会的な問題、環境への影響、施工の難易、経費等についても検討を行う必要があります。

過去問題をやってみよう！

次の文は，公共測量における路線測量について述べたものである。明らかに間違っているものはどれか。次の中から選べ。

1. IP の設置とは，設計条件及び現地の地形・地物の状況を考慮して標杭（IP 杭）を設置する作業をいう。
2. 中心線測量とは，路線の主要点及び中心点を設置する作業をいう。主要点には役杭を設置し，中心点には中心杭を設置する。
3. 仮 BM 設置測量とは，縦断測量及び横断測量に必要な水準点を設置し，標高を求める作業をいう。仮 BM を設置する間隔は 100 m を標準とする。
4. 縦断測量とは，仮 BM などに基づき水準測量を行い，中心杭高や地盤高などを測定し，路線の縦断面図を作成する作業をいう。
5. 横断測量とは，中心杭などを基準にして，中心線と直角方向にある地形の変化点及び地物について，中心杭からの距離と高さを求め，横断面図を作成する作業をいう。

解答　3

1. ○　設問のとおり、設計条件及び現地の地形・地物の状況を考慮して標杭（IP 杭）を設置する作業をいいますが、IP を設置しない場合もあります。
2. ○　必要に応じて引照点杭も設置します。
3. ×　仮 BM の設置間隔は 500 m です。
4. ○　4 級水準測量（山地は簡易水準測量）により中心杭などの標高を定め、縦断面図データファイルを作成する作業です。
5. ○　中心杭などを基準にして地形の変化点などの距離及び地盤高を定めて、横断面図データファイルを作成する作業です。

■路線測量の成果等（参考）

路線測量では以下の表のように、該当する測量の種類ごとに成果等が分けられています。

成果等の整理	該当する測量の種類								
	線形決定	条件点の観測	IPの設置	中心線測量	仮BM設置測量	縦断測量	横断測量	詳細測量	用地幅杭設置測量
観測手簿		○			○	○	○	○	
計算簿	○	○	○	○					○
成果表		○			○	○		○	
線形図データファイル	○								
線形地形図データファイル				○					
縦横断面図データファイル						○	○	○	
詳細平面図データファイル								○	
引照点図				○					
精度管理表		○	○	○	○	○	○	○	○
品質評価表					○	○		○	○
メタデータ					○	○		○	○

※ この表に定めるもののほか、別に作成した資料がある場合には、その他の資料として整理するものとする。また、観測手簿と成果表を併用する様式を使用することができる。

9章

lesson 2

円曲線の設置

重要度 ★★☆

合格のポイント！

ほぼ同じパターンの問題が出題されますので、過去問題に取り組みましょう。稀に、新しい形で出題される問題もありますが、まずはよく出る問題について固めておきましょう。

1 円曲線

円曲線

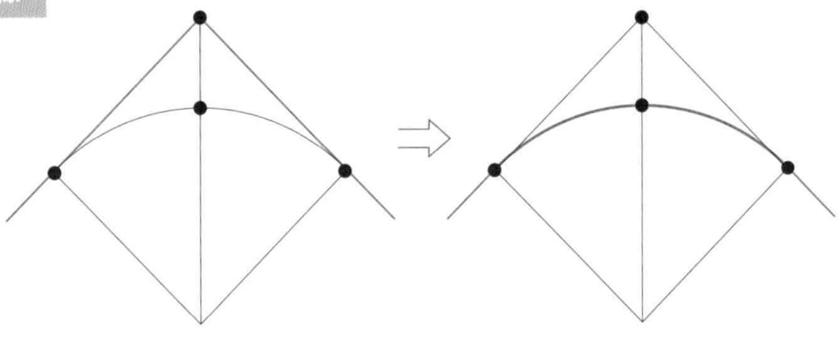

図は赤線で道路を示しています。左のように、路線が急になっているせいで交通に支障が出そうな場合、自転車や自動車などがスムーズに通行できるようカーブにします。この時に、円の一部を切り取ったようなカーブのことを円曲線、または単曲線と呼びます。

カーブにはこの他にも緩和曲線や縦断方向の曲線などもありますが、測量士補試験で出題されるのは単曲線です。

なお、緩いカーブからはじめて少しずつ急なカーブに変化させ、安全にカーブを通過できるように設計したものを緩和曲線と呼びます。緩和曲線の問題は測量士試験で出題されます。

② 円曲線の主要点

各部の記号

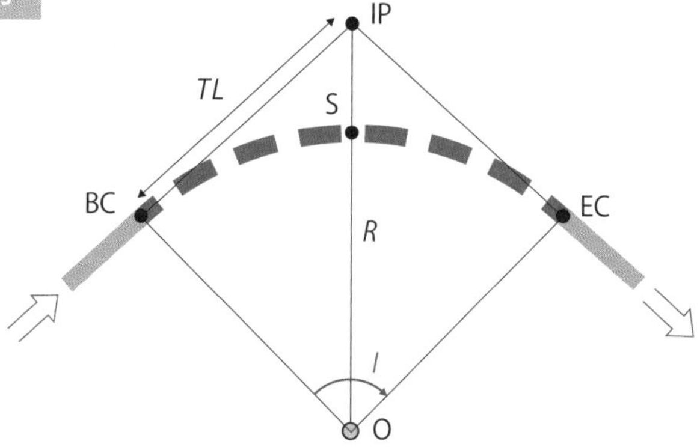

円曲線の設置は主要点をもとに設計します。矢印が車両の通行する方向です。

太い線は路線の中心線です。道路でいうところのセンターラインだと思ってください。点線部分はカーブです。

覚える用語

円曲線に出てくる記号の意味

IP：交点。主要点の基となる点です。

BC：カーブが始まる点。ここからECに向かってカーブしていきます。

EC：カーブの終わる点。BCとEC間が曲線となります。

S：カーブ中点。カーブの中間点です。

TL：接線長。BCとIPを結んだ直線です。

R：半径。カーブの半径です。カーブはRが大きいほど緩やかに、小さいほど急になります。高速道路等でも注意を喚起するために表示されていることがあります。

O：カーブ（扇形）の中心です。

③ 円曲線の性質

円曲線には、覚えておくと計算に使える性質（決まりごと）がいくつかあります。言葉ではなく図でしっかり確認しておきましょう。

1）交角＝中心角

IP において、*TL* の延長線と IP － EC の成す角度を交角と呼び、*I* で表します。この交角はカーブの中心角と同じになります。

円曲線の性質 1

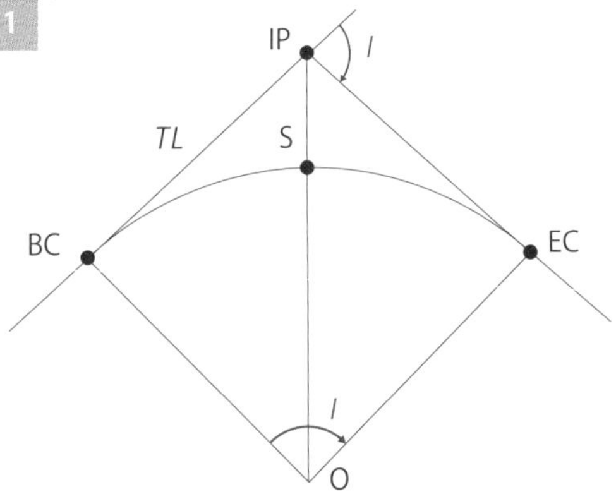

2）BC において、IP － BC と BC － O のなす角度は直角

円曲線の性質 2

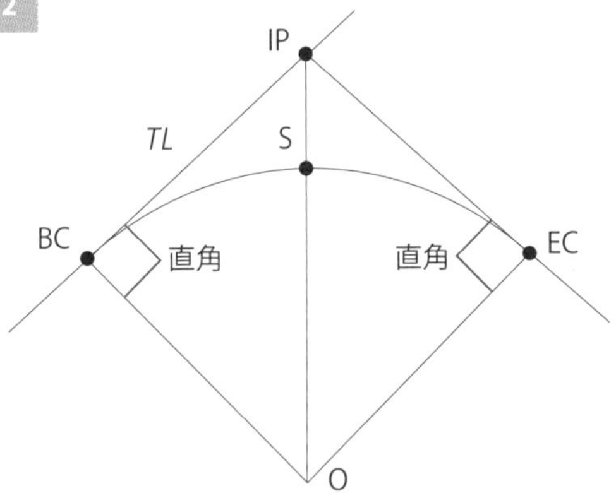

円の接線なので直角になります。

3）接線長の公式

ほとんどの問題で接線を計算することになります。BC・O・IP の直角三角形の性質から求められますが、公式として覚えてしまっても良いでしょう。

接線長

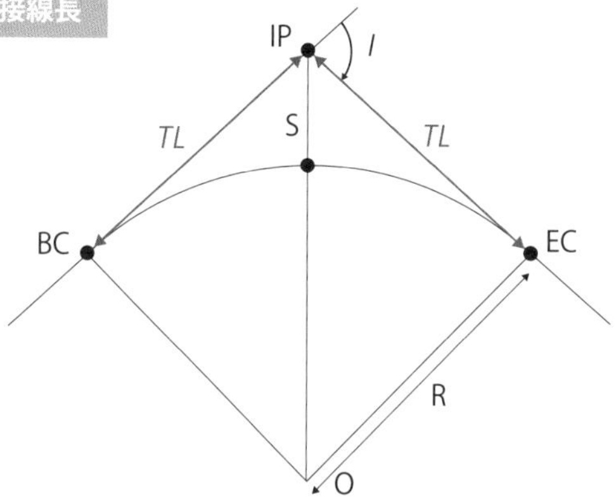

$$TL = R \times \tan\frac{I}{2}$$

たとえば、曲線半径 400 m、交角が 64°の場合、*TL* は次のように求められます。

$$TL = 400 \times \tan\frac{64^\circ}{2} = 400\ \mathrm{m} \times \tan 32^\circ$$

関数表より、tan32°は 0.62487

$$TL = 400 \times 0.62487 = 249.95\ \mathrm{m}$$

4）カーブの長さは中心角に比例する

円曲線のカーブは円の一部を扇形に切り取った円弧の部分ですので、中心角が大きいほどカーブは長くなります。

また、円の中心角を 360°としその時の円弧の長さが全円周だと考えると、360°に対する中心角の大きさでカーブの長さがわかります。

曲線長

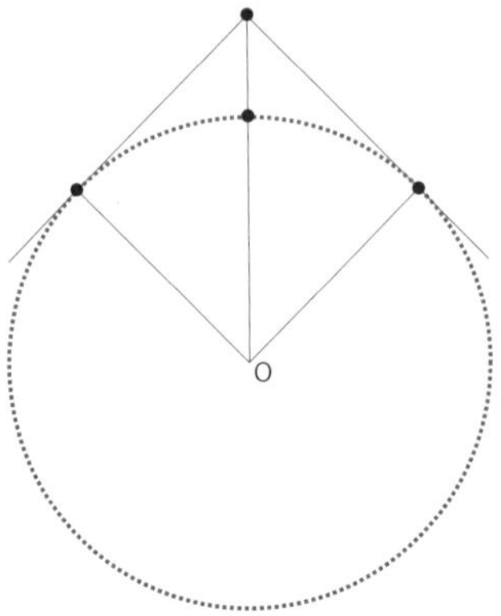

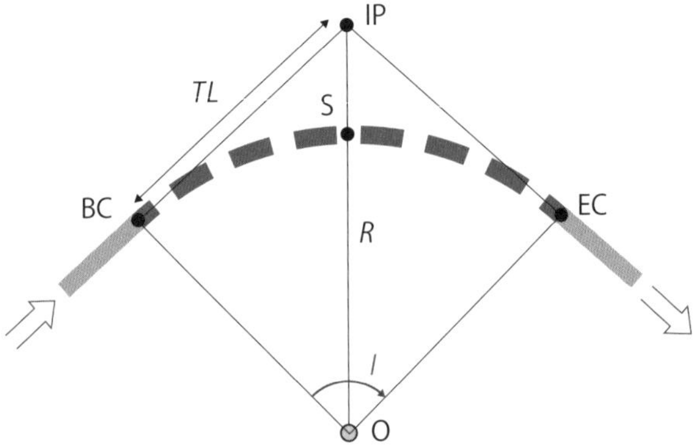

$$\frac{\text{全円周}}{360^\circ} = \frac{\text{カーブの長さ}}{\text{中心角（}I\text{）}}$$

ここが大事!

・接線長（*TL*）を求める公式

TL（または *T*）$= R\tan\dfrac{I}{2}$

過去問題をやってみよう！

図に示すように，円曲線始点 BC，円曲線終点 EC からなる円曲線の道路の建設を計画していた。当初の計画では円曲線半径 $R = 600$ m，交角 $\alpha = 56°$ であったが，EC 付近で歴史的に重要な古墳が発見された。このため，円曲線始点 BC 及び交点 IP の位置は変更せずに，円曲線終点を EC から EC′ に変更することになった。

変更計画道路の交角 $\beta = 90°$ とする場合，当初計画道路の中心点 O を BC 方向にどれだけ移動すれば変更計画道路の中心点 O′ となるか。最も近いものを次の中から選べ。

なお，関数の値が必要な場合は，8 ページの関数表を使用すること。

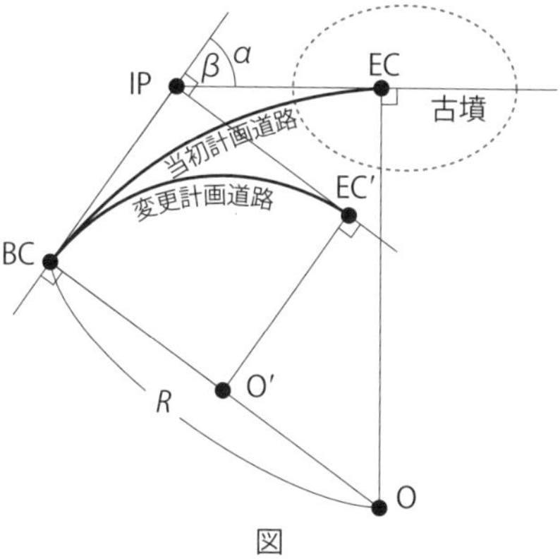

図

1. 264 m
2. 281 m
3. 292 m
4. 318 m
5. 319 m

解答　2

近年、一番出題されている問題の形で、円曲線の付け替えです。この問題のポイントは「円曲線始点 BC 及び交点 IP の位置は変更せずに」の部分です。

これは「TL は一緒」という意味です。ですから、現道路の TL を求め、その数値をもとに新道路の要素を求めます。

問題は“中心点がどれだけ移動したか？”ですので、新道路の円曲線半径がわかれば現道路との差で求めることができます。

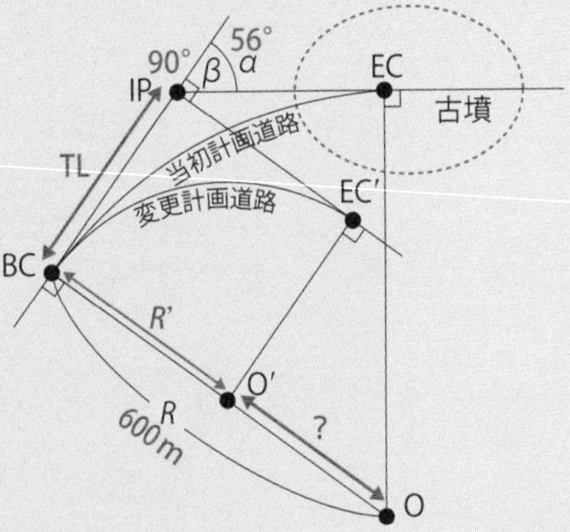

図にしてみると、求めたいのは 600 m と R' の差であることがわかります。

まず当初計画の TL を求めます。

$$TL = R \times \tan\frac{\alpha}{2} = 600 \times \tan\frac{56^\circ}{2} = 600 \times \tan 28^\circ$$

関数表より、$\tan 28^\circ = 0.53171$

$TL = 600 \times 0.53171 = 319.026$ m

次に、これをもとに変更後計画の R' を求めます。

現道路と新道路の TL は同じなので

$$319.026 = R' \times \tan\frac{\beta}{2} = R' \times \tan\frac{90^\circ}{2} = R' \times \tan 45^\circ$$

関数表より、$\tan 45^\circ = 1$

$319.026 = R' \times 1$

$R' = 319.026\ \mathrm{m}$

最後に、当初計画と変更後の半径の差を求めます。

$600 - 319.026 = 280.974\ \mathrm{m}$

解答は2となります。

半径の小さい円曲線が現道路、大きい円曲線が新道路とする問題も同じ考え方で解くことができます。

●自然災害伝承碑について

自然災害伝承碑は過去に発生した津波、洪水、火山災害、土砂災害等の自然災害に係る事柄（災害の様相や被害の状況など）が記載されている石碑やモニュメントのことです。国土地理院では、2019年に自然災害伝承碑の地図記号を制定し、地理院地図などへの掲載を進めています。

これら自然災害伝承碑は、当時の被災状況を伝えると同時に、当時の被災場所に建てられていることが多く、それらを地図を通じて伝えることは、地域住民による防災意識の向上に役立つものと期待されています。

lesson 3

9章

円曲線の設置（接線弦長法）

重要度 ★☆☆

合格のポイント！

実際の円曲線設置では、IP や O に TS を据えることができず、BC に TS を据え付けて中心点杭を打つこともあります。この問題ではそのときの各要素を計算します。

1 接線弦長法

BC に TS を据え付け、接線（BC − IP）からの角度と距離で中心杭を打ちます。

接線弦長法

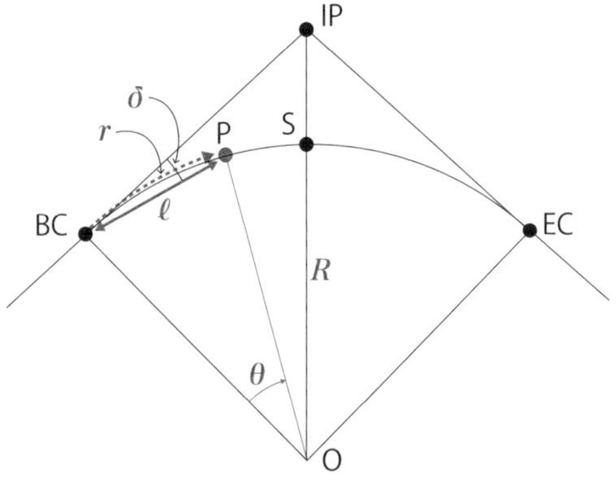

覚える用語

円曲線に出てくる記号の意味

P ：円曲線上の杭を打つ点です。

r ：BC から P までの曲線の長さです。

ℓ ：BC から P の直線距離で、弦にあたる長さです。

δ ：偏角。点 BC における BC－IP から P までの角度です。

θ ：P 点に対する中心角です。

② 接線弦長法の公式

図の性質上、偏角 δ は θ の半分になります。

ここが大事！

接線弦長法の公式　　$\delta = \dfrac{\theta}{2}$

また、二等辺三角形ですので、ℓ はこの式で求めることができます。

ここが大事！

弦長の公式　　$\ell = 2R \cdot \sin\delta = 2R\sin\dfrac{\theta}{2}$

この 2 つの式は図形の性質から導くことができますが、証明などはしません。測量士補試験では覚えておくだけで十分対応できます。

なお、問題では「中心杭を、起点 BP を No.0 として、○○ m ごとに設置することになった」と設定されることがあります。戸惑うかもしれませんが、この場合の NO.△の距離は単純に△×○○ m として求めます。

過去問題をやってみよう！

図に示すように，起点をBP，終点EPとし，始点BC，終点EC，曲線半径$R=200$ m，交角$I=90°$で，点Oを中心とする円曲線を含む新しい道路の建設のために，中心線測量を行い，中心杭を，起点BPをNo.0として，20 mごとに設置することになった。

このとき，BCにおける，交点IPからの中心杭No.15の偏角δは幾らか。最も近いものを次の中から選べ。

ただし，BP～BC，EC～EP間は直線で，IPの位置は，BPから270 m，EPから320 mとする。また，円周率$\pi=3.14$とする。

なお，関数の数値が必要な場合は，8ページの関数表を使用すること。

1. 19°
2. 25°
3. 33°
4. 35°
5. 57°

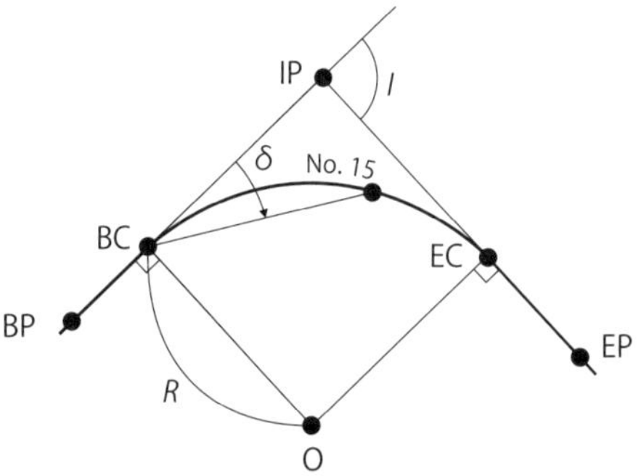

図

解答　3

数値を書き込んでみましょう。円曲線部分だけでなく、直線部分も考慮する必要があります。

BC ～ No.15 の円弧からなる扇形の角をθとします。

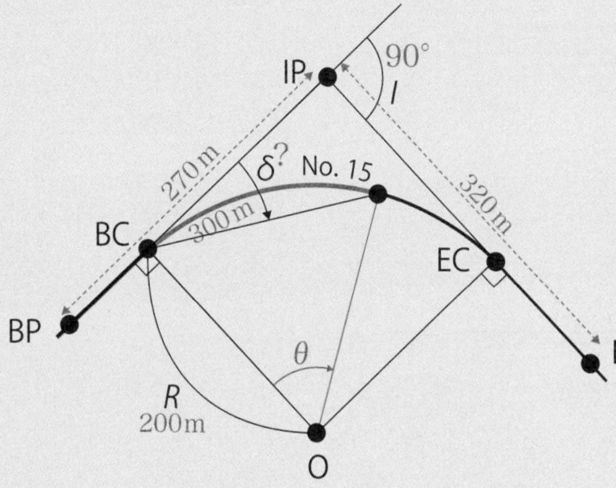

No.15 は 20 m ごとに杭を打っていって 15 番目なので、15 × 20 m で BP からは 300 m の点です。

$$\delta = \frac{\theta}{2}$$

ですので、θがわかればδがわかります。ここでは、円の性質を利用します。

この道路で No.15 までの区間の曲線の長さがわかれば、円との比例関係で中心角を求めることができそうです。（次ページの図参照）

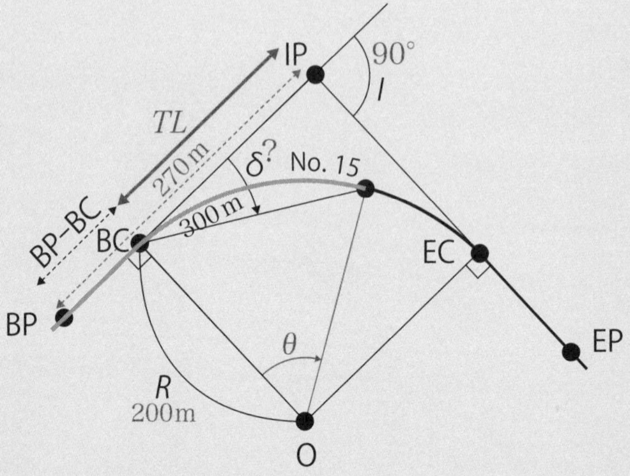

300 m から BP − BC を差し引いた区間が曲線ですので、まず BP − BC 区間の距離を求めましょう。

270 m から TL を引けば BP − BC になります。

$$TL = R \times \tan\frac{I}{2} = 200 \times \tan\frac{90^\circ}{2} = 200 \times \tan 45^\circ$$

関数表より、$\tan 45^\circ = 1$

$200 \times 1 = 200$ m

$270 - 200 = 70$ m

BP − BC の距離が **70** m だとわかりました。

$300 - 70 =$ **230** m

曲線の部分は **230** m です。

半径は 200 m ですので、直径は 400 m、円周は

$400 \times 3.14 = 1256$ m

たすきがけで計算します。

$$\frac{\text{全円周}}{360^\circ} = \frac{\text{カーブの長さ}}{\text{中心角（}I\text{）}}$$

$$\frac{1256\ \text{m}}{360^\circ} = \frac{230\ \text{m}}{\theta}$$

$$360 \times 230 = 1256\,\theta$$

$$\frac{360 \times 230}{1256} = \frac{1256\,\theta}{1256} \rightarrow \frac{360 \times 230}{1256} = \theta$$

$$\theta \fallingdotseq 66^\circ$$

θが66°だとわかりました。ここで公式により

$$\delta = \frac{\theta}{2} = \frac{66}{2} = 33^\circ$$

答えは33°となり、解答は3となります。全円周と円弧の割合の部分は比例（○○：○○＝□□：□□）でも解けます。また、円弧と中心角はラジアンでも解けます。自分に合った方法や手順を見つけてください。

lesson 4

河川測量

重要度 ★★☆

合格のポイント！

河川や海岸の現況を調査し、主に維持管理に用いるための測量です。
作業の内容・順序の他に、作業ごとの精度（〇〇級、縮尺など）についても整理しておく必要があります。

① 河川測量の作業（準則 647 条～）

河川測量の作業の流れは次のとおりです。

河川測量の作業

作業計画 → 距離標設置測量 → 水準基標測量 → 定期縦断測量 → 定期横断測量 → 深浅測量 → 法線測量 → 海浜測量／汀線測量 → 品質評価 → 成果等の整理

② 作業計画

資料の収集、計画路線の調査、作業方法、作業工程、作業班編成、使用器材などを計画準備し、計画書を作成するとともに測量を実施する河川、海岸などの状況を把握しておきます。

河川の測量は危険を伴う作業の１つなので、危険の予知など十分な対策が必要です。

③ 距離標設置測量

河心線の接線に対して直角方向の両岸の堤防法肩《のりかた》または法面《のりめん》などに距離標を設置する作業です。

地形図上で位置を選定し、その座標値に基づいて、近傍の３級基準点などから放射法などで設置します。河口または幹川への合流点に設けた起点から、河心に沿って 200 m ごとに設置します。

距離標設置測量

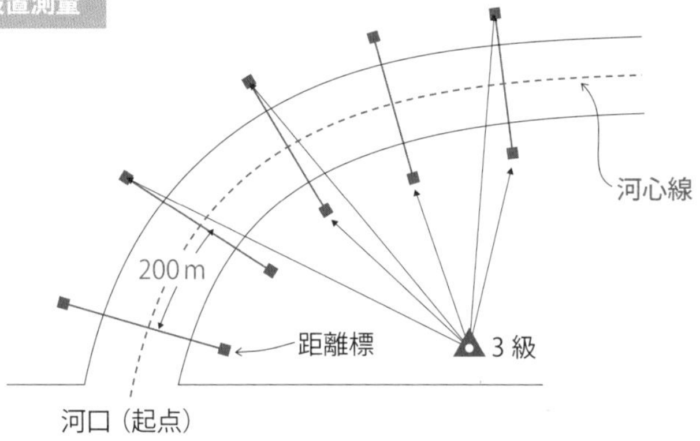

堤防や盛土などの部分には、独特な呼び方があります。

堤防各部の名称

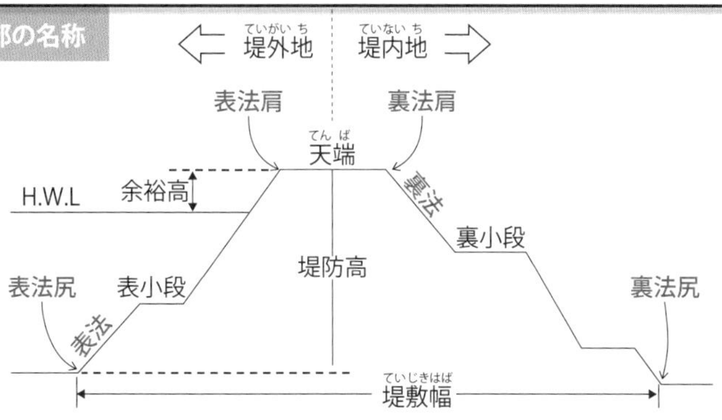

④ 水準基標測量

定期縦断測量の基準となる水準基標の標高を定める作業で、2級水準測量により行います。水位標に近接した位置に5 kmから20 km間隔で設置します。水位標とは、水位を測る目安のことです。

水準基標測量

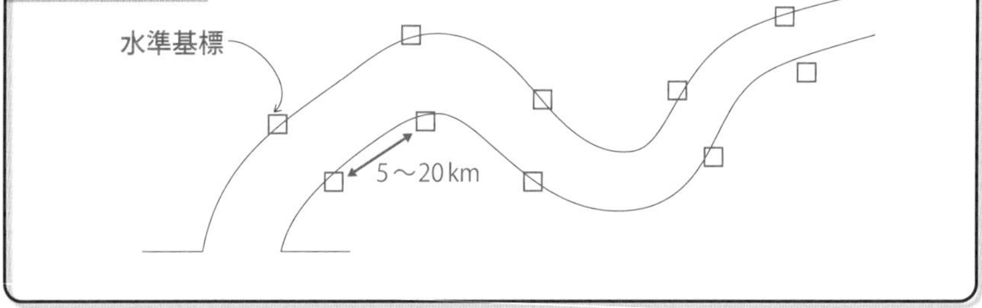

⑤ 定期縦断測量

左右両岸で水準基標間を1往復以上行い、距離標高及び距離標位置の地盤高を測定します。同時に堤防高・地盤高等必要な工作物の高さや位置を測定して、縦断面図データファイルを作成します。

平地は3級水準測量、山地は4級水準測量です。縦断面図データを出力する場合の縮尺は、横は1/1000～1/100000、縦は1/100～1/200です。

定期縦断測量

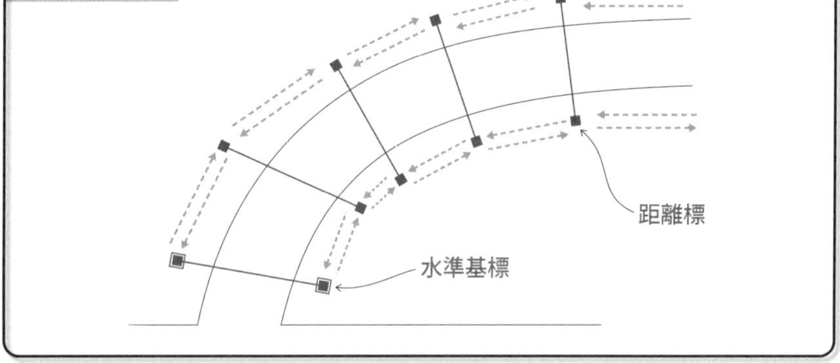

⑥ 定期横断測量

距離標ごとに左右両岸の距離標を結ぶ横断測量を行い、横断面図データファイルを作成します。測量作業は左岸の陸部、右岸の陸部及び水部の三つに分けて行います（上流から下流を見て、左側を左岸、右側を右岸と呼びます）。

陸部の測定間隔は 10 m 以下とし、地形変化点についても測定します。測量範囲は堤外地と左岸、右岸の堤内地 20 m ～ 50 m の範囲です。

定期横断測量

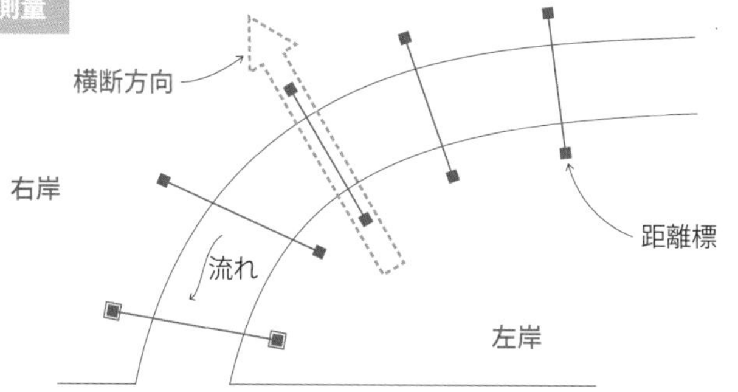

横断面図データの出力は、上流から下流を見て表し、その配置は下流の横断面図を左上とし、順次上流の横断面図を出力します。作図については、左岸の距離標を基準として追加距離により、高さは基準とする面を定めて出力します。横は1 / 100～1 / 1000、縦は1 / 100～1 / 200です。

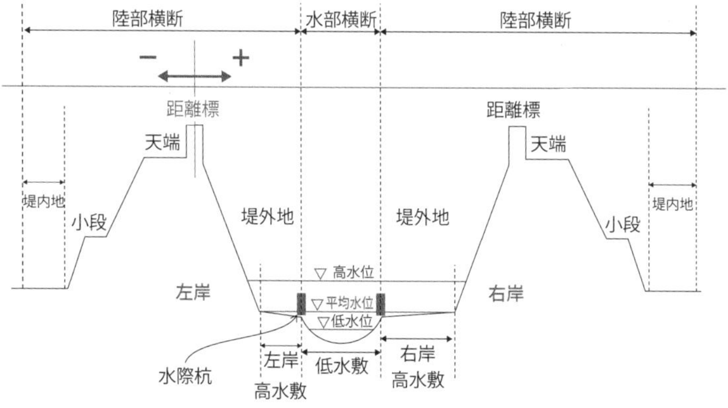

7 深浅測量

水部については水面を基準にして、測深位置と水深を同時に測定し、横断面図データファイルを作成します。これを深浅測量といいます。水深の測定は音響測深機を用いて行い、浅い場合はロッドやレッドを使います。超音波を利用する音響測深機は水質や底の地質に、ある程度影響を受けます。

8 法線測量

河川または海岸に、築造物の新設または改修を行う場合に、現地の法線上に杭を設置し、線形図データファイルを作成する作業です。

9 海浜測量・汀線《ていせん》測量

1）海浜測量

海浜を含む範囲の等高・等深線図データファイルを作成する作業です。海岸線に沿って陸部に基準線を設け、適切な間隔に測点を設置し、測点ごとに基準線に対し直角の方向に横断測量を実施します。

2）汀線測量

基準とする杭から距離測定及び標高測定により汀線の位置を定めて行います。TS やレベルを用います。汀線とは海または湖における、陸地との境界線のことです。海の場合、満潮と干潮で変化しますが、基準の水平面を決めて測量します。

10 品質評価

品質評価とは、「測量成果（作成した地理空間データ）が、製品仕様書の規定する品質を満たしているか」を確認する作業のことです。

11 成果等の整理

製品仕様書に従いファイルの管理及び利用において必要となる事項についてメタデータを作成します。その後、作成したデータを整理します。

過去問題をやってみよう！

次の文は，公共測量における河川測量について述べたものである。明らかに間違っているものはどれか。次の中から選べ。

1．河川測量とは，河川，海岸などの調査及び河川の維持管理などに用いられる測量をいう。
2．距離標設置測量とは，河心線の接線に対して直角方向の両岸の堤防法肩又は法面などに距離標を設置する作業をいう。
3．平地における定期縦断測量は，３級水準測量により行った。
4．定期横断測量において，水際杭を境として陸部と水部に分けて，陸部は横断測量，水部は水準基標測量により行った。
5．深浅測量において，横断面図を作成した。

解答　4

1.　○　河川や海岸の現況を調査し、主に維持管理に用いるための測量です。
2.　○　河心線の接線に対して直角方向の両岸の堤防法肩または法面などに距離標を設置する作業です。
3.　○　平地は 3 級、山地は 4 級です。
4.　×　水部の測量は深浅測量により行います。
5.　○　右岸左岸の陸部と水部を測定し横断面図を作成します。

本章 lesson4 の出題範囲では、ここに紹介した問題のほか、次のようなパターンの出題もあります（正答肢）。

- 深浅測量は，河川，湖沼などの，水底部の地形を明らかにする測量である。水深の測定は，音響測深機やロッド，レッドなどを用いて行う。

lesson 5

9 章

用地測量

重要度 ★★☆

合格のポイント！

土地の境界線を確定し、面積などを求めて用地の取得（構造物などをつくる際の土地の買取など）に必要な図面や資料を作成する測量です。作業の順序・作業内容・精度などが作業規程の準則から出題されます。

1 用地測量の作業（準則 667 条〜）

用地測量の作業の流れは次のとおりです。

用地測量の作業

作業計画 → 資料調査 → 復元測量 → 境界確認 → 境界測量 → 境界点間測量 → 面積計算 → 用地実測図データファイルの作成 → 用地平面図データファイルの作成

2 作業計画

用地測量の作業計画は、準則 11 条の規定によるほか、測量を実施する区域の地形、土地の利用状況、植生の状況などを把握し、用地測量の細分ごとに作成します。

ここが大事！

作業機関は、作業着手前に、作業の方法、主要な機器、要員、日程等について適切な作業計画を立案し、これを計画機関に提出して、その承認を得なければなりません。

③ 資料調査

土地の取得などに係る土地について、用地測量に必要な資料などを整理及び作成する作業です。

法務局などに備える地図、地図に準ずる図面、地積測量図等公共団体に備える地図等（公図等）の転写並びに土地及び建物といった不動産の登記記録の調査及び権利者確認調査に区分して行います。

不動産（土地・建物）の登記とは、土地や建物が誰のものなのかをはっきりさせるために行われるものです。不動産の登記記録は、法務局が管理する公の帳簿に「どこにある、どのような不動産なのか」「何に使われているのか（地目）」「所有者は誰なのか」「どの金融機関から、いくらお金を借りているのか」といった情報が記録されています。これらは手数料を支払えば誰でも閲覧ができ、登記内容が記載された登記簿謄本（登記事項証明書）の交付を受けることもできます。

④ 復元測量

境界確認の前に地積測量図等に基づき境界杭の位置を確認し、亡失がある場合は復元するべき位置に仮杭（復元杭）を設置する作業です。

計画機関が、必要があると認める境界杭について行い、作業の前には、関係権利者に立ち入りについての日程などを通知します。

復元杭の設置を行う場合は、関係権利者への事前説明を実施します。この場合、原則として関係権利者による立会いは行いません。復元の方法は、直接復元法などにより行います。

覚える用語

境界と境界杭　境界とは登記された土地と土地の境目です。筆界ともいいます。境界は点と点を結んだ線になっており、この点を境界点、そこに打つ杭を境界杭といいます。

⑤ 境界確認

復元測量の結果・公図等転写図・土地調査表などに基づき、現地において関係権利者（所有者など）立ち会いの上、境界点を確認して標杭を設置することにより、一筆ごとに土地の境界（境界点）を確認する作業です。

境界確認に当たっては、各関係権利者に対して、立ち会いを求める日を決めて事前に通知します。境界点に既設の標識が設置されている場合は、関係権利者の同意を得てそれを境界点とします。

境界確認が完了したときは、土地境界確認書を作成し、関係権利者全員に確認したことの署名押印を求めます。

覚える用語

一筆　一個の土地を指す単位を「筆（ひつ・ふで）」といいます。一本の線で囲まれた土地という意味です。「一筆ごとに」というときには「一つの土地ごとに」という意味です。

⑥ 境界測量

現地において境界点を測定し、その座標値を求める作業です。近くの、4級以上の基準点に基づき、放射法などにより行います。

なお、境界測量は用地境界仮杭設置と用地境界杭設置の作業に分けられます。用地境界仮杭設置とは、用地幅杭の位置以外の境界線上等に、用地境界杭を設置する必要がある場合に、用地境界仮杭を設置する作業をいいます。用地境界杭設置とは、用地幅杭又は用地境界仮杭と同位置に用地境界杭を置き換える作業のことをいいます。

境界測量

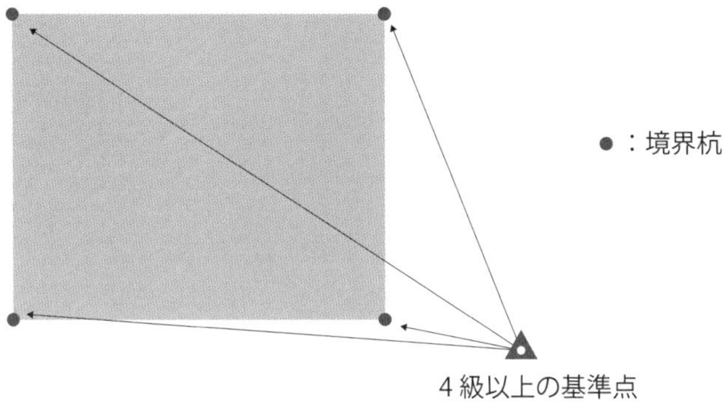

⑦ 境界点間測量

隣接する境界点間または境界点と用地境界杭を設置した点（用地境界点）との距離を全辺について現地で測定し、座標値から計算した距離と比較を行います。

境界点間測量

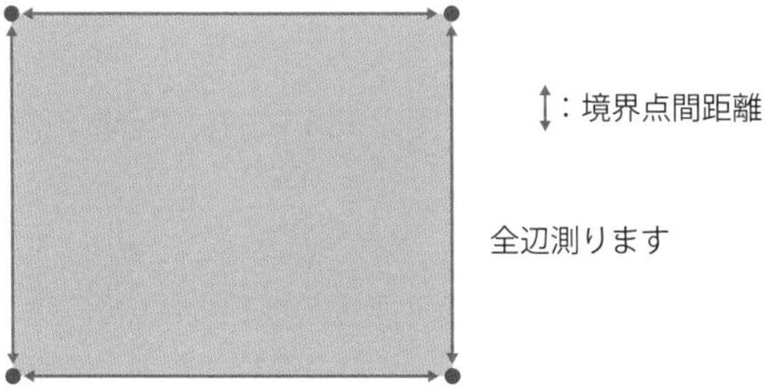

⑧ 面積計算

各筆の取得用地及び残地の面積を座標法により算出し、面積計算書を作成する作業です。座標法による面積計算は、計算問題としても出題されます。

⑨ 用地実測図データファイルの作成

境界測量で得た、境界点の座標値を用いて作成します。地図情報レベルは 250 が標準です。

⑩ 用地平面図データファイルの作成

用地実測図データの、境界点の座標値などの必要項目を抽出するとともに、現地で建物などの主要地物を測定して作成します。地図情報レベルは 250 を標準とします。

基準点、境界点、境界線や地物だけでなく、地番や土地所有者も示します。そこに、用地もあわせて表示することで用地の取得に使える用地平面図となります。

⑪ 品質評価

品質評価とは、「測量成果（作成した地理空間データ）が、製品仕様書の規定する品質を満たしているか」を確認する作業のことです。

⑫ 成果等の整理

1）メタデータの作成

製品仕様書に従いファイルの管理及び利用において必要となる事項について作成します。

2）成果等の整理

作成したデータを整理します。用地測量の成果物は公図等転写図、公図等転写連続図、土地調査表、建物の登記記録等調査表、権利者調査表、土地境界確認書、観測手簿、測量計算簿等、用地実測図データファイル、用地平面図データファイル、面積計算書、精度管理表、品質評価表、メタデータを標準としています。

過去問題をやってみよう！

次のａ～ｄの文は，用地取得のために行う測量について述べたものである。作業の順序として正しいものはどれか。次の中から選べ。

ａ．土地の取得等に係る土地について，用地測量に必要な資料等を整理及び作成する資料調査
ｂ．現地において一筆ごとに土地の境界を確認する境界確認
ｃ．取得用地等の面積を算出し，面積計算書を作成する面積計算
ｄ．現地において境界点を測定し，その座標値を求める境界測量

１．ａ→ｃ→ｄ→ｂ
２．ｄ→ｂ→ｃ→ａ
３．ｂ→ａ→ｄ→ｃ
４．ｃ→ａ→ｄ→ｂ
５．ａ→ｂ→ｄ→ｃ

解答　5

　この lesson で触れたとおり、以下の流れとなります。
①土地の取得等に係る土地について、用地測量に必要な資料等を整理及び作成する**資料調査**
②現地において一筆ごとに土地の境界を確認する**境界確認**
③現地において境界点を測定し、その座標値を求める**境界測量**
④取得用地等の面積を算出し、面積計算書を作成する**面積計算**

　以上より、解答は 5 となります。順番を覚えるだけでなく、作業の内容と必要性を判断して正しい作業の順番を答えられるようにしましょう。

9章

lesson 6

面積の計算

重要度★★☆

合格のポイント！

この問題は、用地測量の面積計算で行われる作業です。作業規程の中で面積は座標法により求めるとされています。一度で計算する方法もありますが、ここでは図を描きながら解く方法を紹介します。

1 作図と計算の手順①

ここでは例題で学んでいきましょう。

境界点 A，B，C，D を結ぶ直線で囲まれた四角形の土地の測量を行い、表に示す平面直角座標系の座標値を得た。この土地の面積はいくらか。

	X	Y
A	＋ 20.000 m	＋ 20.000 m
B	− 38.000 m	＋ 10.000 m
C	− 30.000 m	− 25.000 m
D	＋ 7.000 m	− 41.000 m

1）座標を描く

フリーハンドでも構いませんが、定規で描くと点と点の位置関係が捉えやすくなるのでおすすめです。

この問題の場合プラスの最大値が 20 m、マイナスの最大値が 41 m なので、1マスを 1 cm 程度で描画し、1マスあたり 10 m と考えて作図します。大きくなってしまう場合は裏表紙や他の問題の余白を使っても問題ありません。

2）点をプロットする

プロットは正確であるに越したことはありませんが、あくまで計算するための見取り図ですので、1マスの半分程度の精度で十分です。

■ A 点

作図と計算 1

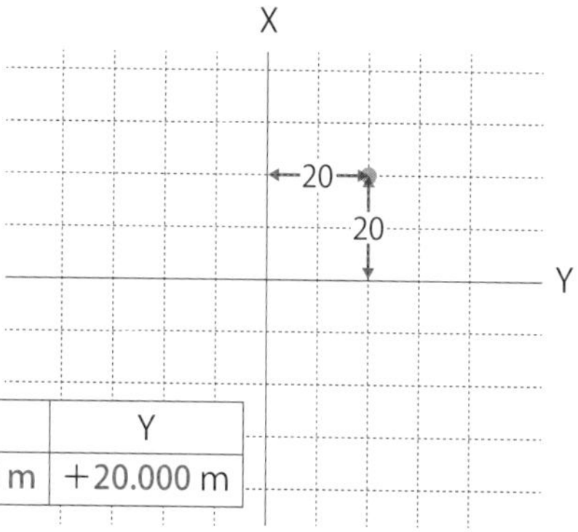

	X	Y
A	+20.000 m	+20.000 m

■ B 点

作図と計算 2

	X	Y
B	−38.000 m	+10.000 m

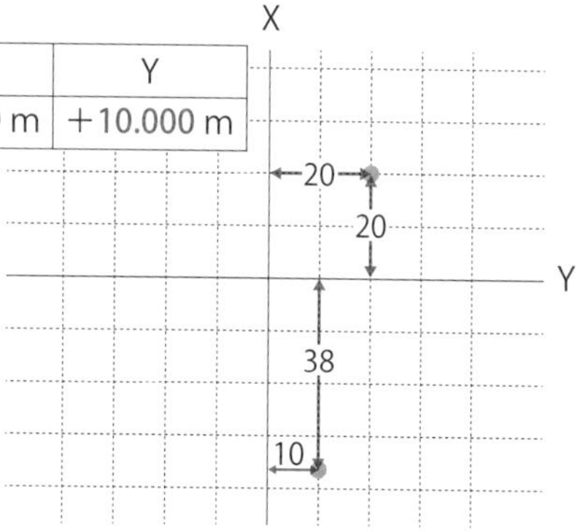

■C点

作図と計算 3

	X	Y
C	−30.000 m	−25.000 m

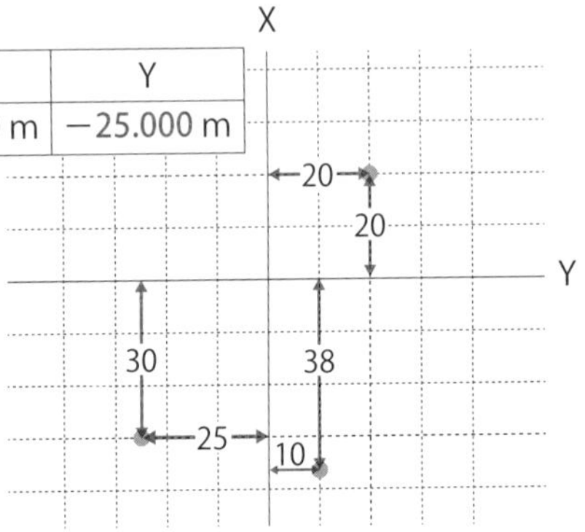

■D点

作図と計算 4

	X	Y
D	＋7.000 m	−41.000 m

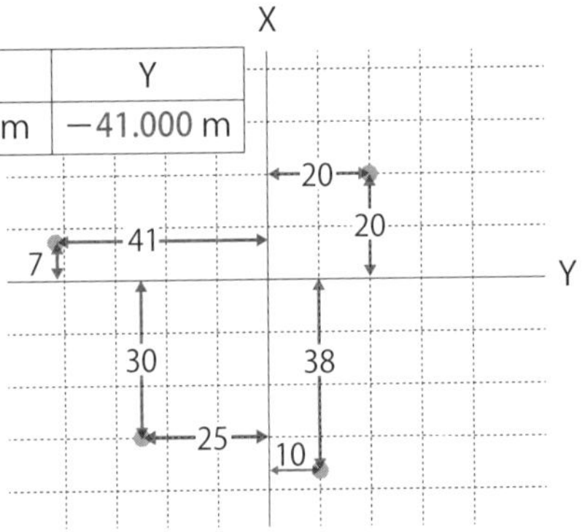

ここで注意することは、プラスとマイナスを間違えないようにすることです。また、図のように距離関係も書いておくことで、計算のミスを減らすことができます。

こうして得られた点を結ぶと、求めたい多角形ができあがります。

作図と計算 5

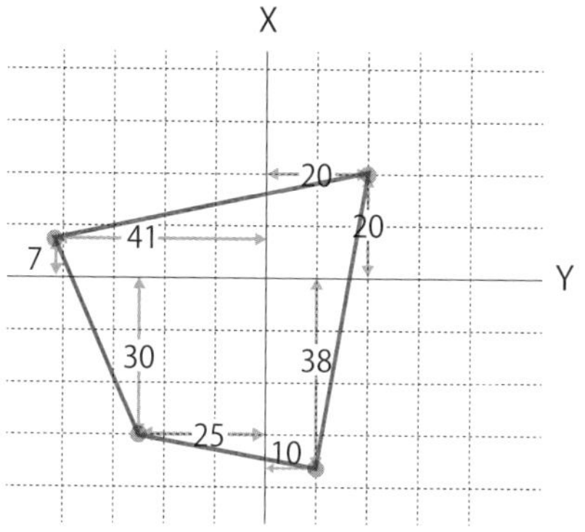

求めたい多角形の頂点をつないで長方形にしていきます。長方形で囲むことで、求めたい多角形以外の図形が見えるようになります。

3）長方形で囲む

作図と計算 6

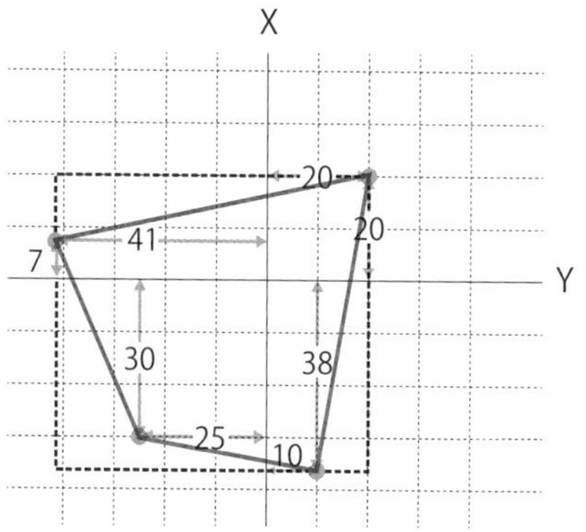

4）求めたい多角形以外の図形を確認

作図と計算 7

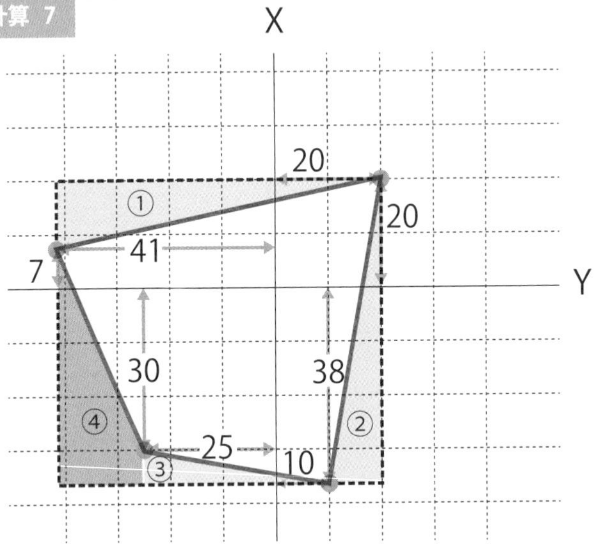

② 作図と計算の手順②

1）計算の考え方

作図と計算 8

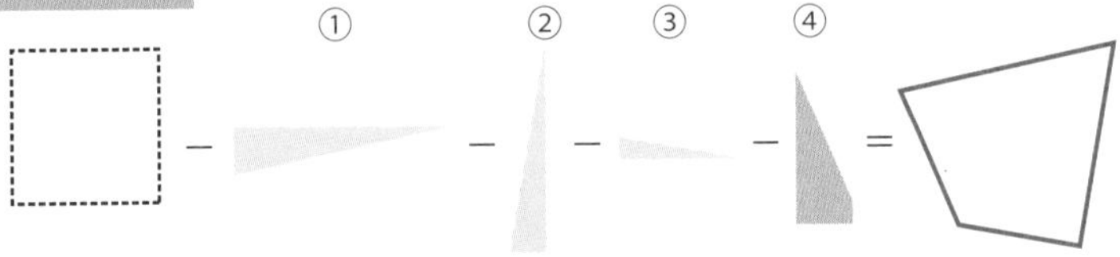

四角形から①〜④を除けば、求めたい多角形の面積が求められます。

2）図形ごとの面積計算

■長方形の計算

座標値より、横が 61 m、縦が 58 m であることがわかっています。

作図と計算 9

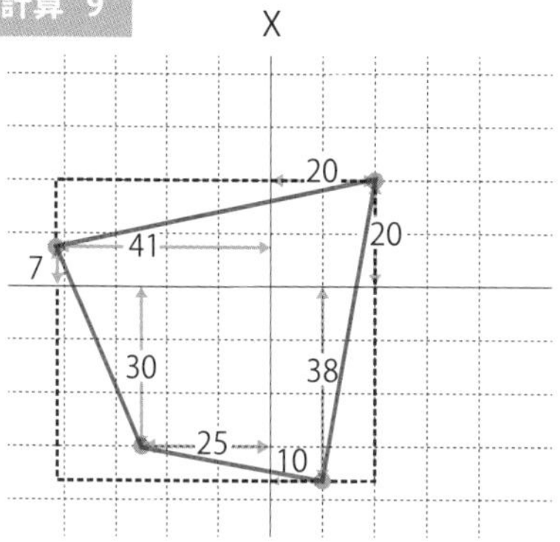

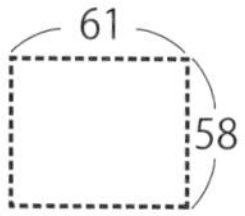

$$61 \times 58 = 3538\ \mathrm{m}^2$$

■①の計算

①は横が 61 m、縦が（20 − 7）で 13 m の三角形です。

作図と計算 10

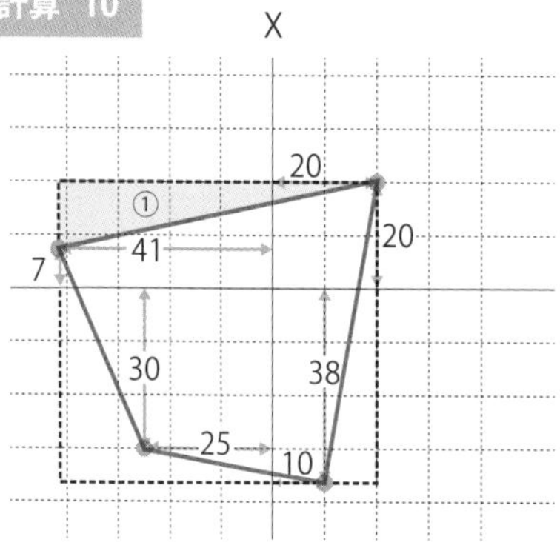

$$\frac{61 \times 13}{2} = 396.5\ \mathrm{m}^2$$

■②の計算

同様に、②は横が 10 m、縦が 58 m の三角形です。

作図と計算 11

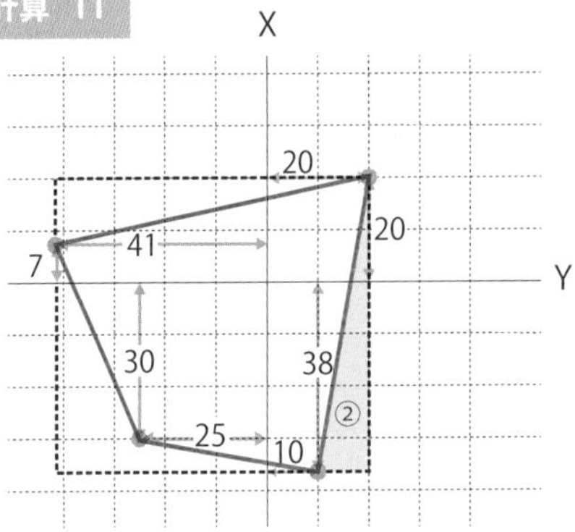

$$\frac{10 \times 58}{2} = 290\ \mathrm{m}^2$$

■③の計算

③は横が 35 m、縦が（38 － 30）で 8 mの三角形です。

作図と計算 12

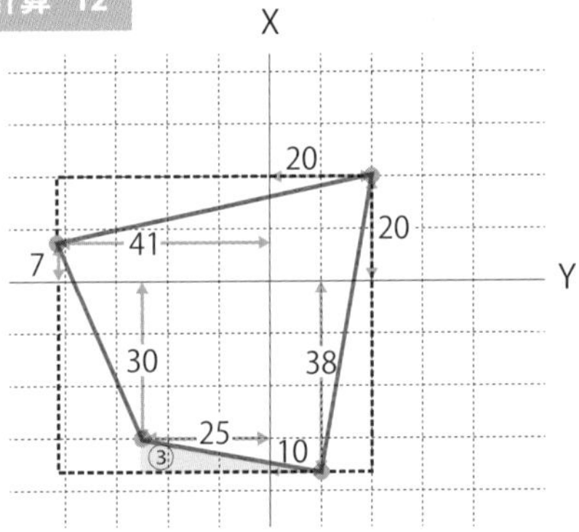

$$\frac{35 \times 8}{2} = 140\ \mathrm{m}^2$$

■④の計算

④は台形なので、上底と下底を足して高さをかけてから２で割ります。

作図と計算 13

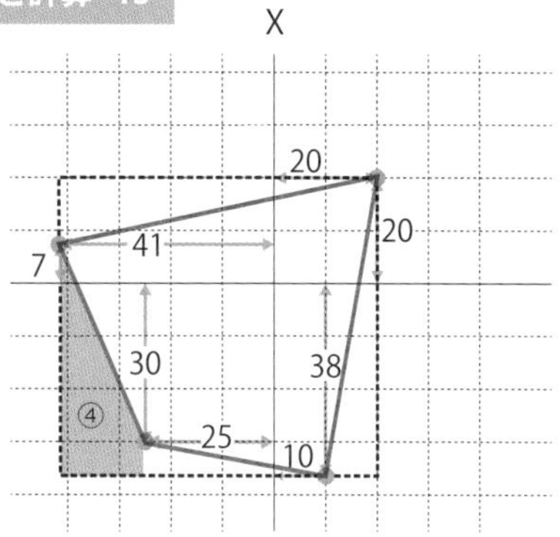

$$\frac{(8+45)\times 16}{2} = 424\ \mathrm{m}^2$$

3）多角形の面積を求める

多角形の面積

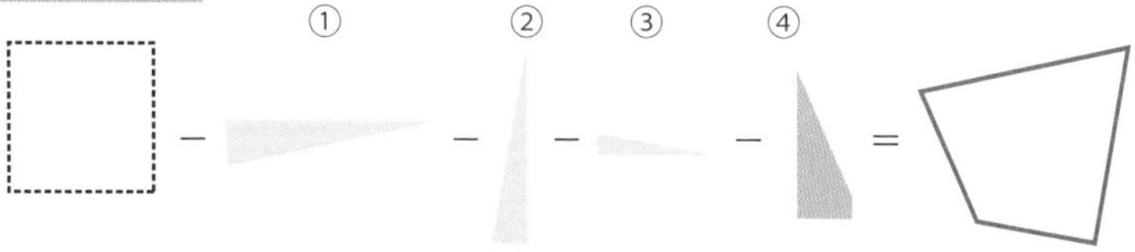

3538 m² － 396.5 m² － 290 m² － 140 m² － 424 m² ＝ 2287.5 m²

他の過去問題では、座標点の数が多かったり、座標点の位置が極座標で与えられていたり、面積でなく座標値を答えさせたりする問題もあります。

いくつか過去問に触れて出題のパターンをつかんでおきましょう。

過去問題をやってみよう！

地点A，B，Cで囲まれた三角形の土地の面積を算出するため，公共測量で設置された4級基準点から，トータルステーションを使用して測量を実施した。表は，4級基準点から三角形の頂点に当たる地点A, B, Cを測定した結果を示している。この土地の面積に最も近いものはどれか。次の中から選べ。

なお，関数の値が必要な場合は，8ページの関数表を使用すること。

表

地点	方向角	平面距離
A	30° 00′ 00″	30.000 m
B	90° 00′ 00″	12.000 m
C	300° 00′ 00″	20.000 m

1．324 m^2
2．348 m^2
3．372 m^2
4．396 m^2
5．420 m^2

解答　4

この問題は、観測値から座標値を求める必要があります。

図形ごとに計算してみましょう。

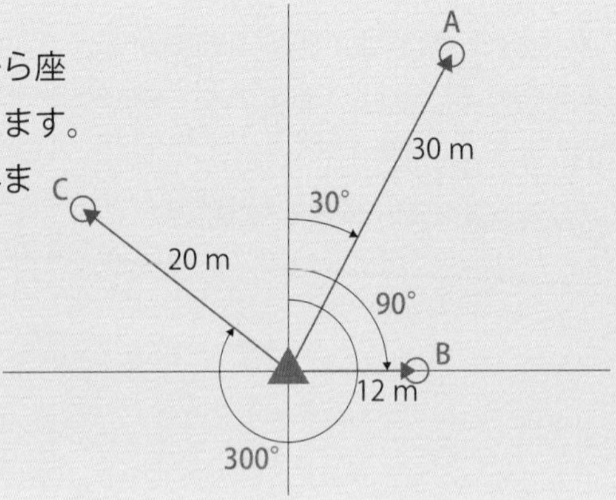

Aの座標値

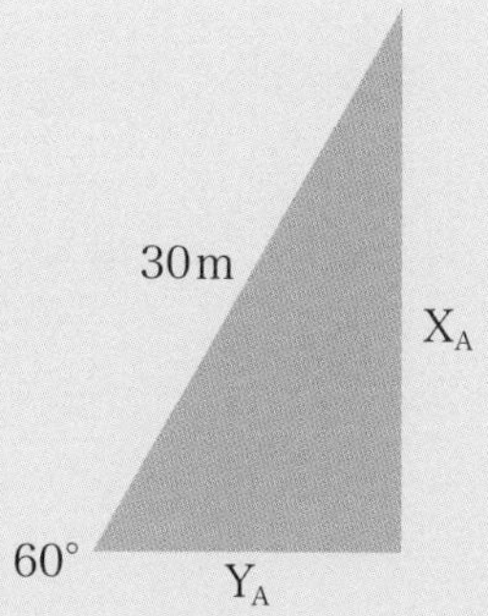

$X_A = 30\ \mathrm{m} \times \sin 60° = 30\ \mathrm{m} \times 0.86603 \fallingdotseq 25.98\ \mathrm{m}$

$Y_A = 30\ \mathrm{m} \times \cos 60° = 30\ \mathrm{m} \times 0.5 = 15\ \mathrm{m}$

Bの座標値

$X_B = 0\ \mathrm{m}$

$Y_B = 12\ \mathrm{m}$

Cの座標値

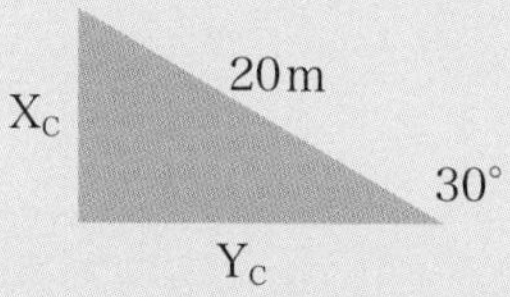

$X_C = 20\ \mathrm{m} \times \sin 30° = 20\ \mathrm{m} \times 0.5 = 10\ \mathrm{m}$

$Y_C = 20\ \mathrm{m} \times \cos 30° = 20\ \mathrm{m} \times 0.86603 \fallingdotseq 17.32\ \mathrm{m}$

出てきた数値をプロットします。Cの座標値はマイナスになることに注意しましょう。

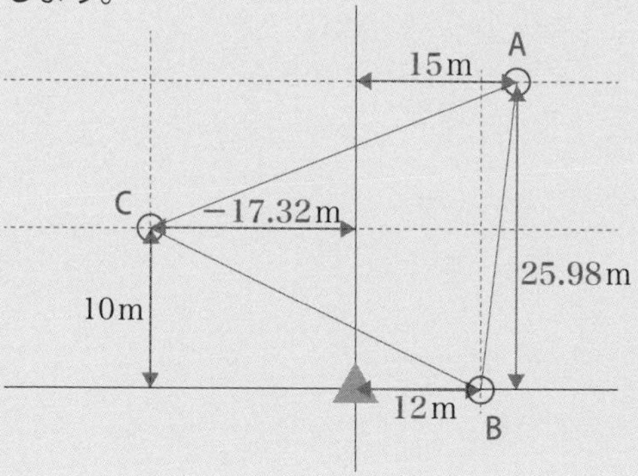

図形ごとに面積を計算しましょう。

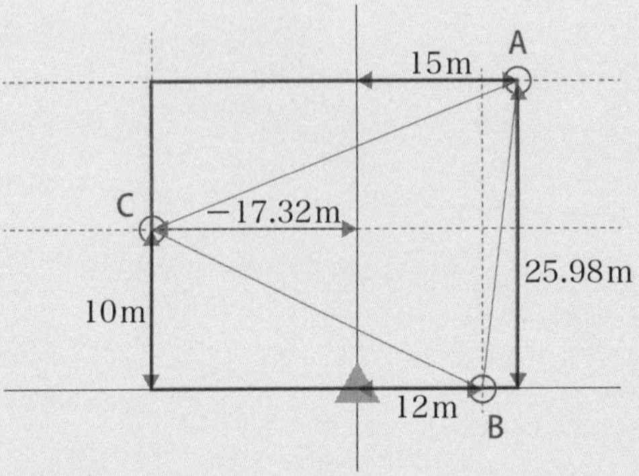

まず、全体の長方形の大きさを求めます。

32.32 m × 25.98 m = 839.6736 m²

①の計算

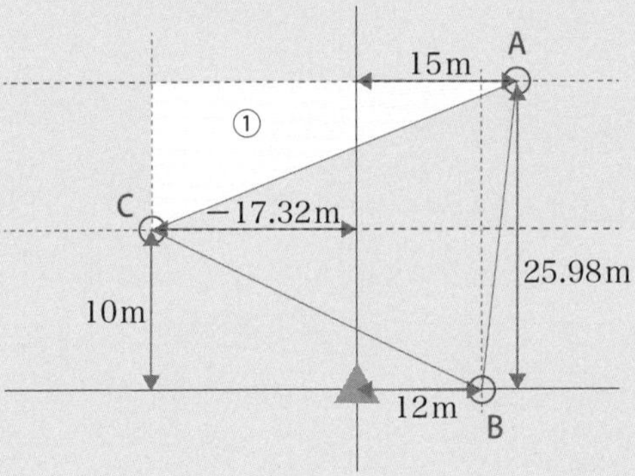

$$\frac{32.32\ \mathrm{m} \times 15.98\ \mathrm{m}}{2} = 258.2368\ \mathrm{m}^2$$

②の計算

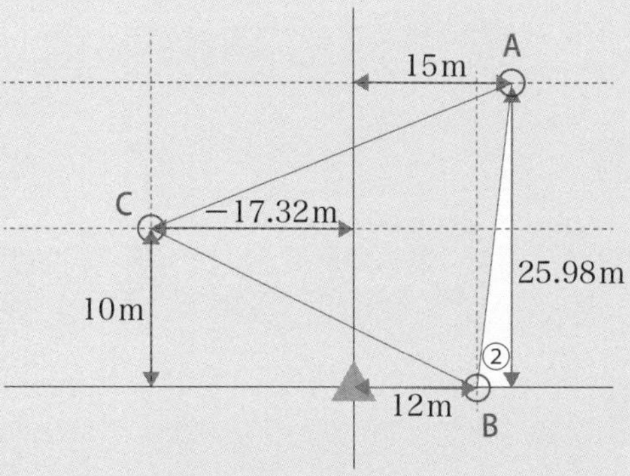

$$\frac{3\ \mathrm{m} \times 25.98\ \mathrm{m}}{2} = 38.97\ \mathrm{m}^2$$

③の計算

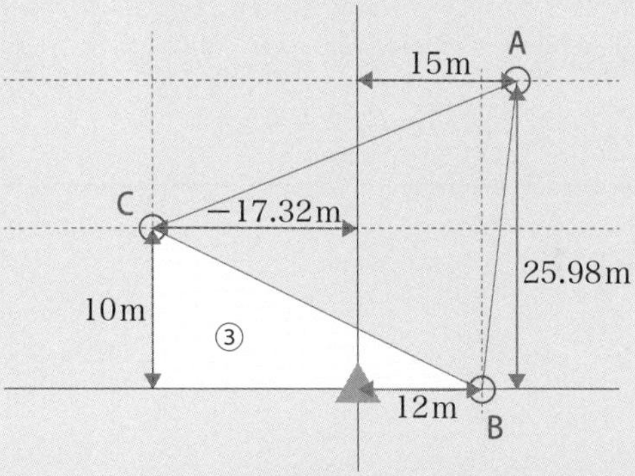

$$\frac{29.32\ \mathrm{m} \times 10\ \mathrm{m}}{2} = 146.60\ \mathrm{m}^2$$

ABCで囲まれた土地の面積を計算してみましょう。

$839.6736\ \mathrm{m}^2 - 258.2368\ \mathrm{m}^2 - 38.97\ \mathrm{m}^2 - 146.60\ \mathrm{m}^2$

$= 395.8668\ \mathrm{m}^2 \fallingdotseq 396\ \mathrm{m}^2$

答えは396 m^2 で、解答は4となります。

lesson 7

9章

平均河床高の計算

重要度★★☆

合格のポイント！

この問題は、河川の管理に必要な平均河床高を河川の横断面図から求める測量です。平均河床高がどの部分を表す数値なのか知っていれば、計算は比較的簡単です。

1 平均河《か》床高《しょうだか》

平均河床高とは川の水が流れる部分の、平均の河床（川底）の高さです。河床の変化を捉えるための数値です。次の図では基準水面下にある多角形と四角形が同じ面積になります。

平均河床高

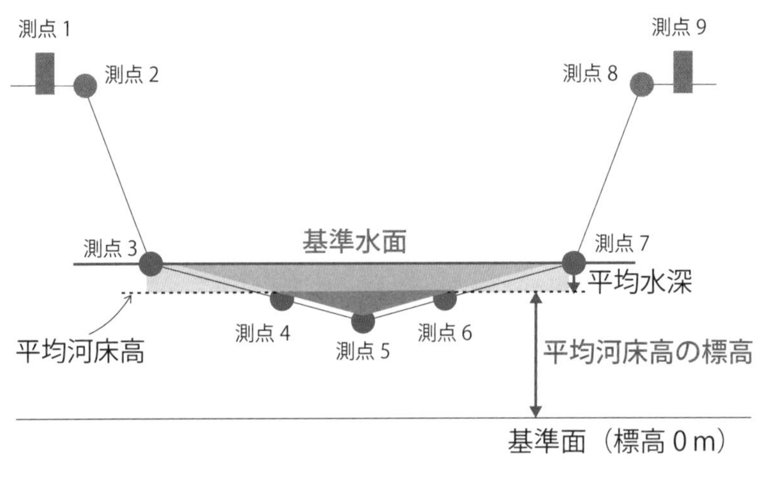

② 平均河床高の計算手順

ここでは例題で学んでいきましょう。

表はある河川の横断測量を行った結果である。図は横断面図で、この横断面における左岸及び右岸の距離標の標高は 20.7 m である。また、各測点間の勾配は一定である。この横断面の河床部における平均河床高の標高を m 単位で小数第 1 位まで求めよ。河床部とは、左岸堤防表法尻から右岸堤防表法尻までの区間とする。

測　点	距離（m）	左岸距離標からの比高 (m)	測点の説明
1	0.0	0.0	左岸距離標上面の高さ
	0.0	− 0.2	左岸距離標地盤の高さ
2	1.0	− 0.2	左岸堤防表法肩
3	3.0	− 4.7	左岸堤防表法尻
4	6.0	− 6.2	水面
5	8.0	− 6.7	
6	10.0	− 6.2	水面
7	13.0	− 4.7	右岸堤防表法尻
8	15.0	− 0.2	右岸堤防表法肩
9	16.0	− 0.2	右岸距離標地盤の高さ
	16.0	0.0	右岸距離標上面の高さ

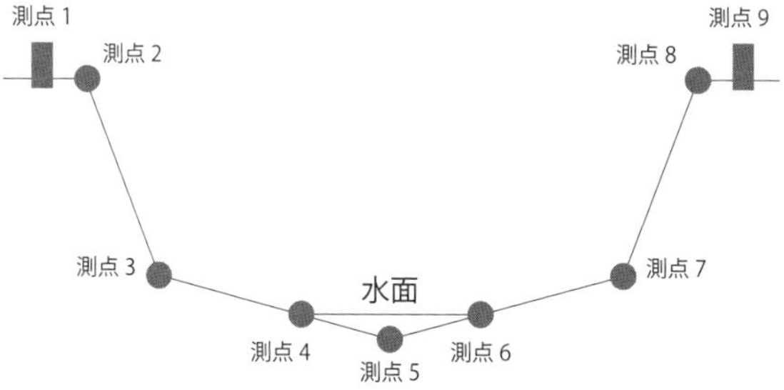

1）河床部

「左岸堤防表法尻から右岸堤防表法尻までの区間」といっているので、赤い点の部分が河床部です。また、距離標の標高は計算で必要な数値ですので、図に書き込んでおきましょう。

例題 1

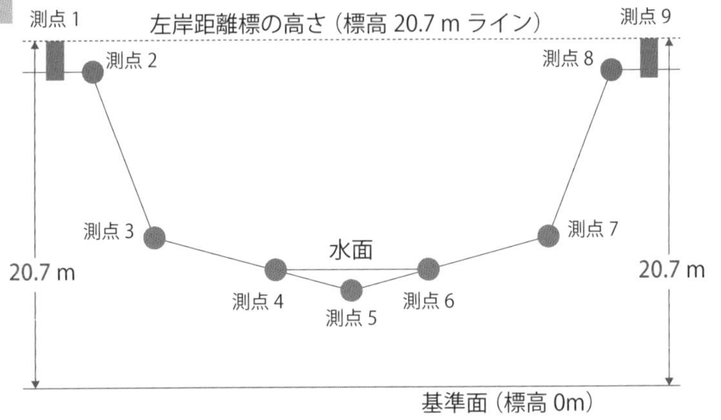

2）平均水深

水面を基準につくる多角形の断面積と、同じ面積になると仮定した断面の水深が平均水深です。

例題 2

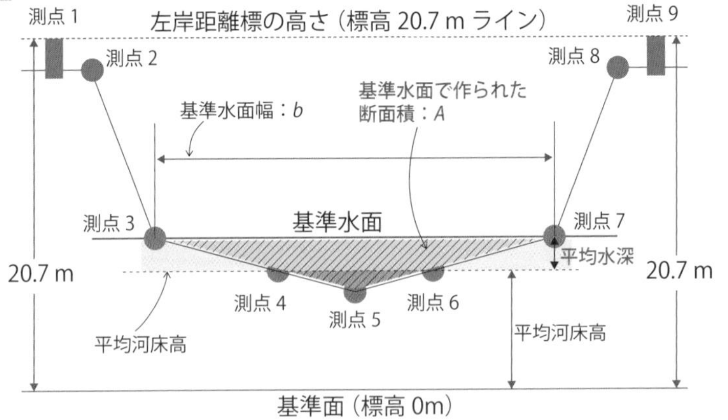

左ページの図のように、基準水面からの平均水深は基準水面で作られた断面積 A を基準水面幅 b で割ると求めることができます。この平均水深の河床が平均河床高の標高になります。

3）河床部の高さ

表の数値を書き込んでみると、このようになります。

例題 3

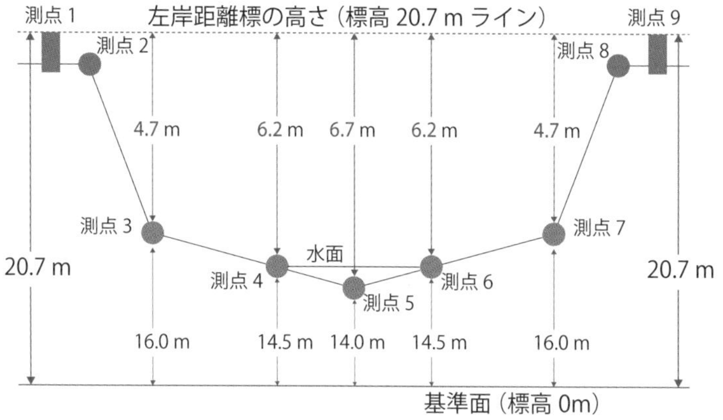

4）左岸からの追加距離をもとに測点間の水平距離を求める

例題 4

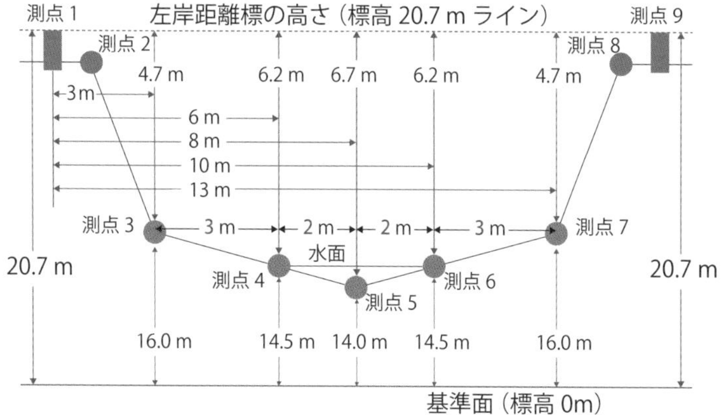

5）河床部の断面積を求める

例題 5

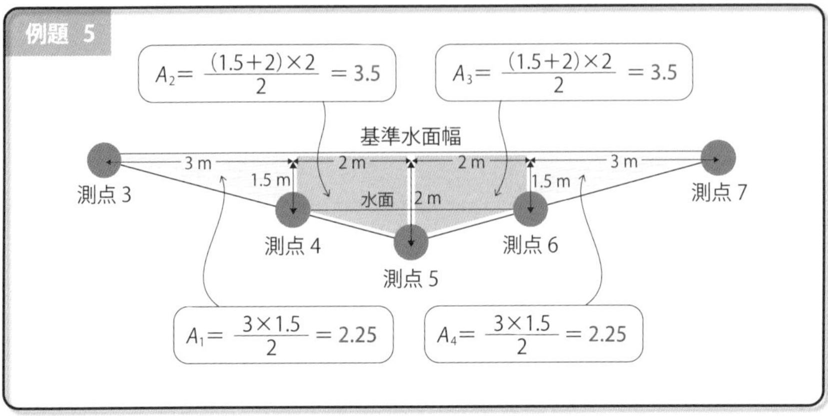

面積：$A = 2.25 + 3.5 + 3.5 + 2.25 = 11.5\ \mathrm{m}^2$

基準水面幅：$b = 3 + 2 + 2 + 3 = 10\ \mathrm{m}$

河床部の断面積がわかりましたので、基準水平面をそのままに同じ面積の長方形をつくると考えます。

例題 6

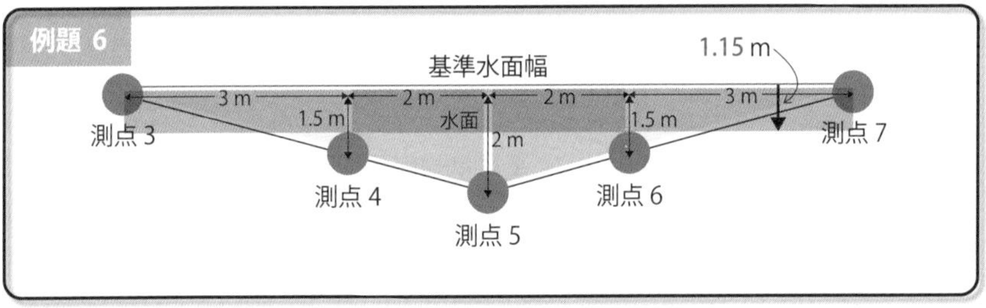

面積：$A = 2.25 + 3.5 + 3.5 + 2.25 = 11.5\ \mathrm{m}^2$

基準水面幅：$b = 3 + 2 + 2 + 3 = 10\ \mathrm{m}$

基準水平面からの平均水深は A（m^2）/b（m）、で求められるので

$11.5\ \mathrm{m}^2 \div 10\ \mathrm{m} = 1.15\ \mathrm{m}$

6）平均河床高

平均河床は基準水面から 1.15 m の位置にあります。測点 3 と 7 の標高が 16 m ですので、そこから 1.15 m 低いとすると、平均河床高の標高は 16 − 1.15 で 14.85 m となり、小数第 2 位を四捨五入して 14.9 m とわかります。

過去問題をやってみよう！

表は，ある河川の横断測量を行った結果の一部である。この横断面における左右岸の距離標の標高は 13.2 m である。また，各測点間の勾配は一定である。この横断面の河床部における平均河床高の標高をm単位で小数第 1 位まで求めたい。最も近いものを次ページの中から選べ。なお，河床部とは，左岸堤防表法尻から右岸堤防表法尻までの区間とする。

表　横断測量結果

測　点	距離（m）	左岸距離標からの比高 (m)	測点の説明
1	0.0	0.0	左岸距離標上面の高さ
	0.0	− 0.2	左岸距離標地盤高
2	1.0	− 0.2	左岸堤防表法肩
3	3.0	− 4.2	左岸堤防表法尻
4	6.0	− 6.2	水面
5	9.0	− 6.7	
6	10.0	− 6.2	水面
7	13.0	− 4.2	右岸堤防表法尻
8	15.0	− 0.2	右岸堤防表法肩
9	16.0	− 0.2	右岸距離標地盤高
	16.0	0.0	右岸距離標上面の高さ

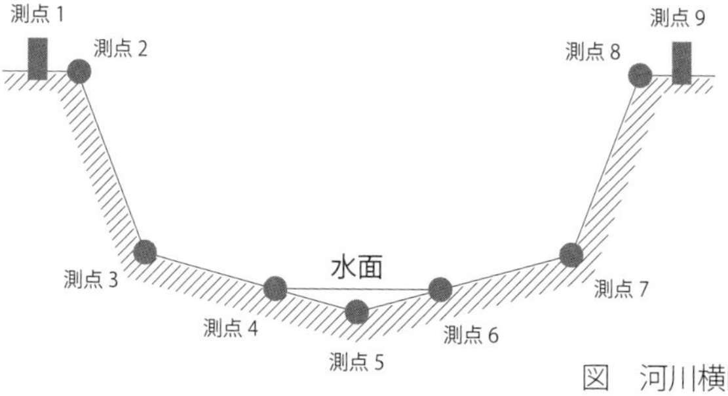

図　河川横断面図

1. 6.5 m
2. 7.0 m
3. 7.5 m
4. 8.0 m
5. 8.5 m

解答　3

左岸堤防表法尻から右岸堤防表法尻までが河床部なので、測点 3 から 7 について考えます。

3	3.0	－ 4.2	左岸堤防表法尻
4	6.0	－ 6.2	水面
5	9.0	－ 6.7	
6	10.0	－ 6.2	水面
7	13.0	－ 4.2	右岸堤防表法尻

なお、解答しやすくするため、ここでは距離のバランスについては考慮していません。

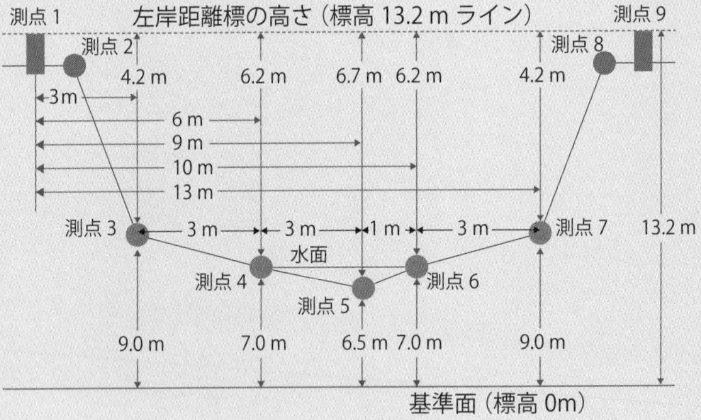

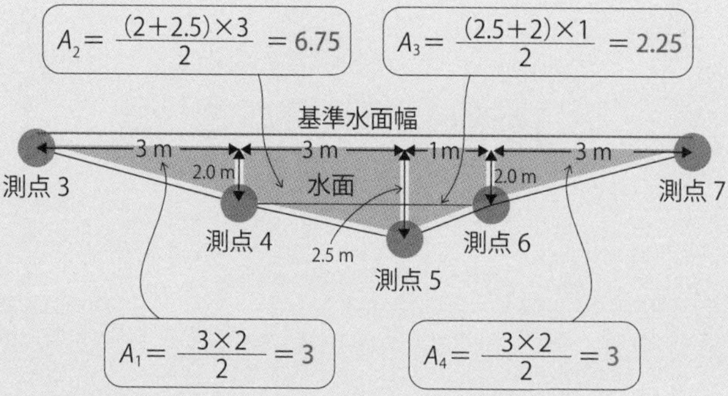

面積：$A = 3 + 6.75 + 2.25 + 3 = 15\ \mathrm{m}^2$

基準水面幅：$b = 3 + 3 + 1 + 3 = 10\ \mathrm{m}$

基準水平面からの平均水深：$15\ \mathrm{m}^2 \div 10\ \mathrm{m} = 1.5\ \mathrm{m}$

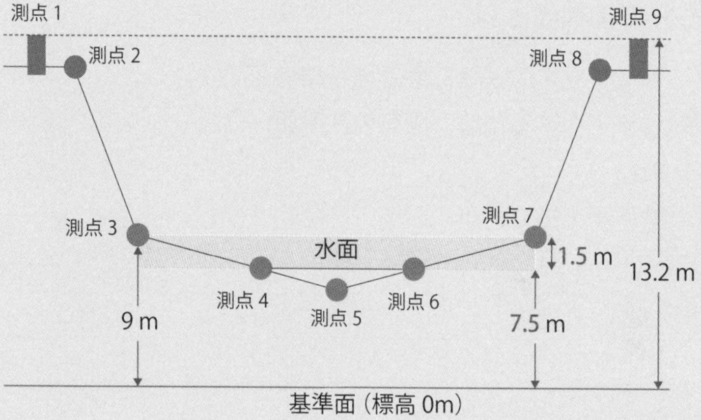

以上より、平均河床高の標高は 9 m − 1.5 m で **7.5 m**、解答は **3** となります。

9章

lesson 8

仮設標高点の計算

重要度 ★★☆

合格のポイント！

応用測量で出題されていますが、水準測量の昇降式野帳を計算する問題です。加えて、水系ごとの固有の基準面について知っている必要があります。

1 固有の基準面とは

日本の測量で高さの基準は東京湾平均海面です。しかし、河川や港湾の管理をしやすくするため、固有の基準面（標高０ｍの面）を設置しています。

■固有の基準面を持つ河川

河川名	固有基準面	東京湾平均海面との関係
利根川及び支流、江戸川	Y.P.	− 0.8402
荒川、中川、多摩川	A.P.	− 1.1344
淀川	O.P.	− 1.3000
吉野川	A.P.	− 0.8333
北上川	K.P.	− 0.8745
鳴瀬川	S.P.	− 0.0873
雄物川	O.P.	± 0.0000
木曽川	O.P.	− 0.6573
同	M.S.L.	± 0.0000
高梁川	M.S.L.	± 0.0000

② 仮設標高点の計算手順

例題を参考に表の意味と計算の手順について学びましょう。

ある河川において、水位観測のための水位標を設置するため、水位標の近傍に仮設点が必要となった。図に示すとおり、BM1、中間点 1 及び水位標の近傍に在る仮設点 A との間で直接水準測量を行い、表に示す観測記録を得た。高さの基準をこの河川固有の基準面としたとき、仮設点 A の高さは幾らか。

ただし、観測に誤差はないものとし、この河川固有の基準面の標高は、東京湾平均海面（T.P.）に対して 1.300 m 低いものとする。

図

表

測　点	距　離	後　視	前　視	標　高
BM1	42 m	0.238 m		6.526 m（T.P.）
中間点 1	25 m	0.523 m	2.369 m	
仮設点 A			2.583 m	

この表の観測を図にすると、次ページのようになります。なお、この問題では表の中にある距離の項目は使いません。

仮設標高点の計算手順 1

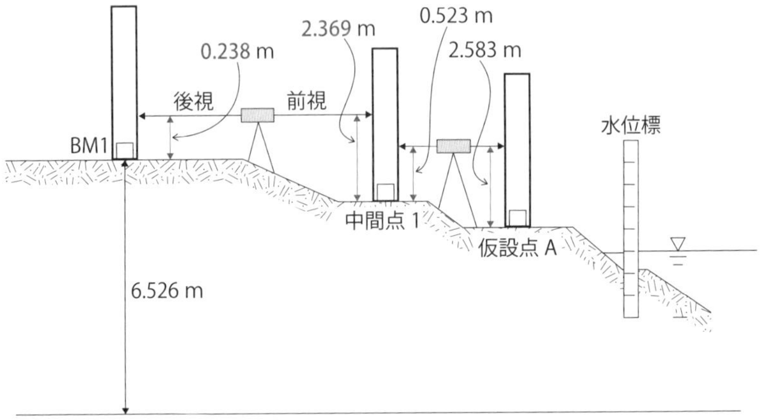

1）まず、中間点 1 の標高を求めます。

図のとおり BM1 を後視で視準した高さが 0.238 m なので、地盤の高さに足すと後視の視準線の高さがわかります。

中間点 1 の地盤高はそこから 2.369 m 低い場所なので、計算すると

$$6.526 + 0.238 - 2.369 = 4.395 \text{ m}$$

2）次に仮設点 A の標高を求めます。

ここも図のとおり中間点 1 を後視で視準した高さが 0.523 m なので、地盤の高さに足すと後視の視準線の高さがわかります。

仮設点 A の地盤高はそこから 2.583 m 低い場所ですので、計算してみると

$$4.395 + 0.523 - 2.583 = 2.335 \text{ m}$$

3）この問題では固有の基準面を用いており、「T.P. に対して 1.3 m 低い」といっています。図にしてみると右ページの図のようになり、固有の基準面での標高は 3.635 m とわかります。

$$2.335 + 1.300 = 3.635 \text{ m}$$

仮設標高点の計算手順 2

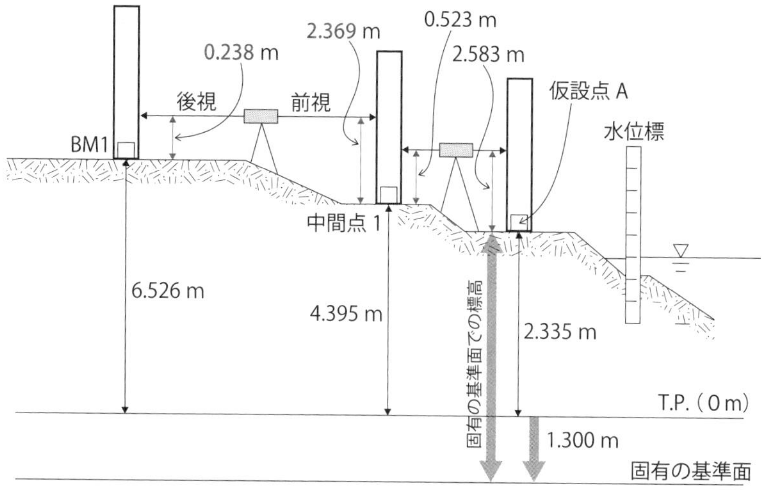

固有の基準面が先にあって T.P. での標高を求めたり、固有の基準面が T.P. より上にあったりといった出題も考えられます。落ち着いて図を描きながら解きましょう。

■河川の基準面のイメージ

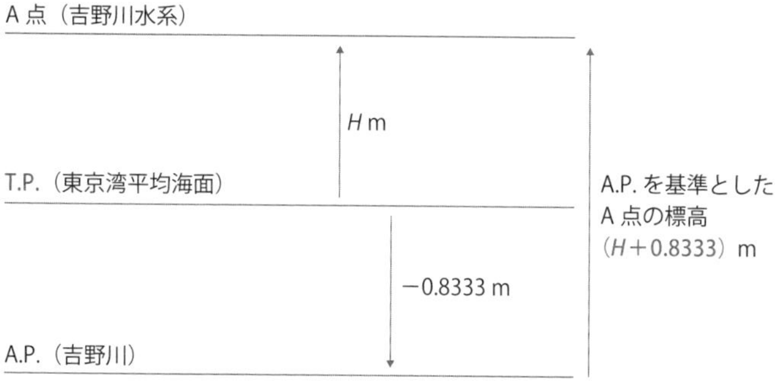

過去問題をやってみよう！

ある河川において水位観測のための水位標を設置するに当たり，図の模式図に示すとおりBM1，中間点1及び水位標の近傍の仮設点Aの間で直接水準測量を行った。表はこのために行われた直接水準測量の観測記録である。仮設点Aの標高は，その水系固有の基準面上いくらか。正しいものを次の中から選べ。

ただし，BM1は一等水準点から直接水準測量により高さを決定しており標高値は12.648 mである。また，観測に誤差はないものとし，この水系固有の基準面は，東京湾平均海面（T.P.）よりも1.134 m低いものとする。

1.　7.128 m
2.　8.702 m
3.　9.396 m
4.　10.970 m
5.　12.633 m

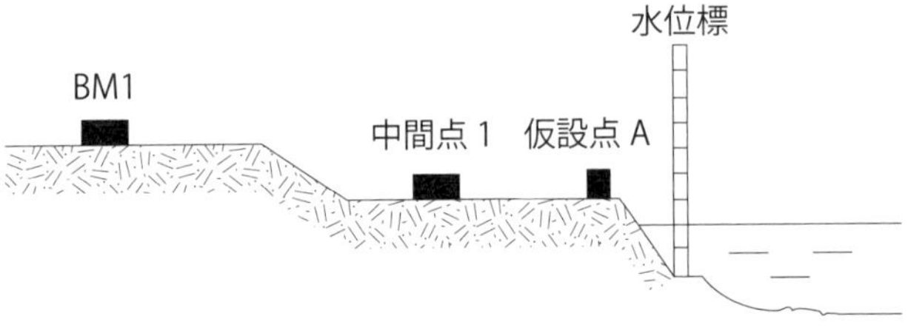

図

表

測　点	距　離	後　視	前　視	標　高
BM1	43 m	0.551 m		T.P.　12.648 m
中間点 1	27 m	0.976 m	2.125 m	
仮設点 A			3.788 m	

解答　3

計算の手順は次のとおりです。このレッスンの例題の計算手順に沿って解きます。まず、中間点 1 の標高を求めましょう。

$12.648 + 0.551 - 2.125 = 11.074$ m

次に、仮設点 A の標高を求めます。

$11.074 + 0.976 - 3.788 = 8.262$ m

固有の基準面は、ここより 1.134 m 下にあるので

$8.262 + 1.134 = 9.396$ m

以上より、解答は 3 となります。

■量水標（水位標）

量水標（水位標）は、河川の水位を目視で読みとるための施設です。

9章

土量計算

重要度★★☆

合格のポイント！

土量の計算は、路線測量では平均断面法、用地測量では点高法で出題されます。どちらも面積×距離（深さ）であることに注意しておけば計算自体は単純です。

1 平均断面法

平均断面法はある区間の土量を平均の断面積×距離で求める計算法で、主に路線測量で出題されます。過去問題では式が与えられていました。

$$V = \frac{S_1 + S_2}{2} \times L$$

V ：両端断面区間の体積
S_1, S_2：両端の断面積
L ：両端断面間の距離

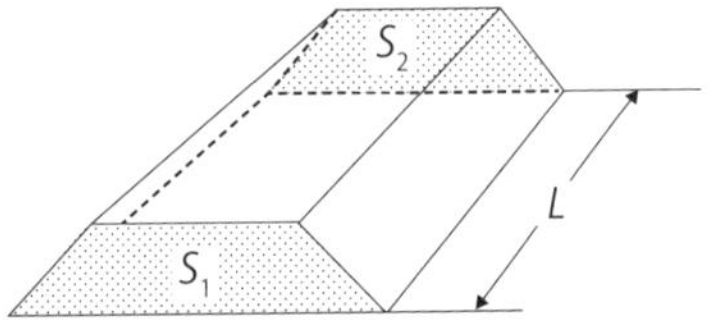

2 土量計算の計算手順

例題を参考に基本的な考え方と計算の手順について学びましょう。

道路工事のため、ある路線の横断測量を行った。図は得られた横断面図のうち、隣接する No.5 ～ No.7 の横断面図であり、その断面における切土部の断面積（C.A）及び盛土部の断面積（B.A）を示したものである。中心杭間の距離を 20 m とすると、No.5 ～ No.7 の区間における盛土量と切土量の差は幾らか。

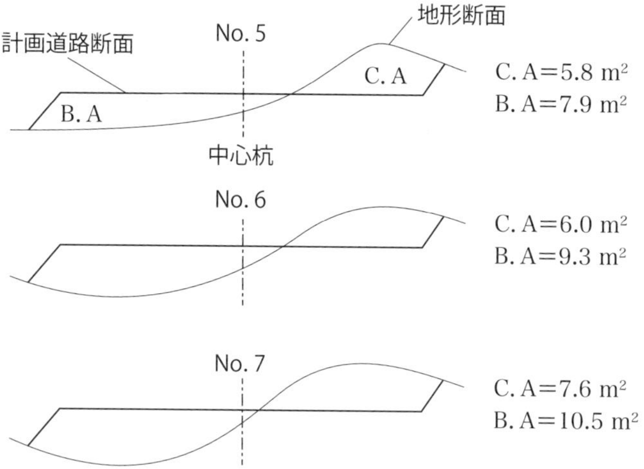

No.5 〜 No.6 と No.6 〜 No.7 の区間それぞれの切土量、盛土量を求めていきます。

1）No.5 〜 No.6 区間

●切土量

No.5 の切土断面積と No.6 の切土断面積の平均を求めます。

$$\frac{5.8\ \mathrm{m}^2 + 6.0\ \mathrm{m}^2}{2} = \frac{11.8\ \mathrm{m}^2}{2} = 5.9\ \mathrm{m}^2$$

中心杭間の距離が 20m ですので、これをかけて体積（土量）を求めます。

$5.9\ \mathrm{m}^2 \times 20\ \mathrm{m} = 118.0\ \mathrm{m}^3$

●盛土量

No.5 の盛土断面積と No.6 の盛土断面積の平均を求めます。

$$\frac{7.9\ \mathrm{m}^2 + 9.3\ \mathrm{m}^2}{2} = \frac{17.2\ \mathrm{m}^2}{2} = 8.6\ \mathrm{m}^2$$

切土と同様に中心杭間の距離が 20 m ですので、これをかけて体積（土量）を求めます。

$8.6\ \mathrm{m}^2 \times 20\ \mathrm{m} = 172.0\ \mathrm{m}^3$

2）No.6 ～ No. 7区間

No.5 ～ No.6区間と同様に計算していきます。

●切土量

$$\frac{6.0\ \mathrm{m}^2 + 7.6\ \mathrm{m}^2}{2} = \frac{13.6\ \mathrm{m}^2}{2} = 6.8\ \mathrm{m}^2$$

$6.8\ \mathrm{m}^2 \times 20\ \mathrm{m} = 136.0\ \mathrm{m}^3$

●盛土量

$$\frac{9.3\ \mathrm{m}^2 + 10.5\ \mathrm{m}^2}{2} = \frac{19.8\ \mathrm{m}^2}{2} = 9.9\ \mathrm{m}^2$$

$9.9\ \mathrm{m}^2 \times 20\ \mathrm{m} = 198.0\ \mathrm{m}^3$

3）切土・盛土量の合計を求める

●切土量の合計

$118.0\ \mathrm{m}^3 + 136.0\ \mathrm{m}^3 = 254.0\ \mathrm{m}^3$

●盛土量の合計

$172.0\ \mathrm{m}^3 + 198.0\ \mathrm{m}^3 = 370.0\ \mathrm{m}^3$

●切土量と盛土量の差

$370.0\ \mathrm{m}^3 - 254.0\ \mathrm{m}^3 = 116.0\ \mathrm{m}^3$

先に切土断面積と盛土断面積の差を求めて平均してから20 mをかける解き方もあります。

ここで紹介した解き方のほうが計算量は増えますが、出題形式が変わった場合でも対応しやすくなっています。

覚える用語

切土・盛土　切土とは土地を切り取ること、盛土は土地の上に土砂を盛り上げることです。いずれも、平坦な土地を作るための作業です。

過去問題をやってみよう！

道路工事のため，ある路線の横断測量を行った。図は得られた横断面図のうち，隣接するNo.5～No.7の横断面図であり，その断面における切土部の断面積（C.A）及び盛土部の断面積（B.A）を示したものである。中心杭間の距離を20 mとすると，No.5～No.7の区間における盛土量と切土量の差は幾らか。

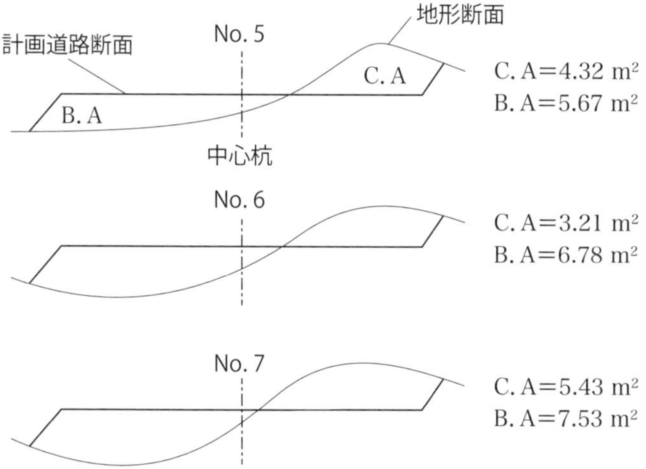

図

1．105 m^3
2．116 m^3
3．170 m^3
4．178 m^3
5．270 m^3

解答　1

区間ごとに計算していきましょう。

1）No.5 ～ No.6 区間

●切土量

No.5 の切土断面積と No.6 の切土断面積の平均を求めます。

$$\frac{4.32\ \mathrm{m}^2 + 3.21\ \mathrm{m}^2}{2} = \frac{7.53\ \mathrm{m}^2}{2} = 3.765\ \mathrm{m}^2$$

中心杭間の距離が 20m ですので、これをかけて体積（土量）を求めます。

$3.765\ \mathrm{m}^2 \times 20\ \mathrm{m} = 75.3\ \mathrm{m}^3$

●盛土量

No.5 の盛土断面積と No.6 の盛土断面積の平均を求めます。

$$\frac{5.67\ \mathrm{m}^2 + 6.78\ \mathrm{m}^2}{2} = \frac{12.45\ \mathrm{m}^2}{2} = 6.225\ \mathrm{m}^2$$

切土と同様に中心杭間の距離が 20m ですので、これをかけて体積（土量）を求めます。

$6.225\ \mathrm{m}^2 \times 20\ \mathrm{m} = 124.5\ \mathrm{m}^3$

2）No.6 ～ No.7 区間

●切土量

$$\frac{3.21\ \mathrm{m}^2 + 5.43\ \mathrm{m}^2}{2} = \frac{8.64\ \mathrm{m}^2}{2} = 4.32\ \mathrm{m}^2$$

$4.32\ \mathrm{m}^2 \times 20\ \mathrm{m} = 86.4\ \mathrm{m}^3$

●盛土量

$$\frac{6.78\ \mathrm{m}^2 + 7.53\ \mathrm{m}^2}{2} = \frac{14.31\ \mathrm{m}^2}{2} = 7.155\ \mathrm{m}^2$$

$7.155\ \mathrm{m}^2 \times 20\ \mathrm{m} = 143.1\ \mathrm{m}^3$

3）切土・盛土量の合計を求める

●切土量の合計

$75.3\,m^3 + 86.4\,m^3 = 161.7\,m^3$

●盛土量の合計

$124.5\,m^3 + 143.1\,m^3 = 267.6\,m^3$

●切土量と盛土量の差

$267.6\,m^3 - 161.7\,m^3 = 105.9\,m^3$

以上より、解答は**1**となります。

山状の体積計算において、断面が水平な場合は、等高線法という方法も使われます。これは、各等高線に囲まれた面積をプラニメータ（平面上の図形の輪郭から面積を測定する器械）等で求め、平均断面法などで計算するものです。

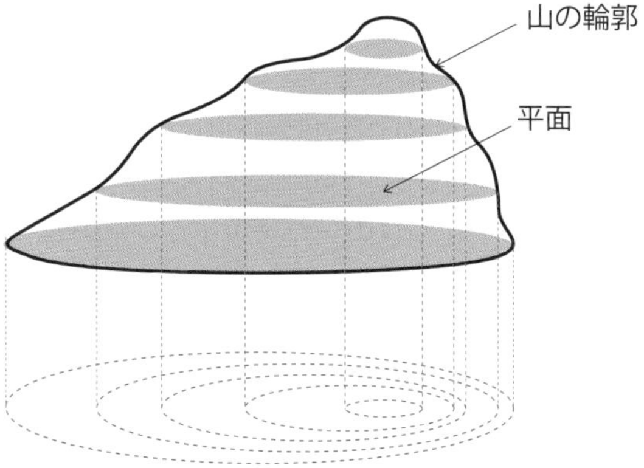

lesson 10

点高法

重要度 ★★☆

合格のポイント！

点高法は用地測量として出題されます。地盤高は与えられた数値を単純に平均するのではなく、区分された一筆の土地ごとに平均することをおさえておきましょう。

1 点高法とは

点高法は区切られた土地（メッシュ）ごとの面積に、メッシュを構成する各点の平均標高をかけることにより土量（盛土・切土）を求める考え方です。沈下土量を求める問題として出題されることもありますが、計算法は同じです。

2 点高法による計算方法

点高法には公式により解く方法もありますが、出題形式が変わっても工夫して対応しやすい次の方法を紹介します。

たとえば、次ページの図のように①～④に区切られた用地があるとして、各筆の面積を A_1 ～ A_4、各筆を構成する点の地盤高を h_1 ～ h_6 とします。

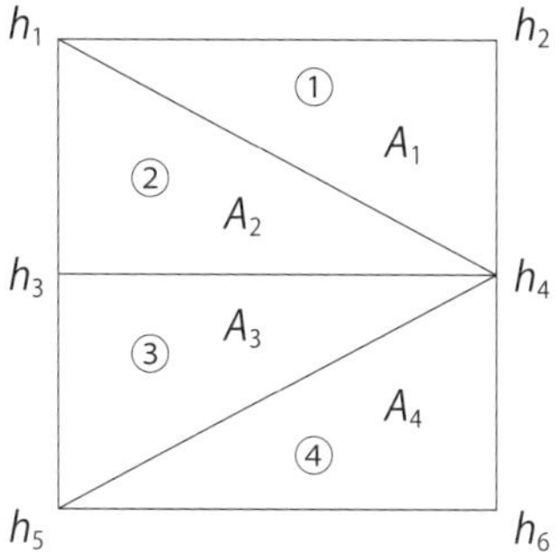

このとき、①の土量 Q_1 は面積×地盤高の平均ですので

$$Q_1 = A_1 \times \frac{h_1 + h_2 + h_4}{3}$$

同様に、②～④の土量も

$$Q_2 = A_2 \times \frac{h_1 + h_3 + h_4}{3}$$

$$Q_3 = A_3 \times \frac{h_3 + h_4 + h_5}{3}$$

$$Q_4 = A_4 \times \frac{h_4 + h_5 + h_6}{3}$$

になり、土量の合計 Q は

$Q = Q_1 + Q_2 + Q_3 + Q_4$

となります。

試験では、図を宅地造成用地とし、切土量と盛土量を等しくして平坦な土地に地ならしした場合の土地の地盤高や沈下量を求める出題がされています。上記の計算で土量の合計 Q が出ていますので、用地の数で割ることで平均地盤高 H が算出できます。

$$H = \frac{Q_1 + Q_2 + Q_3 + Q_4}{4}$$

過去問題をやってみよう！

図に示すような宅地造成予定地を，切土量と盛土量を等しくして平坦な土地に地ならしする場合，地ならし後における土地の地盤高は幾らか。最も近いものを次の中から選べ。

ただし，図のように宅地造成予定地を面積の等しい四つの三角形に区分して，点高法により求めるものとする。また，図に示す数値は，各点の地盤高である。

なお，関数の値が必要な場合は，8ページの関数表を使用すること。

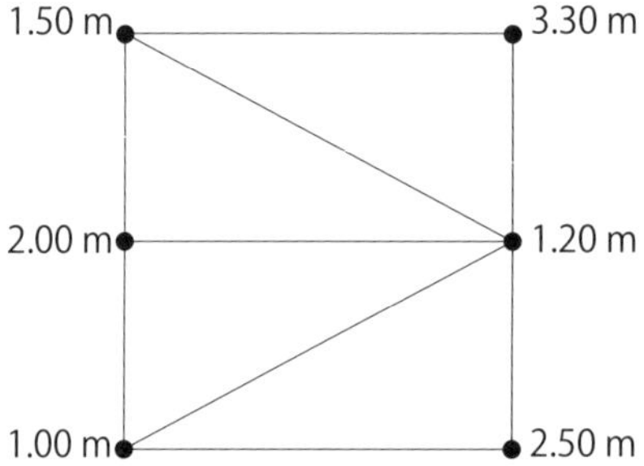

図

1．1.63 m
2．1.73 m
3．1.84 m
4．1.92 m
5．2.03 m

解答　1

区分された各土地は同じ面積で、盛土と切土の量を同じにしたいとされていますので、平均の地盤高でならせば良いということがわかります。

ただし、「点高法」でとなっていますので、区分された土地ごとに平均地盤高を求め、次に区分された土地の平均地盤高をもう一度平均します。

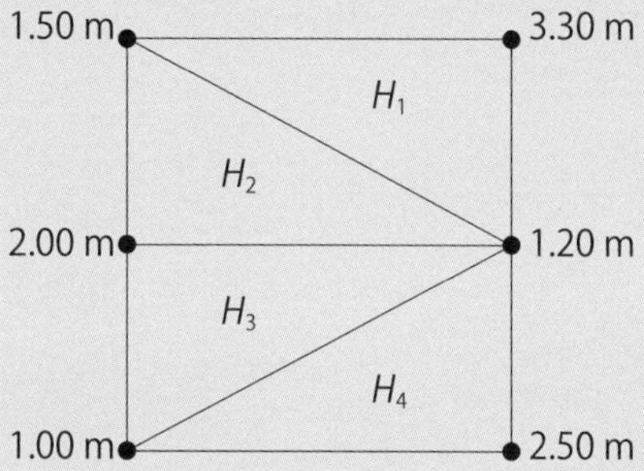

各土地の平均地盤高を $H_1 \sim H_4$ とすると

$$H_1 = \frac{1.50\ \mathrm{m} + 3.30\ \mathrm{m} + 1.20\ \mathrm{m}}{3} = 2.000\ \mathrm{m}$$

$$H_2 = \frac{1.50\ \mathrm{m} + 2.00\ \mathrm{m} + 1.20\ \mathrm{m}}{3} = 1.567\ \mathrm{m}$$

$$H_3 = \frac{2.00\ \mathrm{m} + 1.20\ \mathrm{m} + 1.00\ \mathrm{m}}{3} = 1.400\ \mathrm{m}$$

$$H_4 = \frac{1.20\ \mathrm{m} + 1.00\ \mathrm{m} + 2.50\ \mathrm{m}}{3} = 1.567\ \mathrm{m}$$

造成予定地全体の点高法による平均地盤高 H は

$$H = \frac{2.000\ \mathrm{m} + 1.567\ \mathrm{m} + 1.400\ \mathrm{m} + 1.567\ \mathrm{m}}{4}$$

$$\fallingdotseq 1.634\ \mathrm{m}$$

以上より、解答は 1 になります。

memo

いちばんわかりやすい!

測量士補

テキスト&問題集＋予想模試

予想模試

解答・解説編

問題編は別冊

解答一覧……………… P.461
合格基準…700 点満点中 450 点以上（18 問以上正答）
試験時間……………… 3 時間

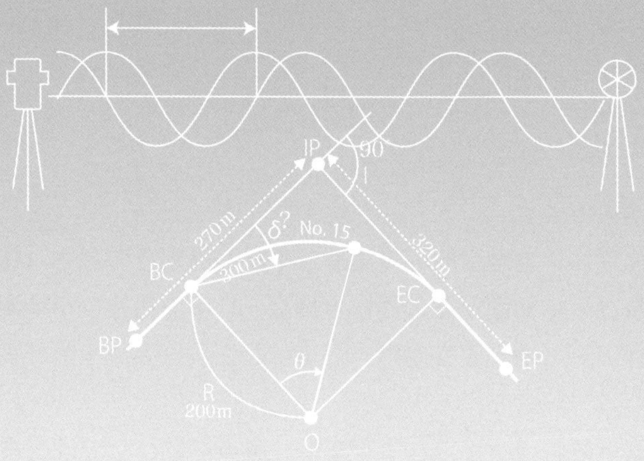

No.1　解答　3

ア　建物に関する測量　(測量法 5 条)

イ　移転　(測量法 24 条)

ウ　関係市町村長　(測量法 37 条)

エ　国土交通大臣　(測量法 46 条)

オ　測量業者　(測量法 56 条の 2)

No.2　解答　5

1．○　危険箇所・高温下での作業・集中豪雨など予見できる危険については、万全の対策を講じる必要があります。

2．○　作業終了時の返却を前提に、第三者の目に触れないよう厳重に管理します。

3．○　前提として、できるだけ樹木の伐採は行わないよう計画します。やむを得ない場合には所有者・管理者・測量計画機関に報告し許可を得てから行います。

4．○　成果の提出前であれば、生じた変化には補測等で対応します。

5．×　電子基準点の成果においては、測量成果の座標値またはセミ・ダイナミック補正を行った今期座標を使用します。

No.3　解答　4

a．×　位置は「地理学的経緯度及び平均海面からの高さ（標高)」「直角座標及び平均海面からの高さ（標高)」「極座標及び平均海面からの高さ（標高)」「地心直交座標」で表示します。天文学的経緯度ではありません。

b．×　原点数値は改正されましたが、原点を動かしてはいません。

c．×　日本測地系ではなく世界測地系で想定された回転楕円体です。

d．○　ジオイドは高さの基準として用いられており、水平位置を表す基準には用いません。

以上より、間違っているものは3つで、解答は4となります。

No.4　解答　5

a．消去できます。

b．消去できます。

c．消去できます。

d．消去できます。

以上より、消去できる誤差は4つで、解答は5となります。正・反観測で消去できない例は「鉛直軸が鉛直でない鉛直軸誤差」「角度の目盛不正」「空気のゆがみによる誤差」などです。

No.5　解答　4

a．12° 34′ 20″を秒単位に換算します。

$12^\circ = 12 \times 60' = 720'$　$720' + 34' = 754'$

$754' \times 60'' = 45240''$　$45240'' + 20'' = 45260''$

b．12° 34′ 20″をラジアン単位に換算します。

1［rad］＝206265″を覚えていれば、

aで求めた $45260'' \div 206265'' = 0.2194$　と求めることができます。

または、より単純化して　$45260'' \div 200000'' = 0.2263$　近いのは0.219と判断してもよいです。

c．まずは図にしてみましょう。

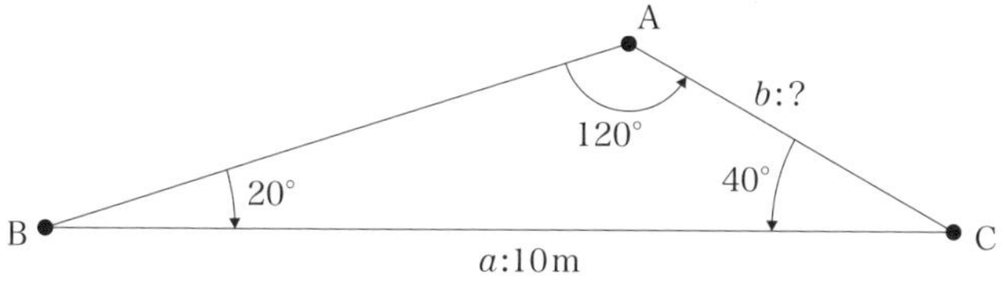

二角と挟む辺がわかっているので、正弦定理を使います。

辺ACを b と置くと

$$\frac{a}{\sin A} = \frac{b}{\sin B}$$

$$\frac{10\,\mathrm{m}}{\sin 120^\circ} = \frac{b}{\sin 20^\circ}$$

$\sin\theta$（θが90°より大きい場合）$= \sin(180^\circ - \theta)$

この問題の場合

$\sin(180^\circ - 120^\circ) = \sin 60^\circ = 0.86603$

$$\frac{10\ \mathrm{m}}{0.86603} = \frac{b}{0.34202}$$

$b \fallingdotseq 3.949$ mとなり、解答は4となります。

No.6　解答　4

a．器械定数及び反射鏡定数の誤差　測定距離に比例しません。

b．変調周波数の誤差　波数は距離に比例するので比例します。

c．位相測定の誤差　位相は波のズレなので1波長以上は出ません。よって、比例しません。

d．反射鏡及び器械の致心誤差　測定距離に比例しません。

e．気象測定の誤差　距離が大きいほど大気の影響を受けるので比例します。

以上より、距離に比例しない誤差は3つで、解答は4となります。

No.7　解答　1

ア	成果表	精度管理表は成果として観測後にまとめます。
イ	平均計画図	観測図はどの角度・距離を観測するか図に書き込んだものです。
ウ	建標承諾書	測量標設置位置通知書は測量標を作ったあとに作成するものです。
エ	1	1視準で観測します。距離は2回読定します。
オ	楕円体高	距離は楕円体面上の距離にすることになっています。

No.8　解答　4

1．○　セミ・ダイナミック補正は電子基準点（付属標を除く）のみを既知点として用いる測量で行います。

2．○　補正パラメータは、「測量の実施時期に対応したものを使用するものとする」とされています。

3．○　プレート運動と連動しているので時間や点間の距離が離れているほど大きくなります。

4．×　「地殻変動補正パラメータ」です。

5．○　測量により今期座標を求め、パラメータを用いて元期座標に変換します。

No.9　解答　5

1．○　日本の上空にとどまる時間が長い軌道を描いています。

2．○　受信可能です。

3．○　「GPS2 機以上、GLONASS 衛星 2 機以上、合わせて 6 機以上」が基準点測量で GLONASS 衛星を用いるときの観測条件です。準天頂衛星は、GPS 衛星と同等の衛星として扱うことができるため、これを満たしています。

4．○　前述と同じく、準天頂衛星は GPS 衛星と同等として扱います。

5．×　準天頂衛星は、GPS 衛星と異なりアジア・オセアニア上空を飛行しています。

No. 10　解答　3

a．○　**器械の設置回数は偶数、標尺は奇数**です。

b．○　レベルの鉛直軸の傾きによる**誤差を消去するため**です。

c．×　標尺の設置回数を奇数にすると、出発点と到着点の標尺は同じになります。また、往路と復路で標尺を入れ替えますので、**出発点の標尺は入れ替わります**。

d．×　**最大視準距離**は決まっています。

e．○　1・2級水準測量では期間中であってもおおむね**10日ごとに点検**を行います。

以上より、間違っているものは2つで、解答は3となります。

No. 11　解答　1

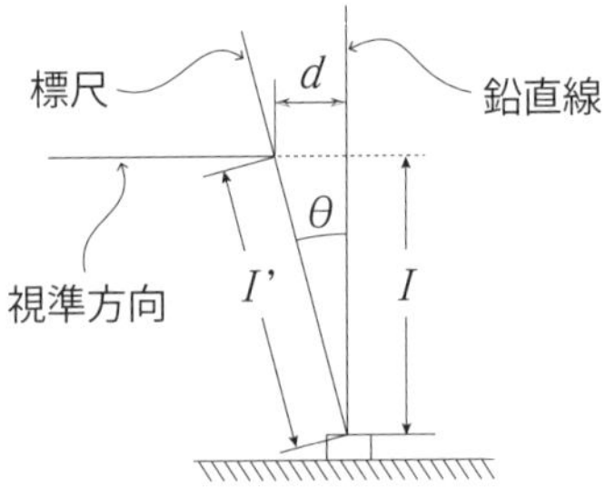

鉛直な状態の読みを I、傾いた状態の読みを I'、正しい読みとの差を ΔI としたとき、その関係は以下の式のようになります。

これは、「傾斜補正」という考え方の公式です。測量士補試験では公式で解くほうが近道です。この場合、**必ずマイナスになります**。

$$\Delta I = -\frac{(d)^2}{2I'}$$

3 m の点において水平方向のずれが 0.200 m であったため、三角形の相似から、

3 m：0.200 m ＝ 1.5 m：d

(計算問題を解くための基礎参照)

d ＝ 0.100 m となります。これを公式にあてはめ、

$$\Delta I = -\frac{(0.1)^2}{2 \times 1.5} = -\frac{0.01}{3}$$

$$\fallingdotseq -0.0033\ \text{m} \fallingdotseq -3\ \text{mm}$$

解答は1となります。なお、今後出題が予想される「正しい読みはいくつか？」という問題であれば、

$$I = 1.5 - 0.003 = 1.497\ \text{m}$$

となります。

No. 12　解答　4

往復観測の較差の許容範囲を計算します。

● A～（1）、（3）～B

$2.5\text{mm} \times \sqrt{0.36}$

$\sqrt{0.36} = 0.6$

$2.5\ \text{mm} \times 0.6 = 1.50\ \text{mm}$

●（1）～（2）、（2）～（3）

$2.5\ \text{mm} \times \sqrt{0.44}$

$\sqrt{0.44} = \sqrt{44} \times \sqrt{0.01}$（$\sqrt{44}$ は 6.63325、$\sqrt{0.01}$ は 0.1）

$6.63325 \times 0.1 \fallingdotseq 0.66$

$2.5\ \text{mm} \times 0.66 = 1.65\ \text{mm}$

次に各区間の、往復の較差を計算し、許容範囲と比べます。往復関係なく、絶対値の大きいほうから小さいほうを引き算しただけです。

A～（1）	3.1289m － 3.1286m	0.3 mm	○
（1）～（2）	1.5954 － 1.5953	0.1 mm	○
（2）～（3）	0.1833 － 0.1829	0.4 mm	○
（3）～B	2.8333 － 2.8317	1.6 mm	×

以上より、（3）～Bの区間で再測が必要となり、解答は4となります。

予想模試解答・解説

No. 13　解答　2

標高 100 m の点を P とします。

一様な傾斜で図を描いておきます。

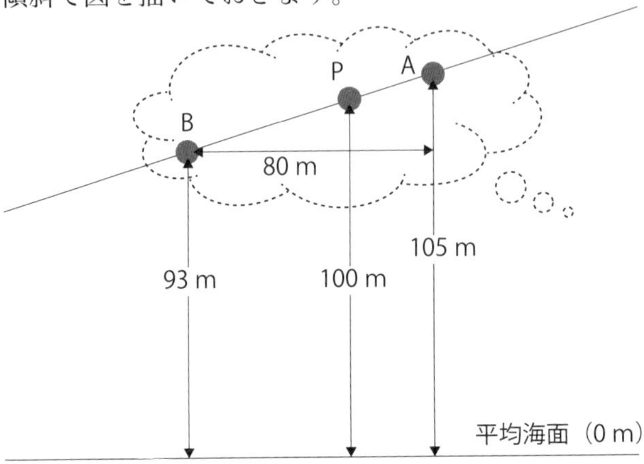

求めたい部分をはっきりさせるため、計算をしやすくするために図を整理します。

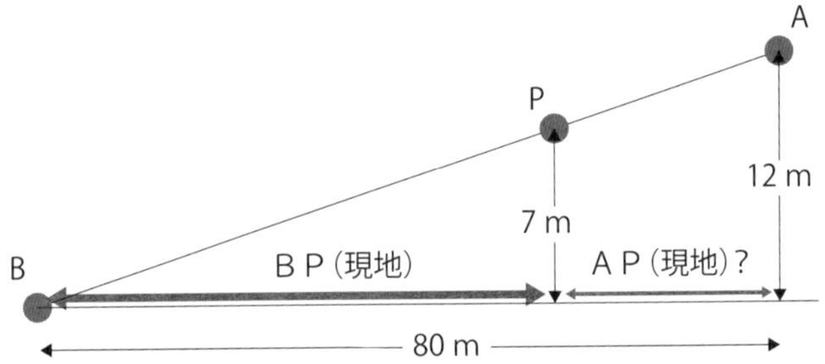

比例で計算します。

80 m：12 m ＝ BP：7 m

12m × BP ＝ 80 m × 7 m

$$BP = \frac{80\ \mathrm{m} \times 7\ \mathrm{m}}{12\ \mathrm{m}} \fallingdotseq 46.7\ \mathrm{m}$$

求めたいのは AP なので、80 － 46.7 ＝ 33.3 m

地形図上の縮尺は 1/1000 なので、求める図上距離は、0.033m ＝ 3.3cm、解答は 2 となります。

No. 14　解答　1

ア　レーザ測距装置　点群データを取得します。

イ　GNSS/IMU 装置　車両の位置・慣性・傾きを計測しレーザ測距装置で得た点群に位置情報を与えます。

ウ　高精度　視通のある範囲であれば 1 cm の精度で測定できます。

エ　計測車両から視通　レーザが届く必要があるため視通が必要です。

オ　調整点　点群データや写真の重ね合わせができる点をつくります。

No. 15　解答　2

ア　数値地形図データ　いわゆる平面図のデータです。

イ　放射法　基準点や TS 点から放射法で観測します。

ウ　基準点と観測点間の視通　基準点の上空視界は必要です。

エ　TS 点　視通が取れない場合は TS 点を設置します。仮の基準点です。

オ　オフライン　データを持ち帰って地形図を描くのがオフライン、現地で地形図を描きながら作業するのがオンラインです。

以上より、解答は 2 となります。

No. 16　解答　5

素子寸法と地上画素寸法から写真の縮尺がわかります。

1 素子（6 μm）に 15 cm（0.15 m）の範囲が写るという意味なので分数の式を組んでみます。

1 μ は 10^{-6} なので、6 μm を計算しやすくするために分母と分子に 1000000 をかけます。

$$\frac{6\ \mu\text{m}}{0.15} = \frac{0.000006}{0.15} = \frac{0.000006 \times 1000000}{0.15 \times 1000000} = \frac{6}{150000}$$

$$= \frac{6 \div 6}{150000 \div 6} = \frac{1}{25000}$$

画面距離 10 cm（0.1 m）を 25000 倍すれば対地高度がわかります。

$0.1 \times 25000 = 2500$

撮影基準面の標高が 100 m ですので撮影高度は

2500 + 100 = 2600 m となり、解答は 5 となります。

No. 17　解答　1

ア　**標定点の設置**　標定点を決めないと**対空標識**は置けません。

イ　**撮影**　対空標識を置かないと**撮影**はできません。

ウ　**数値編集**　正射変換は**写真地図**の作業工程です。

エ　**数値地形図**　数値写真は**写真地図作成**の作業工程における正射変換（数値写真を正射投影写真に変換する作業）です。

以上より、解答は 1 となります。作業規程の準則において、「空中写真測量」と「写真地図」は作業工程が異なりますので混同しないように整理しておきましょう。

No. 18　解答　2

1．○　精度に合わせた**飛行高度等の計画**が必要です。

2．×　対空標識の設置は**所有者または管理者の許可**を得る必要があります。

3．○　1 つであるほうが良いですが、起伏のある土地では数コースごとに**撮影基準面を変えることができます**。

4．○　作成した三次元点群データの位置精度を評価するために、標定点のほかに**検証点**を設置します。

5．○　事前の**試験飛行は必要**です。

以上より、解答は 2 です。

No. 19　解答　4

「対地高度」と「建物の高さ」、「主点から建物の先端の長さ」と「図上の建物の長さ」はそれぞれ単位を統一しておきましょう。

対地高度：主点から建物の先端の長さ（図上での長さ）

＝建物の高さ：建物の長さ（図上での長さ）

2000m：76mm（7.6cm）$= h$：9.5mm

$76 \times h = 2000 \times 9.5$

$$h = \frac{2000 \times 9.5}{76} = 250\ \mathrm{m}$$

となり、解答は 4 となります。

No. 20　解答　1

格子数は 9 × 6 で 54 個あります。そのうち、三次元計測データが必要な格子は水部を除いた 44 個です。三次元計測データの取得できていない格子数は 3 個なので $\frac{3}{44} \times 100\ \% = 6.8\ \%$　になり、解答は最も近い 1（7%）になります。三次元計測データの必要な格子数には水部を含まないことがポイントです。

No. 21　解答　5

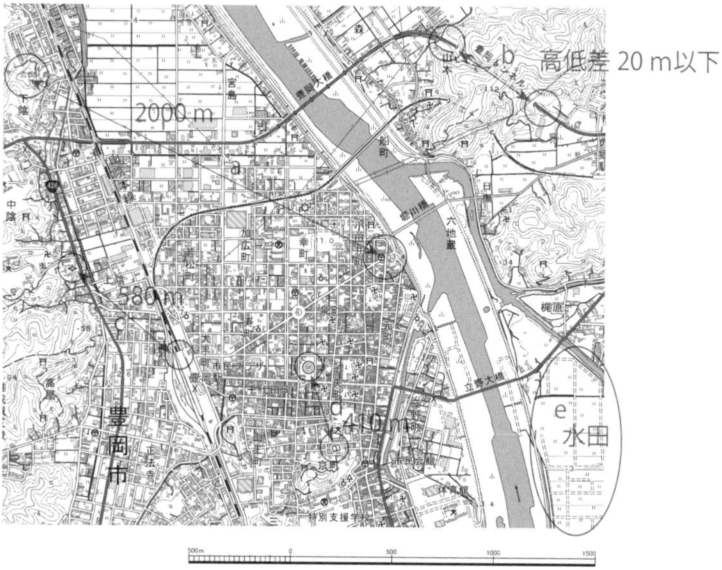

a．× 図上でのスケールとの比例計算から、約 2000 m とわかります。

b．○ 等高線を数えると 20 m 以下であることがわかります。

c．○ 図上でのスケールとの比例計算から約 660 m とわかります。

d．○ 図上でのスケールとの比例計算から約 400 m とわかります。

e．×　立野大橋より南側かつ円山川より東側に広がっているのは水田です。

以上より、間違っているものはaとeで、解答は5となります。

No. 22　解答　4

平面直角座標とUTMを混同させる問題です。区別して整理しておきましょう。

a．×　中央経線といっている時点でUTMです。平面直角座標系で縮尺係数が1.0000になるのは原点から90 km離れた地点です。

b．○　各座標系における原点の座標値は、X＝0.000 m、Y＝0.000 mです。UTMでは原点が0ではありません。

c．○　座標系のX軸上における縮尺係数は0.9999です。UTMでは0.9996です。

d．×　地球全体を6度幅ごとの経度帯に区分しているのはUTMです。平面直角座標は19の座標系に分けています。

e．○　投影法は平面直角座標でもUTM座標でもガウス・クリューゲル図法です。

以上より、正しいものはbとcとeで、解答は4となります。

No. 23　解答　4

a．○　骨格地物が優先です。

b．○　有形線が優先です。地上に存在しない無形線を転位します。

c．×　有形の自然地物が優先です。

d．×　三角点の転位はできませんが、水準点は転位できます。

e．○　東西南北等の位置関係はできるだけ維持します。

以上より、間違っているものはcとdとなり、解答は4となります。

No. 24　解答　5

ａ．○　ハザードマップは**自然現象の予測とそれに伴う災害の予想**で作成します。

ｂ．○　ハザードマップは**災害の種類に応じたものを作成**します。

ｃ．○　ハザードマップは**公共測量**として実施できます。

ｄ．×　**最新の気候変動や気象予測も考慮**します。

ｅ．×　ハザードマップは多くの人に使ってもらうべきであり、**多言語化やユニバーサル化**する必要もあります。

以上より、間違っているものは**d**と**e**であり、解答は**5**となります。

No. 25　解答　2

ア　**作業計画**　**資料の収集、計画路線の調査、作業方法、作業工程、作業班編成、使用器材等を計画準備**します。**線形決定の前に全体の作業計画**をする必要があります。

イ　**線形決定**　路線選定の結果に基づき、IP の座標及び各種曲線の諸元、主要点、中心点などの**座標を決定**します。

ウ　**IP の設置**　地形図上の IP の位置を、**座標値により現地に設置**する作業です。

エ　**中心線測量**　中心線の主要点と中心点について、現地にそれらの杭を設置し、**線形地形図データファイルを作成**する作業です。

オ　**用地幅杭設置測量**　用地幅を定め、**現地に用地幅杭を設置**する作業です。

以上より、解答は**2**となります。

No. 26　解答　4

この問題のポイントは「円曲線始点 BC 及び交点 IP の位置は変更せずに」の部分です。これは「*TL* は一緒です」という意味です。このため、現道路の *TL* を求め、その数値をもとに新道路の要素を求めます。

問題は BC ～ EC′ の路線長が問われており、新道路の**円曲線半径**（*R′*）がわかれば扇形の円周の円弧部分として求めることができます。

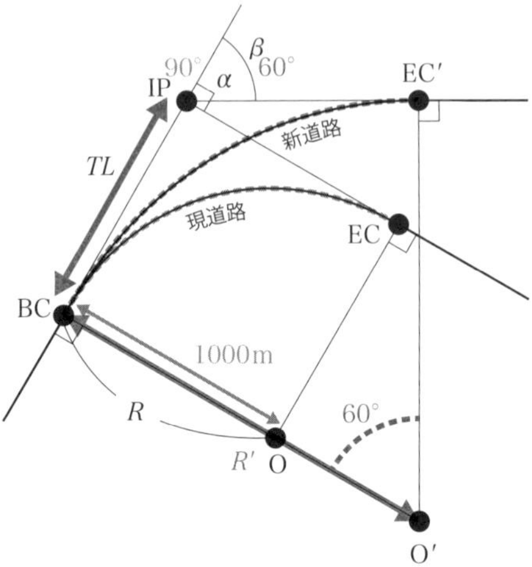

まず当初計画の TL を求めます。

$$TL = R \times \tan\frac{\alpha}{2} = 1000 \times \tan\frac{90°}{2} = 1000 \times \tan45°$$

関数表より、$\tan45° = 1.0000$

$TL = 1000 \times 1.0000 = 1000$ m

次に、これをもとに変更後計画の R' を求めます。
現道路と新道路の TL は同じなので

$$1000 = R' \times \tan\frac{\beta}{2} = R' \times \tan\frac{60°}{2} = R' \times \tan30°$$

関数表より、$\tan30° = 0.57735$

$1000 = R' \times 0.57735$

$R' \fallingdotseq 1732.05$ m

次は円弧の長さを求めます。円弧は円周（2 ×半径×円周率）のうちの 60° なので

$$2 \times 3.142 \times 1732.05 \times \frac{60°}{360°} \fallingdotseq 1814.03 \text{ m}$$

以上より、解答は 4 となります。

No. 27　解答　5

図に数値を書き込んでみます。座標の原点も意識しておきましょう。

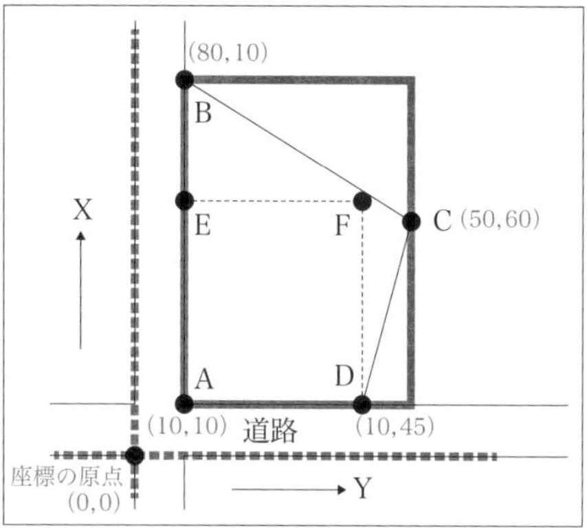

AEFD の面積が ABCD の面積の 70 % なので、まず ABCD の面積を求めて、それに 0.7 をかけることで AEFD の面積を求めます。

赤い外枠から三角形①②を除くと ABCD の面積になります。

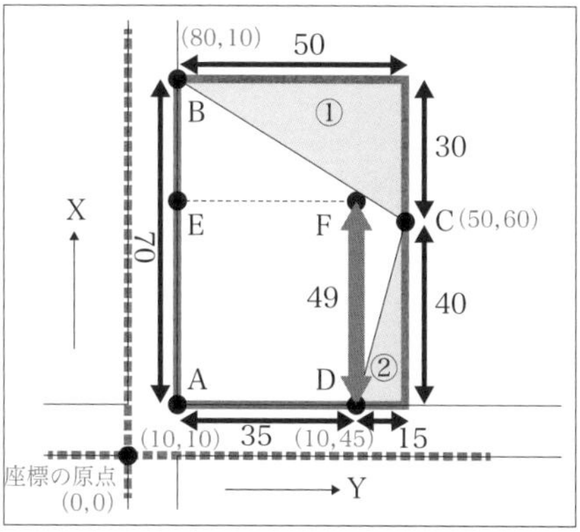

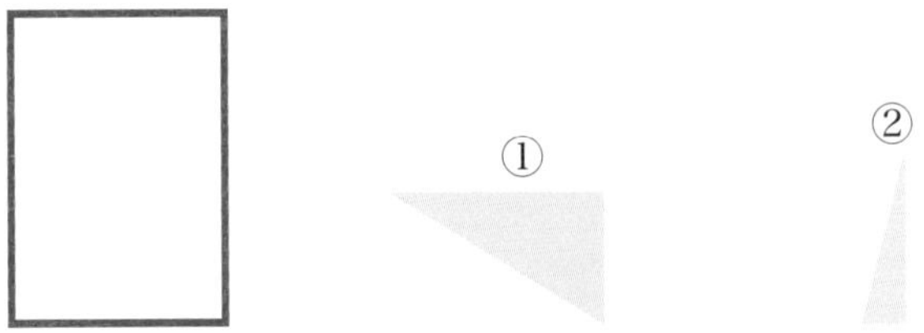

$$70\ \mathrm{m} \times 50\ \mathrm{m} - \frac{50\ \mathrm{m} \times 30\ \mathrm{m}}{2} - \frac{40\ \mathrm{m} \times 15\ \mathrm{m}}{2} = 2450\ \mathrm{m}^2$$

AEFDは

$2450 \times 0.7 = 1715\ \mathrm{m}^2$

ADは35 mなので　　$35 \times \mathrm{AE}\ (\mathrm{DF}) = 1715\ \mathrm{m}^2$

$$\mathrm{AE}\ (\mathrm{DF}) = \frac{1715\ \mathrm{m}^2}{35\ \mathrm{m}} = 49\ \mathrm{m}$$

DのX座標値は10なので、FのX座標値は10＋49＝59 mとなります。以上より、解答は5となります。

No. 28　解答　2

a．○　水際杭を境に陸部は横断、水部は深浅測量を行います。

b．×　流量の測定は、なるべく直線状の部分で、流れが一様で安定した場所で行います。

c．○　深さを測る位置はTS・GNSSまたはワイヤーロープで求めます。

d．○　東京湾平均海面が基準ですが、一部、異なる基準面を使うときもあります。

e．○　縦断測量では、水準基標を基に左右両岸の距離標などの標高を測定します。

以上より、間違っているものはbとなり、解答は2（1つ）となります。

解答一覧

No.	1	2	3	4	5	No.	1	2	3	4	5
No. 1			●			No. 15		●			
No. 2					●	No. 16					●
No. 3				●		No. 17	●				
No. 4					●	No. 18		●			
No. 5				●		No. 19				●	
No. 6				●		No. 20	●				
No. 7	●					No. 21					●
No. 8				●		No. 22				●	
No. 9					●	No. 23				●	
No. 10			●			No. 24					●
No. 11	●					No. 25		●			
No. 12				●		No. 26				●	
No. 13		●				No. 27					●
No. 14	●					No. 28		●			

ゴロ合わせで覚えよう！

ラジアン

ハタチで就職
(20)
ろくに働かず
(62)
65 で定年
(65)

1 ラジアン [rad] は 2″× 10^5 で表されるがこれは、206265″（ニーマルロクニーロクゴー）を略したもの。
(→ p.28)

マイクロメートル

マイクロは

10　マイロク
(10)　(－6)

μは 10^{-6} という意味で、
1 μm は 0.000001 m、
1 m は 1000000 μm です。
(→ p.30)

基準点測量の作業

K点に　設置したマークを超える
(計画　選点)(測量標設置)
観測して　計算した結果
(観測)　(計算)
評価は　基準超えの　成果だ
(品質評価)　(成果等の整理)

基準点測量の作業の流れは、計画・選点・測量標設置・観測・計算・品質評価・成果等の整理と進みます。(→ p.60)

TSの器械的誤差で正反で消えるもの

水平にしても
（水平軸誤差）
始終狂う器械に
（視準軸誤差）
目も当てられない
（目盛盤の偏心誤差）
坊や
（望遠鏡の偏心誤差）

TSの器械的誤差で正反で消えるものは水平軸誤差、視準軸誤差、目盛盤の偏心誤差、望遠鏡の偏心誤差。（→ p.93）

GNSS測量の観測（現地）

拙速な
（設置・測定）
スケジュール
（受信機セッティング）
簡単にフィックスする力
（観測・FIX解）　（出力）

GNSS測量の観測で、現地での流れは、アンテナ設置、アンテナ高の測定、受信機のセッティング、観測してFIX解を得る、観測データの出力と進みます。（→ p.137）

標尺の膨張係数

腹が出た
（ΔC）
ツーツーと涙が止まらない
（$T-T_0$）
あしたから駆ける
（$\alpha\times$）
校庭で運動しよう
（Δh…高低差）

標尺の膨張係数の公式は
$\Delta C=(T-T_0)\times\alpha\times\Delta h$
です。（→ p.190）

等高線の性質

急に
（急傾斜地）
狭くなったな
（狭く）
関係者席は　広くとれ
（緩傾斜地）　（広く）

等高線の間隔は、傾斜が一様なところでは等間隔で、急傾斜地では狭くなり、緩傾斜地では広くなります。
（→ p.207）

平面直角座標

ヘイ！ ポリスメン！
（平面直角座標）
怪盗 X は俺だ！
（X 軸）
ククククク…
（0.9999）

平面直角座標系の中央経線（X 軸）上の縮尺係数は 0.9999 です。
（→ p.308）

横断測量

OH ！
（横断測量）
4親等まで来ちゃったよ
（4 級水準測量）
授業参観に
（山地・簡易水準測量）

横断測量の方法は、4 級水準測量、山地においては簡易水準測量です。
（→ p.378）

さくいん

英数

あ

い

う

す

せ

そ

た

ち

て

と

本書の正誤情報や法改正情報等は、下記のアドレスでご確認ください。
http://www.s-henshu.info/skrtm2310/

上記掲載以外の箇所で正誤についてお気づきの場合は、**書名・発行日・質問事項**（**該当ページ・行数・問題番号**などと**誤りだと思う理由**）・氏名・連絡先を明記のうえ、お問い合わせください。

・web からのお問い合わせ：上記アドレス内【正誤情報】へ
・郵便または FAX でのお問い合わせ：下記住所または FAX 番号へ

※電話でのお問い合わせはお受けできません。

［宛先］　コンデックス情報研究所
　　『いちばんわかりやすい！ 測量士補　テキスト＆問題集＋予想模試』係
住所　　：〒 359-0042　所沢市並木 3-1-9
FAX 番号：04-2995-4362　（10:00 ～ 17:00　土日祝日を除く）

※本書の正誤以外に関するご質問にはお答えいたしかねます。また受験指導などは行っておりません。
※ご質問の受付期限は、各試験日の 10 日前必着といたします。
※回答日時の指定はできません。また、ご質問の内容によっては回答まで 10 日前後お時間をいただく場合があります。
あらかじめご了承ください。

■編著：コンデックス情報研究所
1990 年 6 月設立。法律・福祉・技術・教育分野において、書籍の企画・執筆・編集、大学および通信教育機関との共同教材開発を行っている研究者・実務家・編集者のグループ。

いちばんわかりやすい! 測量士補 テキスト&問題集+予想模試

2023年11月20日発行

編　著　コンデックス情報《じょうほう》研究所《けんきゅうしょ》
発行者　深見公子
発行所　成美堂出版
〒162-8445　東京都新宿区新小川町1-7
電話(03)5206-8151　FAX(03)5206-8159
印　刷　広研印刷株式会社

ISBN978-4-415-23729-9
落丁·乱丁などの不良本はお取り替えします
定価はカバーに表示してあります

いちばんわかりやすい!

測量士補

テキスト&問題集
＋
予想模試

別冊

予想模試　問題編

※矢印の方向に引くと
問題編が取り外せます。

成美堂出版

いちばんわかりやすい!

測量士補

テキスト&問題集＋予想模試

予想模試問題

- 解答用紙への記入は，必ず鉛筆又はシャープペンシル（HB 又は B）を用いて濃く書いてください。ボールペン，インキ，色鉛筆などを使った場合は無効になります。
- 解答用紙には，必要な文字，数字及び ⬭ の塗り潰し以外は一切記入しないでください。
- 受験中使用できるものは，時計（時計機能のみのものに限り，アラーム等の機能がある場合は，設定を解除し，音が鳴らないようにしてください。），鉛筆又はシャープペンシル（HB 又は B），鉛筆削り（電動式・大型のもの・ナイフ類を除く。），消しゴム，直定規（三角定規・三角スケール・折りたたみ式及び目盛以外の数式などの記載があるものは使用できません。）に限ります。
- 関数の値が必要な場合は，予想模試問題 p.30 ～ p.31 の関数表を使用してください。ただし，問題文中に関数の値が明記されている場合は，その値を使用してください。

試験時間……3 時間

P.32 の解答用紙をコピーしてお使いください。

解答一覧……本冊 P.461

合格基準……700 点満点中 450 点以上（18 問以上正答）

成美堂出版

No. 1

次のａ～ｅの文は，測量法（昭和 24 年法律第 188 号）の一部を抜粋したものである。[ア]～[オ]に入る語句の組合せとして最も適当なものはどれか。次の中から選べ。

ａ．「公共測量」とは，基本測量以外の測量で次に掲げるものをいい，[ア]その他の局地的測量又は小縮尺図の調製その他の高度の精度を必要としない測量で政令で定めるものを除く。

　一　その実施に要する費用の全部又は一部を国又は公共団体が負担し，又は補助して実施する測量

　二　（略）

ｂ．基本測量の永久標識又は一時標識の汚損その他その効用を害するおそれがある行為を当該永久標識若しくは一時標識の敷地又はその付近でしようとする者は，理由を記載した書面をもって，国土地理院の長に当該永久標識又は一時標識の[イ]を請求することができる。

ｃ．公共測量を実施する者は，[ウ]に対して当該測量を実施するために必要な情報の提供を求めることができる。

ｄ．（測量法第６条に規定する）基本測量及び公共測量以外の測量を実施しようとする者は，あらかじめ，国土交通省令で定めるところにより，その旨を[エ]に届け出なければならない。

ｅ．[オ]は，いかなる方法をもってするかを問わず，その請け負った測量を一括して他人に請け負わせ，又は他の[オ]から当該他の[オ]の請け負った測量を一括して請け負ってはならない。

	ア	イ	ウ	エ	オ
1．	建物に関する測量	撤去	関係市町村長	国土地理院の長	測量士
2．	地積に関する測量	移転	関係市町村長	国土交通大臣	測量士
3．	建物に関する測量	移転	関係市町村長	国土交通大臣	測量業者
4．	地積に関する測量	移転	測量計画機関	国土地理院の長	測量士
5．	建物に関する測量	撤去	測量計画機関	国土交通大臣	測量業者

No. 2

次の文は，測量に従事する技術者が，公共測量を行う場合に留意しなければならないことについて述べたものである。明らかに間違っているものはどれか。次の中から選べ。

1．作業中の緊急事態に備え，社内での救急救命講習開催や連絡体制確立など安全確保のための対策を行った。
2．測量計画機関から個人を特定できる情報を記載した資料が貸与されたことから，測量計画機関及び自社で定める個人情報保護方針に基づき，厳重な管理体制の下で作業を行った。
3．国立公園内の特別地域内でやむを得ず樹木伐採の必要が生じたことから，測量計画機関へ報告し，環境大臣の許可を受けた後に作業を実施した。
4．数値地形図データ作成の数値編集終了後に，現地調査以降に生じた変化に関する情報を得たため，現地において補測する測量を行った。
5．基準点測量において，既知点とする電子基準点の情報を得るため，事前に稼働状況を確認するとともに，日々の座標値をインターネットを利用して入手し，使用した。

No. 3

次のａ～ｄの文は，測量法における測量の基準について述べたものである。明らかに間違っているものは幾つあるか。

ａ．位置は，天文学的経緯度及び東京湾平均海面からの高さで表示する。
ｂ．平成23年(2011年)東北地方太平洋沖地震による地殻変動に伴い，測量の原点の位置が移動し，原点数値にかい離が生じたことから，測量の正確さを確保するため，原点を移動した。
ｃ．公共測量における距離及び面積は，日本測地系で想定された回転楕円体の表面上における値で表示する。
ｄ．ジオイドは，平均海面を陸地に延長したと仮定した場合にできる面であり，その形状はゆるやかな凹凸を持ち，局所的には複雑な形状となっているため，水平位置を求める測量の基準面には適していない。

１．０（間違っているものは１つもない）
２．１つ
３．２つ
４．３つ
５．４つ

No. 4

次の文ａ～ｄは，トータルステーション（以下「TS」という。）を用いた水平角観測において生じる誤差について述べたものである。望遠鏡の正（右）・反（左）の観測値を平均して消去できる誤差は幾つあるか。次の中から選べ。

ａ．TSの水平軸と望遠鏡の視準線が，直交していないために生じる視準軸誤差。

ｂ．TSの水平軸と鉛直線が，直交していないために生じる水平軸誤差。

ｃ．TSの水平目盛盤の中心が，鉛直軸の中心と一致していないために生じる偏心誤差。

ｄ．望遠鏡の視準線が，TSの鉛直軸の中心から外れているために生じる外心誤差。

1．０（消去できる誤差は１つもない）

2．１つ

3．２つ

4．３つ

5．４つ

No. 5

次のａ～ｃの各問の答えの組合せとして最も適当なものはどれか。次の中から選べ。

ただし，円周率 $\pi = 3.142$ とする。

なお，関数の値が必要な場合は，巻末の関数表を使用すること。

ａ．12° 34′ 20″を秒単位に換算すると幾らか。

ｂ．12° 34′ 20″をラジアン単位に換算すると幾らか。

ｃ．頂点A，B，Cを順に直線で結んだ三角形ABCで，辺BC=10 m，∠BAC = 120°，∠ABC = 20°としたとき，辺ACの長さは幾らか。

	ａ．	ｂ．	ｃ．
１．	45,250″	0.219 ラジアン	3.949 m
２．	45,250″	0.439 ラジアン	7.423 m
３．	45,260″	0.439 ラジアン	3.949 m
４．	45,260″	0.219 ラジアン	3.949 m
５．	45,260″	0.439 ラジアン	7.423 m

No. 6

次のａ～ｅは，トータルステーションによる距離測定に影響する誤差である。このうち，距離に比例しない誤差は幾つあるか。次の中から選べ。

ａ．器械定数及び反射鏡定数の誤差
ｂ．変調周波数の誤差
ｃ．位相測定の誤差
ｄ．反射鏡及び器械の致心誤差
ｅ．気象測定の誤差

１．０（距離に比例しない誤差は１つもない）
２．１つ
３．２つ
４．３つ
５．４つ

No. 7

次のａ～ｅの文は，トータルステーションを用いた基準点測量の作業について述べたものである。［ア］～［オ］に入る語句の組合せとして正しいものはどれか。次の中から選べ。

ａ．測量作業を実施するに当たっては，基準点配点図，既設基準点の［ア］及び点の記などを準備する。
ｂ．新点の位置は，［イ］に基づき後続作業での利用などを考慮して，適切な位置に選定する。
ｃ．新点位置に永久標識を設置する場合，事前に土地の所有者又は管理者から［ウ］を得る。
ｄ．観測においては，水平角観測，鉛直角観測及び距離測定を［エ］視準で行う。
ｅ．基準面上の距離の計算は［オ］を用いて行う。

	ア	イ	ウ	エ	オ
1．	成果表	平均計画図	建標承諾書	1	楕円体高
2．	精度管理表	観測図	測量標設置位置通知書	2	標高
3．	成果表	観測図	測量標設置位置通知書	1	楕円体高
4．	精度管理表	平均計画図	建標承諾書	2	楕円体高
5．	精度管理表	平均計画図	建標承諾書	1	標高

No. 8

次の文は，公共測量におけるセミ・ダイナミック補正及びその関連事項について述べたものである。明らかに間違っているものはどれか。次の中から選べ。

1．セミ・ダイナミック補正とは現在公開している基準点の測量成果と，測量して得た観測結果との間に生じる定常的な地殻変動に起因するかい離を補正するものである。
2．セミ・ダイナミック補正に使用する補正パラメータファイルは，適用期間が決められている。
3．定常的な地殻変動によるひずみの影響は，元期からの経過時間や点間の距離が長いほど大きい。
4．１級基準点測量において，電子基準点のみを既知点とする場合は，標高補正パラメータファイルを使用したセミ・ダイナミック補正を適用しなければならない。
5．新点の測量成果は，既知となる基準点の測量成果に補正量を加え，測量計算（網平均計算）を行った後，求められた新しい基準点の位置情報から補正量を差し引くことで求めることができる。

No. 9

次の文は，我が国の準天頂衛星システムの特徴や仕組みについて述べたものである。明らかに間違っているものはどれか。次の中から選べ。

1．準天頂衛星には，日本における衛星測位の利用可能エリアや利用時間帯を広げる効果がある。

2．準天頂衛星の測位信号は，日本以外でも東南アジア，オセアニア地域で受信可能である。

3．GPS 衛星３機，準天頂衛星１機及び GLONASS 衛星２機の組合せで，公共測量における基準点測量を行うことができる。

4．GNSS 測量において準天頂衛星は，GPS 衛星と同等の衛星として使用することができる。

5．準天頂衛星は，GPS 衛星と同じ軌道上を周回している。

No. 10

次のａ～ｅは，水準測量を実施するときに留意すべき事項について述べたものである。明らかに間違っているものは幾つあるか。次の中から選べ。

ａ．水準点間のレベルの設置回数（測点数）は，偶数回にする。

ｂ．レベルの望遠鏡と三脚の向きを常に特定の標尺に対向させて整置し，観測する。

ｃ．標尺は２本１組とし，往路及び復路の出発点で立てる標尺を同じにする。

ｄ．視準距離は視準可能な範囲でなるべく大きく，レベルはできる限り両標尺を結ぶ直線上に設置する。

ｅ．レベル及び標尺は，作業期間中においても点検調整を行う。

1．０（間違っているものは１つもない）

2．１つ

3．２つ

4．３つ

5．４つ

No. 11

図 11 は，水準測量における観測の状況を示したものである。標尺の長さは 3 m であり，図 11 のように標尺がレベル側に傾いた状態で測定した結果，読定値が 1.500 m であった。標尺の上端が鉛直に立てた場合と比較してレベル側に水平方向で 0.200 m ずれていたとすると，標尺の傾きによる誤差は幾らか。最も近いものを次の中から選べ。

なお，関数の値が必要な場合は，巻末の関数表を使用すること。

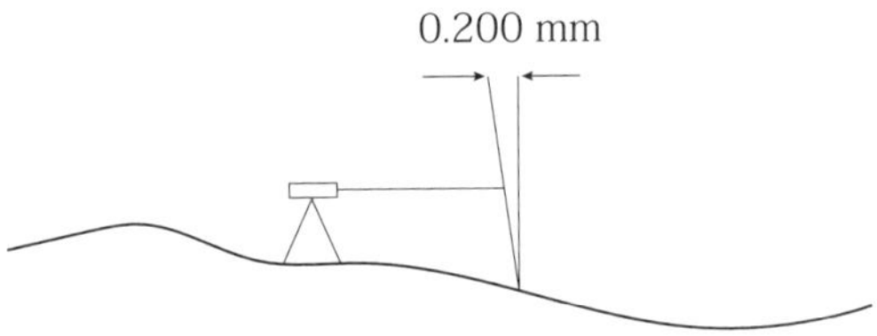

図 11

1．3 mm
2．6 mm
3．9 mm
4．12 mm
5．15 mm

No. 12

図12は，水準点Aから固定点（1），（2）及び（3）を経由する水準点Bまでの路線を示したものである。この路線で公共測量における水準測量を行い，表12に示す観測結果を得た。最も再測が必要な観測区間はどれか。次の中から選べ。ただし，往復観測値の較差の許容範囲は，Sを観測距離（片道，km単位）としたとき，2.5 mm $\sqrt{S}$とする。

なお，関数の値が必要な場合は，巻末の関数表を使用すること。

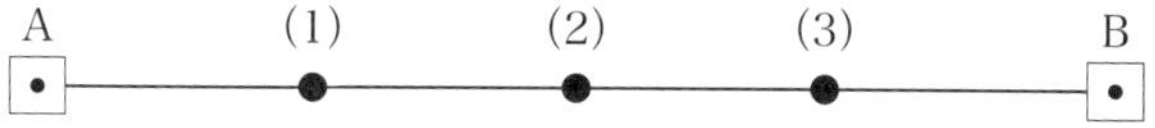

図12

表12

観測区間	観測距離	往路の観測高低差	復路の観測高低差
A　～（1）	360 m	＋ 3.1289 m	－ 3.1286 m
（1）～（2）	440 m	＋ 1.5953 m	－ 1.5954 m
（2）～（3）	440 m	＋ 0.1833 m	－ 0.1829 m
（3）～　B	360 m	－ 2.8317 m	＋ 2.8333m

1．A　～（1）

2．（1）～（2）

3．（2）～（3）

4．（3）～　B

5．再測する必要はない

No. 13

トータルステーションを用いた縮尺 1/1,000 の地形図作成において，傾斜が一定な斜面上の点Aと点Bの標高を測定したところ，点Aの標高が 105 m，点Bの標高が 93 m であった。また，点A，B間の水平距離は 80 m であった。このとき，点A，B間を結ぶ直線とこれを横断する標高 100 m の等高線との交点は，地形図上で点Aから何 cm の地点か。最も近いものを次の中から選べ。

なお，関数の値が必要な場合は，巻末の関数表を使用すること。

1. 3.0 cm
2. 3.3 cm
3. 4.3 cm
4. 4.7 cm
5. 5.6 cm

No. 14

次の文は，車載写真レーザ測量について述べたものである。[ア]～[オ]に入る語句の組合せとして最も適当なものはどれか。次の中から選べ。

車載写真レーザ測量とは，計測車両に搭載した[ア]と[イ]を用いて道路上を走行しながら三次元計測を行い，取得したデータから数値地形図データを作成する作業であり，空中写真測量と比較して[ウ]な数値地形図データの作成に適している。ただし，車載写真レーザ測量では[エ]の確保ができない場所の計測は行うことができない。

なお，トンネルなど GNSS 衛星からの測位信号受信が困難な場所においては，データ処理時に[オ]を用いた処理を行う必要がある。

	ア	イ	ウ	エ	オ
1.	レーザ測距装置	GNSS/IMU 装置	高精度	計測車両から視通	調整点
2.	レーザ測距装置	高度計	高精度	計測車両の上空視界	仮想基準点
3.	レーザ測距装置	GNSS/IMU 装置	広範囲	計測車両の上空視界	調整点
4.	トータルステーション	GNSS/IMU 装置	広範囲	計測車両から視通	仮想基準点
5.	トータルステーション	高度計	高精度	計測車両の上空視界	調整点

No. 15

次のａ～ｅの文は，公共測量における地形測量のうち，トータルステーション（以下「TS」という。）又はGNSS測量機を用いた細部測量について述べたものである。[ア]～[オ]に入る語句の組合せとして最も適当なものはどれか。次の中から選べ。

ａ．細部測量とは，地形，地物などを測定し，[ア]を取得する作業である。
ｂ．TSを用いた地形，地物などの測定は，主に[イ]により行われる。
ｃ．GNSS測量機を用いた地形，地物などの測定は，[ウ]がなくても行うことができる。
ｄ．地形，地物などの状況により，基準点にTSを整置して作業を行うことが困難な場合，[エ]を設置することができる。
ｅ．現地でデータ取得のみを行い，その後取り込んだデータを図形編集装置に入力し図形処理を行う方式を[オ]方式という。

	ア	イ	ウ	エ	オ
1.	グラウンドデータ	単点観測法	上空視界	仮想基準点	オンライン
2.	数値地形図データ	放射法	基準点と観測点間の視通	TS点	オフライン
3.	グラウンドデータ	放射法	基準点と観測点間の視通	仮想基準点	オフライン
4.	数値地形図データ	単点観測法	基準点と観測点間の視通	仮想基準点	オフライン
5.	数値地形図データ	放射法	上空視界	TS点	オンライン

No. 16

画面距離 10 cm，撮像面での素子寸法 6 μm のデジタル航空カメラを用いた数値写真の撮影計画を作成した。撮影基準面での地上画素寸法を 15 cm とした場合，撮影高度は幾らか。最も近いものを次の中から選べ。

ただし，撮影基準面の標高は 100 m とする。

1. 1800 m
2. 2000 m
3. 2400 m
4. 2500 m
5. 2600 m

No. 17

図 17 は，公共測量における空中写真測量の標準的な作業工程を示したものである。［ア］～［エ］に入る語句の組合せとして最も適当なものはどれか。次の中から選べ。

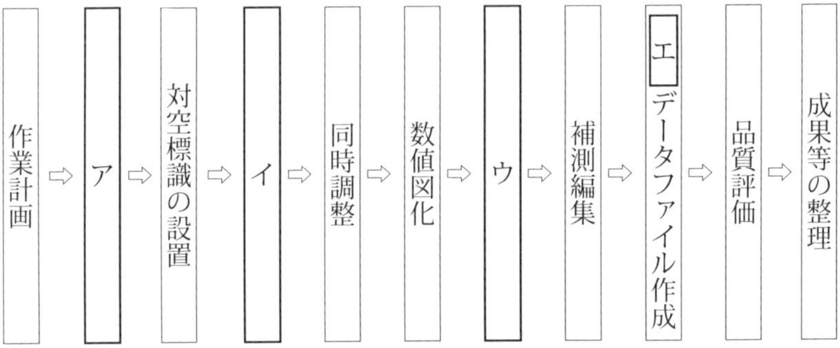

図 17

	ア	イ	ウ	エ
1．	標定点の設置	撮影	数値編集	数値地形図
2．	撮影	標定点の設置	数値編集	数値写真
3．	標定点の設置	撮影	正射変換	数値写真
4．	撮影	標定点の設置	正射変換	数値地形図
5．	標定点の設置	撮影	正射変換	数値地形図

No. 18

次の文は，公共測量においてUAV（無人航空機）による空中写真を用いた三次元点群データの作成を行う際の注意点について述べたものである。明らかに間違っているものはどれか。次の中から選べ。

1．目的に応じて三次元点群データの位置精度を設定し，それに合わせて撮影を計画する。

2．DID（人口集中）地区でなければ，対空標識の設置に当たって土地の所有者又は管理者の許可を得る必要はない。

3．撮影基準面は，撮影区域に対して一つを定めるが，高低差の大きい地域にあっては，数コース単位に設定することができる。

4．作成した三次元点群データの位置精度を評価するため，標定点のほかに検証点を設置する。

5．撮影計画の確認や機器の点検のため試験飛行を行い，状況に合わせて臨機応変に計画を変更できるようにする。

No. 19

図19のように，航空カメラを用いて，2000mの高度から撮影した鉛直空中写真に，鉛直に立っている直線状の高塔が長さ9.5mmで写っていた。この高塔の先端は，主点Pから7.6cm離れた位置に写っていた。この高塔の立っている地表面の標高を0mとした場合，高塔の高さは幾らか。最も近いものを次の中から選べ。

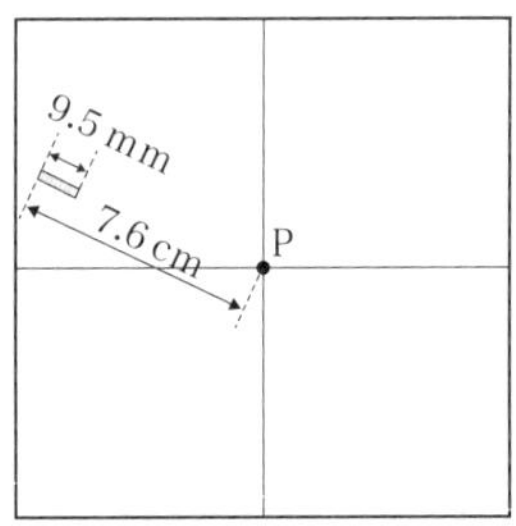

図19

1．63 m
2．125 m
3．188 m
4．250 m
5．313 m

No. 20

公共測量における航空レーザ測量において，格子状の標高データである数値標高モデルを格子間隔 1m で作成する計画に基づき航空レーザ計測を行い，三次元計測データを作成した。図 20 は得られた三次元計測データの一部範囲の分布を示したものである。この範囲における欠測率は幾らか。最も近いものを次の中から選べ。

なお，関数の値が必要な場合は，巻末の関数表を使用すること。

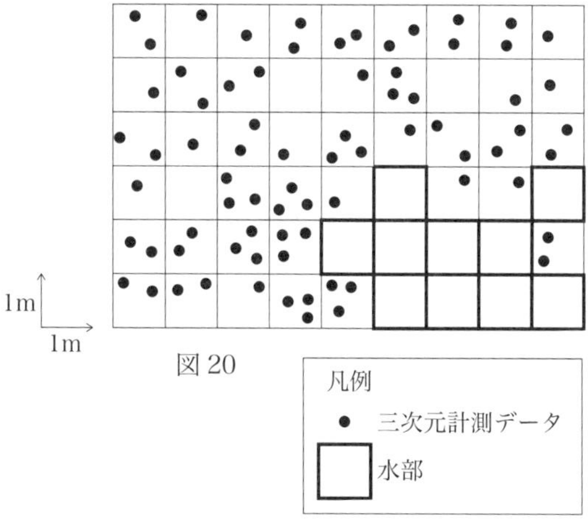

図 20

1．7 %

2．9 %

3．17 %

4．24 %

5．29 %

No. 21

図 21 は，国土地理院刊行の電子地形図 25000 の一部（縮尺を変更，一部を改変）である。次の文は，この図に表現されている内容について述べたものである。明らかに間違っているものの組合せとして正しいものはどれか。次の中から選べ。

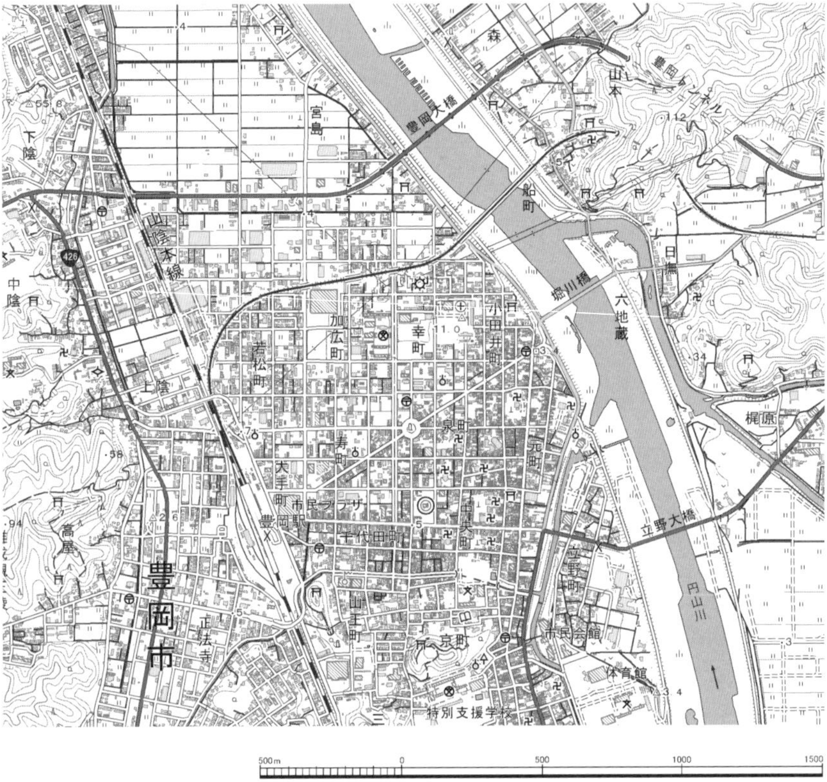

図 21

a．標高 55.8m の三角点から標高 3.4m の水準点までの水平距離は，およそ 2,500 m である。

b．豊岡トンネルの東側の坑口と西側の坑口の標高差は，20 m 以下である。

c．山陰本線豊岡駅の記号の北西角から税務署までの水平距離は，およそ 660 m である。

d．市役所から図書館までの水平距離は，およそ 400 m である。

e．立野大橋より南側かつ円山川より東側には，果樹園が広がっている。

1．a，d
2．c，e
3．b，c
4．b，e
5．a，e

No. 22

次のａ～ｅは，平面直角座標系について述べたものである。正しいものの組合せはどれか。次の中から選べ。

a．中央経線からそれと直交する方向に約 180 km 離れた点の縮尺係数は 1.0000 である。

b．各座標系における原点の座標値は，X ＝ 0.000 m，Y ＝ 0.000 m である。

c．座標系のX軸上における縮尺係数は 0.9999 である。

d．地球全体を６度幅ごとの経度帯に区分している。

e．投影法は，ガウス・クリューゲル図法である。

1．a，b，d
2．a，b，e
3．b，c，d
4．b，c，e
5．c，d，e

No. 23

次のａ～ｅの文は，一般的な地図編集における転位の原則について述べたものである。明らかに間違っているものだけの組合せはどれか。次の中から選べ。

ａ．骨格となる人工地物（道路，鉄道など）とその他の人工地物（建物など）が近接し，どちらかを転位する場合はその他の人工地物を転位する。
ｂ．有形線（河川，道路など）と無形線（等高線，境界など）とが近接し，どちらかを転位する場合は無形線を転位する。
ｃ．有形の自然地物（河川など）と人工地物（道路など）が近接し，どちらかを転位する場合は自然地物を転位する。
ｄ．三角点及び水準点は転位することはできない。
ｅ．転位にあたっては，相対的位置関係を乱さないようにする。

1．ａ，ｂ
2．ａ，ｅ
3．ｂ，ｃ
4．ｃ，ｄ
5．ｄ，ｅ

No. 24

次の文は，ハザードマップについて述べたものである。明らかに間違っているものだけの組合せはどれか。次の中から選べ。

ａ．地震・洪水などの災害をもたらす自然現象を予測して，想定される被害の種類・程度とその範囲をハザードマップに示した。

ｂ．地震災害，洪水災害など災害の種類に応じたハザードマップを作成した。

ｃ．最新の基図データを使用したハザードマップの作成を，公共測量として実施した。

ｄ．古くからの地域の土地の成り立ちや地形・地盤の特徴，過去の災害履歴などの情報のみを重視してハザードマップを作成した。

ｅ．洪水災害のハザードマップの使用を希望した者がハザードマップを作成した自治体の職員ではなかったので，使用を許可しなかった。

１．ａ，ｂ

２．ａ，ｅ

３．ｂ，ｃ

４．ｃ，ｄ

５．ｄ，ｅ

No. 25

図 25 は，公共測量における路線測量の標準的な作業工程を示したものである。 ア ～ オ に入る測量等の名称の組合せとして，最も適当なものはどれか。次の中から選べ。

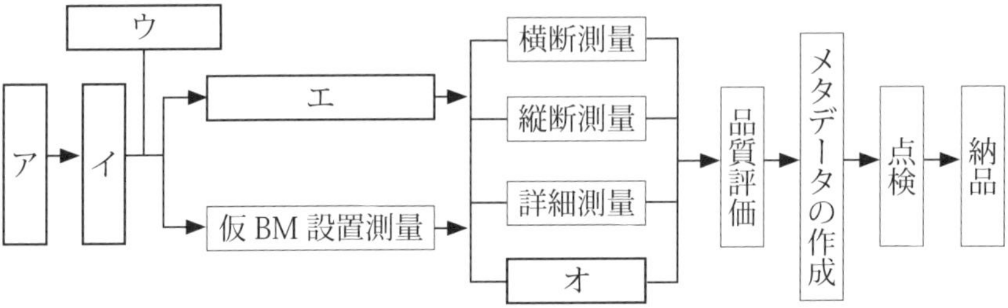

図 25

	ア	イ	ウ	エ	オ
1．	作業計画	線形決定	中心線測量	IP の設置	法線測量
2．	作業計画	線形決定	IP の設置	中心線測量	用地幅杭設置測量
3．	線形決定	作業計画	IP の設置	中心線測量	法線測量
4．	作業計画	線形決定	中心線測量	IP の設置	用地幅杭設置測量
5．	線形決定	作業計画	IP の設置	中心線測量	用地幅杭設置測量

No. 26

図 26 に示すように，曲線半径 $R = 1000$ m，交角 $\alpha = 90^\circ$ で設置されている，点 O を中心とする円曲線から成る現在の道路（以下「現道路」という。）を改良し，点 O′ を中心とする円曲線から成る新しい道路（以下「新道路」という。）を建設することとなった。新道路の交角 $\beta = 60^\circ$ としたとき，新道路 BC ～ EC′ の路線長は幾らか。最も近いものを次の中から選べ。

ただし，新道路の起点 BC 及び交点 IP の位置は，現道路と変わらないものとし，円周率 $\pi = 3.142$ とする。

なお，関数の値が必要な場合は，巻末の関数表を使用すること。

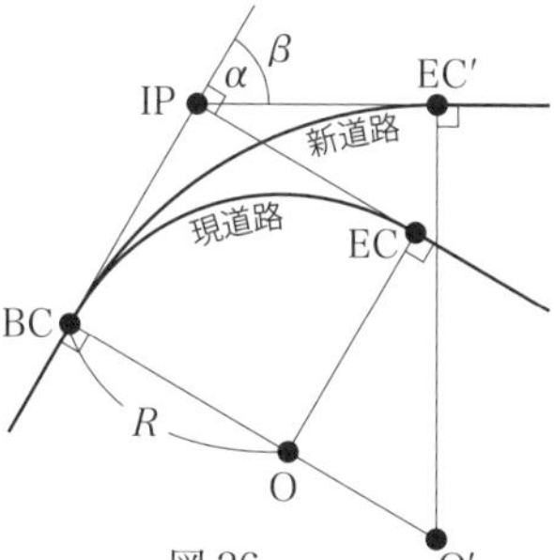

図 26

1．1732 m
2．1758 m
3．1786 m
4．1814 m
5．1840 m

No. 27

図 27 は，境界点 A，B，C，D の順に直線で結んだ土地を表したものであり，土地を構成する各境界点の平面直角座標系における座標値は表 27 のとおりである。長方形 AEFD の面積が土地 ABCD の面積の 70 % であるとき，点 F の X 座標値は幾らか。最も近いものを次の中から選べ。

なお，関数の値が必要な場合は，巻末の関数表を使用すること。

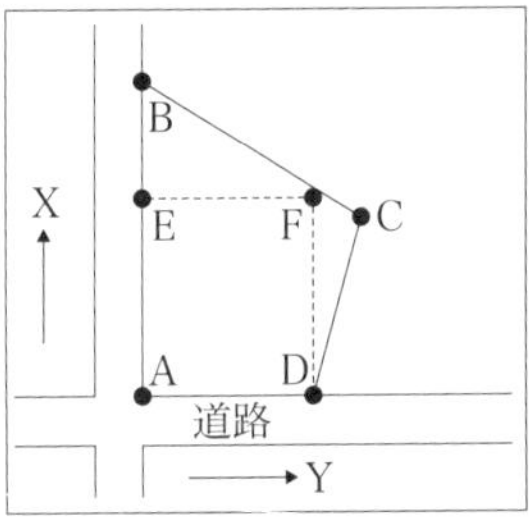

図 27

表 27

境界点	X（m）	Y（m）
A	＋ 10.00	＋ 10.00
B	＋ 80.00	＋ 10.00
C	＋ 50.00	＋ 60.00
D	＋ 10.00	＋ 45.00

1．＋ 49.00 m

2．＋ 54.00 m

3．＋ 55.00 m

4．＋ 58.00 m

5．＋ 59.00 m

No. 28

次のａ～ｅは，河川測量について述べたものである。明らかに間違っているものは幾つあるか。次の中から選べ。

ａ．定期横断測量では，陸部においては横断測量を行うが，水部については深浅測量により行う。

ｂ．流量の観測は，流れの中心や河床の変化が大きい河川の湾曲部において行う。

ｃ．測深位置又は船位の測定は，ワイヤーロープ，TS 等又は GNSS 測量機のいずれかを用いて行う。

ｄ．河川における水準基標測量では，一部の水系を除いて，東京湾平均海面を基準面と定め，水準基標の高さを決定する。

ｅ．定期縦断測量では，水準基標を基にして，左右両岸の距離標などの標高を測定する。

１．０（間違っているものは１つもない）

２．１つ

３．２つ

４．３つ

５．４つ

関数表

三角関数

度	sin	cos	tan	度	sin	cos	tan
0	0.00000	1.00000	0.00000				
1	0.01745	0.99985	0.01746	46	0.71934	0.69466	1.03553
2	0.03490	0.99939	0.03492	47	0.73135	0.68200	1.07237
3	0.05234	0.99863	0.05241	48	0.74314	0.66913	1.11061
4	0.06976	0.99756	0.06993	49	0.75471	0.65606	1.15037
5	0.08716	0.99619	0.08749	50	0.76604	0.64279	1.19175
6	0.10453	0.99452	0.10510	51	0.77715	0.62932	1.23490
7	0.12187	0.99255	0.12278	52	0.78801	0.61566	1.27994
8	0.13917	0.99027	0.14054	53	0.79864	0.60182	1.32704
9	0.15643	0.98769	0.15838	54	0.80902	0.58779	1.37638
10	0.17365	0.98481	0.17633	55	0.81915	0.57358	1.42815
11	0.19081	0.98163	0.19438	56	0.82904	0.55919	1.48256
12	0.20791	0.97815	0.21256	57	0.83867	0.54464	1.53986
13	0.22495	0.97437	0.23087	58	0.84805	0.52992	1.60033
14	0.24192	0.97030	0.24933	59	0.85717	0.51504	1.66428
15	0.25882	0.96593	0.26795	60	0.86603	0.50000	1.73205
16	0.27564	0.96126	0.28675	61	0.87462	0.48481	1.80405
17	0.29237	0.95630	0.30573	62	0.88295	0.46947	1.88073
18	0.30902	0.95106	0.32492	63	0.89101	0.45399	1.96261
19	0.32557	0.94552	0.34433	64	0.89879	0.43837	2.05030
20	0.34202	0.93969	0.36397	65	0.90631	0.42262	2.14451
21	0.35837	0.93358	0.38386	66	0.91355	0.40674	2.24604
22	0.37461	0.92718	0.40403	67	0.92050	0.39073	2.35585
23	0.39073	0.92050	0.42447	68	0.92718	0.37461	2.47509
24	0.40674	0.91355	0.44523	69	0.93358	0.35837	2.60509
25	0.42262	0.90631	0.46631	70	0.93969	0.34202	2.74748
26	0.43837	0.89879	0.48773	71	0.94552	0.32557	2.90421
27	0.45399	0.89101	0.50953	72	0.95106	0.30902	3.07768
28	0.46947	0.88295	0.53171	73	0.95630	0.29237	3.27085
29	0.48481	0.87462	0.55431	74	0.96126	0.27564	3.48741
30	0.50000	0.86603	0.57735	75	0.96593	0.25882	3.73205
31	0.51504	0.85717	0.60086	76	0.97030	0.24192	4.01078
32	0.52992	0.84805	0.62487	77	0.97437	0.22495	4.33148
33	0.54464	0.83867	0.64941	78	0.97815	0.20791	4.70463
34	0.55919	0.82904	0.67451	79	0.98163	0.19081	5.14455
35	0.57358	0.81915	0.70021	80	0.98481	0.17365	5.67128
36	0.58779	0.80902	0.72654	81	0.98769	0.15643	6.31375
37	0.60182	0.79864	0.75355	82	0.99027	0.13917	7.11537
38	0.61566	0.78801	0.78129	83	0.99255	0.12187	8.14435
39	0.62932	0.77715	0.80978	84	0.99452	0.10453	9.51436
40	0.64279	0.76604	0.83910	85	0.99619	0.08716	11.43005
41	0.65606	0.75471	0.86929	86	0.99756	0.06976	14.30067
42	0.66913	0.74314	0.90040	87	0.99863	0.05234	19.08114
43	0.68200	0.73135	0.93252	88	0.99939	0.03490	28.63625
44	0.69466	0.71934	0.96569	89	0.99985	0.01745	57.28996
45	0.70711	0.70711	1.00000	90	1.00000	0.00000	*****

平方根

	√		√
1	1.00000	51	7.14143
2	1.41421	52	7.21110
3	1.73205	53	7.28011
4	2.00000	54	7.34847
5	2.23607	55	7.41620
6	2.44949	56	7.48331
7	2.64575	57	7.54983
8	2.82843	58	7.61577
9	3.00000	59	7.68115
10	3.16228	60	7.74597
11	3.31662	61	7.81025
12	3.46410	62	7.87401
13	3.60555	63	7.93725
14	3.74166	64	8.00000
15	3.87298	65	8.06226
16	4.00000	66	8.12404
17	4.12311	67	8.18535
18	4.24264	68	8.24621
19	4.35890	69	8.30662
20	4.47214	70	8.36660
21	4.58258	71	8.42615
22	4.69042	72	8.48528
23	4.79583	73	8.54400
24	4.89898	74	8.60233
25	5.00000	75	8.66025
26	5.09902	76	8.71780
27	5.19615	77	8.77496
28	5.29150	78	8.83176
29	5.38516	79	8.88819
30	5.47723	80	8.94427
31	5.56776	81	9.00000
32	5.65685	82	9.05539
33	5.74456	83	9.11043
34	5.83095	84	9.16515
35	5.91608	85	9.21954
36	6.00000	86	9.27362
37	6.08276	87	9.32738
38	6.16441	88	9.38083
39	6.24500	89	9.43398
40	6.32456	90	9.48683
41	6.40312	91	9.53939
42	6.48074	92	9.59166
43	6.55744	93	9.64365
44	6.63325	94	9.69536
45	6.70820	95	9.74679
46	6.78233	96	9.79796
47	6.85565	97	9.84886
48	6.92820	98	9.89949
49	7.00000	99	9.94987
50	7.07107	100	10.00000

解答用紙

※コピーして使用してください。

No. 1	1	2	3	4	5	No. 15	1	2	3	4	5
No. 2	1	2	3	4	5	No. 16	1	2	3	4	5
No. 3	1	2	3	4	5	No. 17	1	2	3	4	5
No. 4	1	2	3	4	5	No. 18	1	2	3	4	5
No. 5	1	2	3	4	5	No. 19	1	2	3	4	5
No. 6	1	2	3	4	5	No. 20	1	2	3	4	5
No. 7	1	2	3	4	5	No. 21	1	2	3	4	5
No. 8	1	2	3	4	5	No. 22	1	2	3	4	5
No. 9	1	2	3	4	5	No. 23	1	2	3	4	5
No. 10	1	2	3	4	5	No. 24	1	2	3	4	5
No. 11	1	2	3	4	5	No. 25	1	2	3	4	5
No. 12	1	2	3	4	5	No. 26	1	2	3	4	5
No. 13	1	2	3	4	5	No. 27	1	2	3	4	5
No. 14	1	2	3	4	5	No. 28	1	2	3	4	5

※矢印の方向に引くと問題編が取り外せます。